黄土高原地区主要水土保持树种育苗及造林技术

主　编　李　典
副主编　李玉俊

黄河水利出版社

内 容 提 要

本书介绍了黄土高原地区概况，系统论述了水土保持树种育苗、造林及林种配置技术，防护林设计、苗木病虫害及其防治等，详细介绍了 42 个主要树种的育苗及造林方法。适合黄土高原地区水土保持工作者、林业工作者以及苗木生产经营者阅读和使用，也可作为相关院校林学、水土保持等专业师生的参考书。

图书在版编目(CIP)数据

黄土高原地区主要水土保持树种育苗及造林技术/李典主编.—郑州：黄河水利出版社，2006.12

ISBN 978-7-80734-203-8

Ⅰ.黄… Ⅱ.李… Ⅲ.①黄土高原-水土保持-树种-育苗②黄土高原-水土保持林-造林 Ⅳ.S723.1②S727.22

中国版本图书馆 CIP 数据核字(2006)第 137619 号

组稿编辑：雷元静　　电话：0371-66024764

出 版 社：黄河水利出版社

地址：河南省郑州市金水路 11 号　　邮政编码：450003

发行单位：黄河水利出版社

发行部电话：0371-66026940　　传真：0371-66022620

E-mail：hhslcbs@126.com

承印单位：河南第二新华印刷厂

开本：787 mm×1 092 mm　1/16

印张：20.75

字数：479 千字　　印数：1—1 500

版次：2006 年 12 月第 1 版　　印次：2006 年 12 月第 1 次印刷

书号：ISBN 978-7-80734-203-8/S·92　　定价：55.00 元

《黄土高原地区主要水土保持树种育苗及造林技术》

编写人员名单

主　编:李　典

副主编:李玉俊

参加编写人员:

王志雄　常文哲　张　鉴　刘暄娥　常温华

杨顺利　闵德安　宫春旺　孟立宁　李垚林

麻宗荣　邱宇宝　曹树旸　韩玉峰　辛　瑛

王鸿斌　寇　权　刘海燕　刘熙军　郭　涛

左涛鸣

统　稿:李玉俊

前言

黄土高原地区是我国水土流失最严重的地区。由于大量的泥沙流入黄河下游,造成黄土高原支离破碎的地形和脆弱的生态环境,致使这一地区的经济发展缓慢,群众生活十分贫困。为改变这一地区贫困面貌,改善生态环境,国家在实施西部大开发战略的同时,又相继增加了对黄土高原地区水土保持生态环境建设的投资,要求把水土保持作为改善农业生产条件、生态环境建设和治理黄土高原的一项根本措施,持之以恒,抓紧抓好,这是非常英明和正确的。

加快黄土高原地区水土保持生态环境工程建设,是改善生态环境、减少入黄泥沙的根本措施,是广大水土保持工作者义不容辞的责任。为深入持久地开展好这项工作,我们依据多年来在黄土高原水土保持造林工作中取得的经验,借鉴先进技术和方法,从育苗和造林工作入手,组织经验丰富的专业技术人员编辑出版了《黄土高原地区主要水土保持树种育苗及造林技术》,供苗木生产者、经营者、管理者及林业、水土保持科技人员参考,以有益于黄土高原地区的生态环境建设。

全书共八章,第一章介绍了黄土高原地区概况,让人们对黄土高原地区有一个基本概念;第二章详细介绍了育苗技术,主要包括:建立苗圃,土壤耕作、轮作与施肥,植物生长调节剂,菌根菌及稀土在育苗中的应用,土壤消毒处理,苗木生产与育苗技术要点,实生苗培育技术,容器苗培育,营养繁殖苗培育,嫁接苗培育,移植苗和大苗的培育等;第三章介绍了水土保持林种及配置,主要包括:坡面水土保持林,黄土高塬沟壑区和沿河阶地区的塬面塬边防护林,沟道防护林,池塘水库周围防护林,河川两岸的护岸护滩林;第四章介绍了水土保持造林技术,主要包括:造林地的立地条件,水土保持林树种的选择及其组成,黄土高原主要水土保持造林树种及其分布,造林地的整地,造林密度,造林方法和人工水土保持林的抚育管理;第五章介绍了几种造林新技术,主要包括:径流林业技术,保水剂在抗旱造林中的应用技术,蓄水保墒技术,冬贮苗木等水造林技术;第六章介绍了防护林设计技术;第七章介绍了苗木病虫害及其防治；第八章介绍了油松、旱柳、刺槐等42种黄土高原主要造林树种育苗与造林技术。

该书旨在实用，为便于广大读者在生产中应用，在编写过程中力求深入浅出，图文并茂，通俗易懂。但由于我们所掌握的资料及水平有限，疏漏及不当之处在所难免，敬请专家、读者批评指正。

李 典 李玉俊

2006年8月18日于西安

目　录

第一章　黄土高原地区概况

黄土高原是个自然单元，是指太行山以西、贺兰山—日月山以东、秦岭以北、古长城以南约48万km^2内堆积不同厚度黄土的地区，海拔500～2 000m。包括山西省和宁夏回族自治区全部，陕西省中北部，甘肃省的陇中和陇东地区，青海省东北部，内蒙古自治区的河套平原和鄂尔多斯高原，河南省的西部丘陵。东西长约1 300km，南北宽约800km。在这个范围内，黄土高原面积约35.85万km^2。其中：甘肃省9.47万km^2，占26.4%；山西省11.8万km^2，占32.9%；陕西省10.36万km^2，占28.9%；宁夏回族自治区2.56万km^2，占7.1%；内蒙古自治区0.79万km^2，占2.2%；河南省0.75万km^2，占2.1%；青海省0.12万km^2，占0.3%。晋、陕、甘3省的黄土高原面积占总面积的88.2%，是黄土高原的主体。1986年，中国科学院黄土高原综合科学考察队考虑到国土整治开发的需要和保持研究黄河的完整性，把黄土高原范围的北界向北推移到阴山山脉，并把这块四面环山完整的土地称为黄土高原地区，总面积631 369.14km^2，占黄河流域总面积（79.4万km^2）的79.52%，占全国总土地面积的6.57%。其中，90%（约57万km^2）分布在龙羊峡至桃花峪的全部黄河中游和部分上游地区，只有10%（约6万km^2）分布在海河流域。

第一节　自然概况

一、气候

黄土高原地区属于欧亚大陆东部温带大陆季风气候，气温和雨量季节变化明显，且由于纬度、距海远近的不同和地形的变化，产生了气候的地带性和地区性分异。

（一）气温

本区气温大致随着纬度的增高和地势的缓慢抬升而由南向北逐渐降低。最南部的洛阳地区年平均气温在14℃以上，至内蒙古包头、呼和浩特和集宁一带则降至4℃以下。年平均8℃气温等值线大致经过原平、离石、神木、榆林、志丹、华池、环县、平凉、泾源等地。此线以南1月平均气温为0～0.8℃，7月平均气温在22℃以上，年≥10℃积温为3 400～4 500℃，农业耕作制为两年三熟，年平均气温4～8℃；此线以北1月平均气温为-12～0℃，7月平均气温大都在20℃以上，年≥10℃积温为2 000～3 400℃，农业耕作制为一年一熟，大多数温带果树需采取一定防寒措施才能栽植。

海拔高度和地形对气温的影响也很显著。如海拔较低的豫西，较同一纬度的关中地区气温高，晋陕之间的黄河谷地和青海省境内的黄河谷地，气温均较附近地区显著增高。而山地气温，如秦岭、吕梁山、青海东部山地、六盘山和贺兰山等，则随着海拔增高而递减，从而决定了植被的垂直分布规律。此外，内蒙古黄土区东南部和晋西北一带，因处于冬季西伯利亚寒流的要冲地带，虽然其海拔高度与周围地区相比并无明显变化，但气温却显著降低。

(二)降水

本区距海较远,属于大陆季风气候,冬季在强大的西伯利亚干冷气团控制下,降水量少而寒冷;夏季盛行东南季风,太平洋热带湿热气团带来水蒸气,降水增多。由于距海远近不同及受季风和地形等因素影响,降水不仅地区分布不均,而且季节变化与年际变化幅度都很大。

年降水量的分布趋势是由东南向西北朝着远离海洋的方向递减,由秦岭、伏牛山北麓与中条山南麓的650mm,至河套西部逐渐降至150mm左右。年降水量400mm等值线大致经过天镇、呼和浩特、东胜、榆林、靖边、环县、海原、榆中、兰州、积石、贵南等地。此线以南为半湿润地区,年降水量为400~650mm,干燥度指数小于2.0;此线以北直至乌拉特前旗、灵武、中宁等地为半干旱区,年降水量为200~400mm,干燥度指数为2.0~4.0。河套平原西部、银川平原及景泰等地则进入干旱区东缘,干燥度指数大于4.0。由于地形的影响,年降水量出现了许多异常地区,处于太平洋季风的背风坡即雨影区,如黄河谷地,年降水量一般比周围地区减少50~150mm,而关帝山、子午岭、六盘山、祁连山等山地,由于气温低,水汽凝结条件好,使山地中上部,特别是夏季季风东南坡即迎风坡,降水明显增加,年降水量比周围地区增加50~200mm。这些降水量异常地区,对植被发育和植被分区界线的走向均有明显影响。

本区降水量的季节分配极其不均。夏季6~9月降水占全年的70%~80%,并且愈向北夏季降水的比率愈大。这种雨热同季现象对植被发育,特别是作物生长极为有利。但春季雨量较少,一般仅占全年降水量的15%左右,因此经常发生春旱,这是本区林业生产的障碍因素之一。另外,7~8月多暴雨,增加了黄土的侵蚀强度,这是造成本区水土流失和干旱灾害的主要自然因素之一。

本区降水量年际变化悬殊,最大年降水量通常为最小年降水量的3倍,有时达7.5倍,并且丰、枯水年出现的频率相当大。1960~1981年的22年间,出现了8次大区域性的大旱灾和4次流域性大暴雨和洪灾,给林业生产和经济建设带来巨大影响。

二、土壤

由于黄土高原地区气候随着自东南向西北距海远近的地带性变化和海拔高度的变化而变化,从而形成本区的地带性土壤和山地土壤。地带性土壤自东南向西北依次有褐土、黑垆土、栗钙土、棕钙土、灰钙土和灰漠土,山地土壤包括山地棕壤、山地灰褐土、山地黑钙土、草毡土等。同时由于地形和局部环境的影响,以及农业历史悠久和严重水土流失,也出现了非地带性土壤和耕作土,包括黄绵土、娄土、潮土、灌淤土及北部成土过程很弱的风沙土。

(一)地带性土壤

1.褐土

褐土主要发育在山西、河南境内的低山丘陵,并断续发现于渭北高原南缘和秦岭、西秦岭北麓的低山丘陵地带。在成土过程中,石灰的淋溶与淀积作用非常明显,但淋溶作用比华北东部的同类土壤要弱。石灰下淋后在70~80cm以下形成钙积层,$CaCO_3$含量达

25%～30%。腐殖质层较薄,有机质含量也较低,仅为1%～3%,pH值7～8。黏粒硅铁铝率为2.4～2.8。盐基代换量为10～20meg/100g土。自然植被为落叶阔叶林及其破坏后的长期次生植被。

2.黑垆土

黑垆土主要分布在陕北、晋西、陇中和陇东的塬地,地形较平坦,侵蚀较轻。以董志塬、早胜塬、洛川塬、长武塬、世庆塬、彬县塬、合水塬发育最为典型。它的腐殖质层极深厚,通常达100cm以上,但有机质含量仅为1%～1.5%。在腐殖质层下部有黏粒下移而形成的黏化层。全剖面有石灰质累积,多呈菌丝状,$CaCO_3$含量为8%～17%,有强石灰性反应,pH值为8.5。土壤吸收能力低。代换性阳离子中Na、K含量低。易溶性盐类完全被淋失。从全量分析看,S、Ca、Mg、K的贮量丰富,但腐殖质N、Mn和活性状态的P含量很贫乏。本土类的原始植被是草原,但垦殖历史较久。

3.栗钙土

栗钙土在本区主要见于鄂尔多斯高原北部,晋北、阴山南麓下部和青海东部。土壤剖面具有栗色的腐殖质层、灰白色钙积层和母质层。腐殖质层厚约30cm,有机质含量为1.9%～3.8%。钙积层出现于30～50cm部位,石灰质含量为10%～30%,甚至高达60%～90%,易溶盐大都被淋失,仅在淀积层底部有时可见石膏和易溶盐。其自然植被主要为各类针茅草原。

4.棕钙土

棕钙土广泛分布在鄂尔多斯高原中西部,剖面由浅棕色腐殖质层、灰白色钙积层和母质层组成,全剖面均呈强碱性反应,pH值8.0～9.5,易溶盐含量为0.3%～1.5%,石膏含量比较高。地表大都沙砾化,在灌木(如藏锦鸡儿)阻滞作用下往往形成沙包。非沙砾地段的地表有薄层假结皮和黑色地衣。腐殖质层很薄,结构性差,有机质含量为0.3%～1.5%,钙积层在10cm以下即出现,石灰含量为10%～40%,石膏累积较普遍。植被为荒漠化草原和草原化荒漠。

5.灰钙土

灰钙土在本区广泛散见于华家岭以西的黄土高原西部及祁连山、贺兰山山前地带,所在地形为平缓丘陵、阶地和洪积平原。土壤剖面发育不充分,腐殖质层与钙积层分化不明显,有时底部有石膏层。腐殖质层厚达50～70cm,有机质含量为1%以下。由于雨量稀少,易溶盐、碳酸钙和石膏淋溶很弱,钙积层层位较高,一般从15～20cm开始,厚20～30cm,石灰质含量为12%～25%。其质地粗,以中砂和细沙为主。土壤溶液呈强碱性反应,pH值8.5～9.5。自然植被为荒漠草原,地表有地衣。

6.灰漠土

灰漠土在本区仅出现于磴口至宁蒙交界处的剥蚀高原。它的主要特点是母质的石灰含量高,并兼有荒漠土与草原土的双重成土过程。地面有不规则裂缝或多角形龟裂,裂缝中有地衣和藻类。剖面可分为五层,即浅棕灰色结皮层,棕色片状、鳞片状过渡层,褐棕色或浅红棕色紧实层,块状、团块状石灰质淀积层和石膏、易溶盐聚积层,土壤溶液呈碱性至强碱性反应,pH值大于8.0,植被为旱生超旱生半灌木荒漠和灌木荒漠。

(二)山地土壤

1. 山地棕壤

山地棕壤出现在太行山、吕梁山、秦岭、六盘山和祁连山等较高大的山地,通常位于褐土之上。其海拔大致自东而西逐渐升高,如太行山和吕梁山发育在1 500～2 200m,至青海省境内则升至2 300～2 600m。土壤表层为凋落物层和半分解的腐殖质层,有机质含量为2%～9%。其下为棕色心土层,厚30～40cm,黏粒聚积作用明显,质地黏重,具明显的块状结构。下部为棕色母质层。土壤表层呈微酸性,向下逐渐变为酸性。植被为落叶阔落林、针叶林及次生的桦、杨林或灌丛。

2. 山地灰褐土

山地灰褐土是半干旱地区山地的一种森林土壤,位于栗钙土或黑垆土之上。在本区主要出现在子午岭、黄龙山、六盘山、贺兰山、罗山、祁连山东端,以及大青山、阴山南麓。它的理化性质与褐土类相似,但淋溶作用较弱,黏化过程也不明显,几乎全剖面有石灰性反应。植被主要为云杉林及次生桦、杨林等。

3. 山地黑钙土

山地黑钙土主要发育在青海东北部祁连山各支脉的山地下部。其母质为粉沙壤质黄土,有时为黏壤质。成土过程包括腐殖质累积、石灰质淋溶与淀积过程。腐殖质层厚一般为30～50cm,钙积层位于其下,厚约40cm。表层土壤溶液呈中性反应,向下变为碱性。植被为草甸草原。

4. 草毡土

草毡土在本区主要发育在祁连山东部高山草甸带的平缓分水岭和缓坡,其成土母质为残坡积物和冰积物。剖面上部为草皮层和腐殖质层。草皮层厚一般为3～10cm,根系密集,柔韧而富弹性,腐殖质层厚10～20cm,呈浅灰棕色或棕褐色,有机质含量很高,一般为10%～15%。向下过渡明显,经过较薄的暗色泽过渡层向下迅速到达母质层。pH值上部为6.5,下部为7.0。

(三)耕作土壤

1. 黄绵土

黄绵土广泛分布在本区水土流失严重的黄土丘陵上,常与处于平坦地形部位的黑垆土交错分布,其中以陕西北部分布最广,其次为陇东、陇中和晋南,在青海东部、宁夏中南部、内蒙古也有零星分布。它是在耕作过程和侵蚀作用的共同作用下形成的,土壤剖面由耕作层和犁底层组成。其质地疏松,适耕时间长,雨后即能劳作,经施用有机肥和秸秆还田等措施,很易改造成较肥沃的“海绵田”。但由于它质地粗、黏性差,极易遭受侵蚀,特别是雨水冲蚀,因此要加强水土保持,对于坡度较陡地段,要退耕还林改变经营方向。

2. 娄土

娄土主要分布在陕西渭河和山西汾河的阶地上,是褐土长期耕作熟化的土壤类型。它的剖面包括两大层段,上部层段含有耕层、犁底层和老耕层。耕层成土晚,因受耕作施肥影响而呈疏松的粒状结构。犁底层黏重而致密,厚仅10cm。老耕层被耕层和犁底层掩埋,多孔洞而较疏松,常见古耕侵入物并有石灰淀积。下部层段为受耕种影响较小的原来褐土剖面,可见有黏化层、钙积层和母质层。娄土的透水、蓄水和保墒抗旱性能均良好,适合种植各种暖温带树种。

3.潮土

潮土主要发育在渭河下游及其以东黄河沿岸的一级阶地上，母质为河水泛滥淤积物。pH值为7.5～8.5，$CaCO_3$ 含量大于10%，P、K含量较丰富，全钾为2%左右，全磷为0.12%～0.14%。

4.灌淤土

灌淤土主要分布在内蒙古、宁夏、甘肃、青海的黄河及其较大支流的一、二级阶地上。地下水埋深在4m以上，土壤不受地下水影响，一般无潜育化现象。熟化土层厚100～200cm。表层土为疏松的耕作层，有机质含量为1.0%～1.5%。以下为厚100～150cm的灌淤熟化层，有机质含量为0.7%～1.3%。

除上所述主要土类外，在鄂尔多斯内流区还有成土过程很弱的风沙土；在毛乌素沙地西部和库布齐沙地为半固定风沙土，地表以下0～5cm的有机质含量为1%～2.5%，向下骤减至0.2%以下，地表含盐量为0.1%，向下减至0.05%以下；毛乌素沙地东部为固定风沙土，它的水分状态较好，在地表干沙层以下含水率为2%～3%，夏秋雨季水分还可下渗而蓄积于沙层内，因而水分状态较好，除能满足沙生植物生长外，沙丘间还可小面积栽植果树。

三、地形地貌

黄土高原的地势西北高而东南低，全区约有70%以上的地面海拔高度在1 000～2 000m之间，海拔高度大于2 000m的地面约占10%，主要分布在中、西部和突出于黄土覆盖区以上的石质山地。主要地形有平原、盆地、高平原、山地以及黄土覆盖的高平原和黄土丘陵。

（一）平原和盆地

平原和盆地按其分布地区可分为四组。第一组是位于陕西渭河流域和纵贯山西中部的平原和盆地，包括黄土地区最大和最富庶的渭河平原、汾河—涑河平原、太原盆地、忻州盆地、大同盆地等。它的特点是中部为冲积平原，但其中有时含湖积物；两侧或周围有多级黄土阶地或洪积平原，并因支流和冲积物侵蚀而形成台地。第二组位于山西中南部东侧，较大的有长治盆地，较小的有阳泉、黎城、晋城、沁县等盆地。它们都是高原盆地，物质组成主要为黄土。盆地主体部分发育着塬地和平缓丘陵，边缘往往有砂质页岩丘陵围绕，而中部有宽浅河谷贯穿。第三组位于内蒙古和宁夏黄河沿岸，包括河套平原和银川平原。其中河套平原自东而西又可分为土默特平原、后套平原和磴口—西山嘴覆沙平原。它们均系断陷成因，物质组成主要是洪积—冲积物和冲积—湖积物。这里地势平坦，水源充足而渠系发达，素有“塞上江南”之称。第四组位于甘肃中部和青海黄土地区的黄河及其支流，主要有黄河沿岸的靖远盆地、兰州（皋兰）盆地、循化盆地、贵德盆地，位于湟水的乐都盆地和西宁盆地，位于大通河流域的浩川盆地等。它们均由河流阶地组成，有时在阶地外侧发育着和主河流垂直、而切割较深的黄土梁状丘陵。

（二）高平原

鄂尔多斯高平原是本区的一个独立地貌单元，它位于内蒙古黄河以南的半干旱地带，海拔高度为 1 100～1 500m。它的构造基础是鄂尔多斯台地，地表物质组成主要为残积物和风积物。风积物主要分布在北部的库布齐沙漠和南部的毛乌素沙漠，并形成众多的新月形流动沙丘和半固定、固定沙地。在高平原的东南部还有许多因受流沙侵袭而处于退缩过程中的现代湖沼和湿洼地。

(三)黄土高原

黄土高原是本区面积最大的地貌类型，广泛分布在晋、豫西、陕北、陇中和陇东、宁夏中南部和青海东北部。它的地形外貌在很大程度上受古地貌控制。基底平坦而未受流水切割的部分为黄土塬，受到侵蚀的塬地则变为破碎塬。陕北南部和陇东地区的塬地保存较完好，最著名的是董志塬和洛川塬。在流水侵蚀和重力作用下，黄土地层在同基底遭到切割的地貌则成为黄土梁和峁。流水侵蚀形成的负地形，狭窄的为黄土冲沟，宽浅的为黄土垌地。梁峁与冲沟的发育是交织在一起的，这种地形以陕北北部和晋西最发育，这里被称为黄土丘陵沟壑区。

黄土高原地形复杂多变，按其地貌形态和结构，根据 1955 年黄河技经报告中关于黄土高原综合治理分区中的地貌分类，除前已述及的冲积平原区外，可将黄土集中分布区分为五个类型。

1.黄土高塬沟壑区

包括陇东董志塬、渭北洛川塬等沟壑区和渭北东部及山西西部的残塬沟壑区。这一类型区的面积约占黄土高原总面积的 12%。黄土塬面平坦，平均倾斜 3°左右。由于沟谷逐渐蚕食塬面，而使塬面面积日益减少，沟谷面积相应增加。塬面与塬边沟谷以明显的陡崖(大于 45°)为分界线，谷坡坡度常较陡峭，一般大于 26°者占 62.7%～72.6%，小于 25°者占 37.3%～27.4%。本区黄土覆盖深厚，有时深达 120～160m，沟谷面积占本区总面积的 40%左右，沟壑密度 1～3km/km^2，年土壤侵蚀模数为 3 000～6 000t/km^2。

本区塬面为农业基地，沟谷斜坡和塬边附近的梁、峁(塔)坡地及其沟道等为本区的主要宜林地。

2.黄土丘陵沟壑区

这一地貌类型在黄土高原分布最广，遍及河南、山西、内蒙古、陕西、宁夏、甘肃、青海七省(区)，成为黄土高原地貌的主体，约占总土地面积的 70%以上。依据 1955 年黄河技经报告中的分区治理意见，该区因其地质、气候及水土流失等特点又区分为五个副区。总的地貌特点是：地形破碎，千沟万壑，沟壑面积占总面积的 50%左右，沟壑密度 4～6 km/km^2，年土壤侵蚀模数一般为 3 000～10 000t/km^2，陕北黄土丘陵沟壑区个别地方年土壤侵蚀模数可高达 25 000t/km^2。

本地貌类型区组成的沟间地以梁、峁(塔)为主，晋陕黄土丘陵沟壑区，一般梁峁顶较平缓，在 5°～10°，梁峁坡 15°～25°，有时达 30°，沟坡坡度大于 35°，有时在 45°以上。梁、峁(塔)的坡面短狭，坡长一般多在 100～200m 或小于 100m。因此，从土地利用上看，最适于林业和牧草种植。但是，这一类型区长期却以农业为主，垦耕指数高达 30%～40%。不合理利用土地的结果，造成“越垦越穷、越穷越垦”的恶性循环，不仅土地生产力衰退、群众生活贫困，而且地面缺乏植被，生态环境条件日益恶化，急需进行治理。因此，本地貌类型区是黄土高原大规模生态环境建设的重点，也是本书重点探讨的地区。

3. 黄土阶地区

主要分布在渭河、汾河及黄河其他支流的中下游两侧，为冲积平原与丘陵山地的过渡地带。本地貌类型区阶面平缓而略有起伏，有轻微的流水侵蚀，年土壤侵蚀模数约为 2 000t/km^2。地下水埋藏较深，为重要的农业基地。林业上主要是利用部分沟壑进行造林和在阶地农田上营造农田防护林。

4. 冲积平原区

主要为境内黄河干流、支流的现代冲积的超河漫滩阶地，包括渭河、汾河、伊洛河、沁河等河流的河川地和黄河河套平川地等。这一地貌类型区和上述阶地区合计占黄土高原总面积的 10% 以下。冲积平原区虽然分布在不同气候区，但开发历史久远，早得灌溉之利，是黄土高原农业生产的精华之地。林业上，除在农田基本建设中考虑农田防护林之外，由于立地条件优越，适于多种乔、灌木树种的栽培，可为发展多种经营创造物质基础。

5. 土石山类型区

这一类型区为黄土区内由石质山地向黄土丘陵或塬区过渡的类型。本区黄土覆盖厚度一般在 10～20m，局部地段有基岩裸露，植被较好，水土流失轻微，年土壤侵蚀模数一般为 1 700～3 500t/km^2。

这一类型区以及黄土高原的其他地貌类型区，如高山草原区、石质山地林区等，由于人口密度较小，尚且保留一些天然林或次生林，虽然这些类型区不属本书研究重点，但是，由于这里乔、灌木树种资源丰富，可为分析研究黄土高原造林技术、扩大造林树种资源提供基础。

（四）山地

本区山地主要有南北走向和东西走向两类。南北走向的山地贯穿整个黄土地区中部和东部。位于本区最东部的是山西东缘的太行山，它的最高山脊线平均海拔高度约 1 500m，有许多超过 2 000m 的山峰，最高峰五台山为 3 058m。它的支脉太岳山和中条山，在太原以南沿汾河东侧向西南延伸到山西最南端。山西西部为吕梁山系，它由山西最北部一直向南延伸至汾河与黄河汇合处，自北而南有管涔山、芦芽山、关帝山和火焰山等，较高山峰一般超过海拔 2 500m。白于山和子午岭以不太完整的山系从北而南蜿蜒在陕北与陇东之间，山势较平缓，最高峰子午岭海拔高度仅 1 687m。六盘山位于宁夏南部，山势较陡峻，主峰海拔高度为 2 942m。它的余脉屈武山向西北抵达甘肃靖远；另一条余脉陇山向南进入陕西，为关中平原西端的结点。贺兰山位于银川平原西侧，略呈弧形，山势耸拔，主峰达 3 550m，为银川平原西部天然屏障。这些南北走向的山地是夏季太平洋季风向我国内陆运行的巨大障碍，它们往往成为湿度分布带和植被地带分异上的自然分界线。

东西走向的山地主要位于本区南缘，基本与青藏高原北部的昆仑山系一脉相承。自东昆仑山系西倾山余脉麦秀山开始，向东依次有孟达山（积石山）、西秦岭、秦岭、伏牛山等。秦岭主峰太白山海拔高度为 3 767m。秦岭山地是我国南方与北方气温与降雨的转折线，也是我国最重要的一条自然分界线。本区西南部青海省境内还有祁连山系的许多余脉，自南而北有拉脊山及日月山、达板山、冷龙岭和乌鞘岭等，冷龙岭主峰海拔 4 843m，是本区最高峰，也是本区唯一发育冰川的高山。此外本区的北缘还有东西走向的阴山山脉,它的主体及其支脉狼山和大青山,是后套平原和土默平原的北部屏障。

四、地质

本区的古生界和中生界地层主要出露在山地和鄂尔多斯高平原。这些地层,特别是中生界地层在广大丘陵、台地地区分布极其广泛,但大都被黄土掩埋。由于中生界地层有丰富的矿产,特别是优质煤炭,因而黄土高原地区成为我国煤炭资源最丰富的地区之一。

新生界地层包括第三系和第四系地层,分布极广。第三系主要为红色岩系即红土,常夹有褐煤、油页岩、石膏和岩盐。它们除在侵蚀严重的个别地点外,一般不出露。第四系为黄土地层,广泛分布在本区东部、中部和西南部,形成连绵不断的黄土高原,并出现于谷地和平原,是对本区植被和林业生产影响最深刻的地层。

黄土地层按其形成时期的先后可分为下更新世的午城黄土(Q_1)、中更新世的离石黄土(Q_2)、上更新世的马兰黄土(Q_3)和全新世即现代黄土(Q_4)。午城黄土因始发现于山西省隰县午城镇而得名,固结较牢固,颜色较红,由于它是最古代的黄土,因而大都位于古地形低洼部位。离石黄土以分布于山西省离石县陈家墕者最为典型,它是黄土高原地形的主体,最大厚度100m,构成塬、梁、峁等各种黄土地形。它的下部颜色较红,土质较硬,往往含有十几层埋藏土壤及石灰结核;上部颜色浅,质地较松疏,成分较纯。马兰黄土大都覆盖在离石黄土的剥蚀面上,质地疏松,柱状节理发育,最易形成黄土喀斯特地形。全新世黄土为现代风积而成,是农田的主要母质。

黄土的化学组成,自东南向西北二氧化硅和铁、锰、铝化合物逐渐减少,碳酸盐和易溶盐类逐渐增加,pH值则由微碱性变为碱性。其机械组成自北而南逐渐变细,以马兰黄土为例,大致可分为五带:第一带粒径大于0.045mm,位于靖边、榆林、盐池一线以北;第二带粒径为0.035～0.045mm,南界至五寨、子长、环县、海原一线;第三带粒径为0.025～0.035mm,南界为灵石、洛川、平凉、定西一线;第四带粒径为0.015～0.025mm,南界经安泽、蒲城、淳化、陇西一线;第五带粒径小于0.015mm,位于本区最南部。

由于黄土具有特别发育的垂直节理,以及孔隙度等特性,因而经常出现各种大小不一的垂直缝隙和洞穴,使黄土具有很强的透水性,并且垂直渗透作用远大于水平渗透作用,致使黄土地层水分条件差,并且很少形成潜水,但在其底部的侵蚀面上,特别是透水性很差的第三纪红黏土表面,则往往具有丰富的静态潜水或流动潜水,成为本区极其宝贵的优质水源。黄土和黄土状地层中还经常有透水性差的古土壤淀积层,对植物生长极为有利。黄土的垂直节理有利于保持黄土天然陡壁和人工陡壁直立,但是形成洞穴也容易发生倒塌;此外由于黄土质地较疏松,不耐雨击和流水侵蚀,这是黄土地区水土流失严重的内在原因。

按照黄土沉积特点和地形特点可区分出以下四个地区:

(1)吕梁山—太行山之间。这里山地和盆地区分较显著,盆地地形较完好,有许多小型盆地,如寿阳、榆社、武乡、长治盆地等。黄土主要分布于盆地边缘、河流阶地、平缓分水岭和山坡,总厚度为50m左右,主要为马兰黄土。下伏基岩地形起伏大,基岩岭谷高差在300m以上,因而地形往往不开阔,呈波状起伏。

(2)六盘山—吕梁山之间。黄土地层主要为早期马兰黄土,是一种大面积的盆地和山麓堆积类型，在整个地区内构成连续的覆盖层，掩埋了低山和分水岭，填平了河谷和盆地，基岩地形不易辨认。黄土总厚度达100～150m，仅在少数山顶和深切的谷底才见基岩出露。塬地和梁、峁地形都很发育，在白于山以北垌地较多。

(3)乌鞘岭—六盘山之间。黄土地层主要为离石黄土与马兰黄土，总厚度为50～100m，黄土覆盖较连续，随下伏地貌而形成高差较大的波状连续面，并且可以以黄土地层的起伏明辨下伏的基岩地形。

(4)青海东北部黄河谷地与湟水谷地。黄土地层厚仅10～20m，地形起伏大，原始黄土与次生黄土往往交错分布，并且质地较粗，易破碎，侵蚀强烈。黄土下面为含易溶盐的第三系红黏土。地形坡度大，河流及冲沟下切深，大面积地形成黄土戴帽、红土为基础的梁状地形，很少见到塬、峁。

五、水资源

(一)河流水系

本区水系以黄河水系为主。黄河水系曲折回转贯穿于全区，流域面积占全区的85%；海河流域和鄂尔多斯内流区面积各占7%左右。

黄河由共和盆地东缘的龙羊峡进入黄土地区之后，由于地形、气候条件的复杂分异，黄河的水文特征发生了巨大变化。按照水文特点，黄土地区的黄河河段大致可分为以下三段：

(1)自共和盆地东缘的龙羊峡至中卫县下河沿为黄河上游中段。主要支流有大夏河、湟水、洮河和祖厉河等。本段是黄河河川径流的主要来源区之一，年径流量占黄河年径流总量的58%，河水含沙量仅为2～6kg/m^3，年输沙量不到黄河总输沙量的10%。洪水期7～10月，洪峰出现于7～9月，最大洪峰流量5 600m^3/s。本地区黄河干流地形呈梯阶下降，川、峡相同，因而形成了许多水利资源丰富的峡谷和土地肥沃的河谷平原。峡谷主要有龙羊峡、盐锅峡、八盘峡、桑园峡、大峡、乌金峡、江山峡、黑山峡。河谷平原主要有贵德川、水地川、甘循川、丹阳川、皋兰川、条城川、靖远川、五佛川等，它们一般有2～4级阶地。

(2)自下河沿至托克托县河口镇为黄河上游下段。本河段蜿蜒于我国西北高原的低平地带，地形比降小，西北地区最主要的“粮仓”——银川平原和河套平原即位于此。由于这里处于半干旱和干旱地带，降雨稀少，蒸发强烈，加上大量引水灌溉，因而径流不但没有增加，反之有所下降。如包头年平均流量比兰州少了189m^3/s，年径流总量减少了60亿m^3。本段较大的支流仅有发源于六盘山东麓的清水河。

(3)自托克托县河口镇至郑州西北的桃花峪为黄河中游，干流长1 206km。这里处于大面积缓慢上升区，水流纵向侵蚀和侧向侵蚀均较强烈，支流呈树枝状发育。较大支流有浑河、窟野河、无定河、延河、汾河、涑水河、渭河、洛河、沁河、伊洛河等，其中渭河是黄河最大的支流。黄河中游地区土壤侵蚀极其强烈，各支流流经黄土丘陵沟壑区，是黄河泥沙的主要来源地，河水年平均含沙量为27.6kg/m^3，年输沙量为9亿t，占黄河年输沙总量的65%。龙门到三门峡段年输沙量为5.5亿t，占黄河年输沙总量的34%。这里也是黄河洪水的主要来源区，花园口站洪峰最大流量为22 300m^3/s。

海河支流在黄土地区占据山西东部的太行山西麓。主要有流经大同盆地的桑干河，流经忻州盆地的滹沱河和流经长治盆地的漳河。这些河流在本区均属上游性质，但因流经黄土高原盆地，含沙量较大，它们均以湍急的流水横切太行山脉而入华北平原的海河系统。

(二)地表水资源

根据全国水资源评价要求及黄委会勘测规划设计院“黄河流域天然年径流”、水利电力部38－1－5课题组“华北地区水资源评价”资料，推求黄土高原地区1956～1979年24年平均年径流总量为654.63亿m^3，其中自产水量443.71亿m^3，入境水量210.92亿m^3。由于径流时空分布不均，经分析计算求得黄土高原地区4年一遇的枯水年年径流量为531.43亿m^3；20年一遇的枯水年年径流量为448.95亿m^3；5年一遇的丰水年年径流量为793.22亿m^3。平均年径流量大于30亿m^3的主要支流有渭河73.1亿m^3、洮河53.1亿m^3、湟水50.2亿m^3、伊洛河37.4亿m^3。

(三)地下水资源

地下水资源分别按平原区、高原区和山地区计算。平原区计算面积15.18万km^2，占总面积的24%，年地下水天然资源为177.94亿m^3，年可开采资源为160.78亿m^3，表明大部分地下水资源可供开发利用；高原区计算面积30.51万km^2，约占总面积的1/2，年地下水资源最小，为63.61亿m^3，年可开采资源仅为19.12亿m^3；山地区计算面积16.65万km^2，年地下水资源为94.43亿m^3，年可开采资源(主要是岩溶水)为23.86亿m^3。

1985年黄土高原地区用水总取水量299.24亿m^3，其中农业用水253.76亿m^3，工业用水30.2亿m^3，城镇生活用水5.73亿m^3，农村人畜用水量9.55亿m^3。但农村中尚有771万人、267万头(只)牲畜饮用水问题尚未解决，分别占全区农村人口和总牲畜的11.9%和5.3%。

六、森林植被

(一)森林

黄土高原地区的森林覆盖率为7.2%，加上灌木及“四旁”树，林木覆盖率亦仅13.4%。有林地总面积450万hm^2，全年森林生长率一般在2.48%～4.86%，年生长量估计为710万m^3。森林分布很不均匀，主要分布于海拔较高的土石山区和石山区，大约50%以上的人工林和90%以上的天然林分布在12个林区，如小陇山、六盘山、黄龙山、子午岭、秦岭、太行山、太岳山、关帝山、管涔山、五台山、中条山和伏牛山等。广阔的黄土高原区和丘陵区，由于农业历史悠久，长期不合理的采伐与垦耕，天然植被遭到严重破坏，代之以各种各样的人工栽培植被。但是，在塬边、陡坡、孤立的黄土柱和圪塄上，以及适于耕作的梁、峁顶部，依然有不少天然植被的残存片段。

在山地上分布的各类森林资源可以分为：

(1)寒温带常绿针叶林，如分布在青海省海拔2 400～3 900m的山地阴坡青海云杉林和紫果云杉林；在落叶阔叶林区海拔1 600～2 500m的山地青林和白林分布较广；圆柏林主要见于青海、宁夏高海拔山地阳坡，但生长缓慢而低矮。

(2)寒温带落叶针叶林，以落叶松为代表，主要分布在关帝山、管涔山、六盘山海拔

1 800～2 300m 的山坡上。

(3)暖温带常绿针叶林,以油松林、华山松林、侧柏林和白皮松林为代表。油松林在黄土高原地区有广泛分布,在东南部分布海拔为 800～1 800m,至西北部分布海拔达 1 700～2 400m。油松天然林残存不多,大多数为人工纯林。侧柏林主要分布在本区南部海拔 1 000～1 500m 以下的低山丘陵,耐严酷生境,呈片断疏林,生长低矮。华山松林主要分布在本区南部山地,如秦岭山区、中条山及六盘山。

(4)暖温带落叶阔叶林,主要有各种栎类、桦木和山杨等树种构成的天然纯林或混交林,分布于黄土高原地区东南部土石山地或石山地,往往是封山育林植被恢复的先锋树种,形成天然次生林。

(二)灌丛

灌丛植被在本区十分发达,类型很多,既有原生性的,也有森林破坏后的次生类型;分布面积广,有山地型的,也有平原型的。灌丛在山区的分布面积远超过森林植被;在平原区,灌木可跨越森林地带,直至草原地带,甚至沙地。本区灌丛大致可区分为常绿灌丛和落叶灌丛两大类。

(1)常绿灌丛,包括常绿针叶灌丛和常绿革质叶灌丛。常绿针叶灌丛主要有两种,一种是以塔枝圆柏(*Sabiha komarouii*)灌丛为代表的山地寒温性常绿针叶灌丛,主要分布于青海省的高寒山地;一种是以草原区沙地上的爬地柏(*Sabiha oulgris*)为代表的温性常绿灌丛,分布于毛乌素沙地的东部、内蒙古的乌审旗和陕西的神木榆林。常绿革质叶灌丛,以杜鹃属中耐寒的植物种为建群,主要分布于本区西部和南部山地,如诸山、西秦岭、太白山。

(2)落叶灌丛,是灌丛植被中分布面积最广、类型最多、经济意义最重要的一组灌丛。依据生态习性和生境特征,可分为:①高寒中生落叶灌丛,多为原生性,分布于高山和亚高山地带,如金缕梅(*Ddsiphord frticosd*)灌丛、箭叶锦鸡儿(*Cdrdgdnd jubdtd*)灌丛、高山柳灌丛、窄叶鲜卑花(*Sibiraea ahqustata*)灌丛、西藏沙棘(*Hippoae tibetica*)灌丛、直穗小檗(*Berberis dasgstachga*)灌丛。②温性山地中生落叶灌丛,主要分布于山地的中山和低山带,常位于落叶阔叶林带的下部,或混合分布,多数是阔叶林破坏后的次生类型。如虎榛子(*Ostrgopsis dauidiana*)灌丛、沙棘(*Hippophaerhamnoides*)灌丛、绣线菊灌丛、蔷薇灌丛。此外,平榛、二色胡枝子、杭子梢、六道木、牛奶子、北京丁香、山杏、山桃、连翘、毛黄栌、翅果油树、荆条、酸枣等树种构成的灌丛广泛分布于本区。③温性旱生落叶灌丛,多由有刺灌木类和旱生形态明显的灌木组成,在本区的森林带草原、典型草原和荒漠草原地带有广泛分布,多以面积不大的群落片段或小群体的形式散布在黄土坡上或浅沟内。如狼牙刺(*Sopbora ui－cifolia*)灌丛、扁核木灌丛、河朔荛花(*Vickistroemia chamaxdaphbe*)灌丛、小叶锦鸡儿(*Caraqana micropbgua*)和柠条锦鸡儿(*C. kor－shinskii*)为主的各类锦鸡儿灌丛、蒙古扁桃(*Prunus monqolica*)灌丛等。④温性沙生落叶灌丛,由草原沙生的灌木、半灌木组成,集中分布于本区北部的沙地及周围的覆沙地带。主要有沙柳(*Salix cheilophi－la*)灌丛、花棒(*Hedgsarun scoparium*)灌丛、踏郎(*H. fruticosumvar laeue*)灌丛,籽蒿(*Arfemisia sphaerocephalla*)、油蒿(*Arfemisiaordosia*)半灌木丛等。

(三)人工林

除天然林外,人工林营造一直是黄土高原地区水土保持和林业生产的主要内容,50多年来人工林营造累计保存有林地面积约135万 hm^2。用于人工造林的树种,在海拔1 700m以上的山地或土石山地主要有云杉、落叶松等;海拔1 100~1 700m主要是油松、侧柏、栎类等;海拔1 100m以下黄土覆盖层深厚的丘陵沟壑区,沟谷阶地主要是刺槐、杨树、旱柳、泡桐、臭椿等落叶阔叶树种,主要经济树种有苹果、梨、桃等水果及核桃、柿、红枣等木本粮油树种;半干旱、干旱风沙区及严苛的立地条件上则主要以沙棘、柠条等多种灌木为主。1978年,黄土高原地区“三北”防护林体系工程建设开始以来,按山系、按流域适地适树合理规划工程造林,人工造林迅速发展并取得较大成功。例如位于山西省境内黄河一级支流昕水河流域,1978~1986年全流域造林面积14.5万 hm^2,保存面积8.4万 hm^2,使森林覆盖率从1977年的13.4%增加到21.9%。“三北”防护林二期工程开始(1986年)以来,黄土高原地区的人工造林从指导思想上改变了以前单一防护目的,进而实行多树种、多林种结合;乔灌草结合,主干工程造林与群众造林结合;生态效益与经济效益结合;长期防护与短期效益结合的多功能、多效益的生态经济型防护林体系工程建设,使林业发展成为黄土高原大农业的发展和综合开发治理、脱贫致富的重要组成部分。

第二节　农村社会经济概况

黄土高原地区是我国农业的发祥地。大约在6 000年前,就已经开始了农业生产活动,秦汉时代,农业生产已经很发达。至今,农林牧业仍然是全区8 000万人口的主要产业,农林牧业用地占全区土地面积的80%以上。按农业统计资料计算,1985年黄土高原区农作物播种面积为1 275.8万 hm^2,复种指数为108.9%,低于全国水平(148.3%)。播种面积中,粮食作物占79.3%,经济作物占13.9%,其他作物占6.8%。粮食产量2 287kg/hm^2,低于全国的3 483kg/hm^2,全区人均耕地为0.148hm^2,高于全国人均耕地面积。牧业方面,全区有草场2 055.55万 hm^2,其中天然草场占93.9%,人工草场只占3.6%,改良草场占2.5%。天然草场平均产草量2 485kg/hm^2,约需0.59hm^2 方可饲养一个绵羊单位,远远低于畜牧业发达的国家如荷兰、新西兰、英国的大约0.13hm^2 人工草地就可饲养一只绵羊,高产草地只需0.07hm^2。因此,黄土高原的人工草场建设是加速畜牧业发展的基础关键措施。畜牧业中大家畜(特别是驴和骡)、奶山羊有一定的地区优势。全区有大家畜1 004.02万头、羊2 305.04万只、猪1 515.11万头。林果生产方面,黄土高原地区森林覆盖率为7.16%,低于全国12.8%的平均数,而世界森林覆盖率为32.3%,是黄土高原地区的4.51倍。人均森林面积差距则更大,世界人均森林面积为0.97hm^2,是黄土高原地区(0.056hm^2/人)的17.32倍。全区活立木总蓄积为21 962.79万m^3,森林蓄积量平均41.8m^3/hm^2,约为全国平均值(85.2m^3/hm^2)的一半。全区果树栽培面积28.25万 hm^2,占全国果园总面积的10.3%,水果总产量105.97万t,占全国水果总产量的9.1%。平均水果产量3 750kg/hm^2,只有集约经营果园产量15~30t/hm^2 的1/8~1/4。

从黄土高原地区农村经济的情况来看,农村社会总产值为377.83亿元,占全国同类产业的 5.96%，只有江苏省农村社会总产值（776.74 亿元）的 48.6%，而土地面积是江苏省的 5.81 倍。其中农业总产值为 174.88 亿元，按全区农村人口约 6 336 万人计算，人均农业产值只有 276 元。粮食生产是农业的主体，占农业总产值的一半以上。目前，作为黄土高原地区的主要产业，农林牧业的生产水平总的来讲低于全国平均水平，农林牧业的广种薄收、广牧薄收状况和农村经济收入匮乏、人民生活贫困的状态仍未得到很好的解决。这种状况的产生，除了自然生态环境恶劣、干旱、水土流失灾害严重、农业生产条件尚未得以较大改善等原因之外，人口的急剧增加也是主要原因。据统计，1949 年全区人口 3 639.5万人，1985 年增加到 8 139.22 万人，人口年均增长率为 2.27%，高于全国平均年增长率 1.9%。而甘肃、青海、宁夏、内蒙古的黄土高原地区人口年均增长率保持在 3.3%～4%。其中陇东、晋西北、宁南等地区都是全国人口规模扩大速度最快的地区之一。在这些地区，人口与环境完全陷入恶性循环的困境之中，成为全国最贫困的地区之一，人口成为发展当地社会经济的沉重压力。因此，控制人口发展也是黄土高原地区实行综合治理、促进经济发展的重要战略措施。

第三节　水土保持概况

一、水土流失的成因、分布及特点

黄土高原地区侵蚀模数大于 1 000t/(km^2·a)以上的水土流失面积达 45.4 万 km^2，占总面积的 71%。其中，水蚀面积 33.7 万 km^2，风蚀面积 11.7 万 km^2。水土流失面积之广、强度之大、流失量之多，堪称世界之最。

（一）水土流失成因

黄土高原水土流失的成因有自然因素和人为因素两个方面。

（1）自然因素。包括 5 个方面：地质因素（黄土覆盖厚，抗冲力差）；地貌因素（植被稀少，全区天然次生林、天然草地占总面积的 16.6%，其中，林地仅占总土地面积的 6%，其余大部分地区属于荒山秃岭）；降雨因素（暴雨集中，大部分地区年降水量 200～400mm，6～9月份占全年降水量的 60%～70%）；地形因素（山区、丘陵区和塬区占总土地面积的 2/3，长度在 0.5km 以上的沟道 27 万条，地形破碎，坡陡沟深）；土壤因素（该地区大部分为黄土覆盖，厚度一般为 100～200m，质地疏松多孔，抗冲力差）。

（2）人为因素。主要有：陡坡开荒、毁林、破坏植被；取土烧砖、采石、露天开矿、筑路弃土等开发项目造成水土流失；过度放牧、草场沙化。

（二）水土流失形式及分布

该区水土流失主要形式有水蚀、风蚀和重力侵蚀三种。其中水蚀可分为溅蚀、面蚀、细沟侵蚀、切沟侵蚀、冲沟侵蚀；重力侵蚀主要形式为崩塌、滑坡、泻溜。

1. 多沙区

年均侵蚀模数 5 000t/km^2 以上的多沙区，总面积 21.2 万 km^2，水土流失面积19.1 万 km^2，其中水蚀面积为 14.6 万 km^2，涉及黄土丘陵沟壑区、黄土高塬沟壑区、土石山区和黄土阶地区的部分地区。集中分布在河龙区间、泾洛渭河中上游以及青海、内蒙古、河南沿黄部分地区。多年平均输入黄河的泥沙量为 14 亿 t,占黄河总输沙量的 87.5%。

2.多沙粗沙区

年均侵蚀模数 5 000t/km^2 以上且粒径≥0.05mm 的粗沙输沙模数≥1 300t/(km^2·a)的多沙粗沙区,总面积 7.86 万 km^2,分布于河口镇至龙门区间的 23 条支流和泾河上游(马莲河、蒲河)部分地区、北洛河上游(刘家河以上)部分地区,主要涉及黄土丘陵沟壑区、黄土高塬沟壑区。该区多年平均输沙量(1954～1969 年系列)11.82 亿 t,占黄河同期总输沙量的 62.8%;粗泥沙输沙量为 3.19 亿 t,占黄河粗泥沙总量的 72.5%。

3.粗泥沙集中来源区

黄河中游粗泥沙集中来源区(粒径≥0.1mm 粗泥沙输沙模数大于 1 400t/(km^2·a)的区域)主要包括 11 条入黄支流,即皇甫川、清水川、石马川、孤山川、窟野河、秃尾河、佳芦河、乌龙河、无定河、清涧河和延河的部分地区,面积约 1.88 万 km^2,占多沙粗沙区面积的 23.9%,该区产生的全沙为 4.08 亿 t,占多沙粗沙区总沙的 34.5%;粒径大于 0.05mm 的粗泥沙量为 1.52 亿 t,占多沙粗沙区相应粗沙量的 47.6%;粒径大于 0.1mm 的粗泥沙量为 0.61 亿 t,占多沙粗沙区相应粗沙量的 68.5%。

(三)水土流失特点

黄土高原水土流失特点主要有五个方面:

一是水土流失面积广。黄土高原地区几乎到处都存在水土流失,其中侵蚀模数大于 1 000t/(km^2·a)的水土流失面积 45.4 万 km^2,占总面积的 71%;侵蚀模数大于 5 000 t/(km^2·a)的强度水土流失面积 19.1 万 km^2,占水土流失面积的 42%。

二是侵蚀强度大。侵蚀模数大于 5 000t/(km^2·a)的强度水蚀面积为 14.65 万 km^2,占全国同类面积的 38.8%;侵蚀模数大于 8 000t/(km^2·a)的极强度水蚀面积为 8.51 万 km^2,占全国同类面积的 64.1%;侵蚀模数大于 15 000t/(km^2·a)的剧烈水蚀面积为 3.67 万km^2,占全国同类面积的 89%。

三是流失量多。多年平均输入黄河的沙量 16 亿 t,筑成截面为 1m×1m 的土堤,可绕地球赤道 27 圈。水土流失使黄河水平均含沙量高达 35kg/m^3,是长江(1.2kg/m^3)的 29 倍。

四是产沙地区及时间集中。河口镇至潼关区间年来沙 14.6 亿 t,占全河沙量的 91.3%;河口镇至龙门区间来沙 9.08 亿 t,占全河沙量的 56.7%,80%以上的泥沙集中在汛期。

五是泥沙主要来自于沟谷地。其中,黄土高塬沟壑区:塬面面积占 65.8%,径流占 67.4%,泥沙占 2.3%;沟谷面积占 24.7%,径流占 24%,泥沙占 86.3%。黄土丘陵沟壑区:沟间地占 60.8%,径流量占 32%～42%,泥沙占 34%～41%;沟谷地面积占 39.2%,径流占 58%～68%,泥沙量占 59%～66%。

二、水土流失的危害

(一)恶化了生态环境

水土流失把地形切割得支离破碎、千沟万壑,全区长度大于 0.5km 的大小沟道达 27 万多条。水土流失和原有植被破坏,恶化了生态环境,加剧了土地和小气候的干旱程度以及其他自然灾害的发生。

(二)制约社会经济可持续发展,致使群众生活贫困

年复一年的水土流失,使地形破坏、土地沙化、土地数量减少,严重制约了社会经济可持续发展,危及子孙后代生存和发展的空间。地表“沙化”、“石化”,田间持水能力下降,土壤肥力衰减,粮食产量低而不稳,坡耕地正常年景的产量一般只有 375～750kg/hm^2。在国家“八七”扶贫计划 592 个贫困县、8 000 万贫困人口中,黄土高原就有 126 个贫困县、2 300万贫困人口,是我国两大片极度贫困地区之一。

(三)淤积下游河床,威胁黄河防洪安全

在年输入黄河的 16 亿 t 泥沙中,约有 4 亿 t 淤积在下游河床内,使河床逐年抬高。目前黄河下游河床平均高出两岸地面 4～6m,形成举世闻名的“地上悬河”,直接威胁着下游两岸人民生命财产安全、经济建设和社会的发展,成为中华民族的“心腹之患”。同时,据有关研究成果,黄土高原地区约有 2.0 万座水库已接近淤满,不能正常运行。

(四)水资源的利用受到了限制

水土流失使水库等水利设施淤积严重,缩短了使用年限。黄河是世界上含沙量最高的河流,引水灌溉必然引沙,使渠道淤塞和良田沙化。大量泥沙输送入海需耗用大量的水资源,使本已紧缺的黄河水资源的可利用量减少。

三、水土保持现状

(一)发展历程

黄土高原水土流失的防治工作历史悠久,早在奴隶社会就有大禹“平治水土”的传说,广大群众为获得农业丰产创造了丰富的耕作经验,如保土耕作法、梯田等。民国时期,当时的执政者和治黄主管部门,从治黄的要求出发,已把水土保持作为一项专门事业,进行调查研究,提出治理方案,建立组织机构,开展科学试验,并在局部地区开展小范围的治理;天水水土保持试验站建立于 1942 年,是我国最早的水土保持试验站;“水土保持”一词也是由黄土高原在民国后期首先使用,逐步推广到全国和世界。新中国建立以后,黄土高原作为我国水土保持工作的重点地区,得到了国家的高度重视,在全国率先开展了大规模的水土流失治理活动。从典型示范到全面发展;从单项治理、分散治理到以小流域为单元,不同类型区分类指导的综合治理;从防护性治理到开发相结合,生态、经济、社会效益协调发展。不同时期都创造和积累了具有明显时代特征的示范样板和成功经验。20 世纪 80 年代以来,国家投入了大量资金,先后在黄土高原地区起动实施了“无定河等四大片”重点治理、试验点小流域、治沟骨干工程专项、沙棘专项、国债水土保持项目、生态县建设、退耕还林(草)及黄河水土保持生态工程等一大批水土保持重点项目。特别是 1998 年以来,随着国家对水土保持生态环境建设投资力度的加大,中央投入黄土高原地区的水土保持经费达到 30 多亿元,超过了新中国成立以来水土保持投资的总和。其中国家通过黄委下达的水土保持投资 9 亿多元,目前年度投资约为 3 亿元。

(二)主要成就

50 多年来,黄土高原地区各级政府和广大人民群众与水土流失进行了持续不懈的斗争,累计完成水土保持初步治理措施面积 18.45 万 km^2,其中:兴修基本农田 669 万 hm^2,

造林 906 万 hm^2，人工种草 269 万 hm^2。建骨干工程 1 900 多座，淤地坝 11 万多座，小型水保工程 420 多万处。2001～2004 年，黄土高原地区新开展水土流失初步治理面积 5.33 万 km^2。

现有治理措施为改善和保护当地生产、生活和生态环境，减少入黄泥沙，促进区域的经济发展和群众的脱贫致富，作出了重要贡献。据统计，平均每年可增产粮食 50 多亿公斤，解决了 1 000 多万人的温饱问题。20 世纪 70 年代以来，水利水保措施平均每年减少入黄泥沙 3 亿 t 左右，占多年平均输沙量的 18.8%，减缓了黄河下游河床淤积抬高速度，为黄河安澜作出了贡献。通过多年的治理开发，涌现出了一大批"治理一方水土、致富一方人民"的成功范例，已有 32 个县(旗、市、区)、426 条小流域被命名为全国水土保持"十百千"示范工程。

第二章　主要水土保持造林树种育苗技术

第一节　建立苗圃

苗圃是培育苗木的基地，必须选择条件良好的苗圃地，并采取科学的管理措施，才能培育出合格的优质苗木。

一、苗圃地的选择

选择苗圃地主要考虑以下因素：运输方便，最好在造林地附近或周围，靠近居民点、交通方便的地方，以便苗木运输和移栽；容易进入，最好靠近生产和生活基地；避风、向阳；避开人畜禽经常活动或出入的地方，地势平坦，一般坡度不超过 3°，且避开易积水的低洼地；有足够的水源，土壤肥沃，且通透性好（一般沙壤土，壤地最好），土层深以 35～50cm 为宜；避开重茬地和长期种植烟草、棉花、玉米、蔬菜、地瓜类的耕地，以免滋生大量病菌。

（一）土壤条件

土壤是苗木生长的基本条件，也是水分、空气、矿物质营养供应的基地，苗圃地的土壤最好是不松不紧，砾石含量少，土壤肥力高，旱能蓄，涝能排，苗木根系在土壤中能穿插生长，主要以砂壤土、壤土和黏壤土为好，不沙不黏的壤土最好，土层深厚肥沃、湿润、排水良好，土层深度至少要 40～50cm，酸碱度不能过酸或过碱，pH 值一般为 6.5～7.5。

（二）水源条件

水分是种苗生长发育的必要条件，因此苗圃最好设在有永久或季节性水源的地方，水质无污染或受生活污水轻微污染，水源距苗圃近或适中，使用方便，这在干旱地区特别重要。否则要打井修水塔提水灌溉，灌溉用水的含盐量不超过 0.15%，地下水位砂壤土 1.5～2.0m，轻黏壤土 2.5m 以下，不具备灌水条件的地方，要采取一切蓄水保墒措施。苗圃地水源条件详见表 2-1。

表 2-1　根据水源条件选址

项目	理想的	可接受的	不能接受的
1. 水源	永久水源	季节性水源	旱季无水
2. 水质	无污染	受生活污水轻微污染	受工业污染
3. 水源与苗圃之间的距离	距离近	距离适中	距离太远，取水困难

（三）坡度条件

苗圃的地面坡度以 2°～3°为宜，这样既能保证排水又没有土壤侵蚀的问题，如果坡度较大，应修建梯田。

(四)方位条件

苗床和种床的布设方位以东西向延伸为宜,这样有利于苗圃内受光均匀。

(五)病虫害

在建苗圃前要求进行病虫害调查。在蝼蛄、蛴螬、地老虎等地下害虫严重的地方不能设置苗圃,多年种植土豆和蔬菜的土地,苗木容易发生立枯病,也不宜选作苗圃。如果必须使用这样的土地育苗时,必须对土壤和种子进行消毒和灭虫。

(六)管理方便

育苗期间,经常需要进行一些抚育管理工作,苗圃应该具有足够的活动空间,需要比较方便的交通条件,而且在附近要有用于堆沤肥料的空闲地方。对于像容器苗这样的运输比较困难的苗木,育苗地最好靠近造林地。

(七)苗圃面积的确定

苗圃面积包括两部分:一是生产用地面积,即直接用于培育苗木的用地;二是非生产用地面积,主要包括道路、排灌渠道、房屋、篱笆等所占地面积。

苗圃面积根据造林对苗木的需要量、单位面积产苗量和苗圃耕作制度来决定。

$$\text{某树种育苗面积}(hm^2)=\frac{\text{每年计划需苗量}}{\text{每公顷产苗量}}\times\text{苗木培育年龄}$$

各树种育苗面积之和加休闲(或轮作)地面积就是生产地面积,考虑到抚育、移植、起苗、运苗过程中苗木的损耗,每年计划的需苗量外再补增5%的损耗比例,如果利用种床播种后移栽到苗床的育苗方式,还需要计算种床的占地面积。如果发芽后马上移栽,种床上育苗可以密一些,占地面积相当于苗床面积的0.5%~1%;如果大一些移栽,占地面积相当于苗床的1%~2%。非生产用地面积中道路和排灌渠道等不可确定的占地面积可按生产用地的8%~15%来确定,房屋、篱笆等面积按实际需要计算。将生产用地和辅助用地加起来,就是苗圃总面积。

二、苗圃规划与建设

苗圃地点和面积确定之后,进行测量,绘制1/500~1/2 000的平面图(或地形图)。同时还要进行苗圃规划与建设,一般来说,苗圃内包括种床、苗床、道路、围栏、风障、遮阴建筑、灌溉和排水设施等,要进行区划,合理布局。

(一)生产用地规划与建设

1.播种区

(1)种床建设。种床有时候也称为阳畦,它主要用于幼苗的繁殖和保护,当小苗长高后再移栽到苗床上。一般情况下,苗木可直接在苗床上播种培育。

种床主要是为了解决以下育苗问题:种子难发芽且数量不多;种子的生活力和发芽率不清楚;早春育苗,以便延长苗木生长期;直播可能失败,需要采取补救措施时;扦插育苗需要作催根处理。

种床面积一般不要很大,为了松土、除草、浇水等管理工作方便,长度依需要而定,取决于生产量的大小,一般长6m左右,宽度1.0~2.0m,深度60cm。畦底开挖20cm×20cm的渗水沟,以利排除积水,种床四周用砖或石块垒成墙,北面高,南面低,大致成20°

的斜面,封口用0.035～0.045mm厚薄膜,四周用泥土压严。

床面整平后,底部先铺5cm厚河沙,以利排除积水,上面覆10cm厚熟土和土杂肥土,以便土壤水分保持和苗木生根;再在上面覆10～15cm厚的营养土,营养土一般取3份林地腐殖质土,2份细沙,1份一般土。

(2)大田苗床建设。大田苗床一般分为高床和低床。

高床:床面高出地面15～25cm,床面宽1.0～1.5m,为便于管理,床面最长不超过50m,苗床间设人行道,宽40～50cm。

低床:床面低于地面15～25cm,宽0.9～1.0m,床面长及步道要求同高床,在下游处设排水口。

苗床内土壤要求:混拌一定数量腐熟的有机肥,且保持疏松,不积水。

(3)容器苗苗床建设。容器育苗也要设置苗床,根据地形条件可建高床、低床和半高床,在黄土高原地区,为了保持土壤墒情,一般用低床,要求是:床面宽度1.0～1.2m,深15～30cm,长度根据需要而定;整平田面,夯实,留有一定坡度以利排除积水,同时在最低处留出排水口;为了起苗方便和防止苗木根系穿透容器袋扎到袋下的土壤中,底部可铺一层塑料薄膜,其上铺一层2cm厚的粗沙,如果土壤较黏重,夯实后不须再铺薄膜。

2.无性繁殖区

主要分扦插繁殖区、嫁接繁殖区和压条与分株繁殖区。扦插繁殖区主要以全光照喷雾育苗圆盘为主。

全光照喷雾苗床宜建成圆形,其半径与喷水装置的臂长相吻合或略大一些。苗床周围用砖砌成高30cm的围墙,且每隔2～3m留一排水孔,床底铺设10～15cm厚的卵石或碎砖,其上覆盖5cm厚工业炉渣,再铺设10cm青沙,最上再铺盖20cm的扦插基质,为使排水方便,床面中间略高,四周稍低,圆盘最底部要夯实处理好,以防喷水以后塌陷等,采用自动间隙喷雾,以温度和时间进行控制,停电后采取手动控制方式。

3.移植苗区

移植苗区也叫换床苗木区,用于将种床繁育的苗木、无性繁殖的苗木进行繁殖,以培育大苗。

4.培育大苗区

主要用于培育园林绿化苗木。

5.无性繁殖采条区

主要用于无性繁殖所需种条的采集,可规划在苗圃边缘、土壤肥沃湿润的地方。

6.试验区

主要用于苗木试验研究。

(二)辅助用地规划

1.道路

道路的设计主要根据使用车辆机具和人员的正常通行和工作。苗圃道路包括主道、副道、步道、周围圃道。

主道:当苗圃面积在0.67 hm^2 以上,起苗和追肥时需要大车,为了方便,需要在苗圃中建主道,主道是贯穿苗圃中央的一条主要运输道路,宽2～4m。

副道:设在主道两侧与主道垂直或沿耕作区的长边设置,宽1～2m。

步道:为便于人员通行作业方便,在各个畦间设置的道路,一般宽0.4～0.7m,有时步道可与排灌系统及田埂结合使用。

周围圃道:环绕苗圃周围的道路,供作业机具回转和通行管护用。

2.灌溉排水系统

苗圃要有灌水系统、排水系统。灌水系统可根据情况选择喷管灌、微灌及明渠灌溉,排水系统可选择砖渠道、石质渠道、土质渠道,以排除苗圃积水。

3.苗圃防护设施

(1)在村庄周围或野外(尤其山区)建苗圃容易受到人、畜、禽、野兔、獾等侵害,造成苗圃践踏、苗木损伤等,因此应设置篱笆防止其进入苗圃地。

活篱笆:用生长快,萌芽力强,有刺但根系不过分扩展的常绿低矮树木或灌木,如侧柏、沙棘、花椒等。一般栽植2行,株距0.3～0.5m,行距1m。

死篱笆:用竹子、树枝(条)编成篱笆,打入地下1/4,用尼龙网或铁丝围起来。

围墙:可用砖或钢筋做成固定围墙,用砖时一定要做成花墙,保证苗圃通风。

(2)风障。为了保护幼苗免受强风、风沙等危害,减少地面水分蒸发和苗木蒸腾,减轻旱灾,为苗圃提供较好的小气候环境,有必要设置防风障。

风障的最佳形式是,设置3行或4行乔灌结合的防风林,要与主风方向垂直,每行栽一个树种,各行之间由高低不同的树组成,行距1～1.5m,树冠郁闭后适当疏剪或间伐。

(3)苗圃地遮阴。苗圃地遮阴是保护种床和幼苗免受日晒和大雨冲击的一种保护性措施。主要是防止播种后(尤其小粒种子)或刚刚出苗时遭受大雨溅击,减少土壤水分蒸发和小苗蒸腾,降低地表温度,使幼苗免遭日灼之害,提高苗木成活率,也可提高种子出苗率。但是遮阴过多会造成苗木生长发育缓慢,形成徒长现象,也会加速霉菌的繁殖。

(4)温室。常用的育苗温室形式有塑料大棚和拱棚。

塑料大棚:塑料大棚在黄土高原地区一般使用竹木结构、水泥杆结构或二者混合及土墙等4种结构形式,顶部呈圆形或屋脊形两种形式,一般采用圆形。整个支架用塑料薄膜罩起来,冬季还要覆盖上草(苇)帘子,以保持晚间、阴天室内温度。棚中央一般高3～4.5m,侧高0.8～1.8m,跨度3～15m。在不影响苗木生长和使用管理的情况下,高度尽量降低,以减少造价和便于大棚上的操作。

拱棚:拱棚是介于地膜和塑料大棚之间的一种覆盖类型,由于搭设简单、投资较少、覆盖效果较好,在黄土高原已被广泛采用,它主要用于短时间内(1个月以内)给苗木提供一个较暖的环境。

拱棚是用直径1cm左右、长2～2.5m的竹竿或薄竹片,弯成“弓”形,两端栽在苗床两侧的土埂上,用横杆在弓顶部和两侧将各弓串连起来,使之固定一起,跨度1.0～1.5m,中间高0.5～0.7m,弓与弓之间的间距为0.5～0.8m,然后用塑料薄膜横向罩在弓架上,两端用土埋住。为了牢固,可用绳子在薄膜上面横向绑缚几道即可。

第二节 苗圃地土壤耕作、轮作与施肥

土壤耕作、轮作与施肥是培肥土壤、提高土壤肥力的主要措施。经过认真细致耕作、合理轮作和科学施肥的苗圃，才能源源不断地、协调地为苗木提供所需要的水、养、气、热条件，促进苗木的生长，获得较大的效益。

一、苗圃地土壤耕作

（一）耕作的作用

土壤耕作是苗圃地土壤管理的主要措施，其主要作用如下。

(1)疏松和加深了耕作层，从而改善了土壤的理化性质。由于土层疏松，土壤的透水性加强，能充分吸收降水，减少地表径流；另一方面切断了毛细管形成隔离层，减少水分蒸发，因而能提高土壤蓄水保墒和抗旱能力；由于土层疏松，加强了土壤的通气性，增加了非毛细管孔隙，加强了土壤的气体交换，使苗木根系呼吸得到了充足的氧气，排出多余的二氧化碳；由于土层疏松，空气的热容量小，耕过的土壤地温较高，在早春有利于种子发芽和幼苗生长；又因空气的导热性不良，耕作层昼夜温差变小，有利于根系的生命活动；由于土层疏松，促进了好气性微生物的活动，因而使有机质不断分解，为苗木的生长提供了充足的养分。

(2)翻动上下层土壤，促进下层土壤更好地熟化，也使上层土壤恢复团粒结构。此外，还有翻埋杂草种子、作物残茬，混拌肥料，消灭病虫害的作用。冬季整地还可以冻垡、晒垡，促进土壤熟化；并可以冻杀虫卵和病菌孢子，减少苗圃病虫害。

(3)平整土壤表层，不仅能减少土壤水分蒸发，也为灌水、播种、幼苗出土创造了良好的条件。

总之，通过深耕细整，改善了土壤结构，提高了保水、保肥能力，消灭了杂草，为种子发芽、插条生根、苗根生长创造了良好的条件。

（二）耕作的原则

(1)耕作必须因地制宜。拟作苗圃用地种类大致可以分为原有的苗圃地、农耕地改设苗圃地、生荒地和撂荒地。此外，苗圃地所处地理纬度、海拔高度、地形地势、水文状况等千差万别，整地要因地制宜，区别对待。

原有的苗圃地，拟继续培育苗木，在干旱、少雨、多风的情况下，应于秋季起苗后立即平整地面，进行深耕细耙，并作好苗床，以待翌春育苗。在冬季温和多雨、土壤黏重的地区，冬季整地后不再耙地，进行晒垡，使土壤疏松，原先所育苗木如需留床待春季起苗造林的，返春后应抓紧组织起苗造林，起苗后应尽快耕耙，以减少水分蒸发。

农耕地改建苗圃地，秋收后立即进行浅耕，待杂草种子发芽时，再行深耕，以消灭杂草，减少养分和水分的消耗。

新开垦的生荒地，整地主要是注意消灭杂草，清除草根和石砾，还应平整土地，加深土层，修好地埂，防止冲刷。撂荒地整地时应先清除杂草，然后深翻细整，使地面平坦，土层加厚，更适合苗木生长。

风沙土地区的苗圃地，冬季不宜整地，而应施行圃地镇压，以防跑墒和吹蚀土壤，待来春避开风害，再随整地随育苗。

(2)耕作要与苗圃地土壤改良相结合。质地黏重的苗圃地，秋冬季整地应耕而不耙，以便冻垡、晒垡，促进风化，如能掺入适量的沙土或工业灰渣，将有助于改良其黏重性；过于松散的沙质土，其下层如有较厚的黏质间层，应行深翻，以增加表层的黏粒，如果附近黏土丰富，也可掺黏改沙。山地苗圃应结合整地修筑梯田，平整地面，尽可能加厚土层，以利于保水、蓄水，并注意清理梯田内的石块、植物根系，扩大苗木根系的营养空间。低洼易涝、易碱的苗圃地，整地时要与修筑台田、开掘排水沟等工程措施结合，注意抬高地面和降低地下水位，深耕、细耙，降低土壤表面蒸发量，减轻地下水和盐碱的危害。

(3)耕作要认真细致。耕地要深透，耙地要匀，要防止重耕、漏耕。整地还要防止打乱土层。

(4)耕作要适时、适法(详见“耕作的方法”)。

(三)耕作的方法

苗圃地耕作包括浅耕、耕地、耙地、镇压和中耕等5种基本方法。

1.浅耕

浅耕是耕地前进行的一种土壤耕作措施。其目的是为了防止土壤水分蒸发，消灭杂草和寄生于表土层或土壤表层的病虫害，减少耕地的阻力，提高耕地的质量。

苗圃地轮作区的农作物或绿肥作物收割后进行的浅耕还有清除作物或绿肥残茬的作用，也叫做浅耕灭茬。

浅耕的深度一般为4～7cm。而在生荒地或旧采伐迹地上开辟的苗圃地，由于杂草根系盘结紧密，浅耕灭茬要适当加深，可达10～15cm。

2.耕地

耕地是整地作业的主要环节。耕地时通过各种机具对苗木土壤进行全面翻动，深可达整个耕作层(甚至更深)，因此对土壤改良影响最大。耕地的效果主要取决于耕地的深度和季节。

(1)耕地深度。耕深是评价整地效果的主要指标。深耕可以调节土壤水热状况和通透性能，对改良土壤结构、蓄水保墒、释放养分、消灭杂草和病虫害具有重要影响，所以有条件的苗圃均应进行土壤深耕。但是，深耕用工多、费用高，而耕地太深也无必要，从壮苗培育的实际需要出发，苗木的根系分布不宜太深，主要吸收根要求分布于十几厘米至二三十厘米深的土层中，所以播种区耕地深度，一般土壤以20～25cm为宜；移植苗和插条苗因根系分布较深，深耕25～35cm即可。

各地苗圃具体耕地深度可以根据苗圃所处地区的气候、土壤及育苗的需要酌情确定。比如干旱地区可以深些，湿润地区可以浅些；黏质土耕地宜深，沙质土耕地宜浅；山地苗圃土层厚的宜深，而土层薄的宜浅；盐碱土地区苗圃，为改良土壤，便于洗碱，耕地深度可达40～50cm。为了防止形成犁底层，同一地片每年的耕地深度应有所变化。耕作层较浅和新开辟的苗圃地，为了扩大苗木根系吸收面积，耕地深度可逐年增加2～3cm，同时注意不要打乱原来土壤层次。

(2)耕地季节。一般说在没有苗木生长的地片，一年四季均可耕地，但因苗圃所处位置、气候和土壤情况不同，各季耕地效果并不一致，一般以秋季起苗或作物收获后进行秋耕效果较好，对改善土壤的水、养、气、热的作用较大，消灭杂草和病虫害的效果也比较好，对晒垡、冻垡、促进土壤风化以及吸收积雪都有益处。山地苗圃和旱地苗圃以雨季前耕地蓄水效果好，而春耕的效果则较差。在风沙危害较大的地区和秋季或早春风蚀较严重的苗圃不宜进行秋耕，耕后还要及时耙地，以利防风保墒。

至于具体的耕作时间，要根据土壤质地、土壤黏着力、结持力和土壤湿度情况而定。一般说当土壤含水率为饱和含水率的 50%～60%时，土壤的黏着性和结持力最小，耕地的阻力小，效率高，垡片碎，质量好。有经验的人员通常可用手测法确定耕地时间：用手抓一把土捏成土团，距地面 1m 高处让其自然落地，如果土团能摔碎，此时含水率适中，应该立即耕地；假如土团摔不碎，说明含水率太高，土壤黏着力大，结持力强，耕地阻力大，耕后垡片大，不易打碎，此时耕地尚不适宜。

3. 耙地

耙地也叫耙耱，是耕地后进行的表土耕作措施。其目的是粉碎垡块，使地表细匀平整，清除杂草，破坏地表结皮，切断土壤毛细管，保蓄土壤水分，防止盐分随水上升到地表。

耙地的时间。北方冬季有积雪，春天较干旱的地区，为了更好地积雪保墒，秋耕后留垡免耙，待来年早春“顶凌耙地”。冬季很少积雪的地区，应在秋耕时随耕随耙，以利蓄水保墒。干旱较重，早春土壤解冻时要及时耙地，春季耕地时则要随耕随耙，以防跑墒。

耙地时要耙细、耙匀，注意不要漏耙，还要将茬根清理干净，以利播种育苗。

耙地可能对土壤表层结构有所破坏，所以团粒结构良好的土壤，应尽量少耙地。

4. 镇压

镇压是借重物或重力镇压表土层的耕作措施。其目的是破碎表土硬块，压实较虚的表土层，增强耕作层的毛细管作用，减少汽态水的损失。

干旱地区苗圃，耕作层土壤疏松干旱，可在春季做床后镇压床面，也可以在播种后镇压播种沟底，以利于毛管水接通，提高床面和播种沟底的土壤水分含量，促进种子发芽。

黏重的土壤，镇压会使土壤板结，妨碍幼苗出土和生长，土壤含水率较高时，镇压也会引起土壤紧实板结，应引起注意，最好是待土壤稍干后再行镇压。

5. 中耕

中耕是苗木生长期间进行的土壤耕作。其目的是疏松表层土壤，调节水、气状况。中耕通常和除草活动结合进行，这不仅可以改善土壤的肥力供应，还能减少杂草对水分、养分和光照的竞争，从而促进苗木生长。中耕一般每年要进行数次，中耕的深度应随苗木生长变化，要先浅后深；靠近苗木根际处要浅，向外逐渐加深，以免伤害幼苗的根系，影响其生长发育。

(四)土壤耕作特点

(1)育苗地的土壤耕作。在气候干燥、降水量较少、风多、土壤水分不足的地方，为了蓄水保墒，秋季起苗后，要立即平整地面，深耕细整(耙)，灌足冻水，翌春提早做床播种；冬季有积雪的地区，秋耕地不耙，翌春再耙地；在干旱地区秋耕后灌冻水，来春再顶凌耙地。

(2)农耕地的土壤耕作。农作物收获后立即浅耕，待杂草种子萌发时，再进行深耕细整，灌足冻水，翌年春再顶凌耙地。

(3)生荒地及撂荒地的土壤耕作。杂草不多的荒地，秋耕秋耙后，翌年春可育苗。杂草茂盛的生荒地，先割草压绿肥，浅耕灭茬，切断草根，待杂草种子萌发后再耕地。耕地时间在雨季前；冬季无积雪地区，要求耕后立即耙地，冬季有积雪的地区可以耕后不耙。

二、轮作

轮作是在同一块育苗地上，轮换培育不同树种的苗木或其他作物（如农作物或绿肥作物）的栽培方法。轮作能充分利用土壤养分；能改良土壤结构，提高土壤肥力；能防止可溶性养分的淋失和抑制盐碱地盐碱的上升；能防止某些大量元素的过多消耗；能减轻或调节苗根排泄有毒物质，防止其大量积累，能有效地预防病虫害的杂草危害，还能通过休闲种植绿肥或牧草，增加土壤的有机质和养分。实践证明，合理轮作可以提高苗木的质量和产量，是一项值得推广普及的技术措施。

（一）轮作的方法

轮作方法是指某种苗木与其他植物（包括其他树种的苗木）相互轮换栽培的具体安排。常见的轮作方法有以下几种：

(1)苗木与苗木轮作。选择能互相促进而又无共同病虫害的树种进行轮换育苗的方法。用不同树种进行轮作，能充分利用土地，在育苗种类多时可采用。要做到树种间的合理轮作，应了解各种苗木对土壤水分和养分的不同要求，各种苗木易感染的病虫害种类、抗性大小以及树种互利与不利作用。据试验，油松在松栗和杨树茬地上育苗生长良好；油松、白皮松与合欢、复叶槭、皂角轮作，猝倒病较少；落叶松、赤松、樟子松、云杉和红松等树种也可以轮作。

轮作最好是在豆科树种与非豆科树种、深根树种与浅根树种、喜肥树种与耐贫瘠树种、针叶树与阔叶树、乔木与灌木之间进行。不同树种的苗木轮作虽然能把全部土地用于育苗，但对维护并提高土壤肥力效果不大，且可供选用的轮作树种往往与育苗计划不相吻合，因此苗苗轮作常受很大限制。相比之下，苗肥轮作、苗农轮作则更好一些。

(2)苗木与农作物轮作。即苗木与各种农作物轮流种植。农作物收割后有大量的根系遗留在土壤中，增加了土壤的有机质，因此苗木与农作物轮作不仅可以增加粮食和其他农产品及苗圃的经济收入，更重要的是可以起到补偿起苗时土壤中所消耗的大量营养元素的作用，维持土壤肥力，目前我国多数苗圃采用这种轮作方法。

根据各地经验，可供选用的轮作作物主要有豆类（黄豆、绿豆、蚕豆等），其次有小麦、高粱、玉米等。值得注意的是，选择轮作作物，应避免引起苗圃病虫害，切不可将苗木病虫害的中间寄主作为轮作植物引入苗圃地。

(3)苗木与绿肥植物（或牧草）轮作。这是指一块地上轮换培育苗木和种植绿肥植物（或牧草）。这种轮作方式能大大增加土壤中的有机质，促进土壤形成团粒结构，协调土壤中的水、肥、气、热等状况，从而改善土壤的肥力条件，对苗木的生长极为有利。苗木与绿肥轮作可以提高苗圃地土壤肥力，促进苗木生长，提高苗木产量和质量，特别是增加了等级苗的数量，使育苗的效益大大提高。长此以往，对于苗圃培肥土壤、提高肥力大有好处。这种方法在立地条件较差、气候干燥、土壤贫瘠、有机肥严重缺乏的地区尤其适用。

轮作选用的绿肥或牧草以苜蓿、草木樨、毛叶苕子、紫云英、三叶草、田菁及各种豆类等较好。

(二)轮作周期

轮作周期是指在实施轮作的育苗地上,所有的地块都能够得到相同休闲时间所需要的期限。通常轮作周期有3年、4年、8年和9年等轮作制。3年轮作制即3年为一轮作周期,在3年内每年有2/3的土地育苗,1/3的土地休闲。3年内每个地段都轮休一年。4年轮作制即4年为一周期,此间有3/4～1/2的土地育苗,1/4～1/2的土地休闲,其中每个地段都休闲1～2年,其他依此类推。同一个轮作周期,可以有不同的轮作制度,在不同的轮作制度下,休闲地的数量和同一地块的休闲时间不同。根据具体情况,不同地区应根据本地区的实际情况,制定适合本地区的育苗轮作制度。

休闲地是为了恢复和提高土地肥力而进行“休养生息”的保养地段,为了改善休闲地土壤水分和肥力状况,可以种植绿肥、牧草或农作物。但在干旱地区,也可以绝对休闲,不种任何植物,而照常进行中耕、除草等土壤管理工作。

三、施肥

苗圃施肥一般分为基肥和追肥两种。基肥常由有机肥和部分化肥组成,追肥多以化肥为主。施肥对于短时间内培育较多的壮苗意义重大。

(一)苗木生长所需肥料

苗木生长必须有较好的营养条件。据植物分析和栽培经验,苗木正常的生长发育至少需要碳、氢、氧、氮、磷、钾、硫、钙、镁、铁、硼、锰、铜、铝、锌、钼等十几种营养元素。其中碳、氢、氧约占苗木干物质的95%,由于它们来源于空气,苗木比较容易获得,不存在供应不足的问题。其余的物质大约占4%,这些营养元素主要是由土壤供应。氮、磷、钾是这些物质中苗木需要量较多的养分,约占2.5%,而在土壤中这三种元素的速效态的养分含量比较低,常常不能满足苗木生长的需要,需要通过施肥进行补充。因此,人们称这三种元素为“肥料三要素”。硫、钙、镁、铁、硼、锰、铜、铝、锌、钼等微量元素,共占植物体干物质的1.5%左右,苗木对其需要量很小,一般来说大多数土壤都能满足其需要。如果土壤中这些物质不足时,也会影响苗木生长,这时候需要通过施肥进行补充。

一般苗圃由于连年育苗,以上这些营养元素会大量消耗。据苏联科学家分析,$1hm^2$一年生欧洲松苗木(280万株),每年消耗土壤中的氮27kg、磷10.3kg、钾15.4kg;而$1hm^2$的大麦所消耗的氮为19.1kg、磷6.4kg、钾15.4kg。这些营养建造了苗木植株,随起苗造林而带走,有时还常常要带土起苗,所以育苗后苗圃地土壤养分消耗很多,需要不断地通过施肥加以补充,才能满足苗木生长的需要。此外,苗木生长需要良好的土壤环境,改良土壤结构、调节土壤酸碱度、增强微生物活性等也需要施肥才能实现。

(二)常用肥料的种类及其性质

苗圃施用肥料种类很多,按肥料所含有机质情况分为有机肥料和无机肥料;按肥料发挥效力的快慢可分为速效肥料与迟效肥料;按肥料在土壤中进行的化学反应可分为酸性肥料、中性肥料和碱性肥料;按肥料所含的主要营养成分又分为氮素肥料、磷素肥料、钾素肥料、微量元素肥料以及几种单质肥料混合配制的复合肥料和长效肥料等。

1. 有机肥料

有机肥料是含有机质为主的肥料。常用的有堆肥、厩肥、绿肥、泥炭(草炭)、腐殖质酸肥、人粪尿、家禽粪、海鸟粪、饼粕和骨粉等。这些肥料在林区和农村极易得到,是苗圃地主要肥源。

有机肥含有多种营养元素和有机质,可以满足各种苗木对多种营养元素的需要,因此是一种完全肥料。有机肥料要经过土壤微生物的分解作用,才能释放出可被植物吸收利用的营养元素和热量。这是一个复杂的生物发酵过程,其进程较慢,所以又是迟效肥料。有机肥不仅能供给苗木生长所需要的多种元素,而且在土壤微生物的作用下形成腐殖质,对形成土壤团粒结构具有重要意义。因此,有机肥施于黏土中,可以改善通气性;施于沙地中,可以提高其保水性。这对于提高土壤肥力、提高苗木的产量和质量有重要的意义。

(1)堆肥。堆肥是用植物秸秆、杂草、树叶、垃圾等原料混合一定比例的泥土和人粪尿,经堆制发酵而成的。有人试用锯末堆肥,效果颇佳。因为原料来源充分,堆制方法简便,可以大量生产,成本又低,所以是苗圃的主要有机肥料之一。堆肥含有机质较多,分解缓慢,但肥效持久,常用做基肥。堆肥的养分含量随堆制原料和堆制方法而不同,一般堆肥含有机质 15%~25%,氮(N)0.4%~0.5%,磷(P_2O_5)0.48%~0.20%,钾(K_2O)0.45%~0.7%。为了创造微生物活动的适宜环境,加速堆肥的腐熟过程,减少养分的损失,不论是平地堆积还是坑式堆积,在堆制过程中要求有一定的水分、空气、热量和一定的酸碱度。应当注意堆肥必须充分发酵腐熟才可使用,否则易引起病虫害发生。

(2)厩肥。厩肥是家畜的粪尿与褥草(垫圈的碎草和秸秆)、泥土等混合堆积而成的肥料。厩肥肥效迟缓,肥效持久,一般常做基肥。

厩肥的营养成分随家畜种类、饲料的好坏、垫圈材料、用量及堆积时间等条件变动很大。

主要的厩肥有猪圈粪、马厩肥、牛栏粪、羊圈粪等。

(3)人粪尿。人粪尿是农村和苗圃常用的有机肥,是将人粪经腐熟而成的肥料。一个成年人一年约排泄粪便 790kg(尿占 700kg),其数量是可观的。成年人的粪便中养分平均含量见表 2-2。

表 2-2 人粪尿的养分含量(占鲜重%)

项目	有机质	氮(N)	磷酸(P_2O_5)	氧化钾(K_2O)
人 粪	20 左右	1.00	0.50	0.31
人 尿	3 左右	0.50	0.13	0.19
人粪尿	5~10	0.5~0.8	0.2~0.4	0.2~0.3

注:资料源自中国农业科学院土壤肥料研究所编《中国肥料概述》。

人粪尿含氮丰富,且大部分以尿素态存在,具有速效性,既可做基肥,也可做追肥使用。

人粪尿经过充分腐熟后,一是可加速肥效,二是可消灭传染病源。腐熟人粪尿的方法,一般是把粪尿混在一起,放在窖中加 1~2 倍水,盖上窖盖,放置 1~2 周,待混合液变成暗绿色混浊物时即已腐熟。应用时再稀释 2~3 倍,进行沟施效果最好,施后应立即盖土。人粪尿不应与草木灰、石灰等混用，以防氮素损失。

(4)绿肥。绿肥是用绿色植物的茎叶等经沤制或将其直接翻埋到苗圃地土中的肥料。绿肥营养全面，属完全肥料。一般绿肥植物产量较高，如 1hm^2 苕子可产鲜草 1.5 万～4.5 万 kg，可以沤制大量肥料。常用的绿肥植物有紫云英、苕子、沙打旺、芸芥、草木樨、羽扇豆、黄花苜蓿、大豆、蚕豆、豌豆、紫穗槐、田菁、胡枝子等。部分绿肥植物的营养成分如表 2-3 所示。

表 2-3　几种绿肥植物的养分含量(占鲜重%)

种类	有机质	氮(N)	磷酸(P_2O_5)	氧化钾(K_2O)
田　菁		0.52	0.07	0.15
胡枝子	19.5	0.59	0.12	0.25
紫穗槐		1.32	0.30	0.79
羽扇豆	14.4	0.50	0.11	0.25
新鲜野草		0.54	0.15	0.46
苕 子		0.54	0.13	0.43
紫云英		0.40	0.11	0.35

注：资料源自中国农业科学院土壤肥料研究所《重要肥料作物栽培》。

绿肥压青或沤肥，最好是在绿肥植物盛花期前进行。这时植物的鲜重较大，营养物质含量较多，组织幼嫩，易于分解。压青或沤制时，不宜浅压，而以 10cm 左右为宜。沙质土或地温低、墒情较差的地块可以稍深些。翻压时土要盖严，以防跑墒，影响分解。

(5)腐殖酸类肥料。此类肥料是以腐殖质为主要原料，配入氮、磷、钾等元素制成的有机肥料。因为腐殖质含有大量的腐殖酸，故此得名。腐殖质是植物残体在土壤中经土壤微生物作用下的腐殖化过程产生的。腐蚀质泥煤(又叫土煤、草煤)、褐煤和风化褐煤都含有腐殖酸(含量为 5%～70%)，都可作为腐殖质酸肥料的原料。由于配入腐殖酸中的成分不同，又分为腐殖酸铵、腐殖酸磷、腐殖酸钾和腐殖酸钙以及腐殖酸氮磷、腐殖质酸氮铁、腐殖酸氮磷钾等。腐殖酸类肥料呈酸性，既有速效成分又有迟效作用，常用做基肥，有时也做种肥。做种肥时应加入 5～10 倍细干土，混合均匀后拌种或施于播种沟中。此外，还可用腐殖酸类肥料的溶液浸种。

(6)饼肥。饼肥是含油植物种子榨油后剩下的残渣。常见的饼肥及其营养成分如表 2-4。

饼肥营养丰富，成分完全，是上好的肥料，常用做基肥。含氮量较高的饼肥直接使用应充分发酵，营养才能被苗木吸收，但应避免与种子直接接触；含氮量较低的饼肥，如棉籽饼等，腐熟分解慢，而且常含一些有毒物质，施用前应先将饼粕粉碎，再用人粪尿浸泡，而后经堆积、泡制才能施用。

为了合理地利用资源，充分发挥饼粕的作用，凡不含毒素的饼粕，应先做畜禽饲料，然后利用畜禽的粪便做肥料；有些可做工业原料，也应在工业提取其中有效成分后，再将废料充做肥料。

表 2-4　几种饼肥的营养成分(占鲜重%)

种类	氮(N)	磷(P_2O_5)	钾(K_2O)
大豆饼	9.00	1.32	2.13
棉籽饼	3.41	1.63	0.97
菜籽饼	4.60	2.48	1.40
桐籽饼	3.60	1.30	1.30
柏籽饼	5.16	1.89	1.19

注:资料源自山东省林业厅编《土壤学基础》。

(7)其他土杂肥。主要是指塘泥、草炭、炕土、老墙土、熏土、蚕沙以及各种无毒、无害的生活污水、垃圾等。这些土杂肥含有多种成分,均可作为育苗的肥源。

2. 无机肥料

无机肥料又叫矿质肥料,包括化学加工生产的化学肥料和天然开采的矿物质肥料。这些肥料大部分为工业产品,不含有机质,有效成分含量高,大部分易溶解于水,能被植物直接吸收,肥效较快,多属速效肥。按照其营养成分,可分为氮肥、磷肥、钾肥、复合化肥、颗粒肥料、微量元素肥料等。

(1)氮肥。氮肥是含有氮素或以氮素为主的矿质肥料。氮肥种类颇多,大多数易溶于水,肥效迅速,施肥数日即可见效。通常都用做追肥,也可与有机肥混合做基肥使用。常见的氮肥有以下几种:

硫酸铵[$(NH_4)_2SO_4$],简称硫铵,为白色晶体,含氮量20%~21%,吸湿性小,不易结块。施入土壤后苗木吸收NH_4^+比吸收SO_4^{2-}多,部分SO_4^{2-}残留于土壤中,使土壤趋向酸性,所以又叫做生理酸性肥料。硫铵可做基肥、追肥和种肥。施后要覆盖,并及时灌水,以防氮素挥发。

碳酸氢铵[NH_4HCO_3],简称碳铵,为白色细粒晶体,含氮17%左右。碳酸氢铵有强烈氨臭,具吸湿性,能结块,易挥发,其水溶液呈碱性。碳铵可做基肥和追肥。施用时开沟深施,立即盖土并及时浇水。一般不能用碳铵做种肥,因为碳铵的碱性及挥发产生的氨对种子发芽有害。

氯化铵[NH_4Cl],又叫氯铵,为白色晶体,含氮24%~25%。吸湿性较硫铵强,易结块,也是生理酸性肥料,可做基肥和追肥,不宜做种肥。某些忌氯植物(如葡萄等)和盐碱土不宜施用氯化铵。

氨水[$NH_3 \cdot H_2O$],属氨态肥,为无色液体,含氮量12%~17%。具强氨臭味,易挥发,呈碱性。对铜、铝、铁器皿有腐蚀性,对人眼和呼吸黏膜有强烈刺激性。可做基肥或追肥,施用时兑20~40倍水,开沟深施,并即盖土。也可滴入灌水中施用,但应注意不可使之接触苗茎、叶,以免灼伤。

硝酸铵[NH_4NO_3],简称硝铵,属硝—铵态氮,为白色结晶,含氮33%~35%。吸湿性强,易结块;在高温或强力冲击下能爆炸,并可助燃,对人、畜还有一定的毒性,贮运及使用时应加注意。硝铵一般用做追肥,干旱地区也可做用基肥。

尿素[$CO(NH_2)_2$],纯品为白色针状结晶。含氮量高达42%~46%,是目前固体氮肥中含氮量最高的优质肥料。为了克服其吸湿性,市售尿素常包被防潮剂制成颗粒状。尿素可用做基肥和追肥,也可以用0.1%~0.5%的稀释液喷洒叶面,做根外追肥。

硝酸铵钙[$NH_4NO_3 + CaCO_3$],又叫石灰硝酸铵,为白色或灰褐色颗粒,含氮20%左右,能溶于水,呈弱碱性反应,适于在酸性土中做基肥或追肥。

石灰氮[$CaCN_2$],即氰氨基钙,为黑色或灰色颗粒,有的呈粉末状。含氮18%~20%,微溶于水,属碱性肥料。除做肥料外,还可做杀虫剂和灭草剂。因对人畜和苗木能产生毒害,使用时应特别注意。

近年来,为了克服化学氮肥肥效短、易分解、易挥发、淋失和易被土壤固定的缺点,试制了一些能逐渐溶解、缓慢释放养分、肥效持续时间较长的氮肥,称为长效氮肥。如脲甲醛,粉状,含氮38.4%;钙镁磷包膜碳酸氢铵,碳铵占75%~80%,钙镁外壳占15%~18%,可用做基肥。

(2)磷肥。磷肥是含磷素或以磷素为主的矿质肥料。大多数磷肥肥效迟缓,常用做基肥,有的也可用做追肥。常用磷肥主要有以下几种:

过磷酸钙,又称普钙或过磷酸石灰,为白色粉状物。其主要成分是磷酸一钙[$Ca(H_2PO_4)_2$],也有少量磷酸二钙[$CaHPO_4$],此外还有少量石膏及游离酸。含有效磷(P_2O_5)14%~21%。属速效性磷肥,有吸湿性和腐蚀性,呈酸性反应。过磷酸钙施入土壤中常发生化学固定作用,在盐基饱和度较高或石灰性土壤中易变成磷酸三钙[$Ca_3(PO_4)_2$]沉淀;在酸性土壤中易转化成难以溶解的磷酸铁和磷酸铝[$FePO_4 \cdot AlPO_4$],降低了溶解度和肥效。所以,过磷酸钙适合于在中性和碱性土壤中做基肥和种肥,有时也用做追肥。

重过磷酸钙,为白色颗粒,不含石膏等杂质,主要由磷酸一钙组成。含有效磷(P_2O_5)40%~52%,是一种高效磷肥。其性质和施用技术与过磷酸钙基本一致,但用量可减少一半左右。

钙镁磷肥,多为绿色、灰褐色玻璃质粉末或细粒。主要成分为α-磷酸三钙[$\alpha-Ca_3(PO_4)_2$],有效磷含量为14%~20%。不吸湿,无腐蚀性,呈碱性反应,多用做基肥。在酸性土壤中施肥效果好,而石灰性土壤施肥效果较差。

钢渣磷肥,又叫汤马斯磷肥或碱性炉渣。为黑色粉末,含弱酸性磷(P_2O_5)5%~14%,主要成分是磷酸四钙[$Ca_4(P_2O_9)$],稍吸湿,呈碱性反应。在厩肥或堆肥混合堆放后施用,效果更好。

磷矿粉,为灰白色或黄褐色土状粉末。随产地不同有效磷(P_2O_5)含量差异很大,一般为15%以上,高的可达38%。主要成分为磷酸三钙和氟磷酸钙[$Ca_3(PO_4)_3]_3 \cdot F$,适合在酸性土上做基肥,如与有机肥混合堆沤,施后效果发挥更好。

骨粉,系动物骨骼加工制成。主要成分为磷酸三钙,有效磷(P_2O_5)含量为20%~30%,还有少量氮素。骨粉肥效高于磷矿粉,而使用技术大体相同。

(3)钾肥。钾肥是钾素或以钾为主的矿质肥料。目前钾肥的种类较少,主要有以下几种:

硫酸钾[K_2SO_4],为淡黄色结晶,含速效钾(K_2O)50%左右,为水溶性强的速效钾肥,酸性土壤要与石灰间隔使用。也可配制成1%~3%的溶液,做根外追肥用。

氯化钾[KCl],为白色或粉红色结晶,含钾(K_2O)50%~60%,有吸湿性,能结块,是一种速效生理酸性肥料。适宜在石灰性或中性土壤中施用,常做基肥或追肥。在酸性土壤中需与石灰配合作用,但不能掺混使用。

草木灰,是植物残体燃烧后得到的灰粉,因为含有碳酸钾,又叫做碳酸钾肥,为灰色或灰黑色粉末。草木灰钾的含量因植物种类不同而异,见表2-5。

表2-5 草木灰的养分含量 (%)

种类	氧化钾(K_2O)	有效磷(P_2O_5)	氧化钙(CaO)
松木灰	12.44	3.41	25.18
小灌木灰	5.92	3.14	25.09
禾本科草灰	8.09	2.30	10.72
草木灰	4.99	2.10	—

注:摘自山东省林业厅编《土壤学基础知识》。

(4)复合化肥,又叫多质化肥或多元化肥。肥料中含有两种或两种以上的营养元素。复合肥料特点是:养分较全面,含量较高,大多数能被植物所利用,剩余副成分较少,对土壤性质无不良影响。此外,复合肥料物理性状好,便于运输和使用。但是复合肥料成分较固定,难以满足各类土壤或不同苗木的要求。所以,复合肥料要根据不同土壤、树种及肥料特性合理选择施用。常见的复合肥料特性及其施用技术见表2-6。

表2-6 几种复合肥料特性及其施用技术

肥料名称	主要成分及其化学式	养分含量(%)	主要性状	施用技术
氨化过磷酸钙	$NH_4H_2PO_4$ + $CaHPO_4$ + $(NH_4)_2SO_4$	N 2~3 P_2O_5 14~18	溶于水,中性	可做基肥、追肥、种肥
磷酸铵	$(NH_4)_2HPO_4$ + $NH_4H_2PO_4$	N 12~18 P_2O_5 46~52	溶于水,中性,有吸湿性	基肥,追肥要深施,也可做种肥
磷酸二氢钾	KH_2PO_4	P_2O_5 24 K_2O 27	溶于水,酸性	浸种或叶面喷施
硝酸钾	KNO_3	N 13 K_2O 46	溶于水,中性,稍吸湿,高温可爆炸	做追肥

注:摘自山东省林业厅编《土壤学基础知识》。

(5)颗粒肥料。颗粒肥料是用硫铵、过磷酸钙、硫酸钾或其他钾盐,与经过干燥粉碎处理的泥炭土配合再加热而制成的颗粒状肥料。因为肥料中的养分已被泥炭腐殖酸胶体所吸附,在土壤中较难以被淋失或被固定,所以其肥效高而且持久。

(6)微量元素肥料。微肥是指一些植物需要量微小,但又不可缺少的营养元素。其中最为常用的有铁、硼、锰、铜、锌和钼等。这些营养元素需要量极少,一般可不作为必须施用。但有些土壤某些微量元素含量过低,或者由于土壤条件很差,使一些微量元素难以溶解,植物无法吸收,表现为“缺素症”,这样微量元素便成为苗木正常生长的限制因子,必须加以补充,因此就需施用微量元素肥料。

微量元素肥料需要量很少,施用的方法与大量肥料要求不同,通常多用做根外追肥,有时也做种肥,如拌种、浸种、蘸根等。有些微量元素肥料也可以与有机肥混合做基肥或追肥使用。

微量元素肥料的用量要视不同的施用方法和施肥技术以及苗木生长情况而定,事先最好先经试验,大面积应用要严格控制用量,以防伤害苗木。

3. 微生物肥料

微生物肥料也叫细菌肥料,简称菌肥,是利用土壤中一些有益微生物经培养而制成的生物性肥料。其中包括固氮菌肥料、根瘤肥料、磷细菌肥料、钾细菌肥料、抗生菌肥料及菌根真菌的接种剂等。有些具有抗菌作用的刺激植物生长作用的放线菌,也已发展为菌肥。这些菌肥本身并不含有树木生长所需要的营养元素,而是通过菌肥中微生物的生命活动,改善植物营养条件,抑制有害微生物的活动等,以利于植物的生长发育。因此,菌肥是一种辅助性肥料,不能单独施用,必须与有机肥、化肥配合使用,才能发挥其作用,达到增产的目的。

(1)固氮菌肥,是由固氮菌培养制成的一种菌肥。固氮菌是一种具有自生固氮作用的好气性细菌,多分布于植物根际土壤中,并不进入植物体。它利用环境中的有机质为养料,将空气中的氮素(空气中含氮量为80%)转化为有机氮,通过其分泌到体外的含氮代谢物及死亡后的分解物,供给植物氮素营养。此外,固氮菌还能分泌某些维生素和生长素类物质,具有促进苗木生长的作用。固氮菌无树种选择性,对任何苗木都有促进作用,所以用途极为广泛。

固氮菌肥可伴种做基肥或用于沤制堆肥。为了充分发挥固氮菌的作用,使其在苗木根际生活旺盛,大量繁衍,固定更多的氮素,应多施堆肥等有机肥料和磷、钾肥,还要创造适宜的土壤水分和通气条件。有些土壤固氮菌已自然存在,无需施用,只要通过优良的耕作和施肥措施,就能促进固氮菌繁衍增殖,大量地吸收固定空气中的游离氮素,转而为苗木所吸收。

(2)根瘤菌肥,也叫根瘤菌剂,是由豆科植物根瘤中分离出的根瘤菌经培养制成的好气性细菌肥料。根瘤菌能进入植物体内与豆科植物共生,在根部形成瘤状物,可固定大气中的游离氮素,增加豆科植物的营养。

根瘤菌对寄主有严格的选择性(即专化性),并不是所有的根瘤菌在任何豆科苗木上都可寄生产瘤。没有育过豆科苗木的土壤,一般没有根瘤菌。所以,初育豆科苗木的苗圃地应施根瘤菌肥。根瘤菌通常用做拌种,即用冷水把菌剂调成糊状,与种子拌匀一同播入土中即可。拌种时不可在室外,以防紫外线杀死根瘤菌。

(3)磷细菌肥,也叫磷化细菌,是利用某些具有分解有机磷或无机磷化合物能力的细菌制成的菌肥,可分为有机磷细菌肥料和无机磷细菌肥料两种。前者主要是大芽孢杆菌和极毛杆菌，以分解核酸、卵磷脂等为主；后者是一些不生芽孢的产酸小杆菌，所产之酸可以溶解磷灰石，而使磷得以应用。磷细菌也属好气性细菌，其生命活动中除具解磷作用外，还能形成维生素、异生长素和类赤霉素一类的活性物质，对苗木生长有一定的刺激作用。

由于土壤中磷素最易为土壤固定，极难为苗木所吸收，磷细菌将能使土壤中的磷素变为有效磷，易为苗木所吸收。因此，各地苗圃均应注意磷细菌肥料的施用。磷细菌肥可用做基肥、种肥或追肥，而拌种用较多。拌种时应注意避光，以防直射光杀死磷细菌。

(4)钾细菌肥，又叫硅酸盐细菌肥，是应用钾细菌培养制成的细菌肥料。这种钾细菌能强烈地分解土壤中硅酸盐类的钾，使之转化为苗木可以吸收利用的有效钾。此外，还兼有分解土壤中难溶性磷的能力。钾细菌还可抑制植物病害，提高抗病能力。钾细菌肥可做基肥、追肥、拌种或蘸根用。

(5)复合菌肥，是多种有益微生物经人工培养后制成的微生物肥料。它具有多种有益微生物的综合作用。主要由"5406"抗生菌肥、磷细菌、钾细菌、固氮菌组成，一般可用做基肥、追肥或种肥。

(6)菌根菌，是一种真菌类微生物，寄生在某些树种的根部，形成一种菌丝套，包被于树木的细根上，这种包有菌丝的根，叫做菌根。菌根在土壤中可以代替根毛吸收磷、铁等营养元素和水分，并可防止磷元素从苗根向外排泄；菌根菌还能分泌有机酸，促使一些难溶性物质变为可溶性养分；菌根菌死亡后其躯体经分解还可供苗木吸收利用。许多针叶树种和壳斗科、桦木科树种都有菌根菌寄生，培育这些树苗时，要进行菌根菌接种，苗木才能生长良好。接种时只需将带有菌根菌的森林土壤撒到圃地播种沟中即可。如用人工培养的优良菌种接种，效果会更好。

(三)施肥的原则

要提高苗木的产量和质量，必须科学合理施肥。如果施肥不合理，其效果不佳，有时甚至适得其反。因此，要在了解苗圃地土壤、气候条件的基础上，参照所育树种的特性，选用适宜的肥料或肥料组合，科学地确定施肥量、施肥时间和方法，并配合恰当的耕作、灌溉等措施，以充分发挥施肥的效果。主要掌握以下原则。

1.合理搭配有机肥和化肥

化肥具有有效养分含量高、体积小、运输和施用方便等优点。但是，如果长期单一地施用化肥，会造成土壤结构变差，土壤保水保肥供水供肥能力下降。如果施用化肥太多，还会导致环境污染。有机肥虽然速效养分含量少，肥效缓，但是持效时间长，而且能改善土壤的理化状况，提高土壤保肥供肥能力，防止或降低土壤污染，这是化肥所不具备的。实践证明，有机肥与化肥配合施用可以互相取长补短，促进肥效的发挥。

2.按照苗木生长分阶段合理施肥

苗木从发芽生出叶子后，开始依靠根系来吸收营养维持其生长。这时它需要土壤能源源不断地供给它所需要的养分。同时，在几个生长高峰期，还需要有大量的养分供应，以保证其茁壮成长。因此，要及时地供应苗木所需要的养分，在肥料施用上应长效和速效结合，苗圃中常用的施肥方式有基肥和追肥两种，基肥以长效肥为主，追肥以速效肥为主。

基肥一般在播种前施入土壤，以有机肥为主，有机肥必须充分腐熟，一般每公顷施饼肥1.5～2.3t,土杂肥60～75t。同时为了保证幼苗生长能得到充足的速效养分,对于珍贵苗木或土壤比较瘠薄的苗圃,有时也加入部分速效氮肥。根据磷钾肥在土层中不易移动及土壤供应磷钾的能力,有时也在基肥中加入适量的磷肥和钾肥。

基肥一般是在秋季耕翻时或在早春耕地做床时施用。

追肥一般是苗木生长发育的高峰期施入的一些速效肥料。在苗木速生期以前以及速生期中(夏季),以追施氮肥为主。全年共追施2～4次,每次每公顷追施尿素45～120kg或碳酸氢铵75～150kg。到速生期中后期(8月中下旬)停止追肥,以免苗木贪青徒长,不利于安全越冬。

3.看土施肥

育苗前要全面调查苗圃土壤,根据土壤性质合理施肥。原则上说,苗圃地缺什么营养元素就补什么营养元素,缺多少就补多少。如红壤和酸性沙土中,磷、钾含量不足,应补充磷肥和钾肥;在酸性土壤上可溶性磷易被固定失效,其他养分也会因失效而降低,因此不宜单施;磷肥以集中施用较好,或与堆肥等混合使用,减少与土壤的接触面积,以减少磷的固定;在质地黏重、通透性较差的土壤,应多施些有机肥;沙质土有机质少,保水保肥性能差,更要以有机肥为主,且施用时较黏质土适当深些,以防施在表层土中,在好氧性细菌作用下很快矿质化分解流失。另外,在酸性土壤中应选用碱性肥料;在碱性土壤中多施些酸性肥料,使土壤酸碱度得以改善。而不论什么土壤中多施有机肥料均有改良结构、提高肥力的作用。

4.看天施肥

看天施肥即根据天气条件科学施肥。因为气温的高低、雨量的多少与肥料分解养分吸收及挥发、淋失有密切关系。在气候温暖多雨地区,有机质易分解,矿质养分易流失,施用有机肥宜选分解慢、半腐熟的肥料;追肥时,次数宜多,施肥量宜少。气候寒冷地区有机质分解缓慢,应选用腐熟度较高点的有机肥。干旱少雨地区追肥次数宜少,而用量可稍多些。

5.多肥混合

将氮、磷、钾肥与有机肥、微肥,甚至菌肥合理混合施用效果很好,不仅可以节省劳力和时间,有些肥料还可互相作用,提高肥效。因为三要素混合施用可以互相促进发挥作用。如磷肥能促进根系发育,利于苗木吸收氮素,促进氮的转化、合成;速效氮、磷与有机肥混合用做基肥,可减少磷被土壤固定,从而可以提高磷肥的肥效达25%～40%,且能减少氮的淋失;有机质缓慢分解不但可以源源不断地供给苗木所需养分,同时还可以改良土壤,有利于苗木根系的生长发育。

肥料的混合必须注意肥料特性与配合禁忌,一般情况下混合后应即施用,而在下述情况下则不宜混合使用:一是混合后养分损失,如氨态氮肥与碱性肥料混合可引起氮素的损失;二是混合后使肥效降低,如过磷酸钙与石灰等碱性肥料配合,使可溶性磷酸钙变成磷酸三钙,降低其肥效;三是混合后可能使肥料物理性质变坏,如过磷酸钙与硝酸铵混合后相互结块。各种肥料可否混合施用见图2-1。

6.经济施肥

苗圃施肥应有经济效益分析,施肥的经济支出不应大于经济收入。这不仅要看通过

肥料名称	硫酸铵	硝酸铵	氨水	碳酸氢铵	尿素	石灰氮	氯化铵	过磷酸钙	钙镁磷肥	钢渣磷肥	沉淀磷肥	脱氟磷肥	重过磷酸钙	磷矿粉	硫酸钾	氯化钾	窑灰钾肥	磷酸铵	硝酸磷肥	钾氮混合肥	氨化过磷酸钙	草木灰(石灰)	粪尿肥	厩肥、堆肥
硫酸铵																								
硝酸铵	○																							
氨水	×	×																						
磷酸氢铵	×	△	×																					
尿素	○	△	×	×																				
石灰氮	×	×	×	×	×																			
氯化铵	○	△	×	×	○	×																		
过磷酸钙	○	△	×	△	○	×	○																	
钙镁磷肥	△	△	×	×	○	×	×	×																
钢渣磷肥	×	×	×	×	×	×	×	×	○															
沉淀磷肥	○	△	×	×	○	×	○	×	○	○														
脱氟磷肥	△	△	×	×	○	×	×	×	○	○	○													
重过磷酸钙	○	△	×	×	○	×	○	○	×	×	×	×												
磷矿粉	○	△	×	×	○	×	△	△	○	○	○	○	△											
硫酸钾	○	△	×	×	○	×	○	○	○	○	○	○	○	○										
氯化钾	○	△	×	×	○	×	○	○	○	○	○	○	○	○	○									
窑灰钾肥	×	×	×	×	×	×	×	×	○	○	○	○	×	○	○	○								
磷酸铵	○	△	×	×	○	×	○	○	×	×	×	×	○	×	○	○	×							
硝酸磷肥	△	△	×	×	△	×	△	△	×	×	×	×	△	△	△	△	×	△						
钾氮混合肥	○	△	×	×	○	×	○	○	×	×	×	×	○	△	○	○	×	○	△					
氨化过磷酸钙	○	△	×	×	○	×	○	○	×	×	×	×	○	△	○	○	×	○	△	○				
草木灰(石灰)	×	×	×	×	×	×	×	×	△	△	△	△	×	×	△	△	○	×	×	×	×			
粪尿肥	○	○	×	×	○	×	○	○	×	×	×	×	○	○	○	○	×	○	○	○	○	×		
厩肥、堆肥	○	△	○	○	○	○	○	○	○	○	○	○	○	○	○	○	○	○	○	○	○	○	○	

○ — 可以混合使用
△ — 混合后应立即使用
× — 不能混合使用

图 2-1 肥料混合图

施肥对提高苗木质量、促进苗木生长的效果，还要看通过施肥提高的苗木产量和出苗率等。通过分析对比来找到最佳的施肥投入。

(四)施肥方法

1.基肥

基肥也叫底肥，是育苗前或秋冬季节结合土壤耕作施用的大量缓效或迟效肥料。施用基肥的目的是不断供给苗木或树木在整个生长季节所需要的养分，并改良土壤，提高土壤肥力。基肥一般以有机肥为主，常用的有堆肥、厩肥、绿肥等。有机肥如与矿质肥混合或配合使用效果更好。有时为了调节土壤酸碱度，改良土壤，使用石灰、硫磺或石膏等间接肥料时，也应做基肥。基肥施用的方法主要是撒施，即将备好的有机肥料均匀撒布于土壤表面，犁地时翻入耕作层中。深度宜在 15～17cm 的根系分布层为宜。

2.种肥

播种或种条扦插时所施用的肥料，统称种肥。施用种肥的目的是满足幼苗初期生长发育对养分的需要。种肥以充分腐熟的有机肥料或速效化肥或微生物肥料为主。施用种肥时尽量避免种子或种条与高溶度肥料直接接触，以免产生腐蚀和毒害作用。种肥主要施用方法如下：

(1)拌种。微生物肥料或少量化肥与种子拌匀，再播入土壤中。

(2)蘸根。苗木移植或插根时，将微生物肥料与少量的化肥配成一定浓度的溶液或调成泥浆，将苗根或种根浸蘸后再育苗。

(3)浸种。将微生物肥料和少量化肥等，酿成稀溶液浸种后再播。

(4)条施或穴施。播种前或播种时将肥料撒入播种沟内；大粒种子育苗，如核桃、板栗等也可将肥料撒入点播穴内。

(5)盖施。在播种后，将充分腐熟的有机肥或草木灰等覆盖在地面上的一种施肥方法。

3.追肥

追肥是苗木生长期间施用的肥料。追肥施用的目的是解决苗木在不同生长发育阶段对养分的要求。追肥一般以速效化肥为主，充分腐熟的有机肥也可以应用。追肥的方法有以下几种：

(1)撒施。将肥料均匀撒于地面，随即进行中耕松土及灌溉。

(2)条施。在苗木行间开挖浅沟，将肥料施入，再覆盖。或者将肥料配成溶液，浇灌于苗行之间。

(3)灌溉施肥。即把肥料撒在苗床上，随即灌水，或将肥料随灌水施入土壤中。

(4)根外追肥。即将尿素、硝酸铵、过磷酸钙、磷酸二氢钾、硫酸亚铁等速效肥料或其他微量元素肥料配成一定浓度的稀溶液，在苗木需要某种养分最多的时期喷洒在叶面上，供苗木吸收利用的一种施肥方法。根外追肥的特点是，追肥后叶面可直接吸收营养元素，避免被土壤固定或淋失；供应养分的速度远较土壤追肥要快；一般喷后经20～30分钟，多至2小时左右，苗木即开始吸收，24小时可吸收50%，2～5日可全部吸收。因此，当苗根发育不全或移植苗根系尚不能立即吸收养分时，根外追肥可以保证养分的供应。根外追肥可以节省肥料，如柳杉苗用尿素根外追肥50mL比土壤追肥150mL效果还好，可节省2/3的肥料；在土壤条件较差，施用某些肥料无效，或者肥料比较昂贵，用量又比较少时，根外追肥可以收到很好的效果而又节省施肥用费。

根外追肥要注意浓度适宜，浓度过高会灼伤苗木。磷、钾肥以1%浓度为宜，最高不宜超过2%；每次每公顷用量为38～75kg；尿素浓度以0.2%～0.5%为宜，每次每公顷用量7.5～15kg。几种肥料混合使用时，应注意各种肥料的比例，如磷、钾混合液以3∶1为宜。此外，还应注意，喷雾要细，喷布要均匀，以喷满不滴为佳。喷洒的时间以晴天的傍晚或夜间为好，喷后两日内遇雨会冲掉肥料，应予补喷。根外追肥的次数，因需要不同而异，一般要喷3～4次，效果才会显著。应当注意的是，根外追肥虽然效果很好，但不能代替土壤施肥，只能作为一种补充施肥方法在必需时应用。

(五)苗圃常用肥料的性质及施肥技术要点

常用肥料性质及施用技术详见表2-7。

表 2-7 苗圃常用肥料的性质及施肥技术要点

肥料		N(%)	P_2O_5(%)	K_2O(%)	性质	施用技术
氮肥	尿素	45～46			属人工合成有机氮，比其他氮肥肥效慢，经土壤微生物分解后，以铵态氮形式供植物利用。吸湿性小，易溶于水，在转化成铵态氮以前为分子态，不易被土壤胶体吸收，易随水流失	宜做基肥和追肥。做基肥时要深施，不要离幼苗的根系太近，先均匀地撒在床面上，然后翻入土壤内做种肥，但要深侧施或种子下施。不能拌种，以免小苗烧伤。做追肥时穴施、沟施不要靠近苗木根系，撒施后覆土1～2天后浇水，水量不宜太多或太少，使尿素随水移动到根部为原则，水太大会使尿素淋失。在碱性土壤上施用，会变成氨气损失，喷施浓度掌握在0.2%～0.5%，颗粒尿素损失小，施用量150kg/hm^2
	碳铵、碳酸氢铵	17			吸湿性小，易溶于水，易挥发，高温下分解快，遇碱易分解，变成氨气挥发，属于氨态速效氮肥	宜做基肥，深施5cm以下，以免其分解，先均匀撒在床面上，然后翻入土壤，或者沟施、穴施。地表撒施的一定要在施肥后浇水。不宜在碱性土壤上使用，勿与石灰、草木灰及碱性肥料混用，以免分解形成氨气损失，土壤墒情不好时勿用
	硫酸铵	20～21			易溶于水，吸湿性小，属生理酸性肥，常施会使土壤向酸性发展，属于铵态速效氮肥	一般用做追肥，做基肥时与有机肥混合使用较好。不宜长期在酸性土壤上使用，以免土壤板结和进一步酸化。结合施用石灰或草木灰较好，但不能与碱性肥料混用，以免分解成氨气损失。要深施覆土，施后浇水
	氯化铵	24～25			同硫酸铵	基本与硫酸铵相同，但酸化作用更大，常用在水田中
	硝酸铵	32～35			易溶于水，吸湿性很强，具有助燃性和易爆性，不能与易燃物放在一起，也不能与易氧化的铁等金属末放在一起，避免剧烈冲击摩擦。结块时用木棒击碎。含有一半硝态氮，一半铵态氮，属于速效氮肥	宜做追肥，沟施或穴施。由于硝态氮易随水流失，注意施后灌水量不要太大，也不宜在透水性强的沙性土上施用，在干旱季节施用硝态铵水溶液较好，不宜与碱性肥料混合使用，以免铵态氮气损失

续表 2-7

肥料		N(%)	P_2O_5(%)	K_2O(%)	性质	施用技术
磷肥	过磷酸钙		12～18		易溶于水，吸湿后，降低肥效，磷素易被土壤固定，为速效性磷肥	一般宜做基肥，也可做追肥穴施，集中施在苗木的根部，减少肥料与土壤的接触，以降低磷素的固定。与有机肥混合使用，比施在土壤中效果好，有利于肥效的发挥，施肥深度以种子下 3～5cm 为宜，75～110 kg/hm^2
	重过磷酸钙		36～52		易溶于水，但吸湿后肥效影响不大	同上，但由于养分含量高，施用量是普钙的 1/3 左右
	钙镁磷肥		14～20		不溶于水，溶于酸性土壤，不易吸湿结块，肥效比普钙慢	适合酸性土壤上施用，宜做基肥，做追肥时应早施，一般 300～600kg/hm^2
	钢渣磷肥		8～14		炼钢副产品，成分复杂，呈碱性，吸湿，不溶于水	适合在酸性土壤上使用，不宜做追肥，宜做基肥，与有机肥混合后，集中施在根层附近
	磷矿粉		14～36		由磷矿石直接粉碎而成，一般含磷量低，全磷量的 10%～20% 为可溶性磷，其余均是难溶性磷	适合在南方酸性土壤上施用，肥效慢，宜做基肥，与有机肥堆沤以后施用
钾肥	氯化钾			50～60	易溶于水，不宜吸湿，属生理酸性肥料	一般做基肥和追肥，不能做种肥。施用时不要接触种子、苗根、苗茎，否则灼伤苗木和抑制种子发芽。在酸性土壤上施用，会使土壤酸度进一步加重，应结合石灰施用，在中性和石灰性土壤上施用不会使土壤变酸
	硫酸钾			50	易溶于水，吸湿性小，具生理酸性	宜做基肥和追肥，施用时不要接触苗根、苗茎，否则灼伤苗木。在酸性土壤上施用，会使土壤进一步酸化，在中性和石灰性土壤上施用不会使土壤变酸。与难溶性磷肥混合施用，可提高磷肥之效
	草木灰		20	5	秸秆、木柴、杂草燃烧后的灰烬，所含的钾极易溶于水而淋失。属碱性肥料，施用在酸性土壤上有一定的中和作用	宜做基肥和追肥，不要与人畜粪尿混放，不要与铵态氮肥混施，以免引起铵态氮素的挥发损失，施用后不宜大水浇灌，以免钾素损失

续表 2-7

肥料		N(%)	P_2O_5(%)	K_2O(%)	性质	施用技术
复合肥	磷酸铵	16～18 11～13	46～48 51～58		易溶于水,以磷素为主,其中氮素为铵态氮,适用各种土壤,肥效高、肥效快	宜做基肥和追肥,不能做种肥。要深施,避免与种子、苗茎接触,不可与碱性肥料混施,以免氨的挥发和磷的固定,多数情况下配合氮肥和有机肥施用
复合肥	硝酸磷肥	20 20 16 18	20 10 14 14		速效肥,氮素中含铵态氮、硝态氮各半	一般做基肥和种肥,也可做追肥,条施或穴施,避免与种子、苗茎接触,以免灼伤。适合旱地土壤,当土壤严重缺磷时,因本肥料磷素含量低,可配合普钙使用
氮磷钾三元复合肥		14 14 19 17.5 12 10 10	10 14 19 17.5 24 20 30	8 14 19 17.5 12 15 10	分为尿素磷铵系、硝酸磷肥系、氯磷铵系、尿素普钙系、尿素钙系等	氮磷钾三元复合肥配制时有各种组合,复合肥中成分也比较复杂,施用时要注意土壤的针对性,根据土壤肥力现状来确定
有机肥	人尿粪	0.5～0.8	0.2～0.4	0.2～0.3	养分含量按每公斤鲜物计算,含氮量较高,易被苗木吸收	为速效有机肥,大多用做追肥,兑水3～5倍泼施
有机肥	猪尿粪	0.5	0.35	0.4	养分含量高,均衡,性柔和,劲大而长,属暖性肥	做基肥、种肥,在沙性土壤和黏性土壤上施用,有利于土壤改良
有机肥	羊尿粪	0.95	0.35	1.0	有机质含量比其他畜粪多,水分多,养分浓厚分解快,发热量介于马粪牛粪之间,属热性肥料,尿中养分易被植物吸收	可做基肥、种肥和追肥,积存时与牛粪混合堆沤,使其肥效长而稳,单独堆沤要注意保存好,不要露晒,随起圈随盖土,以防养分流失
有机肥	牛尿粪	0.4	0.13	0.6	含水分多,腐烂慢,发酵温度低,属冷性肥,养分较低	做基肥,适用于沙质土壤的苗圃,与热性肥混合施用效果好,牛粪中含杂草种子,施用后,苗圃会增加很多杂草
有机肥	马尿粪	0.7	0.5	0.55	质地疏松,腐熟分解快,发热量大,属热性肥	做基肥,也用做温床上的发热材料,常与猪尿粪混合,由于其发热量大,可以提高堆肥的质量
有机肥	兔粪	0.78	0.3	0.41	养分均衡,易腐熟,分解快,热性肥料	一般做追肥,适用于各种土壤

续表 2-7

肥料		N(%)	P_2O_5(%)	K_2O(%)	性质	施用技术
有机肥	禽粪	0.55～1.76	0.5～1.78	0.62～1.0	容易腐熟,鸽子粪中养分高,鹅粪中氮磷含量较低,但钾素含量高	腐熟后可做基肥、追肥、种肥,宜于贮藏
	猪圈粪	0.45	0.19	0.6	猪圈内垫土、草、秸秆等与猪尿粪一起沤制而成,性柔和,劲长,肥效高,是土壤改良的好肥料,属冷性肥	用土垫圈,每头猪每年积肥1万～1.5万kg,用草秸秆垫圈时积肥0.5万～1万kg
	堆肥				用秸秆、青草、垃圾等有机物与人畜粪尿混合堆积腐熟而成,养分含量因材料和堆积方法而不同。有机质含量高,肥效长,碳氮比高,分解慢,适当增加人畜尿粪比例,可使分解速度加快,堆沤过程中可产生高温	适合做基肥,腐熟好的堆肥,病菌少,肥效发挥好,长期施用能改良土壤
	绿肥				养分含量因植物种类不同而不同,差异较大,一般含氮丰富,鲜嫩时施入分解容易,肥效高。平均每公顷绿肥22.5t可提供氮110kg,磷22.5kg,钾68kg,豆科绿肥养分含量高	春、夏、秋三季使用,在花期以前通过翻压或分几次割青,施入土壤做基肥

(六)施肥量的计算方法

计算施肥量时,要先知道苗木生长所需氮、磷、钾的数量及其能从土壤中吸收的数量。根据所选用有机肥料和矿物质肥料所含氮、磷、钾的百分率与利用率,再分别计算出所需氮、磷、钾的数量。计算方法可用下式:

$$A = (B - C)/D$$

式中 A——对某元素所需数量,kg;

B——苗木需要的数量(根据分析苗木体内的氮、磷、钾的含量),kg;

C——苗木从土壤中能吸收的数量,kg;

D——肥料的利用率,%。

四、做床与起垄

育苗作业有两种方式：一是苗床作业（也叫苗床育苗），另一种是大田作业（也叫大田育苗）。这两种育苗方式要求在整地、施肥的基础上，根据育苗的需要把育苗地做成苗床或垄，以便于种子发芽，并为幼苗生长创造良好的环境条件。

（一）做床（又称打畦）

有些树种种粒较小或生长缓慢，需要精细管理，通常都用苗床育苗，这种育苗方式称为床式育苗。一般都是在播种前5～6天将苗床做好。苗床大小、规格以便于排灌、追肥、除草等管理措施为原则。一般情况下，苗床以南北向为宜，床面宽度约为1m；长度多取10m、20m、…、50m等整数，以方便计算；床间留有步道，兼做侧方灌水用，步道宽30～40cm。机械作业时苗床可加长到50～100m。需遮阴的苗床以东西向为宜，坡地育苗苗床应沿等高线设置。苗床通常分为高床、低床两种。

(1)高床。床面高于步道15～25cm（见图2-2）。适于降水多、排水不良、土壤黏重及气候寒冷的地区和忌水湿苗木的应用。因为高床加厚了土层，排水良好，能提高地温，便于侧方灌溉。

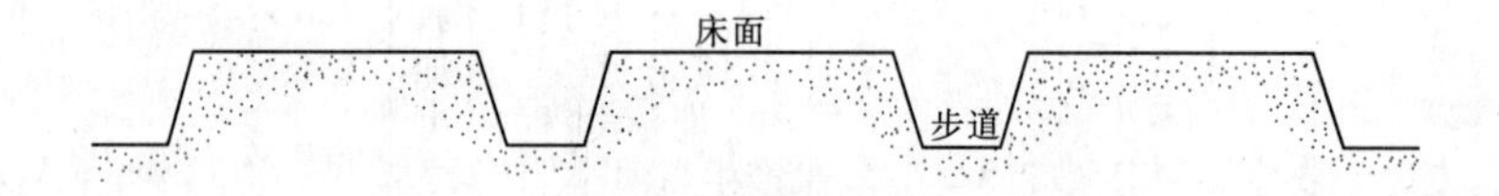

图2-2　高床示意图

(2)低床。床面低于步道（畦埂）15～25cm（见图2-3）。低床有利于保蓄土壤水分，方便灌溉，适合于气候干旱、水源不足的地区及喜湿怕旱树种育苗应用。

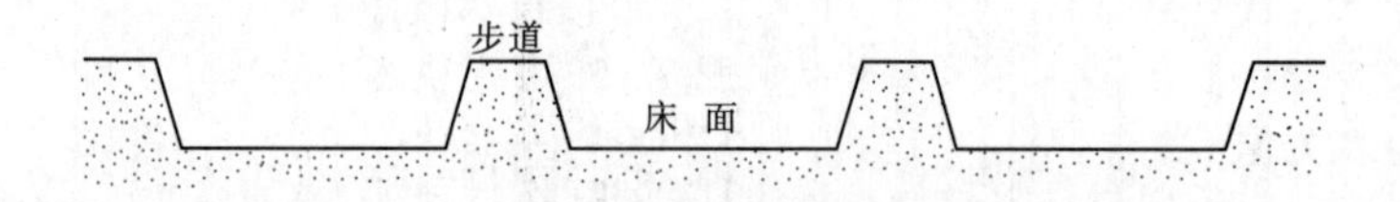

图2-3　低床示意图

(3)高床和低床的规格、优缺点及适用树种见表2-8。

（二）起垄（做垄）

起垄（做垄）是大田育苗方式之一，适于生长快、抚育管理要求不太严格的树种育苗时应用。做垄又分为高垄、低垄两种情况。

(1)高垄。高垄可以加厚土层（见图2-4），提高土温，通透性良好，苗木受光充足，所以有利于苗木生长。但耕作与管理不如苗床育苗精细，产量一般也低于苗床。目前，黄土高原地区培育阔叶树种苗木常用高垄。

表 2-8　高床和低床的规格、优缺点及适用树种

苗床	规格	优点	缺点	适用树种
高床	床面高出步道 15～25cm，床面宽 90～100cm，床面长度多为 10m，最长不超过 50m，步道宽为 50cm	排水良好，增加肥土层厚度，通透性好，土温较高，便于侧方灌溉，床面不易板结	做床和管理费工，灌溉费水	对土壤水分较敏感，既怕干旱又怕涝，要求排水良好的树种，如油松
低床	床面低于步道 15～25cm，床面宽 1～1.5m，床面长度多为 10m，最长不超过 50m，步道宽为 40～50cm	土壤保墒条件好。做床省工，灌溉省水；适于降水量少，较干旱，雨季无积水的地区	灌溉后床面易板结，土壤通透性差，不利于排水，起苗比高床费工	适用于大部分阔叶树种及部分针叶树种，如侧柏

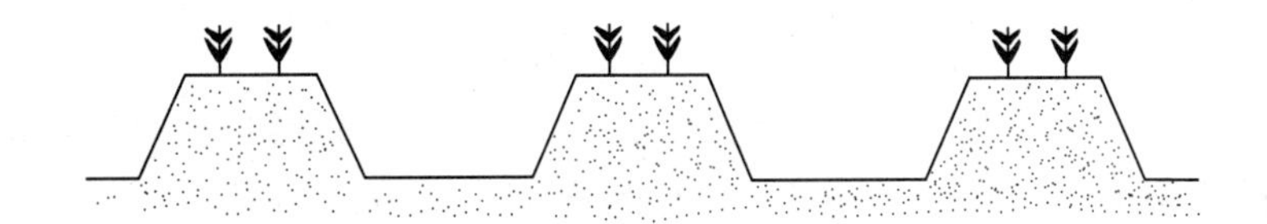

图 2-4　高垄示意图

起垄是在苗圃地耕耙之后，用犁或拖拉机培垄，垄高一般 15～20cm，高燥地可稍低些，水湿地应高点。垄面宽以 30～40cm 为宜，这样垄底宽 60～70cm，有些干旱地区垄面宽 50～80cm 为宜，有利于保持土壤水分。垄长可根据苗圃地的地形、苗圃区划、育苗地的长度、灌溉条件和机械化作业强度确定，地势不平、易于积水时可短些，30～40m 即可；地势平坦的地方可适当延长，100～200m 均可。灌溉条件较好，苗垄可长，否则宜短。机械作业时，苗垄太短，作业不仅不方便，而且功效降低，成本增加。

垄向以南北为宜，苗木受光均匀，土壤增温较高。但当山地育苗时，由于地势复杂，可随地形、地势定向，一般应沿等高线起垄，以减少水土流失。此外还应注意，假如应用机械作业，垄距应一致，垄台要通直。

(2)低垄。低垄就是垄面低于地面的做垄方式(如图 2-5)。低垄灌水方便，节约用水，利于抗旱，垄背又可防风，保护幼苗。所以，干旱、多风而水源又不足的地区及幼苗需水较多用低垄。低垄的垄面低于地面 10～15cm，类似于低床，只是床面窄小，垄背较床埂稍宽。

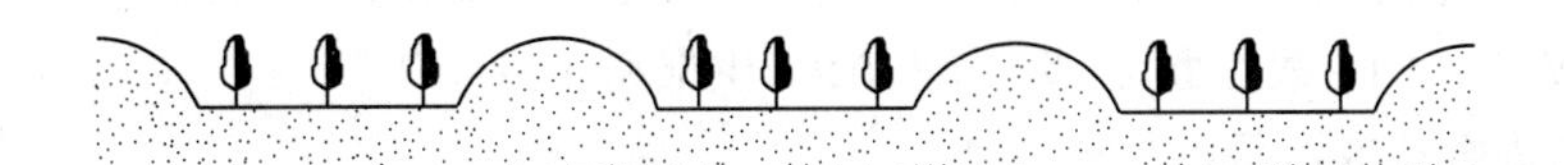

图 2-5　低垄示意图

（三）平作

平作是在已经整平的圃地直接育苗，无需做床和起垄（见图2-6）。这种育苗方式也属大田育苗。适于多行式带播和机械化作业。能充分利用土地，并可提高工效，但不便于灌溉和排水。干旱缺水地区旱作育苗，常采用平作方式。

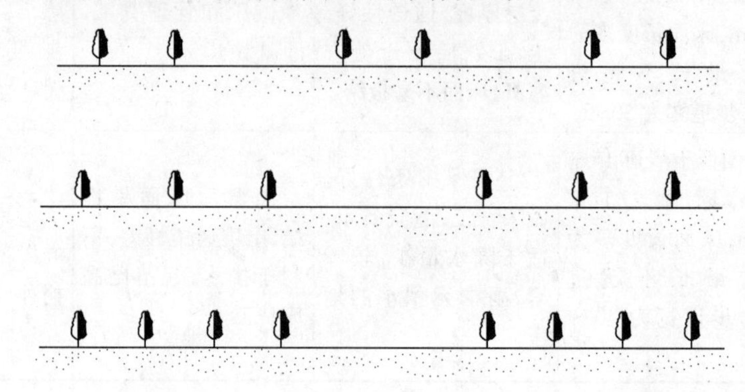

图2-6　平作示意图

多行式带播育苗是由几条播种行组成一带；如2～6条播行组成一带，行距相等的有两行式、三行式、四行式；行距不等的（大小行配置）有四行两组式和六行三组式等。带宽取决于播种机和抚育机械的结构和性能。带间距离也要由所采用机具的动力或牲畜的种类确定，一般为50～60cm。

第三节　植物生长调节剂

在植物体内存在着一种称之为"激素"的特殊物质，虽然它的含量很少，但是却能够控制植物的发芽、生根、生长、开花和结果等生长发育过程。为了能够控制植物生长，人们模仿植物激素制造了一些能够调节和控制植物生长和发育的东西，称之为"植物生长调节剂"。

一、植物生长调节剂的作用

（一）控制种子休眠，提高种子发芽率

休眠期比较长或难于发芽的种子，经过某些植物生长调节剂的浸种处理，可以打破休眠，并且因种子内酶的活动而加快发芽，如萘乙酸、赤霉酸、ABT生根粉3号和4号等。

（二）促进扦插条生根

对于扦插条生根比较困难的树种，通过植物生长调节剂的处理，促进生根细胞分裂，如吲哚乙酸、2,4－D、萘乙酸、吲哚丁酸、ABT生根粉1号和2号等。

（三）提高嫁接成活率

嫁接过程中，通过植物生长调节剂浸蘸或涂抹接穗和砧木的切削面，促进切口愈伤组织的形成，从而有利于接口的愈合，提高嫁接成活率，如吲哚乙酸、2,4－D、吲哚丁酸和ABT生根粉3号等。

(四)幼苗移栽时促进伤根愈合

幼苗移栽时,因为伤根致使成活率下降。如果在幼苗起出后浸蘸植物生长调节剂,可促进伤口愈合,并且促进须根的生长,从而提高成活率,如吲哚乙酸、2,4－D、吲哚丁酸和生根粉3号等。

二、育苗中植物生长调节剂的使用

目前,市场上出售的植物生长调节剂一般都不溶于凉水,使用前需要先用少量的酒精或70℃热水溶解,然后兑足凉水配成处理溶液。

生长调节剂使用方式有溶液浸泡、粉剂蘸两种。溶液浸泡又分为低浓度慢浸法和高浓度速浸法。低浓度速浸法一般用20～200mg/kg浓度的药液,常用于种子和扦插条的处理,浸泡12小时至数日不等。高浓度速浸法用1 000～2 000mg/kg浓度的药液,速蘸几秒钟,由于其方法简便,常用于插条和苗木的处理。粉剂蘸是将生长调节剂混拌上适量的滑石粉、木炭粉或细黏土制成200～1 000mg/kg含量的粉剂,多用于插条处理。用之前将插条基部蘸点水,然后蘸上药粉,随蘸随插,效果较好。用于苗木栽植时,也可将药粉洒在栽植穴根际附近,然后栽入苗木。常用植物生长调节剂及其用途见表2-9。

表2-9 常用植物生长调节剂及其用途

名称	英文缩写	用　途
萘乙酸	NAA	促进细胞扩大,增进新陈代谢和光合作用,促进生长,刺激扦插生根、种子发芽,幼苗移栽提高成活率等。用于嫁接时,50～1 000mg/kg浓度药液速蘸切削面较好
2,4－D	2,4－D	用于扦插条和幼苗生根
吲哚乙酸	IAA	促进细胞扩大,增强新陈代谢和光合作用,用于硬枝扦插时,1 000～1 500mg/kg溶液速浸(10～15s)
吲哚丁酸	IBA	主要用于形成层细胞分裂和促进生根,用于硬枝扦插时1 000～1 500 mg/kg溶液速浸(10～15s)
赤霉素	GAI	刺激细胞伸长,打破种子休眠,促进种子发芽等作用,用于浸种时,根据种子壳的软硬,溶液的浓度掌握在20～50mg/kg,浸种时间24～48h

三、ABT生根粉的使用

ABT生根粉由多种促生根剂配制而成,具有较强的促进扦插条生根、种子萌动发芽、伤根愈合等功效。共有5个型号,见表2-10。

表 2-10　ABT 生根粉型号及用途

名称	用　途
ABT1 号	主要用于难生根树种,促进扦插条生根,如松树、柏树、落叶松、榆树、枣、梨、李、山楂等
ABT2 号	主要用于扦插生根不太难的树种,如香椿、葡萄、花椒、刺槐、白蜡、紫穗槐、杨、柳等
ABT3 号	主要用于苗木移栽时,苗木伤根后的愈合,提高移栽成活率。同时用其浸种,促进种子萌发
ABT4 号	主要用于种子及秧苗的处理,提高产量
ABT5 号	主要用于块根、块茎植物的生根,提高产量和质量

(一)ABT 生根粉的用途及浸泡液的配制

将 1gABT 生根粉置于非金属容器中,加入 500mL 95%的酒精,再兑入 500mL 蒸馏水,配成 1 000mg/kg 浓度液,放在 5℃以下避光处保存备用,室温下可保持 1 年左右,放在冷藏地方可保存 2～3 年。

(二)速蘸法

将配成的 1 000mg/kg 原液通过兑入蒸馏水或加入生根粉配成 500～2 000mg/kg 溶液,将扦插条剪断后,马上将扦插端浸在溶液中 30 秒钟。此办法由于时间短,药液又附在枝条表面,在扦插时容易被抹掉。

(三)浸泡法

将配成的 1 000mg/kg 原液,兑蒸馏水 5～20 倍配成 50～200mg/kg 溶液,然后将扦插条浸泡在溶液中几个小时。这种处理办法对休眠枝特别重要。由于浸泡时间长,药液渗到枝条内部,以后扦插时,药液可以充分发挥作用,生根作用明显。一般来说,大枝条(木质化的)用 50～100mg/kg 液浸泡 4～6 小时,小一些的硬枝浸泡 2～3 小时,嫩枝根据木质化程度浸泡 0.5～2 小时。

(四)粉剂处理法

将扦插条在干净水中蘸湿,然后插入生根粉中,使枝条基部切口上充分黏附粉剂即可;或将粉末调成糊状涂在枝条切口上,在扦插时注意不要让粉剂脱落,这种办法只适合插条数量很少的情况。

(五)胶剂处理法

将生根粉与胶水相溶,制成生根胶,然后抹在扦插条的切口上形成一层胶膜。这种处理办法较好,不仅速度快,而且不易脱落,对于大批量处理比较理想。

第四节　菌根菌及稀土在育苗中的应用

一、菌根菌

研究表明,接种菌根菌可使苗木根系的吸收能力提高、苗木的生长速度大大加快,特别是对生长在贫瘠土壤上的苗木效果尤为明显。通常,一定的菌种只能在一定范围的植物上起作用,所以一定要根据树种选择适当的菌种。苗木接种了菌种菌后就会终身受益。

一般苗木接种菌根菌的方法有：森林菌根土接种；菌根“母苗”接种；菌根真菌纯培养接种；子实体接种；菌根菌剂接种。

(1)森林菌根土接种。在与接种苗木相同的老林中或老苗圃内，选择菌根菌发育良好的地方，挖取根层的土壤，而后将挖取的土壤与适量的有机肥和磷肥混拌后，开沟施入接种苗木的根层范围，接种后要浇水。

容器苗接种菌根菌时，一般在种子发芽后1个月左右进行。根据我们在陇东南小河沟油松容器育苗中的经验，取油松林根际30～40cm处的土层，将菌根土覆盖在容器的土壤表面，然后浇水，效果较好。

为防止菌根土带来新的致病菌、线虫和杂草种子，对菌根土必须消毒。

(2)菌根“母苗”接种。在新建苗圃的苗床上移植或保留部分有菌根的苗木作为菌根“母苗”，对新培育的幼苗进行自然接种。具体做法是：在苗床上每隔1～2m移植或保留一株有菌根的苗木，在其株行间播种或培育幼苗。通常菌根真菌从“母苗”向四周扩展的速度是每年40～50cm。一般有2年时间苗床就充分感染了菌根真菌。待幼苗感染菌根后，母株即可移出。

(3)菌根真菌纯培养接种。从固体PDA、MMN或酸化麦芽汁培养基上刮下菌丝体，或从液体发酵培养液中滤出菌丝体，直接接种到土壤中或幼苗侧根处。这种方法还没有在生产上广泛应用。

(4)子实体接种。各种外生菌根真菌的子实体和孢子均可作为幼苗和土壤的接种体。特别是须腹菌属、硬皮马勃属和豆马勃属等真菌产生的担孢子，更容易大量收集，用来进行较大面积的接种。具体做法是：将采集到的子实体捣碎后与土混合，或直接用孢子施于苗床上，然后翻入土内，或制备成悬浮液浇灌，或将苗根浸入悬浮液中浸泡，或将子实体埋入根际附近。还可采用两种或多种子实体混合接种，其效果更好。此外，用担孢子对种子进行拌种也是一种接种方法。

(5)菌根菌剂接种。近年来，人工培养的菌根菌剂——P1菌根剂得到了广泛应用，对于松树、云杉、杨树、柳树、核桃等树种都适用，施用方法主要有浸种处理、浸根处理和喷叶处理。

二、稀土

稀土不是“土”，它是元素周期表中的一组元素，即镧、铈、镨等镧系元素，共计15种，性质十分接近。稀土也并不“稀”，稀土占地壳组成的0.015%，在土壤中含量为0.01%～0.02%。早在18世纪末被发现时，由于受当时科学发展的限制，不容易分离出来，更不知有什么作用，所以就取名为“稀土”。

稀土虽然发现较早，但只是在近几十年才得到应用。稀土在我国林业上的应用是从1982年开始的，近年来越来越被人们重视。稀土在育苗中常用于促进林木种子发芽、调节初生根生长、促进插穗生根、促进苗木生长以及促进林果类开花结实等，生产上常用硝酸稀土。

研究表明，采用50～150mg/L稀土液浸泡樟子松种子24小时，可提高发芽率15%～20%；用800mg/L稀土液浸泡油松种子可提高种子发芽率15%。在苗木生长初期及中期喷施稀土溶液(30～200mg/L),其生长量大大提高;在苗木生长后期喷施稀土溶液,可促进苗木木质化。稀土液喷苗木叶部和顶端茎,喷到不滴下水珠为度。在树木扦插繁殖中,稀土和激素配合使用,可提高插穗的生根率。

稀土的作用效果与其浓度密切相关,稀土只有在一定的浓度范围内才能产生明显的促进作用,如果浓度不适合,则达不到预期效果,甚至会产生抑制作用。

第五节　土壤消毒处理

土壤中经常存在有杂草种子、线虫、各种真菌和细菌,可能造成杂草蔓延或使苗木导致病害,如腐霉菌(PYthium)和丝核菌(Rhizoctonia)引起苗木猝倒病。为了避免这些病害所造成的损失,在育苗前要对土壤进行消毒处理。最常见的方法是高温处理和药剂处理。

一、高温处理

(一)烧土法

柴草较多的苗圃或轮作区种植的农作物收获后,将柴草秸秆放在圃地焚烧,使土壤表层加温,杀灭杂草的种子、线虫和病源菌,既可消毒,又可提高土壤的肥力。

(二)火焰土壤消毒机处理

日本有特制的火焰土壤消毒机,以汽油做燃料加热土壤,可使土壤温度达到79～87℃,既能杀死各种病源微生物和草籽,也可以杀死害虫,但并不使土壤有机质燃烧,效果比较理想。

(三)蒸汽消毒法

美国对温室苗床常用蒸汽消毒。将带孔的管子通入有盖的苗床土壤内(如箱子或工作台),深达15～20cm,通入蒸汽,土温可高达82℃,30分钟后可杀灭大部分细菌、真菌、线虫和昆虫以及大部分杂草种子。据美国专家试验,用60℃的低温消毒土壤会更好些,因为低温下既可杀死病源体,又能保存许多具有颉颃作用的微生物,一旦病源再度感染土壤时,这些颉颃微生物会抑制病源的暴发性增殖。此外,低温还可避免发生毒害。

二、药剂处理

(一)甲醛(福尔马林)

甲醛是一种透性极好的杀菌剂,可以杀灭多种病源微生物。消毒时可按每平方米用50mL甲醛加水6～12L,播种前10～12天洒在播种地上,用塑料薄膜覆盖严密勿使通风。播前一周揭开塑料薄膜,使药液挥发,即可杀灭病源菌进行播种。

(二)五氯硝基苯混合剂

五氯硝基苯混合剂是以五氯硝基苯为主要原料,加入代森锌或苏化911、敌克松等酿成的混合剂。其配比一般为五氯硝基苯占3份,其他药为1份。每平方米用量4～6g。使用方法是,将配好的药与细沙混匀,做成药土,于播种前撒入播种沟底,厚约1cm。然后把种子播在药土上面,再用药土覆盖种子。

(三)苏化 911(基硫化肿)

用 30%的苏化 911 粉剂,每平方米用量 2g,施用方法同五氯硝基苯混合剂。苏化 911 对人畜有害,施药时人要戴口罩和手套,工作后要嗽口,并用肥皂认真清洗手脸。

(四)敌克松(对二甲氨基重氮钠磺化物)

敌克松对某些水生霉菌、疫霉和腐霉菌有较好的效果。其使用方法与五氯硝基苯一致。

(五)硫酸亚铁(黑矾)

一般可用粉剂,也可用其水溶液进行消毒。雨天用细干土加入 2%~3%的硫酸亚铁制成药土,按每平方米 100~220g 撒入土中,或将硫酸亚铁配成 2%~3%的溶液每平方米用 9L,进行土壤消毒。

其他如石灰氮、溴化甲醇、苯菌灵等也可做土壤消毒剂。

如果苗圃土壤地下害虫严重,也可在苗圃地应用 50%辛硫磷 0.1kg,加饵料 10kg 制成毒饵撒在苗床上,或用 90%敌百虫晶体 0.5kg,加饵料 50kg 制成毒饵,撒在苗床上进行诱杀。

第六节　苗木生产与育苗技术要点

一、繁殖方法

苗木繁殖一般分为两种类型:有性繁殖,即种子繁殖;无性繁殖,即由种子以外的植物部分进行的繁殖,如用枝条、根、芽等进行的繁殖。

(一)种子繁殖

播种育苗是繁殖苗木的最主要方法,针阔叶树种绝大部分都采用播种育苗。种子繁殖产量高,成本低,苗木具有完整的根系和顶芽,对外界条件的适应性强,但是有些树种发芽或成熟慢,不宜用种子繁殖,另外,种子繁殖不能很好地保持母树的特性。黄土高原地区大部分造林树种适宜于种子繁殖。

(二)扦插繁殖

扦插繁殖是利用木本植物的营养器官根、茎、枝、芽来繁殖植株的办法。其繁殖方法有扦插、埋条、压条等。这种方法适用于种子繁殖时技术比较复杂、扦插繁殖比较容易的树种,如杨、柳、白蜡、葡萄和泡桐等,以及一些种源不足、母树较少的树种。

扦插育苗具有变异性小,能保持母本树优良性状,但繁殖的苗木抗逆性较种子繁殖苗差。

(三)嫁接繁殖

嫁接繁殖育苗一般是由种子繁殖砧木,然后将其具有优良性状母树上的枝条或芽(称之为接穗)用人工方法与砧木相结合。嫁接繁殖育苗既利用了砧木抗逆性强的特点,又保持了接穗母本的优良性状,主要适用于果树以及一些优良稀少的林木树种的繁殖。

(四)无性系繁殖

无性系繁殖指所有的苗木均从最初的一株通过严格品质鉴定的母树上经无性繁殖的

方法繁殖而来的，用这种方法繁殖的苗木就好像“复印”一样，和母树没有任何区别，但是，树长大以后也会因环境的影响而发生一些变化。

二、苗木生长规律与育苗技术要点

种子繁殖的苗木，从播种发芽到当年停止生长进入休眠为止的一个生长周期内，根据苗木发育过程中的特点，以及不同时期对外界环境的要求，可以划分为4个时期，即出苗期、生长初期、速生期、硬化期。

种子的结构：一般种子是由胚、胚乳和种皮3个部分组成。种皮是种子的保护结构；胚乳是种子的养料部分，有的植物种子胚乳不发育，养料转移到子叶中储藏，如花生。胚是种子的最重要部分，它是未来植物体的雏形，分为胚芽、子叶、胚轴和胚根4个部分。胚芽将来会发展成为植物的茎叶，胚根发展成为植物的根，胚轴是根与茎的连接部分，子叶里包含有充足的营养物质，供应幼苗期的植物生长。

（一）出苗期

播种后种子在土壤中吸水膨胀，随着种子含水量的增加，细胞逐渐恢复了分裂能力，在适当的温度和充足的氧气情况下，种子内酶的活性开始增强。酶是一种特殊的蛋白质，在它的参与下，种子内的一些物质被分解为一些简单的营养，供种胚生长利用。首先胚根伸长，突破种皮，形成幼根扎入土壤中；然后胚芽萌发，逐渐伸长，破土而出。此时期幼苗生长所需的营养物质全部来源于种子自身的胚乳或子叶。

这一时期的管理技术要点如下：

(1)为种子发芽和出苗创造良好的环境条件；

(2)保持土壤湿润，勤浇少浇，不能大水漫灌；

(3)覆土厚度适中；

(4)播前种子处理；

(5)抢墒及时播种；

(6)播种覆盖或采取遮阴措施。

（二）幼苗期

这一时期，幼苗开始出现真叶和侧根，也就是能够靠它自己的根系吸收营养，真叶进行光合作用，从而维持生长。这一时期幼苗地上部分的茎叶生长缓慢，而根系生长较快，能够长出4～5条侧根。但是幼嫩根系很浅，主要分布在2～10cm土层内，抗逆性较弱。炎热、低温、旱涝、虫、病都很容易使幼苗受害或死亡。

幼苗期的管理技术要点如下：

(1)保苗并促进根系生长，给速生期打下良好的基础；

(2)合理追施氮肥、磷肥，磷肥最好在施用有机基肥时一并施入；

(3)适时适量浇水，早、晚为主，切勿漫灌；

(4)及时松土除草；

(5)生长快的树种，应在幼苗期进行间苗和定苗，生长慢的针叶树种幼苗，如果过密，也应进行间苗；

(6)防治病虫害，特别是对于易患猝倒病的幼苗，要注意及时采取预防措施；

(7)注意预防晚霜及高温危害,适时遮阴,以防幼苗日灼。

(三)速生期

这一时期的苗木生长速度快,生长量大,生长期可达80～90天。这一时期影响苗木生长的主要环境因子是土壤水分、养分和温度等。

速生期的管理技术要点如下:

(1)保证苗木生长的水肥条件,在每次生长高峰期以前,加强水肥管理。前期追肥以氮肥为主,促进地上部分生长,后期结合磷肥追施,以满足根系生长要求;

(2)及时松土除草;

(3)防治病虫害;

(4)后期停止水肥,蹲苗,防止苗木贪青徒长。

(四)硬化期

这一时期,苗木生长速度逐渐减缓,地上部分生长量不大,地下根系生长较快。常绿树叶色变暗,落叶树叶子转黄后脱落,苗木逐渐木质化,苗木体内含水量逐渐降低,营养物质为贮藏状态,最后停止生长进入休眠,这一时期一般持续1～2个月时间。

硬化期的管理技术要点如下:

(1)防止徒长,促进苗木木质化;

(2)促进顶芽形成,提高苗木的御寒能力;

(3)停止浇水和施氮肥及其他抚育措施;

(4)通过截根,控制苗木对水分的吸收,促进木质化,多生吸收根;

(5)做好苗木越冬防寒工作。

三、扦插苗生长规律及育苗技术要点

将树木枝条埋在土中,在一定的温度、湿度条件下,经过一段时间枝条上便自己长出根,形成一个新的植株。

枝条生根一般有皮部生根和愈伤组织生根两种。

(一)皮部生根

枝条上生长出根的部位在外皮上,就是皮部生根。在生长一年以上的枝条上,较宽的髓射线与形成层相交处,一般有根原基存在。根原基是由一些分裂能力强、内含丰富营养物质的薄壁细胞组成的。枝条从母树上剪下后,根原基受到刺激,在适宜的温度、湿度和通气条件下,开始向外延长,最后穿透枝条的外层——韧皮部和皮层,从皮孔处长出根来。根原基在向外发育的过程中,与之相连的髓射线也逐渐分裂增粗,根原基便顺着髓射线向内发展,最后穿过木质层部与枝条的中心(也是枝条贮藏营养的部分)——髓部相通。至此形成了具有完整功能的根。

(二)愈伤组织生根

在断枝的伤口处,生出根的叫愈伤组织生根。植物受伤后都有自动愈合的能力,剪断的枝条如同受伤一样,首先伤口附近的愈伤激素开始活跃,它激活了伤口附近的薄壁细胞,薄壁细胞便加速分裂,很快在切口表面形成由薄壁细胞组成的愈伤组织。最初在局部呈现白色半透明的突起,这是愈伤组织最初的雏形。以后随着薄壁细胞的进一步快速分裂,愈伤组织也逐渐扩大,在切口表面形成较大的瘤状的愈伤组织,愈伤组织进一步分裂,形成根原始体,在一定的温度、湿度和通气条件下,根原始体进一步向外生长形成不定根。向内生长与插条的木质部、韧皮部、形成层等相通,从而便可与枝条进行营养水分的传输,至此形成了具有完整功能的根。

(三)插条生根的关键因素

插条育苗能否成活关键是插穗能否形成根系,而插穗能否形成根系主要取决于根原始体的数量以及根原始体的分布、生长抑制物质存在状况等。因此,枝条上生根的树种中,有些是因为枝条中根原始体很少,有的是因为含有很多生长抑制物质,造成生根很困难或比较困难,这样的树种不宜进行插条繁殖,如松属、板栗、核桃、苦楝、苹果以及刺槐、榆树、枫杨、云杉、冷杉、花椒等。容易生根的树种有杨、柳、白蜡、紫穗槐、悬铃木、葡萄、石榴、金银花等。

幼、壮龄母树比老龄树上的枝条所含的根原始体数量多,抑制生根物质较少,而且由于发育阶段较早,生活力和分生能力较强,扦插后生根快,成活率高,经验证明,应该采集1年生幼壮龄树做为母树枝条。

同一株树上的枝条所处的部位不同,所含的根原始体的数量也不一样。一般来说,处于母树下部的条子根原始体较多,生根能力最强,中部次之,梢部最差。这种情况对于易生根的树种差异不大,对于难生根的树种表现比较明显。扦插育苗时,除了枝条的生根能力外,还要考虑枝条本身的营养状况和芽子的饱满程度等。因此,选用枝条时,尽可能选用中下部枝条,但要保证芽子饱满,枝条粗壮,木质化程度高。

四、嫁接苗生长规律及育苗技术要点

嫁接是将一植株上的枝或芽接在另一植株的枝、干、根上,使两者之间愈合形成新的一株树。被嫁接的植株叫砧木,接在砧木上的枝或芽叫接穗。

(一)嫁接成活原理

将接穗和砧木削出新鲜面以后,将两个削面对接在一起使形成层相连。接穗与砧木的对接处就好像枝条上的伤口,受愈伤激素的影响,首先在形成层、髓射线等处的薄壁细胞加速分裂,在其表面形成瘤状的愈伤细胞,随着愈伤组织不断生长,生出丝状物的东西使二者相连,以后愈伤组织再进一步分化,向内形成新的木质部,向外形成新的韧皮部,当接穗与砧木之间的输导组织相连通后,便嫁接成活,形成新的植株。

(二)嫁接成活的因素

(1)亲缘关系。砧木与接穗之间在组织结构、生理和遗传上要彼此接近,才能生长和发育在一起,因此砧木与接穗之间亲缘关系越近,相似程度越大,嫁接成活率也越高。同品种、同种之间亲缘关系最近,嫁接成活率最高;同属异种之间亲缘关系较远,表现为:有的树种嫁接亲和力较低,有的较高;同科异属之间的亲和力一般很小,不同科之间几乎不可能亲和。

(2)砧木与接穗。砧木与接穗体内贮藏的营养物质多,嫁接时才能保证细胞分裂形成愈合组织。因此,砧木要健壮,接穗要饱满。

(3)嫁接技术。嫁接要及时,尤其是削面不能因氧化而形成较厚隔离层,而使愈合困难。

第七节　实生苗培育技术

一、实生苗的特点及其利用

实生苗又叫播种苗、有性繁殖苗，它是用种子繁殖的苗木。实生苗包括播种苗、野生实生苗和用上述两种苗木经移植培养的移植苗。

（一）实生苗的特点

实生苗与营养繁殖的营养苗相比具有如下特点：

(1)苗木由种子萌发而成，发育阶段年幼，有较大的可塑性。

(2)苗木有完整的根系，生长发育健壮，抗逆性强。

(3)苗木寿命长，能形成较稳定的林分。

(4)苗木适应性强，后期生长快，木材结构均匀、紧密，力学性质好。

(5)苗木群体大，变异多，容易获得新品种。

（二）实生苗的利用

(1)实生苗繁殖容易，产苗量多，可以进行大面积人工造林。就目前而言，各地造林用苗主要是实生苗。特别是一些变异性可以控制的品种，或那些还不能用无性方法繁殖或用无性方法大量生产苗木不经济、不实际的树种，都宜应用实生苗造林。

(2)在培育优良果树品种或观赏树木时，常在苗圃先培育实生苗，用做嫁接良种果树或优良观赏树木的砧木。

(3)有性繁殖培育的实生苗，由于分离引起变异，可从中选育出新的品种，培养成优良无性系。

二、种子的来源与采集

（一）种子的来源

苗圃播种育苗种类繁多，需要的种子数量较大，本地所产树种时常不足需用；有时根据造林需要还需不断增加新的树种，这就需要解决育苗种子的来源问题。一般树木育苗种子主要来源有：

(1)自己采集树种。如当地种源丰富，品质优良，可就近从森林或野外天然或人工林植株上采集，也可由伐倒木上采集。有些树种还可以从公园树木、护路林、行道树和四旁树木上采集。由于这些树木生长环境与苗圃接近，对苗圃适应性较强，育苗成活率高，幼苗生长较好。

(2)应用种子园采种。已经进行了林木良种改良，并建立了种子园或种植园的地区，如果树木已经结实，育苗时应尽可能应用种子园或种植园的种子。因为这些种子园是在严格的遗传控制下，专门生产造林所需优良种子的。用种子园生产的种子育苗要比天然种子生长发育好得多。

(3)商品种子。商品种子是由专门从事商品种子生产的机构或由某一树种分布较多的地区林业部门采集后调运得来的。

(4)从果品加工中收集种子,这是培育果树砧苗常用的做法。

(二)种子的采集

采集育苗种子是一项非常重要的工作,不仅关系到采集种子的数量、质量、育苗的质量,而且关系到造林的成败,是一项极其严肃的任务。不管是自采自育,还是采集商品种子,都应以认真负责的态度做好这项工作。采种应抓好以下几个环节。

1.种源调查

为了加强采种的计划性,搞好采种工作,采种前首先要做好种源调查。其主要任务是弄清母树资源情况,以便于确定采种林分。

母树资源包括永久性母树林和临时性母树林以及散生母树等。调查的内容包括母树和母树的分布地点、面积、株数、树龄、立地条件和生长情况等,通过调查了解母树历年开花结实的情况,由此确定适宜采种的林分、面积,必要时可设置标准地进行详细调查和记载,并于现场做好标记。

采种林分确定后,还应调查所采树种的类型。因为树种的遗传性和变异性,以及生态环境的差异性,同一树种可以划分成许多类型,应根据不同的需要进行采种。

2.选择母树

采种林分和树种类型选定后,要进一步选定母树,通常要选健康的、无病虫害的壮龄优势树木采种。具体情况如下:

(1)用材林。应选树干通直、冠小、枝细的母树。

(2)油料林。宜选分枝型好、结实枝多、结实量大、果重、皮薄、出籽率高、出仁率高、含油率高、油质较佳的母树采种。

采种母树适宜的采种年龄,不同的树种有很大的变化。多数树种开始结实时,产量少、种子质量亦不太好;高龄大树,树势衰弱,营养较差,虽能结实,但结种量少,质量也不理想;唯有壮龄母树所结种子不仅数量大而且品质好,是采种的最好时期。但是由于树种寿命长短不一,其壮龄期长短也不相同,所受外界环境的影响也不同,所以最佳采种年龄也不一样。现将主要造林树种采种母树适宜采种年龄列于表2-11,供参考。

表2-11　育苗树种母树最佳采种年龄　(单位:a)

树　种	最佳采种年龄	树种	最佳采种年龄	树种	最佳采种年龄
油　松	30~40	栓皮栎	30~50	银　杏	30~40
侧　柏	20~60	泡　桐	>10	杉　木	15~40
落叶松	>35	楸　树	15~30	水　杉	40~60
樟子松	40~80	水曲柳	20~100	马尾松	15~40
雪　松	>20	臭　椿	20~30	红　松	20~100
刺　槐	10~20	楝　树	15~30	槐　树	30~50
桑　树	10~40	杜　仲	20~30	白　榆	15~30
沙　棘	>5	柠　条	10~20	核　桃	20~40
沙　枣	10~60	梭　梭	>10		

3. 适时采收

适时采收是确保种子产量和质量的主要环节。采集过早，种子尚未充分成熟，调制困难，不耐贮藏，种子青秕，发芽率低，培育的苗木纤弱，造林成活率低；反之，如果采收过晚，有些树木种子将脱落飞散，或遭鸟、兽、虫害，也会降低品质，减少产量。所以必须适时采收。

树种不同采种季节差异很大：如春、夏季采种的有杨树、柳树、白榆、桑树、山杏等；春季开花当年秋季采种的有落叶松、侧柏、杉木、白皮松、臭椿、银杏、泡桐、麻栎等；冬季采种的有油松、樟子松、女贞、桧柏等。至于具体的采种期应随种子成熟期、种实脱落期及天气变化而确定。一般应掌握以下原则：

一是成熟期与脱落期一致，种子轻小，有翅或毛，成熟后易随风飞散的树种，如杨、柳、榆、桦等，一旦成熟，应即采收。

二是一些树种种子成熟后虽不立即脱落，但一经脱落便不易收集的树种，如落叶松、油松、马尾松、杉木、水杉、侧柏等针叶树，泡桐等种粒较小的阔叶树，应在成熟后脱落前尽早采收。浆果类树种脱落期虽然较长，但留在树上易被鸟兽啄食或散失，也应及时采收。

三是种实成熟后在较短的时间内即可脱落的大粒种子，如栎类、板栗、核桃、银杏等，一般可以从地面收集脱落的果实。而在林地杂草丛生，乱石堆积，收集较难，而又鸟兽害较重，不宜地面收集时，可在成熟后脱落前，用棍棒击落种实然后收集。

四是成熟后较长时间不脱落的阔叶树种如槐树、苦楝、皂荚、悬铃木等，可延迟收集，直至冬天。但为了保证质量和数量，一般也应在成熟后尽早采收。

主要树种开花和种子成熟期详见表 2-12。

表 2-12　主要树种开花和种子成熟期

树种	花 期	果实成熟期	种实采收期特征及采收方法
油松	4～5 月	9～10 月	球果黄褐色，下部鳞片微裂时采收
侧柏	3～4 月	9～10 月	球果黄褐色时采收
刺槐	5～6 月	8～9 月	荚果赤褐色，荚皮变硬时用棍棒打落收集
樟子松	6 月	9～10 月	球果黄绿色至暗紫色时采收
雪松	10～11 月	翌年 10～11 月	球果棕褐色时采收
白榆	3～4 月	4～5 月	翅果黄白色，少数飞落时剪取果枝或用竿打落后扫集
国槐	7～9 月	9～11 月	荚果暗绿色或淡黄色，略呈半透明有皱纹时用钩钩取或用竿击落后拾集
泡桐	3～4 月	10 月	蒴果黄褐色或灰褐色，个别开裂时用竿打落收集
臭椿	5～7 月	9～11 月	翅果呈黄褐色或红褐色，剪取果穗，捋下种子
香椿	6 月	10 月	蒴果呈黄褐色，未开裂前连同果枝剪下
楸树	4～5 月	9～11 月	蒴果灰褐色，顶端微裂时，剪下果枝收集
栓皮栎	4～5 月	翌年 8～10 月	坚果棕褐色或黄褐色，有光泽，自行脱落，收集
悬铃木	4～5 月	10～11 月	球状果穗黄褐色常挂枝头不落，可在冬季收集

续表 2-12

树种	花 期	果实成熟期	种实采收期特征及采收方法
水曲柳	5～6月	9～10月	翅果褐色，用带钩的杆子钩取果穗
桑	4～5月	5～7月	聚合果紫黑色(也有淡红色或玉白色之品种)，分批采收
银杏	4月	8～9月	外种皮黄色或有红晕，被白粉，自然脱落或敲落地面收集
核桃	4～5月	9～10月	核果黑褐色，部分开裂自行落下或轻摇树干能落下时拾集
杜仲	3～4月	10～11月	翅果栗褐色有光泽，于无风晴天轻敲树枝承接收取
文冠果	5月	8月	蒴果黄褐色粗糙，先端开裂，种子黑褐色，仔细摘取
沙棘	5～6月	9～10月	核果金黄色或红色，摘取或用杆子击落拾取
梭梭	4～5月	10～11月	荚果灰色时摇动或敲击树枝，用幕布承接收集
花棒	8～9月	10月	荚果灰色时应及时采收，并注意不要损伤枝干
柠条	5月	6～7月	荚果黄棕色，坚硬，随熟随采

上面介绍的是确定采种期的一般原则，事实上同一树种的种子，其成熟与脱落还因立地条件、种内的变异而有差别。采种时应注意做到“熟一片采一片，熟一株采一株”。

至于种子成熟和采集时的具体标志，因树种不同而异。如油松一般到9月下旬至10月上旬，球果由绿变为黄褐色，果鳞微裂，种皮成黑褐色时，种仁饱满，发芽率高，适宜采收。侧柏9～10月果球由绿变为黄褐色，鳞片尚未开裂，采集最宜。白榆果实4～5月由绿变为黄白色，自然脱落即可收集。刺槐8～9月荚果由绿色变成赤褐色，荚皮变硬，呈干枯状，即标志成熟，应提前数日采收效果较好。

采种的方法可根据种实的种类、树高、胸径大小及采种机具而具体确定。常用的有地面收集、林内张网、立木上采集、水上收集等方法。

(1)地面收集法。适合采集核桃、油桐、板栗、枣、栎类及红松等树木种子。收集前最好先清除地面杂草和乱石。然后用震动采种机或人工打击，使种实脱落再行收集。

(2)林内张网收集法。在林内用细孔网系在母树相邻的树上，摇动树干或树枝，震落种实，落入网内，再集中收集。适合于榆树、槭树、白蜡等树种。

(3)立木上采集法。适用于多种树种，是应用各种上树器具或人工爬上母树，手采或棍打或机械震动使果实落下，然后收集起来。如果母树不太高大，可从地面用高枝剪、钩刀、竹竿等采集或震落种实也可收集。

(4)伐倒木采集法。结合采伐作业，从伐倒木上采集果实。这是一种廉价简便的方法，但需种子成熟和采伐期一致时才可用此法。

不管采用哪种方法采集种子，都应事先做好计划，备好工具，组织好培训；采收时要注意安全，保护好母树林或采种母树。采种后要随即做好采种记录，贴好标签，做好包装，并及时组织好调制和调运工作，以保证种子质量。

4.果实选择

为了获得生活力较强的优良种子，采种时或采种后要对果实进行认真的选择。通常应选生长健壮的优良母树树冠中部发育充实，外围向阳枝条上的果实；果实成熟度要高、充实、饱满、色泽要纯正，果型要标准。凡霉烂、虫蛀、有其他病害和机械损伤以及污染的果实不宜选作种用。

三、种实的处理

种实的处理又称种实调制。主要包括种实的干燥、脱粒、净种与分级等工序。因为从母树上采集的大多数是果实，含水率较高，必须经干燥处理，从中取出种子并进行适当净选，才能获得适于播种和贮藏的纯净种子。

种实采集后应立即进行处理，否则，会很快因发热、发霉，降低种子的品质，甚至完全丧失生命力而无法使用。

（一）种实的干燥与脱粒

树种不同，种实类型不同，处理方法也不一样。

1.球果类的处理

球果成熟后，逐渐失去水分，果鳞干燥开裂，种子脱出。在采种工作中，为了避免种粒散失，多采集尚未开裂果实。因此，球果的处理主要是促进果实干燥、果鳞开裂，从中取出种子。球果类的干燥与脱粒，通常采用自然干燥法，有时也可采用干燥室人工加温干燥法。

(1)自然干燥法。即将球果摊放在向阳、干燥的场院上进行晾晒。晾晒过程中经常翻动以促使水分蒸发，晚间或阴雨天要将球果堆积起来并加覆盖，以防淋雨或受潮。一般经5～10天，球果即可开裂，种子自然脱出。对尚未脱净的球果，可用木棍、杈把或连枷敲打翻动，使其尽快脱净。这种方法适用于果鳞薄软、成熟较早的球果。如落叶松、杉木、水杉、柏木、雪松、侧柏、云杉等树种。油松等球果含松脂较多，不易开裂，可将球果堆积起来，覆草并浇些温水或冷水，经常保持湿润，每隔1～2天翻动一次，经10～15天，大多数球果变为黑褐色，松脂软化，在堆沤时也可用2%～3%石灰水或草木灰水冲淋球果，高温日晒后会分泌油脂，不易晒干、开裂，应放置于背阴通风处阴干，每天翻动数次，几天后球鳞开裂，稍加敲打，种子即可脱出。

自然干燥法处理球果，常受天气的影响，干燥速度较慢。同时一些难开裂的球果，应用此法脱粒困难，故又可采用人工加热干燥法。

(2)人工加热干燥法。把球果置于干燥室内，通过加温、通风等措施，使球果快速失水开裂，脱出种粒。干燥室加温干燥，大致可分为两类：框架式干燥是把球果放入有铁丝网底的木框中，将木框再置于成层的木架上(如货架样)，木架下装有活动轮，以便于推拉木架活动。干燥室内可用火炉、火墙或暖气加温；用排气扇或其他通风方式排除湿气。待球果开裂后，再移出木架，取下带网木框，用筛子筛出种子。旋转式滚筒干燥法是用特制的方形或圆形滚筒，用火炉加温，将干热气体通入滚筒中，至球果开裂后将其倒出，筛出种子。

人工干燥法干燥室设计合理，加温、通风控制严格，干燥速度可提高到数小时或2～3天。但是，由于球果含水量较大，加温不宜太急、太高，否则易形成湿热气体烤蒸球果，损伤种子。据试验，如果干燥室温度超过55℃时，许多针叶树种子都会受到不同程度的危害;达到85℃时全部种子将会死亡。实际操作中,落叶松一般不超过40℃,樟子松、云杉不超过45℃,马尾松控制在55℃以下。同时注意温度要逐渐升高,开始应保持20～25℃,以后再逐渐升到允许温度。已经脱出的种子,应及时取出放到凉爽通风处。不论哪种干燥方法,都应考虑到松类球果果鳞含油脂较多,很易燃烧,干燥过程中应严密注意防火。

2.干果类处理

干果分为裂果与闭合果,其中裂果包括荚果和蒴果;闭合果包括翅果和坚果。由于闭合果干后不裂,果皮不易与种子分离,生产中常播果实,一般不进行脱粒处理。而对裂果则要进行干燥脱粒。

(1)荚果类。荚果一般含水量较低,种皮保护力强,晒干并不影响种子品质。可直接暴晒、敲打,使种子脱出。刺槐、合欢通常使用此法。有些地方处理紫穗槐种子时,常将荚果晒干后,摊在碾子上,将荚皮碾破,然后浸种催芽,效果很好。

(2)蒴果类。杨、柳等含水量较高的蒴果,因种粒太小,不宜暴晒,以免种子强烈失水而丧失生命力。采集后应立即摊放在避风的干燥室内的竹帘上进行阴干,堆放厚度以5～6cm为宜,并及时翻动,待蒴果开裂敲打脱粒,从帘下收集种子。香椿、木荷、乌桕等蒴果采集后可在阳光下暴晒,1～3天后种子可自行脱落,必要时再轻轻敲打果皮,种子即全部脱出。桉树、泡桐种粒细小,可将它们的蒴果晒至微裂后,收回室内晾干脱粒。梓树、楸树的蒴果,采后晒干或阴干,剥去果皮即可取出种子。

(3)翅果类。臭椿等树种的果实,采集后晒干去杂,不进行脱粒,但为贮藏方便也可以搓去果翅。杜仲、白榆的翅果不宜暴晒,可薄摊在通风处阴干。

(4)坚果类。栎类的坚果外被总苞,成熟后可自行脱落。椴树、梧桐等采集后可以晒,使果柄、苞片等与果实分离,或放袋中揉搓后,再除去杂质收集果实。桦木坚果晾晒失水后装入袋中,轻揉或轻打,再倒出簸去杂质即得种子。悬铃木的小坚果,采后日晒,干后敲碎果球,脱去种毛,即脱出种粒。

3.肉质果类的处理

肉质果包括浆果、核果、梨果以及肉质的聚花果、聚合果等。这类果实的果皮肉厚多汁,含有较多的果胶和糖类,极易发酵腐烂,因而采集后应及时脱粒处理,否则会降低种子的品质,影响育苗工作。这类果实脱粒常用浸水堆沤等方法,除去果肉,漂净种子,进行脱粒。如桑、槐等肉质果一般先用水浸沤,待果肉软化,再捣碎后搓去果皮,加水冲洗,漂去果皮、果肉即得净种。核桃、银杏等果皮较厚,不易捣烂,可先堆积在一起,浇水盖草,保持湿润,经常翻动,待果皮软腐后,搓去果肉,洗出净种。山定子等可浸水中,用手挤烂果实,洗去果肉,将沉下的种子收集晾干过筛即可。至于枸杞类可将整个果实堆积贮藏,待播种时再除去果皮和果肉,清洗出种子。

大量处理肉果类种子可用脱粒机或压果机,其工作原理不外是先搓破果皮果肉、洗去杂质、收取净种。

(二)净种与分级

(1)净种。清除混杂在种子中的夹杂物,如种翅、鳞片、果皮、果柄、枝叶碎片、秕粒、土粒、石块、机械损伤及异类种子等,以提高种子的纯度。净种工作越细,种子的纯度越高,越利于贮藏和播种。净种包括风选、筛选、水选及脱粒等方法。风选是根据种粒与夹杂物密度的差异,利用风力将种子与杂物及空粒、秕粒、蛀粒分离的方法。筛选是利用种粒与夹杂杂物直径的差异,选用不同孔径的筛子,将种粒与夹杂物分离,获得纯净种子。水选则是根据种子与夹杂物密度不同,进行净种的方法。如红松、银杏、侧柏、栎类、花椒及豆科树木种子,可浸入水中,稍加搅动,良种下沉,杂物及空粒、秕粒、蛀粒则上浮,随水一起倾出即得净种。粒选适用于大粒种子,是人工挑选粒大、饱满、色泽正常、没有虫害、无霉烂的种子,从而得到净种。以上各种方法应视种子特性、夹杂物种类、净种要求等合理选用。

(2)种粒分级。把同一批种子按其大小或轻重进行分类。试验表明,用分级后的种子分别播种,出苗期、发芽率、幼苗生长有很大差异,所以种粒分级对育苗、造林具有十分重要的意义。种粒分级的方法,因种粒情况而不同。大粒种子如栎类、板栗、核桃、油桐等,可人工粒选分级;中、小粒径的种子,可用不同的筛孔进行筛选分级;有些种子还可以应用风选或水选分级。

种粒分级的标准应根据种子的具体情况确定。分级后的种子应登记、写好标签,分别贮藏。

这里必须说明,种粒分级只有在种子来源相同的情况下才有意义。不同来源的种子遗传性不同,种粒大小与遗传性之间不一定有直接的相关性,因此经混杂的种子,已失去了分级的意义。

(三)种子的贮藏与运输

众所周知,大多数林木种子多在秋季成熟后采收,而至翌春播种;有些树种如杨、柳、榆、桑等的种子,虽然可以用随采随播的方法育苗,但为了延长苗木生长期,达到壮苗丰产的目的,往往也采用春播育苗;另外,许多树种结实有大小年现象,常年育苗应注意以丰补歉,需要对种子进行贮藏。另外,生产中还常常需要将种子从产区调往育苗地区。事实上,运输过程也是一种短期贮藏。为了更好地保存种子的生命力,延长种子寿命,必须妥善贮藏和运输种子。

1.种子的贮藏

林木种子成熟之后即转入休眠状态,在此时期种子的生理生化作用仍在继续缓慢地进行。一切休眠状态的种子都要进行呼吸作用以便保持其生活机能。呼吸作用事实是种子新陈代谢中不断进行的氧化过程,它是在酶的参与下,种子从空气中吸收氧气,分解自身贮藏的有机质,释放二氧化碳、水和热量的复杂的生物化学过程。其中释放的二氧化碳随即发散到空气中,而放出的水分一部分为种子吸收,一部分变为水蒸气散失。如果所放出的水较多,种粒间水汽饱和,种子表面便凝结成水,即所谓“种子出汗”。所放出的热量一部分维持种子细胞的生命活动,一部分则散逸于种子周围,使“种子发热”。贮藏种子的这种呼吸作用进行得越强,种子本身的物质消耗就越多、越快,所放出的二氧化碳、水和热量也就越多,越容易产生种子窒息、出汗、发热等不良现象。如果长期如此,将大大降低种子的生命力。因此,在进行种子贮藏过程中,应创造适宜的环境条件,控制种子的新陈代谢活动,使之处于微弱状态,消除可能导致种子变质的一切因素,最大限度地保持种子的生命力,延长种子寿命。为此,必须了解影响种子寿命的各种因素,有的放矢地采取有效措施。

影响种子寿命的因素包括内在因素和环境因素两个方面。内在因素包括:种皮的结构、种子化学成分、种子含水率和种子的成熟度。一般认为种皮致密、坚硬、透性较差的种子,如刺槐、皂荚等豆科种子,寿命较长;而种皮膜质、易于透气透水的种子,如杨、柳、桑等,寿命就短。多数含脂肪和蛋白质多的种子,如松科、豆科等寿命较长,而含淀粉多的种子,如壳斗科种子一般寿命较短。贮藏期间种子含水量较高,呼吸强度大,呼吸性质也由厌氧呼吸转为需氧呼吸,释放出大量的水和热,这些水和热量又被种子吸收,更加强了呼吸作用,并为微生物活动创造了有利条件,因此含水率较高的种子容易丧失生命力,缩短其寿命。就种子的成熟度而言,未达到形态成熟的种子,含水率较高,呼吸作用旺盛,容易发热,易感染各种疾病,贮藏时应特别注意。

影响种子寿命的外界环境主要包括贮藏温度、空气相对湿度、通气条件和各种生物活动等因素。我们知道,种子本身性质(即内在因素)是其寿命长短的决定因素,很难由人为加以改变,而贮藏的外界环境条件,则容易为人所控制。短命的种子,只要贮藏得法,不一定短命;长寿类种子如贮藏不当,也不一定长命。为此应了解各种环境对种子寿命的影响,并加以人为地控制,创造良好的贮藏环境,提高种子的寿命。贮藏期间温度过低、过高对种子都有致命的危害。若温度太低,降到0℃以下,种子内部水分结冰,种子便会丧失生命力而死亡;如果温度过高,超过60℃以上,且持续较长时间,种子内的蛋白质便开始凝固,引起种子死亡。实践证明,大多数种子,贮藏期间最适宜的温度为0～5℃,在此温度范围内,种子呼吸作用微弱,又不致遭受冻害,种子生命力得以很好地保存。当然,不同的树种,种子耐受低温的能力也不一样,一般安全含水率在10%以下的种子,比较能耐低温,而安全含水率高于其含水量的种子,则仅在0℃以上才不受冻害。种子的吸湿性很强,尤其是种皮薄、透性强的吸湿性更大。如果贮藏室空气相对湿度大,水汽易为种子吸收而提高含水率,增强呼吸作用,不利于种子的贮藏。为了保持种子的干燥状态,尽可能控制室内空气湿度或使种子与外界空气隔绝,都可延长种子寿命。据试验,种子贮藏室内空气相对湿度应控制在50%～70%,如欲长期保存种子,最好采用密封干藏法。氧气是种子呼吸的必要条件,它对种子寿命的影响与种子含水量及温度有很大关系。含水量低的种子,呼吸作用微弱,需氧极少,在不通气的情况下,能长久保存其生命力。但含水率较高的种子,由于进行强烈的需氧呼吸,假如通气较差,供氧不足,种子转入缺氧呼吸,会产生大量中间有毒物酒精,加速种子的死亡。温度越高,通风不良,同样也会加快种子的死亡。因此,贮藏含水量高的种子,必须注意通风,以保证种子呼吸需氧。同时通风也可调节气温和空气湿度,为种子创造适宜的贮藏环境。种子贮藏还常遭昆虫、鼠类和微生物危害,也需引起特别注意。

如前所述,影响种子寿命的诸因子是相互影响、相互制约的,而且种子的内因是主要矛盾方面,环境因子只是外部条件。这里特别指出种子含水率是诸因素中的主导因子,因此必须根据种子安全含水量的高低,综合考虑贮藏条件。经验证明,对安全含水量较高的种子,宜在温度较低和适当通气的条件下贮藏;安全含水量较低的种子宜在干燥、低温、密封的条件下贮藏。

种实贮藏的方法主要包括干藏法和湿藏法两种。

干藏法又分普通干藏和密封干藏两种。大多数种子都适用普通干藏法:即将干燥至安全含水率的种实,装入袋、箱、缸等容器中,置于经消毒处理过的低温、干燥、通风的室内,进行贮藏。对于普通干藏法易于丧失发芽力的种子,装入不透气并消过毒的容器中(不宜太满),加盖封严。有时为了防止种子吸湿,还在容器中放些木炭、草木灰或氯化钙等干燥剂。需要长期贮藏大量的种子,应建造专门的种子贮藏库。种子贮藏库,除了建筑结构的特殊要求外,必须保持较低的恒温(0~5℃)和适宜的相对湿度(65%左右)。

湿藏法是将种子贮藏在经常湿润和温度较低的环境中,使种子保持一定的含水量和通气条件,以维持种子的生命力。其中常用的方法有露天埋藏和室内堆放等方法。露天埋藏法是在室外选地势高燥、排水良好、土壤疏松的地方挖种实贮藏坑,坑宽1~1.5m,坑长视种子数量酌定,坑深应在土壤冻层以下、地下水位以上。坑底先铺一层石子或粗砂,上面再铺5cm的湿润细沙,中央竖一草把以利通气,种子可按1:3的比例与湿沙混匀,堆放坑内。也可把种子与湿沙分层铺放,直放到距坑口10~30cm为止,其上再放湿沙并覆盖土堆成屋脊形,坑的周围挖好排水沟,以防进水。

一些小粒种子和比较珍贵树种的种子,如数量不多,可混以湿沙,装入木箱或竹筐中再埋入坑中,木箱四边要钻些小孔,以利通气。

露天坑藏法贮存种子多,应注意经常检查,以防霉烂。

室内堆藏时选干燥、通风、阳光直射不到的屋子,清扫干净后,先在地上洒些水,铺10cm厚的湿沙,再将混以湿沙的种子堆放在上面,堆高50~60cm,再盖以湿沙即可。

2. 种子调拨与运输

由于树种种源分布不均,各地育苗造林的任务不同,在生产中常需进行种子调拨,以满足不同地区育苗造林的需要。

黄土高原地区种子调拨应根据各地经验,注意以下几个方面的问题:

(1)尽可能使用本地区生产的种子育苗造林,种子适应本地条件,安全可靠。

(2)如果本地种子不足,可从临近地区或生态条件相似的地区调进种子。

(3)树木对高温的适应力比对低温的适应力强,种子从北向南调拨范围要比由南向北调拨范围大,但一般也不宜超过纬度4°;树木对湿润的适应力比对干旱的适应力强,因此种子由干旱地区向湿润地区调运的范围大。如我国北方,从西部向东部调拨种子的范围要比由东部向西部调拨范围大。

(4)山区随海拔高度变化、气候、土壤及其他生态条件有明显差异,由海拔高处向海拔低处调拨种子,要比相反方向效果好。

(5)采用外来种源时,最好先进行种源试验,试验成功后才能大量调进种子。

种子运输是种子调拨的重要环节。如果包装运输不当,会使种子受到损害,降低种子的质量,甚至完全丧失生命力,给生产造成损失。运输中要特别注意防止风吹、日晒、雨淋,以致种子过分干燥或受潮发霉等。除在运输前对种子进行精选和适当干燥外,还必须对种子进行妥善包装。

对于干藏的种子,如油松、杉木、刺槐、紫穗槐等可直接装入麻袋、布袋或铁皮桶中运输,但不宜装得过满和压得太紧。含水率较高的种子,如栎类、板栗等大粒种子,可用筐、箩或木箱包装运输,但种子在容器中应分层放置,每层厚度不超过8~10cm,层间用秸秆隔开，避免发热霉烂。一些怕压的种子如银杏、橡胶等，应放入木箱、筐等不易变形的容器中运输。杨、柳、桑等极易丧失生命力的小粒种子，则应采用密封法包装运输，将处理好的种子与木炭屑、滑石粉按 10:2:1 的比例充分混合，然后装入塑料袋或小口容器中密封运输。

不论什么方法包装，容器上都应附有种子标签（如图 2-7），并随同种子寄去种子登记证。

种子运输应尽可能迅速，途中要经常检查。中途停放时应将种子置通风阴凉处。运到目的地后要立即处理，大量运输时，应有专人护送、管理。

种子标签

1　采种单位
2　树种
3　采种时间　　　　　年　月　日
4　本批种子登记号
5　本批种子总种量
6　盛装本批种子的容器数量
7　容器编号

图 2-7　种子标签

四、种子的休眠与层积催芽处理

（一）种子的休眠

植物种子休眠是指任何有生命力的种子，由于某些内在因素或外界条件的影响，使种子一时不能发芽或发芽困难的自然现象。它是植物系统发育过程中长期自然选择的结果，也是植物适应特殊外界环境而保持物种不断发展与进化的生态特性。林木的种子在播种前大都处于休眠状态。休眠种子的种皮致密、坚硬，含水率较低，细胞内含物呈难溶状态，新陈代谢作用微弱。不同林木的种子其休眠程度不同，一般可分为短期休眠和长期休眠两种情况。

（1）短期休眠，又叫做被迫（强迫）休眠，是由于种子成熟后得不到发芽所需要的基本条件，如充足的水分、氧气、适宜的温度以及光照等条件，种子不能发芽而被迫处于休眠状态。一旦有了萌发的条件，种子很快就能萌发。由于被迫休眠是环境条件造成的，因此又称之为外因性休眠。如落叶松、油松、樟子松、侧柏、杉木、杨树、榆树、栎类等属于此类。

（2）长期休眠，又叫深休眠、生理休眠或集体休眠。这类种子成熟之后，如不加特殊的处理，即使给其萌发的基本条件，仍然不能萌发或需要较长的时间才能萌发。白皮松、铁杉、桧柏、银杏、水曲柳、椴树、七叶树、核桃、山楂、山丁子、乌桕、漆树、苦楝、女贞、相思树、黄栌、火炬树等属于此类。

（二）影响种子休眠的因素

形成林木种子长期休眠的原因是多方面的，主要原因多在于自身的特点，故又称为内因性休眠或生理休眠。按其形成原因分为如下数种：

(1)种(果)皮引起的休眠。种皮(或果皮)坚硬、致密或有油脂或蜡质等,种子不易透水、通气或产生机械约束作用,阻碍种胚发育突破种皮(或果皮)向外伸长,致使种子处于长期休眠状态。如椴树种皮不透气;漆树、乌桕、黑荆树、花椒等种皮被有油质或蜡质,既不透气又难透水;许多豆科植物种子通气透水性不良。这些种子多数需要特殊的处理才能萌发。

(2)萌发抑制物引起的休眠。由于种实内含有萌发抑制物质,可以抑制胚的代谢作用,使种胚处于休眠状态。据研究,种实中萌发抑制物质种类很多,主要有脱落酸、脱水醋酸、香豆素、乙烯、氰乙酸、芥子油及其他一些酚类、醛类、有机酸和生物碱等。这些萌发抑制物存在于果皮(如欧洲白蜡)或果肉(如女贞、山楂)或种皮中(如红松),有的还发现存在于种胚或胚乳中(如山杏、苹果等)。不论存在于哪个部位,这些物质均可抑制萌发,引起种子休眠。

(3)种胚未成熟引起的休眠。有些树木种子如银杏、红松、水曲柳、椴树、七叶树、冬青、油棕等,其外部形态虽然已表现出成熟的特征,但种胚发育不完全,像银杏种实达到形态成熟时,种胚还很小,其长度约为胚腔长度的 1/3,经一定时间的后熟,种胚伸长,发育健全后,才能萌发。

(4)生理原因引起的休眠。有些树木种子,形态已经成熟,种胚在形态上也已发育完全,但生理上某些变化尚未完成,影响种子的萌发,形成休眠状态。生理上的这些变化主要指的是酶活性增加,呼吸作用加强,有机质转化及促进生长物质的形成等。这些生理变化需在一定的条件下,经过一定的时间才能完成,因此这些种子的休眠就要经过相当长的时间。生理原因引起的休眠在林木中是比较常见的,如山楂、苹果等即属此类。

如前所述,种子休眠在生物学上具有重要意义,在林业生产中也有一定作用,但给生产也带来一定的麻烦。比如在播种育苗、造林时,种子还处于休眠状态,就必须采用适当的措施,打破种子休眠,促进其萌发。

(三)解除种子休眠的途径

种子休眠可能是上述的某一种原因,也可能是几个原因综合作用的结果。比如山楂和椴树种子的休眠主要是生理原因引起的,但种(果)皮的坚硬、致密、不透性也有很大影响。造成种子休眠的各种因素之间有密切的关系,有时一种因素被消除,另一种或一些因素随之也被解决,休眠便"迎刃而解"了。因此,要解决种子的休眠,先要弄清引起休眠的各种原因,从中找出其中的主导因素,然后采取适当的方法,解除种子萌发的障碍,打破种子的休眠。根据导致种子休眠的原因,目前常见的解除种子休眠的途径是:

(1)凡是被迫休眠的种子,给其适宜的萌发条件,种子便会顺利萌发。由于树种不同,所要求的萌发条件也不一致,我们将在各树种育苗方法部分予以介绍。

(2)凡因种(果)皮引起的休眠,应设法将种(果)皮打碎或弄破,使之通气、透水,便可萌发。常用的方法包括机械损伤种(果)皮,高温或变温浸种、冷冻处理和药剂处理等方法。

(3)凡由于抑制萌发物质或生理原因引起的休眠,可将种子置于一定的低温、湿润条件下层积处理,以降低或消除抑制物质的含量,促进种子完成一系列生理变化(生理后熟),加速种子萌发。这是目前应用最广泛而效果又极佳的处理方法。应该注意的是,由于树种不同，种子层积所要求的温湿条件及处理时间有较大的差异，应通过科学试验和生产实践不断加以总结、提高。

(4)层积处理是解除种子休眠的较好途径，但需较长的时间。为了缩短时间，生产上还常采用快速处理方法打破种子休眠，常用的方法包括药剂处理、电离辐射处理和激光处理等。

(四)种子催芽的方法

种子催芽是通过各种人为处理方法打破种子的休眠，并使种子露出胚根的处理过程。很显然，催芽的作用不仅是打破了种子休眠，而且可使幼芽适时出土，出土整齐，缩短出苗期，提高场圃发芽率，同时，还能增强苗木的抗逆能力(抗病、抗旱、抗热、抗寒)，提高苗木的产量和质量。种子催芽的方法主要有以下几种。

1.水浸催芽

用水浸种催芽是最简单的催芽方法，适合于被迫休眠的种子。其目的是使种皮软化，种子吸水膨胀，加速酶的活动，促进贮藏物质的转化，供给胚生长发育的需要。因为种粒大小、种皮薄厚及化学成分的不同，浸水的温度及时间也有很大差异。一般种粒小、种皮薄的如杨、柳、榆、泡桐等，浸水温度较低，时间较短；而种粒较大，种皮坚硬、致密，透水通气性差的，如刺槐、黑荆、皂荚等则应适当提高水温，延长时间。常见树种浸种方法如表2-13所示。

表2-13 主要造林树种浸种方法

树种	水温(℃)	浸种时间	树种	水温(℃)	浸种时间
油松	45～60	1天	华山松	60～70	冷却5～7天
侧柏	40～50	1天	樟子松	40～50	1天
刺槐	70～80	冷却后泡1天再催芽	柏木	45	1天
沙棘	40～60	1～2天	毛白杨	冷水	3～4小时
槐树	80	5～6小时后混沙催芽	泡桐	40～50	1天
楸树	30	4小时后混沙催芽	香椿	40～50	1天
臭椿	40	1天	悬铃木	30～40	1天
华北落叶松	30	1～2天	雪松	冷水	1～2天
花椒	80～90天脱蜡	冷却后3～4天	桑树	50	12小时
杏	冷水	4～11天	核桃	冷水	5～7天
柠条	30	0.5～1天	紫穗槐	80～90	冷却后1天
沙枣	50～60	2～3天	花棒	40～50	2～3天

浸种用水量一般为种子容积的3倍，浸种时要不断搅拌，特别是高温浸种更应不停地搅拌，直至水温下降至不烫手为止，然后冷却至规定的时间，在浸种期间每天要换水1～2次。

刺槐等豆科树种的种子，硬粒较多，用80～90℃热水浸泡24小时，仍然有些硬粒种子不能吸水膨胀,需用“泥浆选种法”将吸涨的种子捞出,而将硬粒种子再用热水浸种,然后浸泡,如此反复数次,直至全部种子吸胀为止。

经过浸种吸涨的种子,放在20～25℃的环境中,加以覆盖,保温保湿,每天用30～40℃的温水冲洗1～2次,进行催芽,当有20%～30%的种子咧嘴和发芽时即可播种。播种地应保持湿润,以防种子中的水分倒渗引起回芽死亡。

2. 变温催芽

变温催芽是一种改进的水浸催芽方法。具体方法是在种子水选消毒后,采用45℃温水浸种,将浸好的种子与2～3倍的湿沙混合拌匀,然后置于室内架好的木板或火炕上,摊平,铺厚20～30cm,进行高温处理,使室内温度经常保持在30～35℃范围内,而种沙温度控制在20～25℃,每天翻动3～4次,并注意边翻边喷洒温水,以保持种沙温度和湿度均适中,经若干天以后,当有50%的种子胚芽变成淡黄色时,即转入低温处理,使种沙温度维持在0～5℃之间,湿度在60%左右,每天翻动2～3次,经数天后,移至室外背风向阳处进行日晒,每天应翻动、浇水,始终保持沙表呈湿润状态,夜间盖以草帘,待数天后种胚由淡黄变成黄绿色,大部分种子开始咧嘴露白时,即可播种。

变温催芽其特点是在“变温”。因为变温比恒温更接近于林木种子长期经历的自然条件,能促使种皮伸缩受伤,加快吸水速度促进呼吸作用,刺激酶的活动和营养的转化,从而打破种子休眠,加快种子萌发。比如油松种子在光照条件下,以20～30℃变温催芽,发芽率高达97%,而以23～25℃恒温催芽,发芽率仅有34.8%。因此,可以说变温催芽是加速种子萌发的好方法。在生产中一些没来得及进行冬季层积催芽而又急待播种的,往往可用变温催芽进行补救,可以收到较好的效果。许多树种如油松、赤松、水曲柳、椴树等均可采用这种处理方法。

3. 层积催芽

层积催芽是将种子与湿润物混合或分层交替放置于一定的温度、湿度和通气条件下处理种子,促进种子解除休眠,迅速萌发的一种方法。

层积催芽的主要作用,一是使种子解除休眠。因为层积处理过程中软化了种皮,增加了透性和吸水膨胀能力。特别是那些由于胚组织渗透性弱的种子,萌动时常因氧气不足、呼吸困难而不能萌发。而在层积时,低温条件下氧气溶解度增大,保证了胚萌动时对氧的需要,从而为解除休眠创造了条件。另外,层积还能使种子内含物质发生变化,存在于种子内部的脱落酸等发芽抑制物质转化或减少,而赤霉素等生长物质有所增高,有利于种子的萌发。对于需要生理后熟的种子,如银杏等,层积过程中,胚明显的长大,逐步完成后熟过程,使休眠终止,开始萌发;二是种子层积过程中,种子内部发生一系列生理变化,据研究其新陈代谢总的方向和过程与种子萌发时相一致,因此有助于种子的萌发。比如山楂种子层积时,种子内的酸度和吸涨力明显提高。铅笔柏种子层积时,脂肪和蛋白质含量降低,而氨基酸的含量增加,过氧化氢酶活性增强一倍,胚乳中的营养大量转移到胚中。还有的研究表明,层积处理使细胞原生质的膨胀和透性增加,水解酶和氧化酶的活性提高;一些复杂的化合物转化为简单化合物,促进种胚的生长发育,有利于种子的萌发。

层积催芽的方法包括普通层积催芽、变温层积催芽、雪藏催芽和冰冻催芽等。

(1)普通层积催芽法多用于处理大量种子。一般是在露天选地势高燥、排水良好的地方挖坑，坑深应在地下水位以上，西北地区深度 1～1.5m，东北地区深度 1.2～1.7m，华北、中原地区 0.5～1.0m 即可。坑宽为 1～1.5m，长度视种子多少而定。坑底先铺 20cm 厚湿沙，然后将浸水并消毒的种子与湿沙按 1∶3 的比例混合，于清晨或傍晚放入坑内，厚约 50cm，当种沙混合物高至坑沿以下 10～30cm 时，其上再覆湿沙，最后用土培成屋脊形。为保证通气，坑中每隔一定距离插一束秸秆。坑的四周要挖小沟，以便排水和防止动物危害。种子数量不多时，或冬季温度太低的地区，也可在冬季不生火的房子内或地窖中，将种沙混合堆放，进行室内层积处理，一般堆高达 30～50cm 即可。当种子很少时，可将种沙混合后放入有孔的木箱或泥盆中，再把容器放在比较稳定的低温处进行催芽处理。不管是怎样层积，都要注意经常检查，使种沙温度控制在 5℃左右，变动于 0～10℃之间，坑内保持湿润、通气。

树种不同层积催芽所需的天数也不相同，如不能满足其所需的时间，催芽的效果就不好。常见的树种层积催芽的天数如表 2-14 所示。

表 2-14　主要造林树种层积催芽天数

树种	天数	树种	天数
油松	30～40 天	华山松	7～10 天
樟子松	冷水浸 1 天后 10～15 天	花椒	80～100 天
核桃	冷水浸 2～3 天后	杏	30 天
杜仲	室内 5～6℃ 40 天	沙枣	60～90 天

(2)变温层积催芽适合于因种种原因(如种子调拨太晚、播种期迫近等)需要快速处理种子时采用的一种催芽方法。具体方法是：先将种子用温水浸泡，然后混沙放置寒冷处，经一定的时间后再移至温暖处，然后再放置寒冷处，如此反复数次使种子萌发。变温层积催芽的时间、温度控制，因树种不同而异。如黄栌种子变温层积时先将种子用 30℃温水浸种 24 小时，然后混以湿沙，维持 12～15℃的温度达 4 昼夜，以后将种沙混合物移至寒冷的地方，直到混合物开始结冰再移至温暖处，4 天后，又移至寒冷处，如此反复 5 次，历时 25 天，便完成催芽过程，其他树种往往需要 80～90 天的时间。

(3)雪藏催芽，也叫混雪催芽，是冬季积雪多而稳定的地区应用的层积处理方法。云杉、冷杉、落叶松、樟子松均可用雪藏层积催芽。其方法是在土壤结冻前，选地势高、排水好、背阴积雪处挖坑(沟)，深度应在冻结层内，一般深、宽各为 50～70cm。坑壁最好镶板，以防鼠害。当冬季积雪不溶时，先在坑底放一层雪，然后将种子与雪按容积比 1∶3 混合均匀(或种、沙、雪按 1∶2∶3 混合)，放入坑中，上面培成雪丘，覆盖草帘。春季渐渐撤去积雪，继续覆盖草帘，待播种前 1～2 周时，检查种子，如果未达到催芽要求时，将种子取出置于温暖处使雪融化，再进行高温催芽，当种子达到播种要求时即可播种。雪藏催芽种子长期处于低温之下，以雪保证催芽所需的低温和湿度，效果最好，凡有条件的地区应该采用。

(4)冰冻催芽是采用冰冻方法处理坚硬种子的一种层积处理方法。通常是在结冰季节将饱和种沙混合物，放在背阴的浅坑内，使其冻结，上面再盖些沙土，经冰冻使种皮破裂，春季播种迁移至湿润、温暖的地方催芽，有时也在背阴处先泼些水，待地面冻结后撒上一层种子，再泼些水，冻结后再撒第二层种子，再泼水，这样一层一层冻起来，一共可冻3～4层，最后在上面覆盖些土，也可收到同样的效果。

4.化学药剂催芽

试验证明，某些化学药剂（如小苏打、对苯二酚、溴化钾）、微量元素（硼、锰、锌、铜）、植物生长刺激素（赤霉素）、类似生长素（吲哚丁酸、吲哚乙酸、萘乙酸、2,4－D）等溶液浸种，可以解除种子休眠，加快种子内部的生理过程（酶活动、养分转化、胚的呼吸作用等），促进种子萌发，具有催芽的功效。

凡是种壳具有油质或蜡质的种子，如黄连木、乌桕、花椒等，用1%的苏打水浸种12小时，可去除种壳上的油蜡，加快种皮软化，促进种胚新陈代谢。桉树、马尾松、刺槐也可用苏打水浸种。生产中有时应用草木灰水代替苏打水，效果也很好。漆树、刺槐、皂荚、油棕、凤凰木等有时也用浓硫酸浸种可起到腐蚀种皮、增加透性的作用。浸种后应用清水漂净，再行催芽。酒精能增加种皮的透性提高发芽率，如美国试用酒精处理金合欢属和紫荆属林木种子，可以提高发芽率。也有的应用二甲苯、乙醚、丙酮、三氯甲烷等处理种子，也有促进萌发、提高发芽率的作用。

植物激素（赤霉素、“702”、“增产灵”、吲哚丁酸、吲哚乙酸、萘乙酸、2,4－D等）处理种子不仅萌发快、发芽整齐，而且还能促进幼苗生长。比如用30mg/kg的赤霉素溶液对落叶松浸种，发芽率由对照的43%提高到58%，发芽势由对照的24.0%提高到47.5%，效果十分显著。用5mg/kg的“702”溶液处理红松种子，发芽率由对照的55.0%提高到66%，发芽势由对照的44%提高到55%。以10mg/kg“增产灵”处理红松种子，发芽率由55%提高到78.2%，甚至高达98%，发芽势由对照的40%提高到87%。播种后60天调查表明，浸种处理的红松种子，出苗早、出得齐，苗木生长健壮、抗逆性增强，保存率大大提高、生长也显著增加，苗高增长30.8%，主根增长15.8%，侧根数增加66.7%，侧根增长18.2%。

为了提供种子发芽过程中所需的营养元素，可用大量营养元素加上钙、镁、硫、铁、锌、铜、锰、硼等微量元素，配成溶液，进行浸种，既可供给种子发芽的水分，又能供给多种营养。微量元素一般用量很少，其中硫酸铜可用0.05%，硼酸0.02%，硫酸锌0.2%。树种不同用量也不一样，一般多在1%～0.02%。微量元素可单用，也可混合使用，浸种时间一般12～24小时，浸种后取出稍干后再浸水24小时，然后再混沙催芽。

5.物理方法催芽

物理方法催芽是应用声、光、电等物理因素处理种子，促进种子萌发的方法。经试验证明，有效的物理催芽法主要有超声波、电离辐射、电磁波和激光等。这些新技术的应用已经有一些成功的试验。如浙江省林科所应用频率为25kHz超声波处理杉木20分钟，可提高发芽率16%，北京植物园用830kHz、强度为18W/cm^{2}的超声波处理杜梨种子1～3分钟，使发芽率提高4～5倍。吉林省林科所应用^{60}Co γ射线于播种前照射日本落叶松和长白落叶松，用1 500伦琴照射，发芽率提高6%。河南省林科所应用氦－氖激光器处理毛泡桐种子，剂量为6mW，处理时间分别为5分钟、10分钟、15分钟，结果发现，激光处理的种子，胚根比对照生长快1～4倍，且苗高、地径生长都明显加快。

综上所述，种子催芽的方法很多，目前国内外还在试验应用各种新技术进行种子快速催芽，有些已经取得了明显的进展，并开始在生产中推广应用；还有许多正待进一步试验、总结和推广。

五、种子生活力的鉴定

种子生活力又叫种子生命力，是描述潜在于种子内的发芽能力的概念，是评价种子品质的重要指标。一批种子的生活力不仅决定这批种子的使用价值、使用期限(是当年使用还是贮藏以供他年使用)，而且还是计算苗床播种量、出苗率的重要因素。因此，鉴定种子生活力是播种育苗前的一项重要准备工作。

测定种子的潜在发芽能力，最基本、最可靠的方法是将具有代表性的种子样品，放在受控制的标准环境中直接进行发芽试验，然后计算出有生活力的种子占供试样品种子总数的百分比。

但是，进行发芽试验来鉴定种子生活力，需要时间很长。有时由于设备不全或受其他条件限制，不能进行发芽试验，有些树种休眠期很长，而又急于要在短时间内鉴定种子的生活力，就必须采取一些简单的方法，快速测定种子的生活力。测定种子生活力的方法很多，其中最常用的有：四唑盐染色法、靛蓝染色法、碘－碘化钾染色法、X光照相法等。

(一)四唑盐染色法

四唑盐[TTC]是2,3,5氯化(或溴化)三苯基四氯唑[$C_{10}H_{15}N_4Cl(Br)$]之简称。是一种白色粉末状生物化学试剂。其溶液无色，在具有生活力的种子或组织中能被脱氢酶还原成红色的、稳定的、不溶于水的2,3,5－三苯基甲醛，而无生活力的种子则无此反应。我们可以根据种子着色的部位及面积判断种子的生活力。具体操作如下：

(1)配置试剂。称取0.1～1g四唑盐，溶于99ml的蒸馏水(pH 6.5～7)中，置黑暗中保存待用。

(2)取样。从纯净种子中随机抽取四组样品，每组100粒，特大粒组50粒，重复四次。

(3)浸种。将样品浸于20～30℃水中，浸种时间因树种而异，小粒种子及种皮较薄的种子浸48小时，种皮厚和中、大粒种子一般浸3～5天，注意，每天都要更换清水。

(4)取胚。浸种后切开种皮和胚乳，取出种胚，有时也可保留种胚一起染色。取胚时应记下空粒、腐烂粒、病虫危害粒和其他无生活力的种粒，并做好记录。

(5)染色。将取出的种胚(和胚乳)放入发芽皿或小烧杯中加入试剂，使之淹没种胚，置黑暗或弱光下保持20～30℃(以30℃为佳)，染色3小时以上。注意，如温度高、浸种时间长、试剂浓度大，染色就快些，反之染色慢。

(6)鉴定染色结果。取出经染色的种子，用清水冲洗后，置白色湿滤纸上，逐粒观察胚和胚乳染色情况，将观察结果记入表2-15中。然后根据种胚着色的程度和部位判断种子是否具有生活力。由于各树种对染色试剂的反应不同，其生活力染色的标志也不同，可参照有关资料加以判断。

(7)计算种子生活力。根据观察结果，先分组计算种子生活力，然后再求出四组的平均值。

(二)靛蓝染色法

靛蓝又叫靛蓝胭脂红[$C_{16}H_8N_2O_2(SO_3)_2Na_2$]，为蓝色粉末，是一种苯胺染料，能透过死细胞组织，使其染色，但不能透过活细胞，因此可以根据胚染色的部位和比例大小来判断种子的生活力。具体方法大致与四唑盐相同。应注意的是靛蓝试剂是用蒸馏水配成0.05%～0.1%的溶液，随配随用，不宜久置。染色时温度为20～30℃，染色2～3小时，温度低时，染色时间要适当加长，当低于10℃时，染色困难，甚至不能染色。

表2-15　种子生活力测定记录

树种：　　　　样品号：　　　　测定方法：

组号	测定种子数（粒）	不能染色种子数(粒)				染色结果				生活力（%）	说明
		空粒	腐烂粒	病虫害粒	其他	无生活力		有生活力			
						粒数	%	粒数	%		

测定人：　　　　年　　月　　日

（三）碘－碘化钾染色法

有些树种如松、杉等的种子发芽过程中，胚芽会产生并积累淀粉，当种胚遇碘后，碘与淀粉反应呈黑色，依此可以判断种子是否具有生活力。具体方法是：先按四唑盐法那样选取试样400粒，分成四组，每组100粒。然后将供检种子浸种18～24小时，并进行催芽3～4天。催芽后逐粒剥取种胚，放入事先配好的碘－碘化钾溶液中（将1.3g碘化钾溶于100ml水中，加0.3g碘），浸20～30分钟后，取出用清水冲洗种胚，观察其染色程度，如果种胚全部变黑或胚根以上三分之二的胚变黑，说明种子具有生活力；种胚全部染成黄色或仅子叶染成黑色而胚根为黄色的，以及仅胚根末端呈黑色而胚的其他部分为黄色的，则均表明这些种子已无生命力。

（四）X光照相法

X光照相法是一种无伤检验方法，不仅操作快捷、简便、准确，而且还能探及外部无法观察到的虫害和其他损伤。但需要专门的设备和一定的判读技术。目前，我国生产的DGX－4型软X射线机，已用于许多种子生活力的测定。

六、播种

（一）播种期

正确地确定播种期是播种育苗工作中的一个重要环节。播种期的早晚，直接影响着苗木生长期的长短、出圃年龄和幼苗抵抗恶劣环境的能力，还决定着人们必须采用的抚育管理措施，因此对苗木的产量和质量以及育苗成本和经济效益都有直接的关系。实践证明，适时播种是壮苗丰产的重要措施之一。在育苗生产中，应根据树种的生物学特性和当地的气候、土壤等条件，合理地确定适宜的播种期，以便做到不违农时，适时播种。

黄土高原部分地区冬季土壤冻结不宜播种，大多数树种适于春、秋季播种，而又以春播较多。有些树种如杨、柳、榆、桑等，常随采种随即于夏季播种。

1.春播

春季是播种育苗的主要季节。春播的优点是：春播适于大多数树种的生物学特性，符合林木生长的自然规律；春季土壤水分适宜（除特别干旱地区），温度逐渐上升，适合种子萌发,种子发芽快,可减少鸟、兽、病、虫等危害;播种地的管理工作比较省工,因此育苗成本较低。但是,春季播种时间较短,田间作业紧迫,如抓得不紧,延误了适宜的播种时期,将影响苗木质量。

根据各地的经验,春播宜早不宜迟,要抢墒播种,尽量缩短播种时间。因为,早春播种发芽早、扎根深,苗木生长健壮,在夏季炎热天气到来之前,根颈部已基本木质化,苗木抗旱、抗日灼的能力以及抗病虫害的能力都比较强,有利于培育出优质壮苗。在黄土高原地区,早春播种效果更明显,应用很普遍,一般在3～5月上半月播种。但是,过早播种,种子发芽出土后易受晚霜冻害,因此在确定播种期时,应根据树种发芽特性和当地气象记录,尽可能使出土幼苗避开晚霜和风沙危害。

春播育苗应根据树种特性和当地气象、土壤条件合理安排好播种顺序。一般针叶树和未经催芽处理的种子应优先播种,阔叶树和经催芽处理的种子稍后些播种;高燥的地方应先于低湿地播种,这对干旱地区尤其重要。

2.夏播

适合于夏熟的种子,如杨、柳、榆、松等,这些种子易丧失发芽力,不易贮藏,可随采随播,种子发芽率高。夏播应尽量提早,当种子成熟后可立即采种、催芽、播种,以延长苗木生长期,提高苗木质量,促使安全越冬。就多数树种和大部分地区而言,夏播以5月至6月上、中旬为宜,再晚了秋季苗木木质化程度差,就不利于安全越冬。所以,夏播成败的关键是早播种、早出苗,预防高温危害,为此应注意做好种子的处理,催好芽,播种后要加强管理,保持土壤湿润。

黄土高原地区,在干旱山地培育松、柏苗木,常等雨季将至,透雨之后播种,而盐碱地区则在雨季后期,土壤盐分被淋洗而含盐量较低时播种,都易取得成功。因此,夏季又是干旱山区和盐碱地播种育苗的主要季节。

3.秋播

秋播是在秋末至冬初土壤未冻结之前进行播种。秋播的优点是:符合林木生长的自然规律;种子在土壤中可以完成催芽过程,翌春幼苗出土早而又整齐,扎根深,能增强抗逆能力,还能延长苗木生长期,提高苗木的质量;秋播可以节省种子贮藏和催芽用工,降低育苗成本;秋播工作时间较长,便于安排劳动力。但是秋播也有缺点:种子在土壤中越冬时间长,易受鸟兽危害;含水量大的种子,在冻旱地区易受冻害;秋播通常需加大播种量,用种量多。此外,秋播地翌春土壤易板结,或遭风蚀、沙埋、土压、冻裂等危害。因此,凡易受鸟兽危害、冻害及风沙害的地区不宜在秋季播种。从树种上看,虽然许多树种都可在秋季播种,但一般多用于发芽慢的或种皮坚硬的核果类大、中粒种子,如栎类、油茶、核桃、山桃、杏、元宝枫、白蜡等,而小粒种子,因播后当年不出苗,播种地管理较费工,不宜在秋季播种。

秋播的具体时间随树种和所在地气候、土壤条件而异。休眠期长的种子宜早播,可随采随播;强迫休眠的种子应晚播,以防当年发芽受冻。为了防止各种危害,秋播应掌握“宁晚勿早”的原则。

播种育苗除应注意掌握适时的季节外,还应注意播种时的天气情况,雨中或雨后圃地泥泞,作业不便,不宜播种。大风天气不宜播种粒较轻和带翅的种子。

（二）播种方法

播种方法随树种特性、育苗技术和自然条件而不同，常见的播种方法有三种，即条播、撒播和点播。

1. 条播

条播是按一定的行距将种子均匀地播到播种地的播种方法，是应用最广泛、适合多种树种的播种方法。其优点是：苗木有一定的行间距离，便于土壤管理、施肥、苗木保护和机械化作业，作业的功效高；比撒播育苗节省种子；通风透光条件好，苗木生长健壮质量好；起苗方便，节省用工。条播的缺点是：苗木集中成行，发育不太均匀，单位面积产苗量较低。条播适合于一切中、小粒种子。

条播时的方向、播幅和行距视播种后的管理技术、自然条件、苗木生长速度和育苗年限而定。一般说为了使苗木受光均匀，条播行多用南北向。播幅（播种沟宽度）通常为2～5cm，但为了提高苗木质量和产量，播幅有时加大到10～15cm。条播沟的行距一般为10～25cm，为了适应机械化作业要求，生产中常把若干播种行组成一带，两带间保留一较大的带距，由于组成的行数不同，可分为二行、三行、四行及六行式的带播。其行距有10～20cm，带距有30～50cm，行、带距大小随苗木生长快慢和播种机、中耕机的构造而异。

2. 撒播

撒播是将种子均匀地撒于播种地上的播种方法。主要适于杨、柳、泡桐、桑树等小粒种子。撒播的优点是：可以充分利用土地，单位面积产苗最高；苗木分布均匀，生长整齐。但是，撒播苗密度大，通风透光条件差，苗木生长不如条播和点播；苗木分散生长，株行距不整齐，不便于管理和机械化作业；用种量大（一般比条播用种多1/3～1/2），管理用工多，育苗成本高。

3. 点播

点播是按一定的株、行距挖穴将种子播于育苗地的方法。点播主要用于栎类、核桃、板栗、银杏、油桐、文冠果等大粒种子。点播的株行距应根据树种特性和育苗年限来确定。某些大粒种子点播时应注意出芽的部位，正确地摆放种子，以便于幼苗出土，如板栗、核桃系尖端出芽，点播时种子宜横放，且尖端朝同一方向，出芽快、整齐、株距均匀。

（三）播种工序

播种工序一般说包括播种、覆土和镇压等环节。手工播种时，这几个环节分别进行，机械播种时则连续进行。各道工序的作业质量直接影响播种后种子的萌发和幼苗生长，所以是不容忽视的问题。

1. 开沟

为使播种行通直，播种前先在床面划线，然后照线开沟，沟深要适当，太深了出苗困难，太浅了墒情不好，都不利于出苗。播种的适宜深度应视种子大小和覆土要求酌定，一般为0.5～6cm之间。开沟要均匀。极小粒种子也可以不开沟，只划线，再沿线播种。

2. 播种

播种前应计算好单位面积的用种量，将种子按量分开，然后边开沟、边播种，并随即覆土，以防播种沟失墒。小粒种子播种量较少，为下种均匀，可将种子与细沙混合后再播。

3. 覆土

覆土的目的是保水、保温、防止风干和鸟兽危害。为此要求覆土要快速、均匀、厚度适宜。实践证明,覆土不当往往可以造成育苗失败,所以应该引起重视。覆土厚度应根据树种特性、土壤条件、覆土材料、播种季节和气候条件等确定。一般说大粒种子覆土稍厚些,小粒种子宜薄点;子叶出土的种子(如刺槐、槭树等)宜薄些,子叶不出土的种子(如核桃、山杏等)可厚些;沙土疏松,覆土宜厚,质地较黏的土壤宜薄,用沙或其他疏松材料覆盖种子可厚些,否则宜薄;秋播覆土比春播要厚,夏播宜薄;旱地覆土要厚,湿润土壤宜薄。通常覆土厚度以种子短轴直径的2~3倍为宜。

覆土不仅要求厚度适宜,而且要均匀一致,否则出苗不齐,疏密不均,影响苗木产量和质量。

覆土时,如圃地土壤疏松,可用床土覆盖,若土壤黏重,则可用过筛的细土覆盖,也可用腐殖土和锯末或秸秆覆盖。为减少杂草和病虫害传播,也可用新黄土和火烧土覆盖。总之覆土应因地制宜,就地取材,以不影响幼芽出土为原则。

4. 镇压

镇压是在覆土后对播种行实施轻度镇压的工序,其目的是为了使土壤与种子紧密结合,恢复土壤毛细管作用,及时供应种子发芽所需的水分。在干旱地区、土壤疏松及土壤水分供应不足的情况下,镇压是十分必要的措施。但黏重、低湿的土壤不宜实施镇压。

(四)播种量与苗木密度

1. 播种量

播种量是指单位面积(或单位长度)上所播种子的重量。播种量是确定合理密度的基础,它直接影响单位面积上的苗木产量和质量。播种量不足,幼苗单独出土困难,往往达不到合理密度,单位面积的产苗量低;由于苗木间空隙大、土壤水分蒸发大,杂草易于侵入,增加苗木抚育用工,提高育苗成本;一些针叶树和喜欢庇荫的幼苗过稀时生长不良,容易死亡。而播种量过多时,不仅造成种子的浪费,也增加了间苗用工,且苗木营养面积小,光照不足,通风不良,生长细弱,降低了苗木质量,使等级苗明显下降。所以合理确定播种量是十分重要的问题。

确定播种量时,应以用种最少生产最多的标准苗木为原则,做到既节约用种,又能达到合理密度,培育出最多的合格苗木。我们知道,影响播种量的因素很多,主要包括种子品质、培育年限、自然条件和育苗技术等,当种子品质好,自然条件适宜,育苗技术较高时,播种量可相对减少。否则,就要增加播种量。生产中常根据单位面积上最适宜的计划产苗量(即合理育苗密度)和种子品质指标(千粒重、纯度和场圃发芽率)按下式计算:

$$A = N \cdot P / (E \cdot K \cdot m)$$

式中:A——单位面积上的播种量,kg/hm^2;

N——单位面积上最适宜的计划产苗量,株$/hm^2$;

P——种子千粒重,g;

E——种子纯度,%;

K——种子场圃发芽率,%;

m——单位换算系数,为10^6。

上式计算的播种量是理论值，即按每粒有发芽能力的种子都能成苗计算，显然这是达到计划产苗量的最低播种量。事实上由于气候、土壤、整地质量、播种技术、抚育管理以及不可预见的自然灾害的影响，无法保证每一粒具有生活力的种子都能发芽、成苗。因此，上述理论值还应加上一定的损耗值，即必须适当增加播种量，用以弥补各种损失。这样上式可以改写成：

$$A = C \cdot N \cdot P/(E \cdot K \cdot m)$$

其中，C 为种苗损耗系数，C 值随树种和各地条件而变化。根据各地经验，C 值变化范围大致如下：

大粒种子（千粒重在 700g 以上），$C \leqslant 1$；

中、小粒种子，$C = 1 \sim 5$；

极小粒种子（千粒重在 3g 以下），$C > 5$（如杨树种子 C 变动在 10～20 之间）。

显然，种苗损耗系数受树种、圃地条件、育苗技术和灾害等很多因素影响，各苗圃应根据本地特点，通过试验，合理地确定各树种的 C 值，以便科学地计算播种量。

近年来，黄土高原地区应用塑料大棚和容器育苗，取得了许多成功经验，大大节约了用种量，提高了育苗和造林成活率，今后应继续通过试验，不断改进育苗技术，探索节省用种的育苗技术。

2. 苗木密度

苗木密度是指单位面积（或单位长度）上的苗木数量。苗木密度适宜与否，对苗木产量和质量影响很大。合理的密度应既能保证有苗木个体发育的充足空间，又能使总体产量达到最多。确定苗木密度主要应考虑树种特殊性、立地条件和育苗经营管理水平。

（1）不同树种生长快慢不同，所以单位面积产量不同，密度也不一样。一般说，生长慢的树种宜密，生长快的宜稀。如一年生落叶松播种苗每公顷产量为 240 万～300 万株，而杉木则为每公顷 54 万～120 万株；刺槐等阔叶树每公顷则为 30 万～60 万株。

（2）同一树种因苗圃地所处土壤、气候条件不同，单位面积产量也不一样。如油松一年生播种苗在环境条件较好的苗圃，每公顷可产苗 270 万～300 万株，而条件较差的苗圃只能生产 195 万～210 万株。

（3）育苗年龄越大密度越小，反之，密度应大些。

（4）从苗木种类上看，培育播种苗直接用于造林时应适当稀些，而培育移植苗时播种可适当密些。

（5）确定苗木密度还应考虑机械化作业和人工管理的需要，应使机具、人员通行方便，不伤苗木。

育苗密度主要由株行距加以调节。播种苗则主要体现在行距大小。行距太小不利于土壤管理和机械作业，通风透光也差。做床育苗时行距一般为 12～25cm，大田育苗垄宽一般为 50～80cm；双行的行距 10～20cm 为宜，具体应用时，应根据条件因地制宜地确定。

七、播种地的管理

播种地管理是指从播种到幼苗出齐，即出苗期间对播种地所进行的管理。播种地管理主要目的是形成一种良好的环境,为种子发芽创造条件,以提高场圃发芽率,保证出苗快、出苗整齐,为丰产、优质打下基础。播种地管理的主要内容包括播种地覆盖、增温、灌溉、松土除草和防鸟兽危害等。

(一)覆盖

覆盖是在播种地上用作物秸秆、草类、芦苇、腐殖质土、泥炭、苔藓等物加以覆盖,以保持土壤水分,防止土壤板结,减少灌水次数,抑制杂草生长,避免烈日照射、大风吹蚀和暴雨击溅,调节地表温度,防止冻害和鸟害。所以,覆盖有助于提高场圃发芽率。覆盖物以就地取材为原则,但需注意不应给播种地带来杂草种子和病虫害。覆盖的厚度取决于所用材料、播种季节和当地的气候条件。一般不宜太厚,草类覆盖以不漏地面为宜,用腐殖质土覆盖厚1~1.5cm即可。

覆盖后要注意经常检查,防止覆盖材料被风吹走,当幼苗大量出土时,应及时撤除覆盖物,以免引起苗木黄化或弯曲,形成“高脚苗”。为了防止幼芽遭受环境突变带来的不良影响,撤覆盖材料时最好在傍晚或阴天进行,而且应分批(如2~3批)撤除,需要遮阴的苗木,还应立即搭设阴棚或遮阴网。条播地可暂将覆盖物移至行间,以减少土壤蒸发,防止杂草滋生。如用腐殖土、泥炭、谷壳、锯屑、松针等覆盖物时,由于无碍于幼苗出土和生长,可不必撤出,随中耕将其翻入土壤。

覆盖虽然有诸多好处,但毕竟费工费料,增加成本,一些条件较好、不覆盖不至于影响种子出芽的地区,也可以不覆盖。杨树等小粒种子播后也可不覆盖,但播前圃地应灌足底水,播后还应经常喷水,以保持床面湿润。

(二)土面增温

土面增温是应用土面增温剂喷洒播种地,以达覆盖地面、增温、保墒、抗旱、压碱、抗风、防霜的目的。

土面增温剂是一种化学覆盖物,其成品为黄或褐色膏状物,化学性质稳定,pH值7~8,成膜物质有效含量为30%,加水稀释可成乳状液体,喷洒圃地上,能在几小时内形成一层连续均匀胶状薄膜,这种薄膜不怕风吹、雨淋、日晒,既不影响幼苗出土,又能有效地抑制土壤水分蒸发,减少土壤热量的损失。据试验,田间蒸发抑制率达60%~80%,4月份晴天中午最大增温达10℃左右,因此能有效地抵制低温、寒风、风蚀和干旱的危害。

土面增温剂在育苗中应用可大大节省劳力和覆盖材料,特别是能达到提早播种,延长生长期,提高苗木生长量,增强木质化,促进壮苗丰产的目的。

使用土面增温剂应注意整地要细致、平整,还要灌足底水,然后将土面增温剂稀释成6~8倍液,按每1 260~1 500kg/hm^2,分两次用喷雾器均匀喷洒床面上。最好在风力小的晴天中午喷洒,经阳光照射,一般3小时后即可凝固成膜,阴天不宜喷施。喷药后15~20天无需特殊管理,待20天以后再进行播种地的正常管理(如松土、除草等)。

(三)灌溉

种子萌发需要一定的水分,因此播种地必须保持湿润,假如此时土壤干燥,就必须进行灌溉,对于催芽的种子尤其必要。另外,一些小粒种子因覆土较薄,幼芽出土前也必须进行灌溉,否则,将因天旱、土干使种子无法发芽出土。

幼苗出土前是否需要灌溉,以及灌水的次数、时间和灌水量,应结合气候、土壤、树种特性和是否覆盖等综合考虑加以确定。在气候干旱、土壤疏松、水分不足的情况下要进行灌溉；覆土厚不足 2cm，以及不加覆盖的播种地也要进行灌溉。中、小粒种子播种地，如在播种前已灌足底水，播种后无明显干旱时，可不灌溉。播种地灌溉以滴灌、喷灌和侧方灌溉为好。凡已开始灌溉的圃地应持续到幼芽出土为止。

(四)松土除草

播种地土壤板结，会大大降低场圃出苗率。所以，当土壤发生板结时，应及时进行松土，以消除幼芽出土的阻力。与此同时还应及时消除播种地的杂草。值得注意的是松土时宜轻、宜浅、不要损伤幼芽，除草应做到除小除了。

(五)防风防沙

播种地有时由于防风林设置不当或圃地风沙太大，常常会因风蚀、沙打沙埋给幼苗造成灾害。因此，可在播种地周围及中部设置防风障，防风障应与主害风垂直，间距以使风速减至起沙风速以下或不发生风折为准。风季过后，苗木也具有一定的抵抗能力时，再分期撤除防风障。

(六)防鸟害

许多针叶树种子发芽出土时将种皮带出，易遭鸟类啄食。应令专人管护，以防鸟害。有条件的苗圃也可应用现代电声设备，模拟驱鸟声音，以驱赶害鸟，保护播种地。

八、苗木抚育管理

苗木抚育是指幼苗出齐至苗木停止生长全过程中对苗木所进行的抚育管理。由于苗木生长发育的不同时期，有不同的特点和各种不同的需要，所以抚育管理措施也有很大差异。

(一)实生苗的年生长规律

实生苗从种子播种开始，到当年进入休眠期为止的整个生长期中，在形态、生理机能和内在特征等方面，不断发生变化，苗木生长表现出一定的节律。一般分为出苗期、生长初期、速生期和生长后期 4 个阶段。由于各个阶段生长发育特点不同，对外界环境的要求也不一样，因此抚育管理措施也各有不同。

1. 出苗期

从播种到幼芽出土开始能独立进行营养时为止，称为出苗期。在这个时期，一粒成熟的种子，通过一定时期的休眠，在得到充裕的水分、适宜的温度和足够的氧气条件下开始萌发，经过吸水膨胀，胚根突破种皮伸入土中，形成主根，随着胚轴的伸长，长出胚芽，幼芽逐渐破土而出，完成由种子到幼苗的飞跃，形成幼苗。从形态上看，此时期幼苗地上部子叶出土或留土，但真叶尚未出土；地下部主根生长较快，但还未发生侧根。因此，幼苗还不能自行制造营养，而主要靠种子中所贮藏的营养供给其生长发育。

出苗期的持续期，因树种、播种期、催芽强度和当年气象条件而不同。通常杨、柳等树种一昼夜即可发芽出土；木麻黄 6～8 天；落叶松 10～15 天；油茶、油桐 30～35 天。夏播要比春播出苗期短，一般树种只要数日至二周即可。催芽较好，气象、土壤条件又好的出芽也快，且整齐。

出苗期间，影响种子和幼芽生命活动的外界因素，主要是土壤水分、温度及覆盖情况。

土壤水分不足会推迟种子发芽,甚至使已催芽的种子“倒渗”失水而失去生命力;土壤水分过多,则土温较低,通气不良,也影响发芽,甚至使种子霉烂。在水分、通气良好的情况下,温度将决定生根和发芽的速度。各树种只有在适宜的温度条件下才能发芽,一般树种其种子在日平均气温达5℃左右开始发芽,20~25℃最适宜发芽,温度再高,往往随温度升高发芽率逐渐降低。

出苗期抚育管理工作的主要任务是尽可能创造良好的条件,加快种子的发芽速度,提高场圃发芽速度,提高场圃发芽率,使幼芽出土整齐、健壮。为此应采取措施保持土壤湿润,提高土壤湿度,防止土壤板结,防止各种不利因素如高温、日灼等对出土幼芽的伤害。

2.生长初期

生长初期又叫幼苗期,从幼苗出土后能独立进行营养开始,至苗木生长旺盛以前为止,为苗木生长初期。从形态上看,幼苗已出现真叶,叶面积逐渐增大,叶量增多,地下部出现侧根,而且侧根生长较快。幼苗已开始靠自身光合作用独立进行营养活动。

生长初期的持续期,因树种和播种期有很大变化。生长迅速的树种常可持续数周,而生长缓慢的则需2~3个月。夏播苗需要3~5周,而春播苗则长达5~7周。

此时期影响幼苗生长的外界环境因子主要是水分、养分、热量和光照、通气等因素。水分不足幼苗便停止生长;光照不足,幼苗生长纤弱;气温过低,根系发育不良,而气温过高会灼伤幼苗。此时幼苗对养分虽然需量不多,但较敏感,尤其对磷特别敏感,因为磷能促进根系的生长发育。因此,如何充分供应水分、养分、保持充足的光照和热量对苗木发育极为重要。

这一时期赋予的任务是在保苗的基础上,适当地进行蹲苗锻炼,促进苗木营养器官,特别是根系的发育,为苗木速生打下基础。主要措施是加强松土除草,适当灌溉,合理间苗,及时追肥,注意防治病虫害。对一些特殊需要的树种,进行必要的遮阴。

3.速生期

从苗木开始加速生长,直到生长速度开始下降为止,是苗木的速生期。这个时期恰值高温多雨,雨热同季,苗木生长速度最快,生长量也最大。如油松、刺槐、紫穗槐、白榆、桑、香椿、泡桐、杉木等,高生长量占全年高生长量的60%~90%,这时期苗木地上部分发育充分,地下主根加深,侧根庞大,苗木的抗逆性显著提高。

速生期的长短,不同树种有差异。一般春播苗木从5月下旬、6月上旬开始,至8月末、9月上旬终止,一般要11~13周。黄土高原地区由于外界环境的影响(炎热而干旱),此期间苗木往往出现两个生长高峰,而两高峰间呈现暂缓的“鞍形”。

在此期间,影响苗木生长发育的外界因素主要是养分、水分和气温。因为这一时期气温高、光照充足,只要水分和养分供应及时,幼苗光合作用旺盛,积累的干物质多,生长量便会大幅度提高。这一时期是苗木生长最好的时期,所以也是提高苗木产量和质量的关键时期,因此应加强抚育管理工作,适时追肥、灌水、松土、除草,为苗木速生创造良好条件。

4.生长后期

生长后期又叫苗木硬化期,是从生长速度显著下降,苗木地上部和根系充分木质化,直到进入休眠的时期。这个时期苗木高生长大幅度下降;苗木逐渐木质化至形成健壮的顶芽;体内营养物质进入贮藏状态;落叶树种的叶柄形成离层,叶片开始脱落,苗木进入休眠期。这个时期的前期,苗木直径和根系都继续生长,还可能出现一次生长高峰。

一年生实生苗硬化期一般持续6～9周。

实生苗生长后期抚育管理的中心任务是防止苗木徒长,尽量促进其木质化,特别是针叶树要形成健壮的顶芽,提高苗木对低温、干旱的抗性。主要抚育措施是尽早停止加速苗木生长的各种措施,注意排水,早施钾肥,还要做好苗木的防旱工作。

(二)苗木抚育措施

1.遮阴

许多针叶树种如杉木、柳杉、水杉等,以及幼苗阶段比较嫩弱的阔叶树种如杨、柳、泡桐和桉树等,当幼苗出土并撤除覆盖物后,由于环境急剧变化,可能造成苗木损伤,为缓和这种急剧的变化,降低土壤温度,减轻苗木蒸腾和土壤蒸发,防止高温和日灼危害,需要对幼苗进行遮阴。特别是干旱地区,降水量少,蒸发量大,春夏之际气温回升过快,适当地遮阴是必要的。即便是非干旱地区,当气温升至30～45℃时,幼苗光合速率显著下降,甚至完全停止,呼吸作用明显加强,对苗木生长极为不利,也应适当进行遮阴。

遮阴的方法很多,如搭遮阴网、遮阴棚、插阴枝和混播遮阴植物等,都可以对苗木起到遮阴作用。混播遮阴植物、插阴枝,虽都能遮阴,又省工省力,但都难以调节遮阴强度,且遮阴植物常与苗木争夺水分和养分,因此不如搭设遮阴网、遮阴棚效果好。遮阴网省工省时;遮阴棚造价高,管理费工,但透光度和遮阴时间可随时加以调节,能满足苗木生长的需要。所以遮阴网和遮阴棚是比较理想的遮阴方法。

阴棚形式多样,有斜顶式、平顶式和半圆式等,而以平顶式应用较多,这种阴棚透光均匀,床面空气流通,有利于苗木生长。

遮阴强度和时间应视树种特性和圃地条件合理确定。在不影响苗木生长的前提下,遮阴的强度可适当降低,时间越短越好。通常阴棚透光度30%～50%较为理想。遮阴时间不要超过1～3个月,待苗木根茎木质化后即可拆除,遮阴时间,一般由上午9时至下午4时为宜,阴雨天或冷凉天气可不遮阴。

应该指出,遮阴并非必需的抚育措施,而且遮阴不当,还会降低苗木质量。因此,凡是有全光育苗经验的苗圃或试验证明只要采取合理的育苗技术,能增强苗木对高温、干旱等不良条件的适应性和抵抗力,获得育苗成功的树种,尽可能不用遮阴技术。

2.间苗与补苗

间苗又叫疏苗,是通过人工把过密的幼苗拔掉一部分,使苗木分布均匀、整齐,以利于通风透光的抚育措施。因为,生产中由于播种量偏大或播种不均,往往出现出苗不齐、疏密不均的现象,因此就需要通过间苗或补苗来调整密度,使苗木分布均匀,保持合理的营养面积,以利幼苗茁壮生长。间苗还可淘汰生长不良的苗木,为培养优良壮苗打下基础。

间苗时应坚持“适时间苗、留优去劣、分布均匀、合理定苗”的原则。间苗的时间与次数应由苗木生长速度和苗木抵抗能力来决定。大多数阔叶树种如刺槐、香椿、臭椿、榆树等,苗木生长快、抵抗力强,可在幼苗出齐后,长出2个真叶时开始间苗,1～2次间完。大部分针叶树种如杉木、水杉、侧柏、落叶松、油松等,幼苗生长缓慢,抗性较差,间苗不宜过早,应结合除草,分2～3次进行。第一次宜在苗木出齐后进行,第二次应在苗木叶片出现重叠时进行，第三次即定苗，时间不应太迟，以免影响苗木生长。定苗数量应根据各地育苗规程所规定的单位面积产苗量来决定，但应适当多于计划产苗量。

间苗宜在雨后土壤潮湿时进行，拔苗时不应损伤保留苗的根系，间苗后应及时灌水，使苗根与土壤密切接触。

补苗是对于出苗不齐的播种行进行补植，以保证苗木分布均匀整齐，达到计划密度。补植时可结合间苗进行，事先充分灌水，水渗后，用锋利的小铲挖去壮苗，植于较稀处，随即稍稍压实、浇水。补苗应在阴雨天或晴朗无风的傍晚进行，且最好与间苗结合进行。

3.松土除草

松土除草是苗木抚育管理的基本措施之一。其主要目的是疏松土壤、打破板结、增加通气性、减少蒸发、保持水分并清除杂草，减少水分和养分消耗，增加光照，为苗木生长创造有利的条件。

松土与除草通常都是结合进行。但撒播育苗则只能用手拔除草。而在天气干旱、墒情不好或土壤板结时，即使无草，也要及时进行松土。正如《齐民要术》(北魏贾思勰)所说："苗生则深锄，锄不厌数。周而复始，勿以无草而暂停。"

松土除草的时间、次数，应根据树种特性、苗圃地的气候、土壤条件以及杂草孳生情况来确定。在水分充足的地区，一年生播种苗可进行4～6次，干旱地区一般6～8次。在一年当中，春末夏初幼苗弱小，抵抗不良环境的能力差，多松土有利于保苗和促进生长，也有助于抑制杂草的孳生，所以次数宜多，可半月进行一次。除草应注意"除早、除小、除了"。夏季特别是雨季，杂草生长较快，可结合沤肥进行灭草；而夏末秋初杂草结子之前，灭草务求适时、彻底，以防留下草种，给来年除草增加困难。

松土除草的深度要根据苗木生长发育的时期、根系生长与分布情况而定，做到松土但不伤根。幼苗期根系浅，松土也宜浅，深度2～4cm即可；随着苗木根系逐渐伸长，松土深度也应逐渐加深。

4.灌溉与排水

种子萌发和幼苗生长发育的全过程都需要充足的水分。播种后，如果表层土干燥，会使种子萌发和幼苗出土受到影响；经过催芽的种子也会因缺水而"回芽"。此外，应用全光法育苗，常用灌水来调节地温，防止日灼。因此，灌溉是育苗过程中极其重要的抚育措施。

实行合理灌溉就是要根据树种特性、苗木生长时期和苗圃地自然条件合理地确定灌溉方法，科学地制定灌溉制度，做到以较少的灌水量、较低的费用，获得最高的产苗量并保证不破坏土壤结构、不引起土壤的次生盐渍化。

制定合理的灌溉制度是苗木灌溉的中心环节。所谓灌溉制度是苗木年生长周期内进行灌溉的一整套制度，包括每次灌水时间、灌水定额、灌水次数及灌溉定额等。目前，我国苗木灌溉制度的研究工作报道较少，各地可以根据所育树种的生物学特性、苗木各生长发育阶段的蓄水量要求以及本苗圃的自然条件酌情制定。

灌水时间和次数主要由苗木需要和干旱情况而定。一般说，出苗期和幼苗期的前期，苗木对水的需要量较少，但由于根系分布较浅，而苗木组织幼嫩，不耐干旱，对缺水反应敏感，不能缺水；而到速生期需水量最多，一旦缺水，苗木生长将受较大的影响；苗木生长后期，蓄水量较少，灌水较多会影响苗木的木质化，应当少灌水，以防后期徒长。从土壤含水量看，当含水量低于田间持水量的60%时，苗木便出现干旱，应及时灌水。

灌水定额是指一次灌水量的多少。原则上应根据灌溉所要求的湿润深度和土壤含水率来确定。每次灌溉湿润深度均应达到主要吸收根系分布深度。播种苗一般应达到10～15cm深。每次灌水量要足，间隔期可适当延长，这样既便于土壤管理，又利于苗木生长。灌溉定额是全生育期中各次灌水定额的总和，当确定了灌水次数和每次的灌水定额后，灌溉定额也就确定了。为了节约用水，合理用水，应当尽可能减少灌溉定额，合理地分配每次灌水量，以较少的用水培育出优质壮苗。

灌溉的方式前面我们已经提到，主要包括地面灌溉、喷灌和滴灌等，可根据各苗圃的条件选择适宜的方法。

苗木生长期灌水通常可与追肥相结合，一般是在水肥之后灌透苗床。假如采用侧方灌溉，一次难以灌透，应连续灌水，务使苗床灌透。

每次灌水时间，最好选在早晨或傍晚，避免在气温较高的中午进行地面灌溉。当苗木需要以喷灌降温时，则可在中午进行。

每年停止灌溉的时期对苗木生长、木质化程度和抗逆性有直接的影响。过早地停灌不利于苗木生长，而过晚会使苗木贪青徒长，降低抗性。具体停灌时间因地因苗而异，一般到雨季即可停止灌溉，如雨季结束较早，出现秋旱时也可适当灌水。一般解冻前6～8周则应停止灌溉，寒冷地区还可以提早停止灌溉。

苗圃需水，但水分太多对苗木生长也不利，特别是积水容易引起涝灾和病虫害，为了防止这些灾害发生，必须及时排除圃地的积水。特别是暴雨之后，应及时下地查看，尽快疏导，将积水排出。有时因地面不平或灌水较多，灌溉尾水也常积于圃地，亦应及时排出。为了保证排水畅通，对苗圃的排水工程除了每年注意维修之外，雨季前应及时检查修复，以备应用。

5.追肥

追肥是在苗木生长季节使用速效肥料，以供应苗木生长发育对养分的大量需要的一项抚育措施，对促进苗木生长发育，提高合格苗的产量和质量具有重要意义。有关追肥的方法、注意事项请参考本书中施肥部分的有关内容。

6.幼苗截根

幼苗截根即截断幼苗的主根，截根的作用在于除去主根的先端优势，控制主根的生长，促进侧根和须根增生，扩大根系吸收面积，同时，截根可暂时抑制茎、叶生长，使光合作用产物集中于根系发育，有利于加大根茎比，促进苗木生长。此外，截根还可以减少起苗时根系的损失，提高苗木质量。因此，截根是一项提高苗木质量的抚育措施。

苗木截根适于主根发达、粗而长，但侧根和须根较少的树种，如油松、落叶松、板栗、核桃、栎类等。

截根的时间应在一年生苗木速生期到来之前进行，使苗木截根后有较长的生长期，以利侧根和须根的发育。黄土高原地区，一般针叶、阔叶树种，宜7月中、下旬，苗高达8～

10cm 时截根较好。核桃、板栗等宜在幼苗期截根,当幼苗生出两片真叶时即可截根,截根深度以 8～10cm 为宜。还有的采用“催芽断根法”育苗,即在播种前种子催芽后,剪去部分胚根,然后再播种,也可起到截根的作用。

人工截根可用特制的截根锄进行。大面积育苗时,可用拖拉机牵引带有弓形截根刀的犁进行截根。

7. 苗木的越冬保护

黄土高原地区,冬春季节漫长,从苗木停止生长到来春起苗造林,一般要经历 150～180 天的时间,在这当中,冬季寒冷,春季风大、干旱,气温变化剧烈,都会给苗木带来危害。而一年生实生苗大多弱小,抗寒、抗旱性较差,更易造成危害,如不加以保护,往往会因寒暑、干旱等,使育苗成果损失殆尽。

1)越冬苗死亡的原因

越冬苗木大量死亡的原因,主要有以下几种:

(1)生理干旱。漫长的冬春季节,苗木已经停止生长,根系吸水功能也较差,苗木供水严重不足,特别是早春因干旱、风吹袭,苗木地上部分失水过多,而地下土壤尚未解冻,根系不能供水,使苗木体内水分失衡而导致死亡。

(2)地裂伤根。因冬季严寒,圃地冻裂,将苗根拉断或北风吹干而致死。在土壤湿度较大的地区,也可能发生冻拔,使苗木死亡。

(3)冻害致死。主要以早霜或晚霜危害较多。因寒冷使苗木细胞原生质脱水冻结,损伤细胞组织,使生理机能丧失而导致死亡。

2)越冬苗保护的方法

越冬苗保护方法,常用的有以下几种:

(1)埋土法。幼苗埋土是防止苗木发生生理干旱的最好方法,常用于云杉、冷杉、油松、樟子松及核桃、板栗等树种的越冬防寒。因为埋土可防止苗木地上部分的水分蒸腾,能有效地预防生理干旱。苗木埋土以土壤冻结前进行为宜,过早易使苗木腐烂。埋土厚度以超过苗梢 2～4cm 即可。生长较高的苗木可以按倒或倾斜埋土。翌春撤土宜在起苗或苗木开始生长前进行,一般可分两次撤土。

(2)覆草法。适用于对春旱敏感的树种,用于减少苗木蒸腾耗水,预防生理干旱和冻害。其方法是用稻草、麦草或其他草类将苗木加以覆盖,使覆草超过苗高 2～3cm。为防覆草被风吹走,应事先在圃地打桩,再拴草绳压住覆草,如圃地太干,土壤结冻前应进行冬灌。春季造林起苗前一周左右撤去覆草。

(3)设置防风障,以降低风速,改变贴地层小气候,减少苗木蒸腾,预防生理干旱。通常可在土壤冻结前用秸秆顺风斜插,树立防风障,风障应与主害风垂直,间距一般为障高的 10～15 倍(20～25m)。防风障在春季起苗前 3～5 天内分两次撤除。

(4)搭设暖棚,主要用以抵御寒冷空气侵袭。暖棚设置应使北高南低,且南部要紧贴地面,以便阳光可以照射,而又能阻挡北向寒风。暖棚的高度应超过苗高。

此外,还可以用烟熏法、喷施土面增温剂等方法对苗木加以保护。

第八节　容器苗的培育

一、容器育苗的特点及其利用

容器育苗始于20世纪50年代,目前有了很大发展,已有许多国家应用。我国从20世纪50年代开始就进行容器苗生产,但发展较缓慢,大面积应用于生产仅有20多年历史。容器育苗起初多是手工操作,现在自动生产线把容器制作、填装基质、播种及覆土各个程序全部自动完成;育苗的环境条件,也从利用小型的、简易的塑料温棚,发展到自动控制温度、湿度、光照、二氧化碳浓度,并有警报设备的大型的、永久性的现代化温室,使育苗生产走向了自动化、工厂化。

容器育苗是在各种容器中装入配制好的营养土进行育苗的方法。工艺流程如图2-8。由于容器育苗能实现人为控制,所以容器育苗具有许多优越性,广泛地用于林业生产。

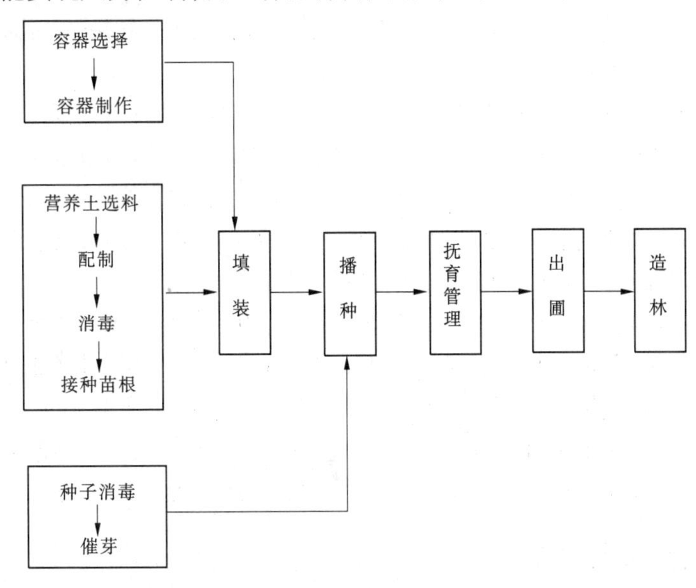

图2-8　容器育苗工艺流程

(一)容器育苗的特点

(1)育苗周期短。一般苗床育苗至少要8～12个月才能出圃造林,而容器育苗只需3～4个月便可出圃造林。

(2)苗木产量高。桉树苗床育苗每公顷出苗22.5万株,而容器育苗每公顷可出150万株,增加5.7倍。因而大大地节省了土地、人力、种子和其他物力。

(3)苗木适应性强,造林成活率高。因为容器苗有容器保护,根系完整,在各种条件下均可造林。如自然条件恶劣的地区、水土流失严重的荒废山溪、土石山地及丘陵沟壑都可以造林。成活率一般都比裸根苗造林高10%～20%,有些地区成活率达95%以上。苗木生长良好,适应性很强,有利于树木速生、丰产和森林效应的发挥。

(4)能延长造林时间,不受造林季节限制。除了冬季和部分前期生长型的针叶树(如冷杉、云杉)等在高生长的最盛期外,其余任何时间均可应用容器苗造林,有利于造林劳力的安排和提高造林绿化国土的速度。

(5)苗木无须截根、起苗、假植、包装等作业,苗木的出圃率高,机械化作业程度也高。

当然也应看到,容器育苗尚存在一些问题。一般说,育苗费工,成本较高(比裸根苗高1~10倍);容器苗小,木质化程度差,根系密集,造林后根系常畸形,影响人工林生长;增加抚育用工等。尽管如此,容器苗仍不失为育苗的好方法,值得在生产中推广。

(二)容器育苗的应用

由于容器苗具有以上多种优点,所以世界各国广泛地用于造林绿化工作中。比如巴西容器苗造林所占比例达92%,泰国90%,挪威50%,瑞典40%,芬兰30%,加拿大24%,法国6%,美国4%。我国容器育苗的比率也在不断上升,造林面积不断扩大。如广东省1980年全省培育容器苗6 000万株,1982年2.5亿株,1984年3.0亿株,1986年超过5亿株,1986~1991年累计38亿株,可造人工林133万 hm^2,占同期人工造林面积的60%以上,为全省荒山绿化起了巨大的作用。福建省1987~1991年共培育容器苗约10亿株,造林约30万 hm^2。林业部于1992年下达的容器育苗任务是45亿株,其中仅山东省就承担10亿株,为沂蒙山区绿化提供了充足的苗木。

近年来,黄土高原地区容器育苗也有很大的发展。各地在干旱地区应用容器苗造林,均取得了较好的效果,如黄河水土保持生态工程建设项目齐家川示范区项目,近年使用容器苗(油松、侧柏等)造林,不仅提高了造林成活率,而且大大提高了造林保存率,项目区内已基本形成了郁郁葱葱的良好景观,生态环境得到了很大的改善,起到了一定的示范作用。经调查,用容器苗造林比用裸根苗造林成活率提高46%左右。

但是,鉴于容器苗也有如上述的许多缺点,因此发展容器苗要因树种、立地条件制宜,扬其所长,避其所短,合理应用。从树种上看,主要应用于针叶树、种子缺少的珍稀树,人工杂交的优良品种和栽植较难成活的树种。从造林地区看,主要应用于生长期较短的寒冷地区、干旱地区、瘠薄山地和不便整地的某些特殊造林地。温带、气候条件适宜苗木生长的地区以及育苗较易、种源充足的阔叶树种,还是以培育裸根大苗较为适宜。

二、容器的种类与规格

(一)容器的分类

容器是苗木的载体,按其使用次数、制作原料、形状等可分类如下:

(1)按制作原料分为:塑料类、营养土、牛皮纸、泥炭藓、泥炭+纸浆。

(2)按营养形状分为:圆台体、圆柱体、六棱体、蜂窝状、书本式、卷式、砖式。

(3)按回收情况分为:可回收容器、一次性容器。

(二)常用容器及其规格

我国目前生产上常用的容器及其特点如下:

(1)塑料薄膜容器袋(筒)。一般用厚度为0.02~0.6mm无毒农用塑料薄膜加工制成。规格有:ϕ5cm×12cm~ϕ10cm×20cm等数种,容器有底的叫做容器袋;无底的称为容器筒。在有底的容器袋下部常需打8~12个直径为0.5~0.8cm的泄水小孔,成品字形排列,或将两个袋角(底角)剪去,以利排水。育苗时需填装基质。这种容器比较牢固,保温、保湿效果良好，制作可实行机械化批量生产，价格较低，可以培育各种规格的苗木，是目前国内应用最多的容器。

(2)营养砖。用腐熟的营养土、火烧土、苗圃土，加适量的无机肥、锯末或谷壳等配成营养砖。其规格有8cm×8cm×15cm～10cm×10cm×20cm几种。上部中间处压一个直径2～3cm、深4～5cm的播种孔。播种时即将种子播入其内，而无需再填装基质。

(3)营养杯(钵)。用富含腐殖质的田泥、塘泥、河泥或黏性适中的熟耕土，加入适量的磷肥和有机肥，压制成圆台状或圆柱状(如农业上种棉花时所制的营养钵)。其规格为3cm×5cm×7cm～5cm×5cm×6cm(上底×下底×高)。圆台或圆柱体上端压有播种穴。无需填装营养土。

(4)蜂窝纸杯。用单面涂塑的育苗纸热粘或胶粘而成的蜂窝状(六角形)育苗杯，外层为牛皮纸，起粘胶和硬衬作用，高压聚乙烯膜在内层起防腐及固定根团作用。其实质就是加了一层衬纸的无底塑料袋。蜂窝纸杯特点是轻便、可折叠、制作规范，比塑料袋坚挺，易于装土，比纸袋耐湿、耐腐。育苗时，拉开纸杯，株行距整齐划一，杯间又无间隙，既省地，又可工厂化育苗。这种杯是广西省林科所研制的，是林业部门重点推广的育苗容器。日本的蜂窝纸杯是用特制的纸加溶解性胶粘连而成的，在日本颇受欢迎。

(5)日本泥炭容器。用75%泥炭沼泽土，加25%的纸浆作胶粘剂制成的育苗容器。高8～9cm，直径8cm。或70%的水藓泥炭加30%的木制纸浆，制成高8cm、上端粗8cm、下端粗6cm的圆台容器。由于泥炭吸水及通透性能好，所以苗木生长所需要的水、氧充足，根系又易穿透，所以苗木生长良好。

(6)芬兰尼索拉塑料卷。这是一种独特的容器，育苗时利用宽约25.4cm的厚塑料布，铺上2.54cm厚的泥炭土，把种子按7.6cm行距播于土中，边行距塑料布沿1.3cm，每卷播50粒种子，播后将塑料布卷起，捆紧，即成一种特别的容器。这种方法省工，可机械作业。

此外，还有用牛皮纸、废报纸、黄黏土、泥浆、稻草制成的容器，都有各自的特点，可以培育不同的苗木。

三、容器育苗的营养土(基质)

育苗营养土又叫基质，是容器苗播种发芽及幼苗最初生长的基础。基质的好坏，关系到种子的萌发和幼芽生长，所以直接影响到育苗效果。因此，选择和配制营养土十分重要。

(一)营养土应具备的条件

营养土应就地取材，来源广、易获取、成本低，同时必须具备以下4个条件。

(1)营养要充分。容器苗与裸根苗相比，具有营养面积小，苗木根系集中，须根数量多，生长主要靠容器内供应的营养等特点。因此，营养土养分含量要充足，才能满足苗木生长的需要。一般说，有机质含量要达10%以上，速效磷要达20mg/kg，速效氮应达110mg/kg。其他矿物质营养也要有充足的含量。

(2)物理性能要良好。营养土最好要有良好的结构，容重、空隙度要适宜，以保证疏松、透气、保水保肥。同时，重量也不要过大。

(3)土壤的酸碱度要适宜。要根据树种需要，调节营养土的pH值。南方树种育苗以

pH 值 5～6 为宜,北方有些树种则要求中性,pH 值 6.5～7.5 较好。如果营养土 pH 值偏高,可加入适量的碳酸氢铵或氨水,使 pH 值下降;当营养土 pH 值偏低时,可加入一些草木灰或石灰使之升高。

(4)营养土不要感染检疫性病虫害。最好选用经过火烧或高温熏蒸消毒的土壤和肥料。通常用 50～80℃的温度湿热处理土壤 30 分钟,便可杀死土壤中的线虫类、大部分植物病原真菌和病原细菌,以及土壤中的昆虫和杂草种子。如用 100℃湿热处理,即使有抵抗力的植物病毒也会被杀死,但往往破坏土壤中的有机质。若以 80℃快速处理,便不会过多损失有机质,而又起到消毒作用。

(二)营养土的配置

由于各地自然条件不同,所培育的树种和应用的容器有别,营养土选育的材料和配置也有很大差异。

国外几种常用的营养土配置如下:

(1)泥炭沼泽土和蛭石混合法,按干重计算其比例有 1:1、3:2、3:1 几种,再加入适量的石灰(或白云石)及矿物质。

(2)北美黄杉树皮与蛭石(或泥炭),以等量混合,并加入适量的氮肥。

(3)泥炭沼泽土 25%～50%,其余为蛭石和土壤。

(4)日本的营养土以火烧土、冷杉锯末熏炭和堆肥各 1/3 配合而成。

(5)烧土和堆肥配置,比例为 2:1。

(6)富含有机质、保水力强的苗圃土壤、泥炭沼泽土和腐熟的堆肥,容积比例为 5:3:2。

国内常用的营养土基本的配方如表 2-16 所示。

表 2-16　国内常见的培养基质配方

<table>
<tr><th>培养基质</th><th>培育树种</th></tr>
<tr><td>1.沙土 65%,腐熟的马、羊粪 35%</td><td>油松、樟子松</td></tr>
<tr><td>2.黄土 56%,腐殖质土 33%,沙子 11%(1:80)福尔马林溶液消毒</td><td>油松</td></tr>
<tr><td>3.杨树林土(黄泥心土)60%,腐殖质土 30%,沙子 10%,每 50kg 土加过磷酸钙 1kg(30%硫酸亚铁消毒,每立方米土喷药液 15L)</td><td>油松、白皮松、樟子松、华山松、侧柏</td></tr>
<tr><td>4.森林土 95.5%,过磷酸钙 3%,硫酸钾 1%,硫酸亚铁 0.5%</td><td>油松、侧柏、文冠果、臭椿、刺槐</td></tr>
<tr><td>5.森林表土(黑褐色森林土)80%,羊粪 20%</td><td rowspan="2">落叶松</td></tr>
<tr><td>6.黑钙土 90%,羊粪 10%,加少量的氮、磷、钾复合肥料</td></tr>
<tr><td>7.肥沃表土 60%,羊粪 30%,过磷酸钙 8%,硫酸亚铁 2%</td><td rowspan="2">油松、华山松、侧柏、落叶松</td></tr>
<tr><td>8.草炭土 50%,蛭石 30%,珍珠岩 20%</td></tr>
<tr><td>9.火烧土 30%～50%,黄泥心土 40%～60%,菌根土 10%～20%,外加过磷酸钙 3%</td><td>马尾松、湿地松</td></tr>
<tr><td>10.黄泥心土 50%～70%,腐殖质土 30%～50%,过磷酸钙 2%</td><td>侧柏、油松、落叶松、樟子松、云杉</td></tr>
</table>

但各地配制的方法略有差异。如广东省按树种配制营养土,如木荷、桉类、黎蒴等树种,腐殖土(黄泥心土)、火烧土、钙肥、磷肥按 50∶27∶20∶3 配置;或黄泥心土、火烧土、复合肥按 70∶27∶3 配制。相思类树木,火烧土、黄泥心土、土杂肥、菌根土、复合肥或过磷酸钙按 27∶50∶10∶10∶3 配制而成。广西林科所培养松苗,在一般营养土中加入 5%～10%的松林表土,再加 3%磷肥拌匀堆放后即可。大兴安岭林业公司以腐熟的锯末、草炭和森林腐殖土混合基质,通气透水性好,密度小。甘肃省有些地区以森林腐殖土与黄土按 1∶1 配合,并加入适量的土杂肥、过磷酸钙和杀虫剂、杀菌剂配成营养土;黄委会西峰水土保持科学试验站在油松、侧柏等容器育苗中,利用山坡草皮土和松林腐殖质土进行容器育苗试验,经过对比分析,利用 97%的山坡草皮土加 3%的磷肥育苗,既经济又省工,效果不错。辽宁省以松林土、黄土、猪羊粪按 4∶4∶2 配制。福建省永定县则以 40%的黄泥心土,30%的火烧土,30%的松林表土,外加 3%的过磷酸钙作营养土。

营养土的含水率,在育苗前应调至适宜的状况,一般应达到饱和含水率的 20%～30%。培育针叶树或壳斗科苗木时,还应注意接种菌根。最简单的方法是从培育树种的优良林分内,掘取根系周围 20～30cm 厚土层内的土壤,或从同一树种的前茬苗床取苗木根际土壤,混合于营养土中。

四、容器育苗地的选择与整地做床

平原地区露地培育容器苗,要选靠近造林地、有水浇条件、地势平坦、排水良好、交通方便、便于管理的地方。低洼易涝、风沙、干旱和盐碱危害的地段不适合培育容器苗。山地容器育苗,宜选在阳光充足的半阴坡。光照不足的沟谷,风害较大的山脊,易发生水土流失和病、虫、鸟、兽危害的地方,不宜作容器育苗地。育苗地选好后,要清理石砾、杂草,整平土地,做好苗床(摆放容器用),按需要修筑好步道(宽 30～40cm)。

五、播种育苗

(一)容器装土和摆放

(1)装土。以营养土压制的容器,先摆在苗床上,然后在播种穴中填入少量的营养土,以便于把种子播在适宜的深度。容器袋之类的,则需将营养土填入容器中,装土时边装边抖动,而不要用手硬往里压,使袋内土壤装实,但不撑破容器。装土量以装后灌水蛰实到容器口以下 0.5～1cm 为宜。

(2)摆放。各种容器摆放,均要求互相靠紧,直立向上,容器上口平齐,且横竖成行,整齐划一。容器间填以细土,使达容器口以下 3～4cm。苗床周围用细土堆培,高度约与容器间填土相似。

(二)播种

容器育苗种子处理与播种苗相同,但播种期则应根据树种特性、当地气候条件、育苗方式、培育期限和造林季节等合理确定。

播种量由树种特性、种子质量、催芽程度而定。油松、侧柏每个容器播 3～6 粒,刺槐 2～4 粒。

播种时应将种子播入容器的中央,注意不要重播和漏播。

(三)覆土

播种后要及时覆土,覆土厚度以种子短轴直径的1～3倍为宜,一般为1～2cm。小粒种子以不见种子为度,均不可太厚。

芽苗播种时和播种后,不宜再覆土,而应在播时和播后适量滴水浇苗,以使芽苗胚根与土壤密接。

(四)灌水

灌水包括播前灌水和播后灌水。播前灌水是为了增加土壤湿度,检查营养土装填数量。当发现土量不足时,可以补填,以便播后覆土均匀一致。播后灌水以喷水为佳,可使种子与营养土密接,有利于种子萌发。喷水后最好盖些细沙,使畦面平整,既可保水,又便于日后管理。

六、育苗地管理

(一)容器苗生长规律

(1)春季容器苗的生长主要分为出苗期、生长初期和速生期等3个时期。

出苗期:从播种或移芽到苗木出齐为出苗期,由于容器育苗种子催芽好,出苗期一般10天左右即可完成。影响出苗的外界因素主要是水分、气温、通气状况和鸟兽危害。抚育管理的任务则以保持苗床湿润,防止暴晒日灼及防止鸟兽危害。

生长初期:从苗木出齐到加速生长为止,一般需20～30天。影响生长的因素是水分、温度、光照和病虫害。抚育管理的主要任务是见晴浇水,见草早除,适时喷药,预防病虫,特别是注意苗木立枯病、猝倒病的防治。

速生期:从苗木加速生长到高生长停止,时间一般在80～90天,影响苗木生长的主要环境因子是土壤水分、养分和温度等。抚育管理的主要任务是加强水肥管理,前期追肥以氮肥为主,促进地上部分生长,后期结合磷肥追肥,以满足苗木冬前根系生长要求;及时松土除草;防治病虫害。

(2)秋季容器苗的生长主要是经历出苗期、生长期和越冬期三个阶段。

出苗期:从播种到出全苗为止,一般需要12天左右。管理工作以查苗补苗、浇水和防鸟兽害为主。

生长期:从出齐苗到苗木停止生长为止,一般经历40天左右。管理工作要点是及时撤出覆草、喷水降温、清除杂草和防治病虫害。

越冬期:从停止生长到来年春季,管理工作主要是普施草木灰,覆草防寒,保证安全越冬。

(二)容器苗的抚育管理措施

(1)喷水保湿。播种或移芽之后,应及时浇“定根水”。以后凡晴天干旱,就要喷水,要量少、次多,勿使容器干旱或积水。浇水以上午11时前或下午5时以后为佳。

(2)预防鸟兽危害。针叶树出苗前易为鸟、鼠所偷食,可派专人看管或用药剂避杀。广东省林科所研制的“避鼠剂”,驱鼠效果良好,已在南方各省推广应用。

(3)及时撤除覆盖物。当出苗率达70%左右时,应分期分批撤除覆盖物,以增加光照,促进幼苗生长。

(4)遮阴防晒。进入5月份,气温较高,天气干燥,松类苗木易受日灼危害。可在苗床上方遮阴,透光率以50%为宜,材料可因地制宜选用。

(5)松土除草。容器育苗不同于大田育苗,杂草一般较少,但也应注意,一旦发现杂草要及时除掉。松土时应用小竹片或粗铁丝,轻轻掀动容器表面的结皮,注意深度要浅,不要伤及苗根。

(6)接种菌根。苗木生长过程中,叶色变黄或呈暗紫色;6~7月间,苗木先发黄,后变紫,生长萎缩,说明营养土接种菌根失败,必须重新接种。其方法是掘取新鲜松林土,放入营养袋中。

(7)适量追肥。春播容器苗,多数长出3片真叶时开始追肥,追肥时将含有一定比例氮、磷、钾养分的混合肥料,用1:200~1:300的浓度配成水溶液,进行喷施,严禁干施化肥,追肥后要及时用清水冲洗幼苗叶面。根外追氮肥浓度为0.1%~0.2%。追肥时间、次数,肥料种类和施肥量根据树种而定,一般针叶树出现初生叶、阔叶树出现真叶时开始追肥。根据苗木各发育时期的要求,不断调整氮、磷、钾的比例和施肥用量,速生期以氮肥为主,速生期后期停止使用氮肥,适当增加钾肥,促进苗木木质化。

(8)断根处理。容器较小,苗木生长较快,或移栽不及时,苗根可能伸出容器。应及时通过移动或重摆容器截断伸出的苗根,促进容器内形成根团。

(9)病虫害防治。应以预防为主。四川省黔江地区提出播种前“四消毒一隔离”,即种子、营养土、苗床和育苗地消毒,隔离病虫害。播种后做到“三及时”,即及时检查、及时发现和及时防治。这种做法,值得推广。各种病虫的防治方法请参阅“苗圃病虫害及其防治”部分。

(10)补苗和定株。出苗期,如发现苗木不全应及时补苗。即可从多苗容器中挖苗补栽(结合间苗)。春季育苗的应在立秋前5~15天定苗,秋季育苗的可在越冬前5天内定苗。

七、容器苗出圃

(一)苗木出圃的规格

由于树种、育苗方法、育苗季节、苗龄和造林地立地条件不同,容器苗出圃的标准差异很大。各地都制订了一些适合本地特点的出圃规格,现引山东的出圃标准(见表2-17),供参考。

显然,除去表中所列规格要求外,还应检查容器苗根系是否发达,苗干是否健壮,顶芽是否完好等内容。凡已形成良好的根团,苗木生长好,苗杆直,色泽正常,无机械损伤,无病虫危害的苗木,方可出圃造林。休眠期出圃的针叶树苗,应具有饱满的顶芽,苗干要充分木质化。

(二)起苗与出圃

容器苗起苗应与造林时间相衔接,做到随起、随运、随栽。起苗时,要注意保护容器,使根系完整,防止容器破碎,根团松散受损。运苗过程中要轻拿轻放,不要堆放过高,也应注意防风吹、日晒。造林时,要将苗木分级,然后破袋栽植;严禁不破袋或破半边袋栽植。

表 2-17　部分容器苗质量标准

树种	苗龄(a)	合格苗(≥cm)		合格率
		苗高	地径	
侧柏	0.5—1	15	—	90
	1.0—0	20	0.3	90
	1.5—0	27	0.4	90
	1.0—0.5	25	0.5	85
油松	百日苗	5	—	90
	0.5—0	7	—	90
	1.0—0	9	0.2	85
	1.5—0	15	0.3	85
	1.0—0.5	12	0.3	80
刺槐	0.5—0	10	—	90
	1.0—0	15	0.3	90
花椒	0.5—0	25	0.3	90

注:苗龄栏中第 1 个数字表示苗木在原地的年龄,第 2 个数字表示第 1 次移栽后培育的年数,两个数字之和为苗木的年龄,称几年生。

第九节　营养繁殖苗的培育

一、营养繁殖苗的特点及其利用

利用乔灌木营养器官(苗干、枝、根和芽等)的再生能力,繁殖成独立、完整新植株的方法,称为营养繁殖,也叫做无性繁殖。由营养繁殖所得到的苗木,称为营养繁殖苗,或称为无性繁殖苗。营养繁殖的方法很多,包括扦插、嫁接、埋条、分株、插根、根蘖、压条等。所以营养繁殖苗又分为插条苗、嫁接苗、埋条苗、分株苗、插根苗、根蘖苗和压条苗等多种。

营养繁殖苗大多是从母株上分离下来的一部分营养器官,用不同的繁殖方法培育成新植株的。在这个过程中没有发生性细胞的结合和减数分裂,染色体也未进行重新组合,只是通过简单的有丝分裂,把原植物体细胞的全套染色体系统复制于新的子细胞中,复制的染色体系统与它所来源的细胞中的染色体完全一样,所以新形成的个体的特性与其来源植物的特性完全一样,也就是说营养繁殖苗仍然保留着母株的遗传特性。另外,这个新个体的发育阶段性不是重新开始,而是沿着该繁殖材料在母株上已经通过的发育阶段向前延续,因此可以看出营养繁殖苗其遗传性比较巩固和保守。

由于营养繁殖苗有上述特点,人们常利用它为人类的生产服务。如在林木遗传改良方面,应用营养繁殖苗建立无性系种子园,保存优良的基因型,进行无性系测定,大量繁殖和推广林木良种;在园艺栽培中,采用发育阶段较老的繁殖材料繁殖营养苗,使果树提前结果,花木提早开花;在林业生产中还应用营养繁殖来繁殖那些用种子繁殖比较复杂、不易掌握的树种(如杨、柳、泡桐等)和有花无实(如楸树)、母树稀少、种源不足的树种(如水杉、薄壳核桃等),以及不生产有效种子的栽培品种(如无花果、柑橘、葡萄等)的苗木。随着无性系林业的蓬勃发展,营养繁殖作为良种生产的主要途径将越来越引起人们的注重。但是,营养繁殖苗与播种苗相比,具有发育阶段老、容易衰退、寿命短等缺点,也应引起足够的重视。

二、营养繁殖的生物学基础

(一)植物的再生机能

结构复杂的植物个体,大都是由胚细胞经重复分裂繁殖,并在形态和生理上进一步分化、发育形成的。一般说来,细胞分裂繁殖所形成的新细胞,大部分已不再具有分生能力,成为永久组织的细胞,而只在少数部位保持分生能力,如茎、根的生长点和形成层。但是当植物体的某一部分受伤或被切除而植物的整体协调受到破坏时,却能表现出一种弥补损伤和恢复协调的机能,这种机能被称为植物的补充反应,也叫做植物的再生机能。这种再生机能是植物进行营养繁殖的生理学基础。试验证明,植物细胞具有高度独立的生理作用,每个细胞还具有亲本的遗传特性,能发育成完整植株,体现出“植物细胞全能性”。乔灌木树种的扦插、埋条等营养繁殖就是利用植物的再生能力进行苗木培育的。

(二)不定根的形成

扦插、压条、埋条等营养繁殖成活与否,关键是能否形成新的根系。一般情况下,扦插等营养繁殖都先形成根的原始体(又称根原基),然后才长出不定根。所以,根原始体是不定根的前身。由于根的原始体在插穗中的部位和形成时期不同,可分为“皮部根原始体”和“愈伤组织根原始体”两种。前者主要是在生长季于当年生枝的皮下形成;后者则是在插穗的愈伤组织中分化形成。因此,应用扦插等方法进行营养繁殖,种条生根包括皮下生根、愈伤组织生根和中间生根等三种情况。

(1)皮部生根。有些树种如毛白杨、水杉、紫穗槐等以皮部生根为主,皮部生根量一般占总根量的60%~80%。这些树种的枝条在正常发育情况下,皮部形成层部位形成大量特殊的薄壁细胞群。当1年生枝生长末期时,这些薄壁细胞群已完全形成根原始体,将来可以发育成不定根。这些根原始体多位于树体内最宽髓射线与形成层的结合点上,其外端通向皮孔。插穗或种条入土后,在适宜的温度、湿度和通气条件下,根原始体便从皮孔中长出不定根来。

(2)愈伤组织生根。植物受伤后,有恢复生机、保护伤口形成愈合组织的能力。起初,在创面上由于愈伤激素的刺激,引起薄壁细胞分裂而形成一种半透明的不规则瘤状突起,这是具有明显细胞核的薄壁细胞群,称为“初生愈伤组织”,用以保护伤口,免受外界不良环境的影响;吸收水分和养分,维持插穗和种条的生活力;同时还继续分生,在适宜的条件下,从生长点或形成层中分化形成大量不定根。由于愈伤激素具有极性,易于向下流动和积累,所以多见插穗末端形成大量的不定根。这样不定根、愈伤组织和插穗的相应组织便互相沟通,起到吸收水分和养分的作用,保证插穗成活,形成新的植株。

(3)中间型生根。各种树种插穗生根的情况不同:有的以皮部生根为主,皮部生根约占生根量的70%,如美国圆柏、日本花柏、垂柳、柽柳、黄栌、紫穗槐、桂花、迎春、栀子、山梅花等；有的则以愈伤组织生根为主，愈伤生根占总根量的70%左右，如银杏、云杉、油松、赤松、湿地松、黑松、雪松、华北落叶松、日本落叶松、杉木、池杉、水杉、侧柏、油茶、木麻黄、绒毛白蜡、水曲柳、油橄榄、兰考泡桐、臭椿、川楝、麻栎、栓皮栎、桑、三球悬铃木、楸树、白榆、国槐、刺槐、李、山楂等；还有的则两种生根均有，数量也相当，称为“中间型”生根。如福建柏、小叶杨、毛白杨、I－214、I－69杨、八里庄杨、I－72杨、I－63杨、旱柳等。

有人认为，插穗生根类型与植物分类有一定的相关性。从分类系统看，裸子植物中的大部分树种属愈伤组织生根型，被子植物中双叶植物愈伤部位生根也居多数，但中间型生根和皮部生根型也不在少数。

插穗不定根的排列方式，也因生根类型而有差异。皮部生根型因树种而有所不同，主要有散生、簇生、轮状及纵列等；而愈伤组织生根的排列则取决于愈伤组织的特性和形状，一般可分为总状或簇状、轮状等情况。

（三）不定芽的形成

有些插枝不易生根的树种如泡桐、毛白杨、山杨、刺槐、臭椿、桑树、漆树和板栗等，应用插根（埋根）育苗往往较易获得成功。关键是种根能够生长出不定芽，并由它萌发形成枝条，成为独立、完整的个体。

很多植物在未离体时，根上容易生出不定芽，特别是当根受伤时更易形成不定芽。据研究报道，不同年龄的根不定芽发生部位不同，幼根是从靠近维管形成层的中柱鞘内发生不定芽，而老根则很像愈伤组织一样，是从木栓形成层以外发生不定芽，或者从射线组织发生，有时芽原基也可能从伤口处愈伤组织中长出来。植物种类不同不定芽生成新植株的途径也一样，最常见的是插根上首先发生不定枝，而后在新的不定枝的基部发出新根，形成独立植株；还有些植物则是在根系发育完善后才发生不定枝，形成新个体。此外，还有些树种能形成强大的不定新梢，但不产生新根；反之，有的虽能形成强大的根系，却不产生新梢，这时插根育苗均不能获得成功。

（四）极性

植物体或其离体部分的两端具有不同生理特性的现象称为极性。树木的干与根交接点为树木的中心。一般说一株树木，总是由其中心向地上生长树干与枝；向地下延伸主根与侧根。离体器管中，离中心近的部位称为近端；而离中心远的部位称为远端。如枝干上端为远端，而下端为近端；而根的近干端为近端，根梢部为远端。切离母体的枝干总是远端发芽、近端生根；而根则总是远端生根，近端生芽。这就是树木生长极性的表现。在扦插过程中，插穗无论正插还是倒插，通常都是保留原来的生长极性。近端生根，远端生长枝、叶。而插根时则近端生芽，远端生根，极性不会改变。这是我们应该遵循的原则。因此，我们在进行营养繁殖培育中，应注意植物体的极性特点，无论是进行枝插还是根插，均不宜将极性颠倒，以免增加生根或发芽的难度，影响育苗成活率。

（五）影响扦插与埋条成活的因素

扦插或埋条繁殖插穗与种条生根的难易是育苗成败的关键。插穗与种条能否生根和生根的快慢、多少与树种和环境条件有很大关系。了解影响生根的因素，采取有效的措施，促进插穗和种条早生根、多生根对营养繁殖育苗有重要的意义。

1. 内在因素

(1)树种的遗传特性。树种遗传特性不同,插穗与种条生根的难易有很大差异,同一树种的不同品种(类型)之间也有一定差异。根据其生根难易大致可分为三类:一是容易生根的树种,即在一般的育苗条件下插穗与种条即可生根,成活率较高。如黑杨派、青杨派、杨树、柳树、悬铃木属、黄杨属、紫穗槐等;二是不太容易生根的树种,通常需要较高的技术措施和集约经营管理,才能促使插穗与种条生根,达到较高的成活率。如刺槐、水杉、圆柏、雪松、女贞、白蜡、油橄榄、花椒等;三是难生根树种,这些树种的插穗与种条如不经特殊处理和特别的管理措施,很难生根成活,如松树、冷杉、樟树、苦楝、核桃、板栗、枣、柿、苹果等。

同一树种,不同品种或类型之间插穗生根和苗木生长情况也有明显的差别。据西北林学院试验,青皮河北杨扦插成活率稳定在 80% 以上,而灰皮河北杨仅为 66.8% ~ 72.9%。

将树种生根难易分成三类是相对而言的,有些树种我们之所以认为它难生根,可能是我们还没有掌握它的生根机理和要求条件。可以断言,随着科学技术不断发展,过去认为难生根的树种,有可能变得容易生根。例如,毛白杨、刺槐等过去很少用扦插繁殖,而现在扦插繁殖已获成功并普遍应用于生产当中。近年来,对某些树种难生根的原因也有了新的认识,如松树生根困难的原因,一是本身含有较多的抑制物质;二是生根过程要求一种特定的、变幅较小的温湿条件,而这种条件在一般自然环境中难以得到。因此,在弄清了影响生根的原因,寻求消除障碍的办法后,可以人为创造适合生根的条件,这些难生根树种也完全可以比较容易地生根。

(2)母树年龄及枝条年龄。影响扦插生根的诸内因中,母林年龄是十分重要的因素。因为树木的新陈代谢作用和生活力都随着树龄的增加而减弱。年幼的母树新陈代谢旺盛,生活力强,抑制生根物质含量少,枝条再生能力强,故采集幼树或壮龄母树枝条扦插生根容易,成活率高,生长好;反之,衰老的树木新陈代谢弱,生活力降低,所抽枝条也弱,内含生根抑制物质较多,所以难生根,成活率低。这几乎是一种带有普遍性的规律(见表 2-18)。

表 2-18　部分树种树龄与扦插生根率关系　(%)

树种	树龄(a)											
	1	2	3	4	5	6	7	10	12	14	25	36
水杉	92	66	61	42	34							
池杉	86	82					20					
池松	90	70		41		0						
雪松				89					39		11	0
油橄榄	28				24					18		

就大多数树种而言,1 年生枝条的再生能力强,2 年生次之,2 年生以上枝条生根力就明显变弱,而且枝上极少有芽,萌发不定芽也很困难,所以扦插成活率极低,一般不宜作插

穗。而有些树种,如生长较慢的圆柏、雪松、龙柏、山核桃等,因1年生枝条较弱,营养物质含量较少,所以用2年生枝作插穗,生根快、成活率高。

(3)枝条部位及其生长发育状况。在同一株母树上,着生在不同部位的枝条,发育阶段不同,生活力的强弱也有差异。一般根颈处及着生于主干基部上的枝条,多由根颈附近的休眠芽萌发而成,阶段发育年幼,分生能力强,可塑性大,扦插易生根,成活率高。相反,树冠部分特别是多次分枝的侧枝作插穗,因为发育阶段年老,扦插后生根力弱,成活率低,生长也差。有研究表明,根颈具有同种子一样的发育阶段,是发育阶段最年幼的营养器官。距离根颈越近,发育阶段越年幼,所发枝扦插生根越易,成活率越高。而离根颈越远,分枝次数越多的枝条,生根越难,成活率越低。因此,生产上应从幼壮龄母树上采集靠近树干基部根颈部位的枝条作插穗,而避免选用树冠上部的枝条扦插育苗。

同一枝条不同的部位,生长发育的状况不同。一般说,枝条下部粗壮,木质化程度好,但芽子小且发育不良;枝条上部则细弱,木质化程度差,贮存的营养物质较少,而且根原始体数量也少;枝条的中部,不仅粗壮,而且芽子饱满,贮藏营养丰富,生活力强,生根发芽都比较容易,扦插成活率较高。但也有些树种如水杉枝条、梢段育苗成活率却比较高;大多数针叶树插穗,则一定要选用带有顶芽的梢部作插穗。

(4)枝条营养物质的含量。当枝条的发育阶段与年龄相同时,枝条的发育及其贮藏营养的状况对扦插成活率影响很大,枝条发育越好,营养物质含量越多,扦插越易成活。这是因为扦插后愈合伤口形成新的器官和最初的生长,都需要枝条的贮藏营养供给。试验表明,母树个体氮、磷、钾的含量不同扦插成活率也不一样,氮、磷、钾含量高,枝条发育良好,扦插成活率也高;有些试验还表明,三要素中,磷与生根关系密切,如果再加以足量钾和钙,插穗的营养更丰富,扦插成活率就更高。另外,枝条内碳水化合物的贮量对扦插生根影响很大,一般认为,碳水化合物含量高,其生根率也高。此外,枝条中的碳氮含量的比例也影响扦插生根,碳氮比大,插穗生根快而多;碳氮比小,则不利于生根,而有利于发芽。所以有的人以碳氮比作为扦插生根的指标。在插穗当中,由于植物极性作用,含氮物质常向上部转移,而碳则常往下转移,这种转移是由于插穗在适宜的条件下,才能通过呼吸作用加强释放的能量完成的,而只有营养物质贮量丰富的插穗,才能呼吸作用旺盛,提供的能量充分,有助于插穗的生根和发芽。因此,宜选发育充实、营养丰富而氮肥施用较少的枝条作为扦插种条。但在嫩枝扦插时,碳氮比高的插穗并不一定就生根良好。这或许是贮藏物质的利用要通过插穗中植物激素作用的缘故,而且还应考虑到颉颃物质的影响。

扦插生根是新器官的形成,也需要各种微量元素,其中居支配地位的当属硼。有人通过精密试验,认为根原始体的形成和分化,根的伸长和分枝,根的木质化,分裂活动和分化扩大的调节等无不与硼密切相关,没有硼就不能形成根。硼还与根的形状、数量有关,缺硼时根虽能形成,但生长点会枯死,中心柱硬化,皮部组织膨胀屈曲,形成层增殖等异常现象。所以,采条母树适量供硼将有利于种条生根。

(5)插穗上根原始体存在与否。生长中的木本植物枝条中,有些具有先期形成的皮部根原始体,如杨属、柳属和苹果属等,一般枝条内具有根原始体的,扦插较易生根。扦插时根原始体的分生细胞已经比较发达,扦插后条件适宜即能引起细胞分裂、增殖乃至生长成新根。有些树种的枝条上没有根原始体,生根就比较困难,扦插成活率也较低。但是,也常遇到一些例外的情况，比如苹果枝条内虽然有根原始体存在，然而经 1 年以上的时间多已木质化，失去分生能力，对扦插环境不产生反应，也就不易成活；而极易扦插生根的柳属中，也有的枝条中就没有根原始体，如黄花柳等。

根原始体数量在枝条中的分布，树种之间差异相当大。如难生根的毛白杨（白杨派）根原始体数量少，且集中分布于枝条下部；易生根的沙兰杨（黑杨派）根原始体数量多，且分布均匀。所以毛白杨扦插生根率从茎部到梢部递减，而沙兰杨则全枝各部位扦插均易生根。这一特点也是选择种条应予注意的。

(6)插穗上保留的芽和叶。插穗上的芽和叶通过光合作用不仅能制造一定的营养物质，供应插穗生根的需要，并能生长一定数量的生长激素，促进愈伤组织和根原始体的形成，所以扦插时保留一定数量的芽和叶是必要的。对针叶树、常绿树以及各种嫩枝扦插尤为重要。

早在 20 世纪 20 年代，国外就有人研究过木本植物的芽对生根的作用，认为芽的舒展促进根的发育。国内也有人通过试验观察到，去掉插穗上的芽，发根明显减少，甚至有的不发根。还有人发现芽的萌动、展叶过程促进生根的作用与幼叶是否照光无关；可能是在芽萌发过程中形成了某些促进生根的物质或解除了某种抑制生根的物质的结果。

如上所述，带芽和叶扦插可以促进生根，但是，过多的留叶增加蒸腾耗水，不利于水分平衡，也影响扦插成活率，那么究竟保留多少芽和叶为佳？黄委会西峰水土保持科学试验站在利用全光照喷雾扦插育苗试验中，通过沙棘扦插试验，得出结论，1 年生枝条留 3～5 片叶，2 年生枝条留 4～6 片叶最宜。各地可根据树种（品种）和扦插条件，通过试验加以探索确定。

(7)插穗中的水分。种条切离母体后，便失去了水分供应的正常渠道，从水分平衡状态转入到水分不断耗散的失衡状态。据试验，I－72 杨插穗自然裸露 48 小时，失水 13.6%，裸露 72 小时，失水达 32.2%，带叶插穗失水会更多。用失水 1%的 I－72 杨插穗扦插，成活率为 83.6%，而用失水 16%的插穗扦插，成活率仅为 60.8%，可见插穗水分对插穗成活率至关重要。因此，种条采集前最好事先对母树进行灌水，以增加种条的含水量；采集后，务必及时处理、妥为保存，以防水分散失；扦插前最好用清水（流动水更好）浸泡 1～2 天，以补充损失的水分。

(8)插穗的种源。同一树种（品种），由于地理种源不同，扦插生根率也不尽相同。据德国人研究，不同产地的日本落松扦插生根率与种源有很大相关性，那些生长最快、对生态环境适应性最强、分布最为广泛的种源，其扦插生根率最高。

2.外部因素

影响扦插生根成活的主要因素是内部因素，但外部因素也起着相当重要的作用，有时甚至是决定性的作用。其中以土壤、气象因素为主。

(1)插床材料（扦插基质）。扦插繁殖时种条扦插的苗床为插床。构成插床的材料有许多种，它们通常叫做扦插基质或扦插介质。在露地大面积扦插时，基质常为各种土壤，也称为插壤。这些插壤应具有良好的质地，能协调水分、空气、温度之关系，满足插穗生根所必须的水分、热量和氧气，而且无病虫害感染。许多容易生根的树种，如杨、柳等对插壤要求不严，沙土、沙壤土和壤土上都可以生根成活，在黏壤土上，如管理得当，也可达到较高的成活率。但是,重黏土、盐碱土如无改造措施,是不适合于作插壤的。

至于难生根树种,由于插穗生根时间较长,插壤水、养、气、热容易失调,造成插穗腐烂、萎蔫,影响成活,一般的插壤则难以扦插成功,所以必须选择那些通气良好、保水性强的固体物质作为扦插基质。一些珍贵树种或引进树种及需要在温室内扦插的树种,也要求选择较好的扦插基质。目前生产上常用的有沙、工业炉渣、膨胀蛭石、泥炭、膨胀珍珠岩、石棉以及木炭粉、锯屑、苔藓、稻壳等,国外还有的用水藓或椰壳纤维等作扦插基质。这些基质可以单用,也可以混合使用,构成混合基质。作为特殊的扦插方法,还包括其他一些扦插基质,如水插时有水与培养液等液体基质;雾插时有汽体基质等。

上述各种基质有不同的特性,如沙通气良好,又易吸热,分布广泛,来源充足,各地都能应用;工程炉渣孔隙度大,颗粒内有大量毛管孔隙,颗粒间又可形成非毛管孔隙,既能持水,又能通气,pH 值近于中性,洁净无菌,且来源广泛,应大力推广应用;膨胀蛭石是由天然蛭石高温锻烧而成,质地轻、孔隙度大,保温隔热,保水、保肥,pH 值为中性,无菌,是应用极普遍的扦插基质;泥炭是泥炭沼泽的产物,由分解缓慢的有机物残体组成,有团粒结构,质地较轻,吸水量大,通气性良好,呈酸性反应;膨胀珍珠岩是珍珠岩粉碎后高温烘焙形成的,孔隙多、吸水性强、呈中性,也是一种理想的扦插基质。将上述各种基质按比例混合得到的混合基质,可以综合各种基质的特点,弥补各自的缺陷,得到性能更好的基质。我们可以根据培育树种的要求、各地自然条件、经营水平和资源(基质来源)状况,选择适合本地具体情况的扦插基质。

(2)插床的水分状况。维持插穗细胞的连续膨压状态是确保插穗迅速生根的重要条件。然而插穗从切离母体之后直到成活之前,由于没有根系供水,吸水力减弱,加之蒸腾量很大,失水较多,所以经常处于水分亏缺状态。插穗失水有个“容忍限度”,不同树种允许失水的量是不同的。但是,不管怎样,我们都应加强水分管理,尽力保证插床处于湿润状态,使插穗充分吸水,以保证插穗成活。

大多数情况下,插穗生根落后于地上部芽的萌发,已经萌发的芽和叶要进行蒸腾作用,而此时根未形成,供水不足,使水分平衡受到破坏,导致插穗回芽死亡,这就是我们常说的“假活”现象。因此,除了保证插床湿润外,还应经常喷水,保持空气足够湿润,以降低蒸腾强度。有时也可采取抹芽、摘叶、遮阴等措施以降低插穗的蒸腾,有利于成活。

如前所述,插床含水量不足,对插穗生根不利,但水分过多,则插床温度较低,通气不良,妨碍插穗呼吸作用,往往抑制伤口的愈合或导致插穗腐烂。合理的含水量,应维持在田间持水量的 80%左右,对皮部生根和愈伤组织形成都有益处。此时插床土壤用手握紧能成团,指间有水,但又不能滴出。土壤的水分吸持力(PF)大约为 2,最适合于插穗生根。我们进行管理时,可以此为标准控制插壤水分。

(3)插床的温度与气温。适宜的插床温度是保证插穗维持正常的呼吸作用,进行营养物质分解、运输、合成的必要条件,也是愈伤组织形成和生根不可缺少的条件。但不同的树种生根温度不一样,有些树种如杨、柳等能在较低的土温下生根,它们在春季扦插时,生根与发芽的温度要求一致;而另一些树种则要求较高的温度。通常,一般树种插床温度以 15~20℃比较适宜,热带树木和常绿树种插床温度要求较高,以 20~25℃为好。

一般夏季嫩枝扦插和在温室或塑料大棚等保护地内扦插,插床温度能够保障;冬季或早春露地扦插，插床温度较低，应采取适当措施，如施用马粪等酿热物、应用火炕温床、电热温床或喷施土面增温剂等，以提高插床温度。相反，夏季扦插，插床温度过高，如插壤温度超过 30℃左右时，生根活动反而减弱，再高时可能造成插穗腐烂、灼伤，应通过遮阴或喷水等方法适当降温。

插床附近的气温，对扦插也有重要影响，因为气温高，空气饱和差增大，叶面蒸腾加剧，容易造成水分亏缺；而且气温高，呼吸作用增强，消耗养分多，不利于扦插生根。生产中常将气温控制在稍低于插条温度的范围内，有利于插穗的成活。

(4)插床的通气性。基质中的氧气是插穗生根过程中进行呼吸作用所必须的条件，如根原始体的形成和发育都离不开氧。因此，插床必须注意通气。假如土壤水分过多，通气不良，插穗可能会被窒息、腐烂而死亡。插壤中空气与水分常处于矛盾之中，而又受插壤的质地所影响，黏重的土壤易于积水，通气不良，土温也较低；沙质土通气良好，但保水力弱，易于干燥。所以选结构疏松、通气良好、湿度适宜的沙壤土或壤土较好。上面提到的许多非土基质，如膨胀蛭石、珍珠岩、工业炉渣等，都能满足插穗对氧气的需要。但是，任何基质过量地灌溉，水分充满各种孔隙，都将引起通气不良，不利于生根。

(5)光照。光照对于插穗有多种影响。光照既可以促进植物生长激素的形成和碳素同化的作用，同时又有促使生根抑制物形成的作用；光照可以间接地引起插床温度升高，促进生根，但另一方面，随着温度的升高，会引起插床干旱，空气湿度降低等不利情况，甚至过强的光照还可能引起插穗干燥或灼伤。

光照对不同的插穗有不同的意义。比如用落叶树种的休眠枝作为插穗，由于枝条已经具备了生根所需要的营养和植物生长激素，光照对它可能起阻碍生根的作用；而用常绿树种枝条扦插时，生根所需要的植物生长激素尚未准备充分，生根所需的营养还要靠扦插后由插穗光合作用来补充，因此光照对它们是十分必要的。

有人认为扦插前对枝条进行遮光处理或黄化处理，常可取得良好的扦插效果，认为一定的黑暗期对于插穗生根是必要的。普遍认为强烈的直射光不利于生根，而散射光是进行同化作用的良好条件，所以适当遮阴，尤其对嫩枝扦插和常绿树种扦插是必要的。试验证明，在水分条件良好的情况下，柳杉以受光率 50%、扁柏以 40%受光率比较适宜，赤松扦插要求光照要强，以 75%受光率为佳，而黑松插穗的耐阴性较赤松弱。

除了光照强度以外，日照时间在一定程度上也影响扦插生根。一般认为短日照对不定根的形成不利，但也有人认为，愈伤组织的形成和不定根的发生多是在短日照下出现的。而插穗的生长都在长日照条件下最有利。

关于光照扦插的影响，我们仅是从有利于插穗生根加以说明的，但从培育壮苗、增强苗木的抵抗力来看，扦插生根后，应该早日撤除遮阴，增强光照。另外，随着育苗设备和技术的改进提高，光照问题又有新的认识，比如在全光雾育苗时，由于插穗始终处于弥雾状态下，充分的全光照则更有利于插穗生根。

(6)空气湿度。前面已经提到蒸腾耗水是造成扦插失败的重要因素，所以应采取措施防止过量的蒸腾。首先应避免空气湿度下降，尽可能使空气相对湿度保持在 80%以上，至少不要低于 70%，特别是扦插初期，如有可能，最好维持在 90%以上；另外，还应注意避免风吹。为此，育苗地要进行防风和遮阴保护。目前各地推广的塑料薄膜育苗、塑料大棚育苗，以及全光雾育苗和电子叶间歇喷雾育苗等，都是增加湿度、降低气温和风速、减少蒸腾的好办法，能提高扦插育苗生根速度和成活率。

综上所述，各种影响插穗成活的因子，并不是单独、孤立地起作用，而是互相影响、综合发挥作用的。因此，改善和创造适宜的外界环境条件，协调好水、养、气、热各种因素的关系，可以促进插穗生根，提高扦插成活率，这是我们进行扦插繁殖中技术管理工作的重要任务。

（六）促进生根成活的方法

1. 插穗贮藏催根

秋冬两季或早春采集的插穗，为防失水、受冻、霉烂和发芽，大都需要混沙贮藏。此时插穗与湿沙接触，可使皮部软化，促进内部物质转化，有利于细胞的分裂生长。若沙藏种条适宜，有可能使插穗愈伤组织分化，形成根原始体，达到催根的目的。目前在生产中毛白杨、刺槐、榆树、葡萄等许多树种扦插繁殖都通过混沙贮藏进行催根，提高了扦插成活率。插穗贮藏的方法包括露天窖藏、室内沙藏和堆藏等三种。

(1)露天窖藏。选地势高、排水良好、土质疏松的地方，挖深0.8～1.2m（地下水位以上）、宽1～1.2m的贮藏窖，长度视插穗数量酌定。窖底先铺5cm湿沙，插穗按30～50根一捆捆好，基部整齐，小头朝上，立于湿沙上，插穗及捆间以湿沙填满，上面再覆5cm湿沙。再按上法摆放第二层，直到摆放到距窖口20～30cm为止。上面再盖20cm湿沙，使略高出地面，培以脊形小丘即可。为使窖中通气，防止发热霉烂，每隔一定距离（1m左右）竖一草把，并留一测温孔，以便测量窖内温度。贮藏期间应经常检查，如发现种条霉烂或干燥，应及时清理或灌水，可用增加或减少覆盖加以调节温度。

(2)室内沙藏。选择阴凉通风的房屋，清扫干净后，先在地面洒些清水，再铺10cm的湿沙，将成捆的种条基部朝下立于湿沙之上，种条及捆间用湿沙填满，再盖些湿沙即可。室内沙藏适用于小批量种条及某些珍贵稀少的树种。这种方法贮藏简单，便于检查。

(3)堆藏。在土质黏重、低洼积水或地下水位较高、排水不良以及气候温暖的地区，不便于露天窖藏，可采用堆藏法贮藏种条。即选背风向阴、不易积水的地方，用湿沙或疏松的沙壤土铺地，厚约20cm，然后将种条与湿沙或疏松的沙壤土分层堆放，四周再埋严使之不露条、不透风即可。

不论哪种贮藏方法，都要求控制适宜的温度和湿度，如毛白杨以4～7℃为宜，间层沙的湿度以饱和含水率的60%左右为佳。为了提高贮藏催根的效果，沙藏前先将种条用植物生长调节剂及杀菌剂处理，效果会更好。

2. 促进生根的化学方法

1）植物生长调节剂处理法

植物生长调节剂是指从外部施于植物，借以调节植物生长发育的非营养性物质的总称。其中有些是从植物中提炼的，如赤霉素；有些是模拟植物激素的化学结构用人工合成的；也有的是在结构上虽与植物激素不同，但对植物施用后，可影响内源激素的平衡或水平，从而起到调节植物生长发育的作用。一般认为施用适量的植物生长调节剂，可促进插条内部的新陈代谢。如可使呼吸作用增强，水分吸收能力提高，贮藏物质迅速分解转化，使可塑性物质在插穗下部聚积，同时，可促进形成层细胞分裂，加速插穗愈伤组织形成，对插穗切口的愈合和形成不定根有良好的作用。

植物生长调节剂的种类很多,主要包括生长素类、赤霉素类、细胞分裂素类、乙烯类、生长延缓剂和生长抑制剂及其他植物生长调节剂类。其中,对扦插生根有促进作用的主要是生长素类和部分细胞分裂素。在扦插繁殖中应用最广泛,生根效果较好的有吲哚丁酸(IBA)、吲哚乙酸(IAA)、萘乙酸(NAA)和2,4-D、6-苄基氨基嘌呤等。中国林业科学院研制的ABT生根粉是一种高效、广谱性生根促进剂,已在许多树种的扦插中使用,效果十分明显。这些植物生长调节剂之所以可以促进生根,主要原因在于:一是插条经生长调节剂处理后,皮层软化,细胞膨胀,皮层薄壁细胞贮藏的淀粉粒降解为水溶性糖,提高了细胞渗透压和吸水力。细胞水分含量增加,酶活性加强,呼吸代谢旺盛,于是已分化的成熟细胞重新恢复分裂能力,产生大量愈伤组织,从而促进插穗生根;二是插穗经处理后,处理部位变成了吸收营养的中心,临近部位的营养逐渐向处理部位移动,使这部分组织内养分含量急剧增加,有利于器官的分化和根的形成;三是嫩枝经生长素处理后,光合作用显著增强,光合时间延长,光合产物增加,尤其是糖分含量提高,有益于根的生成;四是由于外源生长调节剂处理,改变了内源激素平衡,并使之增加,从而促进了根的形成。因此,生长调节剂处理的插穗,发根早、生根多、整齐,质量好,成活率高。

实践证明,生长调节剂应用的效果与其种类、使用浓度、处理方法、处理时间、插穗生理状态及环境因素有很大关系。

使用的浓度。植物生长调节剂用量极少,常用百万分数值表示。处理插穗所用浓度,应视树种、插穗种类(硬枝或嫩枝)、木质化程度及处理方法和时间而定。此外,还受气温、土壤酸碱度等环境因素影响。目前,市售植物生长调节剂多以游离酸形式存在,大多不溶于冷水,使用时应先用少量酒精或70℃温水溶解,配成原液,放在黑暗凉爽处保存,需要时再稀释到所需要的浓度。配制方法如下:

称取1g(1 000mg)药品,溶于500mL的酒精中,待全部溶解后,再加蒸馏水定容至1 000ml,即配成100mg/kg的原液,使用时再按下式换算成所需浓度:

$$X = \frac{a \times b}{D}$$

式中:X——所需原液体积,mL;

a——所需溶液浓度;

b——所需溶液体积,mL;

D——原液浓度。

处理方法:应用植物生长调节剂处理插穗,通常使用的方法包括溶液浸泡、粉剂或油剂处理两种。溶液浸泡又分为低浓度慢浸法、高浓度速蘸法两种。高浓度速蘸法是将插穗基部放入高浓度溶液(1 000~2 000mg/kg)中,快速浸蘸数秒钟,然后立即将插穗插于插床中。高浓度快蘸处理操作简便,处理快捷,插穗基部接触药量均匀,且避免长时间浸泡受环境条件的干扰,所以效果较好。低浓度慢浸法一般是用20~200mg/kg浓度的药液,将插穗基部浸泡数小时至数天时间。浸泡的时间因树种和药液浓度而异。慢浸法因为处理时间较长,受环境因素的影响较大,药液浓度因蒸发而变化,所以应注意遮阴或提高空气湿度,以保证慢而稳定的吸收。粉剂是将生长调节剂混以滑石粉、细黏土或木炭粉混合研细而成。嫩枝扦插用 200～1 000mg/kg，硬枝扦插用 1 000～1 500mg/kg。配制时，先将药品溶于少量酒精中，再将所需的滑石粉或黏土掺入酒精溶液，待酒精挥发后，即得到粉剂。如配制 1kg 1 000mg/kg 的吲哚丁酸粉剂，可先称 1g 吲哚丁酸，用适量 95%酒精溶解，然后与 1kg 滑石粉充分混合，酒精挥发后即得 1 000mg/kg 吲哚丁酸粉剂。配好后可先置棕色瓶中保存备用，或者将混合后粉剂置于 50～70℃ 的温度下，在黑暗中烘干，研成粉末，装入棕色瓶中备用。使用时将插穗基部用清水浸湿，蘸上药粉，抖去多余的药粉即可。这种方法使用方便，无需处理容器，随蘸随插，节省时间，药物蘸在插穗基部，作用持久而稳定。如需用糊剂处理，只需将粉剂加水稀释即可。如 1g 萘乙酸加适量酒精(约 1 酒盅)加 4kg 滑石粉或胶泥粉加 2kg 热水，搅拌均匀即成糊剂，每 1kg 糊剂约可处理 500～600 根插穗。为了增强黏附力，不致造成生长素流失，有时也将生长调节剂配成油剂，即将生长调节剂溶于加热的载体羊毛脂、棕油、胶籽油或漆籽油中。为便于配制植物生长调节剂，将配制时用药量和使用浓度列于表 2-19、表 2-20，供读者查对。

表 2-19　用药量、使用浓度与用水量查对表　　(单位：kg)

用药量(g)	使用浓度(mg/kg)											
	0.5	1.0	10	20	30	40	50	60	70	80	90	100
0.1	200	100	10	5	3.4	2.5	2	1.7	1.5	1.3	1.1	1
0.2	400	200	20	10	6.7	5	4	3.4	2.9	2.5	2.2	2
0.3	600	300	30	15	10	7.5	6	5	4.3	3.8	3.3	3
0.4	800	400	40	20	13.4	10	8	6.7	5.7	5	4.5	4
0.5	1 000	500	50	25	16.7	12.5	10	8.4	7.2	6.3	5.6	5
0.6	1 200	600	60	30	20	15	12	10	8.6	7.5	6.7	6
0.7	1 400	700	70	35	23.4	17.5	14	11.6	10	8.8	7.8	7
0.8	1 600	800	80	40	26.7	20	16	13.4	11.4	10	8.8	8
0.9	1 800	900	90	45	30	22.5	18	15	12.9	11.3	10	9
1.0	2 000	1 000	100	50	33.5	25	20	16.5	14.5	12.5	11	10

注：用药量按有效成分 100%计。

由于各种树木应用植物生长调节剂处理的资料尚不完备，许多报道是在不太系统的试验中得到的数据，现将其列于表 2-21、表 2-22，仅供参考。

许多难生根树种，单用一种生长调节剂处理插穗，往往得不到满意的效果，如果把几种促进生长的物质混合使用，效果便明显提高。有时除了几种生长调节剂配合使用外，还常加入维生素类和杀菌剂类及其他药剂，效果则更好。如中国林科院亚林所李江南等应用 50～200mg/kg 萘乙酸加 10～100mg/kg 维生素 B_1 和 100～400mg/kg 的多菌灵处理 1.5 年生马尾松半木质化顶梢，并定期喷施 80mg/kg 的硼酸，40mg/kg 的硝酸铵，15mg/kg的维生素 B_1，插后 30 天开始愈合，45 天愈合良好，60 天开始生根，75 天左右大量生根，生根率达 66%～83%。

表 2-20　稀释倍数与用药量查对表

使用浓度（mg/kg）	项目	原药含量（%）												
		5	10	15	20	25	30	40	50	60	70	80	90	100
1	稀释倍数	50 000	100 000	15 000	200 000	250 000	300 000	400 600	500 000	600 000	700 000	800 000	900 000	1 000 000
	用药量(g)	1.000	0.500	0.333	0.250	0.200	0.167	0.125	0.100	0.083	0.071	0.063	0.056	0.050
2	稀释倍数	25 000	50 000	75 000	100 000	125 000	150 000	200 000	250 000	300 000	350 000	400 000	450 000	500 000
	用药量(g)	2.000	1.000	0.667	0.500	0.400	0.333	0.250	0.200	0.167	0.143	0.125	0.111	0.100
3	稀释倍数	16700	33 000	50 000	66 700	83 000	100 000	133 000	167 000	200 000	233 000	267 000	300 000	333 000
	用药量(g)	3.000	1.500	1.000	0.750	0.600	0.500	0.375	0.300	0.250	0.214	0.188	0.167	0.150
5	稀释倍数	10 000	20 000	30 000	40 000	50 000	60 000	80 000	100 000	120 000	140 000	160 000	180 000	200 000
	用药量(g)	5.000	2.500	1.667	1.250	1.000	0.833	0.625	0.500	0.417	0.357	0.313	0.278	0.250
10	稀释倍数	500	10 000	15 000	20 000	25 000	30 000	40 000	50 000	60 000	70 000	80 000	90 000	100 000
	用药量(g)	10.000	5.000	3.333	2.500	2.000	1.667	1.250	1.000	0.833	0.714	0.625	0.556	0.500
20	稀释倍数	2 500	5 000	7 500	10 000	125 000	15 000	20 000	25 000	30 000	35 000	40 000	45 000	50 000
	用药量(g)	20.000	10.000	6.667	5.000	4.000	3.333	2.500	2.000	1.667	1.429	1.250	1.111	1.000
30	稀释倍数	1 700	3 300	5 000	6 700	8 300	10 000	13 000	16 700	20 000	23 300	26 700	30 000	33 000
	用药量(g)	30.000	15.000	10.000	7.500	6.000	5.000	3.750	3.000	2.500	2.143	1.875	1.667	1.500
50	稀释倍数	1 000	2 000	3 000	4 000	5 000	6 000	8 000	10 000	12 000	14 000	16 000	18 000	20 000
	用药量(g)	50.000	25.000	16.667	12.500	10.000	8.333	6.250	5.000	4.167	3.571	3.125	2.778	2.500
70	稀释倍数	700	1 400	2 100	2 900	3 600	4 300	5 700	7 100	8 600	10 000	11 400	12 900	14 300
	用药量(g)	70. 000	15.000	23.333	17.500	14.000	11.667	8.750	7.000	5.833	5.000	4.375	3.889	3.500
100	稀释倍数	500	1 000	1 500	2 000	2 500	3 000	4 000	5 000	6 000	7 000	8 000	9 000	10 000
	用药量(g)	100.000	50.000	33.333	25.000	20.000	16.667	12.500	10.000	8.333	7.143	6.250	5.556	5.000

注：配制药液量为 50kg。

表 2-21　应用植物生长调节剂促进插穗生根的效果

树种	插穗状况	药品及其浓度(mg/kg)	处理方法及时间	生根率(%)
马尾松	1年生针叶束	$IBA_{50}+IAA_{50}$	慢浸24小时	81.3
毛白杨	1年生硬枝	NAA_{250}	蘸泥浆	83～87
白榆	1年生硬枝	$NAA_{50}+V_{B150}$	慢浸24小时	100
花椒	11年生硬枝	NAA_{500}	慢浸2小时	74.0
枣	嫩枝	IBA_{1000}	慢浸90分钟	80.0
葡萄	嫩枝	IBA_{100}	5分钟	90～100
	硬枝	NAA_{100}	慢浸8小时	85.0
杏	嫩枝	IBA_{50}	慢浸20小时	66.7
桃	不同品种硬枝	IBA_{750}	速蘸	34～68
山楂	半木质	IBA_{50}		93.3
	硬枝	IBA_{50}		66.7
	绿枝	NAA_{300}		90.0
核桃	硬枝	NAA_{50}	慢浸24小时	50.0
油橄榄	爱桑品种硬枝	IBA_{50}		79～88

表 2-22　ABT 生根粉促进插穗生根的效果

树种	插穗	浓度(mg/kg)	时间(小时)	生根率(%)
毛白杨	1年生硬枝	50	1	98.0
河北杨	平茬苗萌发之嫩枝	100	2	85.0以上
刺槐	速生苗枝	50～100	1	100.0
泡桐	嫩芽	50	1～2	90.0
新疆杨	嫩枝	100	3～4	100.0
红松	3年生留床苗主、侧枝	200	2	78.0
日本落叶松	6年生母树当年外围枝顶梢	100	2	84.7
丹东桧	5～10年生母树	500	1	97.5
水杉	2～3年生母树当年枝	100	10～20	85.90
樱桃	4年生母树当年半木质化枝	50	0.5	92.0
四季桂	5年生母树之当年枝	200	2	81～92

2)化学药剂处理

一般认为少量的化学药剂处理,能增强新陈代谢,促进插穗生根。常用的化学药剂有高锰酸钾、二氧化锰、硼酸、磷酸、醋酸、硫酸镁、蔗糖或葡萄糖、腐殖酸或腐殖酸钠、维生素类等。主要化学药剂的作用如下:

(1)高锰酸钾。用浓度为0.03%～0.1%的高锰酸钾处理硬枝插穗或用0.06%溶液处理嫩枝插穗,可以促进氧化,增强插穗的呼吸作用,使插穗内部物质转化为可供状态,加速根原始体的形成。此外,高锰酸钾是强氧化剂,可以抑制细菌的生长,起到消毒作用。

(2)蔗糖或葡萄糖。用1%～10%的蔗糖液浸泡插穗12～18小时,可以直接补充插穗的营养,提高扦插成活率。如水杉硬枝用1%蔗糖液处理后,扦插成活率达到93%,而对照区成活率仅达35%。有些人试用蜂蜜处理插穗,对提高成活率也有一定效果。应当注意的是,使用蔗糖时应保证糖液清洁和插穗清毒,以防病源菌繁殖。

(3)腐殖酸钠。腐殖酸钠简称"腐钠",是一种复杂的高分子物质,草炭、褐煤或风化煤的碱抽提物通称为"腐钠"。主要组成为富里酸、胡敏酸和棕腐酸。"腐钠"的一些功能与植物激素的某些结构相类似,对植物的生长发育有刺激作用,其中以富里酸作用最强。目前,"腐钠"的作用机理还不十分清楚,一般认为它能增强植物的呼吸作用,促进多种矿质元素的吸收和运输,改善植物的营养状况,增加叶片的叶绿素含量,提高植物的抗性。用3 500～7 000mg/kg的"腐钠"处理毛白杨插穗,成活率达81.2%～89.3%,比对照提高11.7%～32.5%。其作用主要表现为:促进伤口愈合,防止插穗腐烂;促进根原始体萌发,增加根原始体数目;延长插穗的自养期,提高插穗成活率。

(4)维生素。据报道,应用维生素处理插穗,效果较好的是生物素,即维生素H;此外,维生素B_1效果也很好,维生素C也有一定作用。普遍的看法是维生素适用范围不如生长素,且一般不单独使用,而需要与植物生长调节剂配合使用。多数情况下是先用生长素处理,然后再用维生素,效果才好。如有人先用0.002%～0.02%吲哚丁酸溶液处理柠檬、山茶20小时,然后用1mg/kg的维生素B_1浸泡12小时,生根率显著提高。

其他化学药剂如二氧化锰、硫酸锰、氯化铝、二氧化铁等效果也很好。此处不再一一介绍。

3)杀菌剂的应用

插穗切离母体之后,已经不能从母树根部得到维持其生理活动所需要的水分和养分,对病原菌的抵抗能力也大为减弱。扦插时,为了加快生根,提高插床的温度和湿度,客观上又给病原微生物的繁殖提供了有利条件,加之一些树种生根时间较长,扦插环境复杂,更易于引起感染,所以插穗杀菌消毒便引起人们的关注。事实上,一些扦插失败的例子说明,有时并非插穗处理不当或技术失误,而是病原先于发根,就已侵染插穗,使之腐烂,以致无法生根。

据研究,一般温室、温床和高温过湿的露地插床,常发生立枯病,其病原菌主要是腐霉菌、疫霉菌、丝核菌、葡萄孢菌、镰刀菌。此外还有其他细菌性的凋萎等。

为了克服插穗成活期间的感染与腐烂,除了选择合适的圃地与插壤,进行土壤消毒,控制土壤及空气的温、湿度之外,比较有效的方法是扦插前对插穗进行杀菌处理。常用的杀菌剂有多菌灵、克菌丹、敌克松、西力生、苯来特、欧巴林等。比如应用500～1 000倍的多菌灵加克菌丹水溶液浸蘸雪松插穗基部,再蘸萘乙酸500～1 000mg/kg粉剂,可防止腐烂,提高生根率,在含有萘乙酸的粉剂中混入1/2 000的多菌灵或1/1 000的敌克松或1/5 000的西力生,均可防止镰刀菌的侵染。如用95%的酒精配成1%的苯特莱溶液,再溶入0.1%～0.8%的吲哚丁酸,对插穗基部处理5秒钟,使17年生的美国五针松上采集的插穗生根率达到60%。

3.促进生根的物理方法

(1)温床催根。早春,土壤温度较低,插穗在露地苗床生根缓慢,可以用塑料薄膜温床、阳畦和火炕等办法加温催根。在背风向阳、排水良好的地方挖深30cm、宽80～100cm的低床，其长度视插穗的数量酌定。底部铺5cm厚的洁净河沙，将用生长素处理过的插穗基部向上倒放床中，上面再覆一薄层净沙，适量喷水后用塑料薄膜搭成小拱棚，使之增温，维持棚内10～25℃气温，经一定时间插穗即可形成愈伤组织，并有根原始体出现，可以取出扦插。这种方法简便易行，山东省菏泽地区良种繁殖中曾普遍推广应用。

(2)浸水。将插穗浸入清水中2～3天，每天早晚各换水一次，以保持水的清洁，有条件的地方可放在流水中浸泡，效果更好。插穗浸水一方面可使插穗充分吸水，补充插穗贮藏和生根过程中水分的亏损；另一方面浸水过程中可使一些生根抑制物质被浸脱，减少了生根的障碍因素；此外，一些树脂丰富的针叶树种，将浸水温度适当提高(达到35～40℃)，可部分地清除松脂，以利于生根。

浸泡处理因树种、品种、母株年龄而有差异。如冬青、卫矛、大戟仅用清水浸泡即能取得良好效果；而刺槐、楤木等休眠枝，杜鹃、洋蔷薇的休眠枝或绿枝，用温水浸泡才能取得显著效果。

(3)插穗刻伤与环割。对于愈伤组织生根的树种，人为地刻伤插穗，扩大创口面积，可以增加愈伤组织和插穗生根的范围，以利扦插成活。

对一些难生根树种，在生长期采条前，对拟做种条的枝条或苗茎基部施行环割处理，以便使其光合产物积累于伤口之上，使种条充实，贮藏物增加，待休眠期采集这些枝条，有利于插穗生根。

(4)黄化处理。将根颈上的萌蘖条及近地面的枝条培土，使其完全避光，其他部分可用有色透明的纸或黑布(黑纸、黑色塑料布)做成套，罩在其上，使之处于避光黑暗之中，进行黄化处理。黄化处理可以抑制枝条中生根阻碍物质的生成，增强植物生长激素等生根促进物质的活性，还可延缓木质化进程，保持组织的幼嫩性，有利于插穗生根。处理1个月后，剪取已黄化的枝条做种穗扦插，成活率明显提高。如杨梅黄化后生根率由对照的65%提高到85%，赤松由20%提高到85%，柿由30%提高到60%，如再用激素处理可达90%。

(5)蜡封插穗上切口。取适量的石蜡，加入20%的松香，在锅内溶化并搅拌均匀，再以小火维持蜡液的溶化状态。然后将插穗上端放熔蜡中浸一下，使切口断面被蜡封严。若封蜡容易脱落，可在熔蜡中加入总量10%的猪油。蜡封处理的插穗可以减少水分消耗，亦能防止病原微生物从切口浸染插穗，因此可以减少插穗损失，提高扦插成活率。

(6)覆盖。使用塑料拱棚和塑料地膜覆盖育苗，可以提高地温，保持床面温润，改善插床基质的物理性质，形成有利于插穗生根的水、热、养、气条件，所以有利于提高扦插成活率。塑料拱棚要经常通风、排气；地膜覆盖的方法比较简单，但要注意两个环节，一是铺膜要严密，勿使透风、漏气；二是适时破膜放苗。只要做好这两项工作，扦插育苗便可收到出苗好、苗齐、苗旺的效果。

(7)喷雾。常用的有电子自动喷雾、全光雾育苗方法。使插穗处于弥雾的环境之中，可使插穗(特别是嫩枝插穗)覆盖一层水膜，大大减少插穗蒸腾耗水，能有效地维持插穗的水分平衡，保持其吸胀状态；喷雾还有利于降低气温，而提高插穗温度，有利于伤口愈合，促进插穗生根。

三、扦插繁殖方法

扦插繁殖因植物种类、扦插材料、扦插条件、扦插方式、季节等可分成许多类。其中常用方法详述如下。

(一)枝插

枝插是用枝或小枝为材料进行扦插,这是最普通的扦插方法。当使用苗茎或树干扦插时,又叫做茎插或干插。枝插又根据枝条木质化的程度分为嫩枝扦插(或绿枝扦插)及硬枝扦插。

1.硬枝扦插

硬枝扦插是应用已完全木质化的枝条进行扦插。此法简单易行,应用最广,凡容易萌发不定根的树种大都可以采用。

(1)采条。从生长迅速、干形通直、无病虫害的母树上,选择发育阶段年幼、生活力旺盛、粗壮充实、无机械损伤、根茎基部的1年生萌条,或者选1~2年生苗干作为种条。采条时间可在秋末冬初以后至翌春树液流动以前的休眠期进行,时间以上午10点前或下午5点以后,此时枝条营养丰富,扦插成活率高。

(2)剪穗。将采回的种条按需要的长度剪切成插穗,其长度应视树种生根难易及土壤条件酌定。生根容易的可短,生根难的宜长,一般以10~20cm为宜。条件较好,技术水平高的苗圃,种条来源不足时也可用短穗扦插,即将插穗剪成长度为3~5cm,仅有一叶一芽的短穗进行扦插。

剪切插穗应使上口平齐,距上芽1cm左右,以减少水分蒸散及芽干枯;下切口应在下芽1cm左右处剪成平口或单、双马耳形。剪切时应注意保留好芽子,并注意不要剪劈种条。剪切后最好立即扦插。如需贮藏和催芽处理时,也应随即处理,以防失水影响处理效果。

(3)扦插。扦插时期春、秋皆可。黄土高原地区以春插为主,秋插效果不太好,春插要早,一般3月上、中旬。如在土壤刚解冻时扦插,插穗生根早、成活率高。

硬枝扦插可采用垄作或床作,而以低垄或高垄扦插较为普遍。扦插密度因树种、土壤、培育年限合理确定。目前黄土高原地区扦插密度一般为:毛白杨40 000~45 000株/hm^2,欧美杨37 500~42 000株/hm^2,刺槐45 000株/hm^2,柳树45 000~50 000株/hm^2。

扦插角度有直插和斜插两种。一般生根容易、插穗较短、土壤疏松、通气保水性差的应直插;而生根困难、插穗较长、土壤黏重通气不良、土温较低的宜斜插。务必注意切勿倒插。

扦插深度因树种和环境而异,干旱地区和沙地苗圃插穗全部插入土中,上端与地面平齐;气候温和湿润地区,插穗上端可露出1~2个芽;寒冷而干旱地区插穗全部插入土中,上端与地表平,其上再覆以松土,以保温、保墒,等发芽之前再将覆土分数次扒去。

扦插后要对圃地加强管理。要适时灌水、松土、除草,还应注意摘除过早萌发的叶片,剪除多余的萌蘖,以减少插穗体内水分和养分的消耗。

2.嫩枝扦插

嫩枝扦插是在生长期内用半木质化带叶绿枝进行扦插。因为大多数树种,半木质化嫩枝薄壁细胞组织多、含水量大,可溶性糖和氨基酸含量多,酶活性高,再生能力较强,易于生根成活。所以,凡生根较难、硬枝扦插不易成活或虽较易成活但硬枝插穗不足时,均可应用嫩枝扦插。目前,应用较多的树种有雪松、龙柏、圆柏、枣、刺槐、法桐、银杏等。其生根特点大部分是由嫩枝形成木栓层及愈伤组织,再由愈伤组织分化形成输导组织与形成层,并分化出生长点,由此再发生不定根。

嫩枝扦插技术与硬枝扦插大致相同。但嫩枝采集是在夏季,选生长健壮的幼年母树,于清晨或阴而无风时,采集当年生刚开始木质化的粗壮枝作为种条。这种枝叶含有充足的碳水化合物,过氧化酶活动旺盛,生命力强,易于形成愈伤组织和新根。过嫩的枝条,易于萎蔫;过于木质化的枝条生根缓慢,不易成活,均不宜应用。

嫩枝插穗的长度,主要由树种和嫩枝节间长度确定。多由 1～4 个节间组成,长 5～15cm,大都短于硬枝插穗。一般都保留部分叶片,以利进行光合作用,制造营养和生长素,供插穗生根、发芽和生长应用。为减少蒸腾耗水,嫩枝插穗下部叶片常被剪除,有时也可将保留的叶片剪去一半。插穗下切口可剪平或呈马鞍形、单马耳形或双马耳形。上部则保留顶梢。切好后立即用湿润材料覆盖,以保持湿润。

嫩枝扦插应在无风的阴天或晴天的早晨或傍晚扦插,也应随采、随剪、随插。扦插时宜浅不宜深,一般插深为穗长的 1/3 左右。

一些难生根或生根时间较长的树种,为减轻生根期间管理工作和减少损失,应将嫩枝插穗先在温床或塑料大棚等处集中培养生根,然后再移至大田培育。

(二)根插

根插亦称埋根育苗。即切取林木的根插入或埋入土中进行繁殖的方法。凡是能产生根蘖和根部易生不定芽的树种,都可以进行根插繁殖。如泡桐、毛白杨、刺槐、香椿、臭椿、桑树、漆树、文冠果、李、柿等。

根插以春季为主,可结合春季起苗,将挖掘出来的根系剪截成根段进行育苗;当然也可以选健壮的中龄母树,从其根部截取种根扦插。方法是:在秋季距树干一定距离,挖半圆形沟,掘出直径 0.5～3.0cm 的侧根作种根。每株树不宜挖根太多,以免影响母树生长。有时也可以从采伐后的林地或孤立木采取种根。根穗可随采随插,但泡桐等含水量过大的种根,挖后需晾 1～2 天,待水分稍散失些后再扦插,可减轻种根霉烂。根插按根的粗细、种类分为几种情况,常用的有:

(1)粗壮根扦插。即以粗壮的树根扦插,根穗长 10～15cm,可用垄插,也可平插、直插或斜插。有时也可平埋。

(2)细根段育苗。为充分利用优良树种的种根,可选取粗度在 0.2cm 以上的细根,剪成 3～5cm 的短根段,通过温室催芽,进行繁殖。如山东省定陶县林业局将刺槐良种根按上述要求剪切后,在阳畦内催芽,细根段出芽后再移入大田培养,当年苗高可达 3m 以上。

(三)叶插

叶插是利用树木叶片进行繁殖的方法。叶插可节省种子,扩大种苗来源,所以近年来有人研究林木的叶插繁殖。如安徽有试验油茶叶插育苗,获得成功。1977 年成活率达 90%以上,3 个月苗高达 6cm,一般说,春、夏、秋三季均可叶插,成活率均达 85%以上。通常能够进行叶插的树木多具有粗壮的叶柄、明显的叶脉和肥厚的叶片。 叶插又分为叶片插和叶柄插。叶插需要良好设备的温室或塑料大棚，且目前主要是用于花卉繁殖，林木及果树上应用较少，除上述安徽油茶叶插成功外，其他尚少有报道。

(四)叶芽插

叶芽插是用带有叶芽的叶进行扦插育苗的方法，是介于叶插与枝插之间的带叶单芽插，通常用于繁殖材料有限，而又希望获得较多苗木时才用这种方法。比如印度榕、山茶、茶梅、柑橘、珊瑚树、大花栀子等常用此法繁殖。有些针叶树的叶束插，先要切除嫩枝顶端，促进针叶束基部的不定芽萌发而形成短枝，然后连同针叶切下进行扦插，所以其实质也属于叶芽插的一种。针叶束扦插育苗我国已开展研究，湖北荆州地区对一些国外松进行针叶束扦插取得很好的效果。山东省有些地区也用此法扦插黑赤松、黑油松，也获得一定进展。

(五)无土扦插

顾名思义，无土扦插就是不用土壤扦插，而以非土物质为基质进行扦插繁殖的方法。其中蛭石插、珍珠岩插、泥炭插等大致与有土扦插相仿，此处仅介绍气插与水插繁殖。

(1)气插。气插与雾插基本相同，是以温、湿相宜的空气为基质，将插穗置于一定温度、湿度的空气内，使其生根成活，然后再移至大田培育成苗的一种繁殖方法。生根阶段的水分和养分由气雾供给。气插要求稳定的温度和高湿的空间，以及光照适宜、洁净无菌的环境。温室与塑料大棚均可做气插室。气插室温度维持在 20～30℃间，空气相对湿度在 90％以上，光照为 600～800lx。这种环境水、氧充足，利于插穗皮层软化，呼吸增强，加快愈伤和生根。所以香椿、核桃、丁香、枣等难生根树种也可以生根成活。气插室面积以插穗数量而定。室内架设如货架样的多层插床架，层间距离 30cm 左右即可。处理好的插穗用橡皮筋缚在木杆上，再将木杆固定到多层插床架上，插穗裸露悬于此架上。插穗上架后要注意温度、湿度、光照及消毒杀菌管理。插穗生根后，应及时移栽。移栽初期，土壤湿度要高些，并要求遮阴，当幼苗逐步适应了自然环境后，即可进行正常的管理。

(2)水插。水插是以水为基质将插穗连续或断续地置于水中使之生根，然后再移栽培育成苗的繁殖方法。适用于在水中容易生根的树种，如柳、柳杉、水杉、池杉、落羽杉、月季、夹竹桃等树种。水插适宜的水温为 20～30℃，水中氧气含量在 0.5％以上，水质洁净无害。扦插时，将经过催根处理的插穗，按一定距离(株距)，用橡皮筋固定到木棍上，再将带有插穗的木棍子放在水池上，使插穗 1/3～1/2 垂直浸于水中，下切口不宜接触池底。注意每天更换新水 1～2 次，新换水温度不要变化急剧，必要时还应向水内充气，以增加氧的含量。为了增加养分，有的可以用稀薄的营养液作扦插基质。

插穗生根后，应分批移栽，先生根的先移栽，后生根的晚栽，以使苗木整齐，便于管理。移栽时，注意不要损伤幼根。栽后要加强水分管理，保持较高的湿度，并搭设阴棚，避免插穗因突然离水而死亡。

(六)扦插苗的年生长规律与抚育管理要点

1 年生扦插苗从扦插到秋季苗木停止生长，要经历成活期、幼苗期、速生期和苗木硬化期等四个时期。各时期苗木生育特点不同，对环境的要求各异，因此抚育管理措施也各不相同。

插条苗与埋条苗等营养苗的生长规律大体一致，均可参照这一规律进行抚育管理。

(1)成活期。从扦插开始,到插穗地下部生根、地上部发芽出叶、新生幼苗能独立制造营养为止。这一时期插穗不能独立制造营养,而靠插穗所贮藏的营养维持,水分则主要由下切口从土壤中吸收。在适宜的环境条件下,皮部的根原始体发生不定根,或由切口愈伤组织分化形成不定根;地上部芽萌发展叶抽枝。插穗的成活主要取决于能否生根以及生根快慢。能生根则活,不生根则死;先于发芽而生根的成活率就高,否则成活率就低。

成活期的持续期,各树种差异很大,并受各种扦插条件的影响。一般生根快的树种2~3周;生根慢的树种需2~3个月,甚至达6个月以上。黄委会西峰水土保持科学试验站通过对冬青、沙棘、雪松等扦插试验发现,冬青发芽较早,沙棘次之,雪松较慢。

成活期影响扦插成功与否的原因,主要是插条自身内在因素及扦插育苗的环境条件。抚育管理工作的主要任务是努力维持较高的土壤温度,适时进行灌溉,并注意及时松土除草。有些树种则应进行地膜覆盖和必要的遮阴。

(2)幼苗期。从插穗生出新根,地上展开叶片,能独立进行营养,到幼苗高生长大幅度上升时止。这时地上部分开始缓慢生长,叶量增加,而地下部根生长较快,长度增加,根量加大,愈伤组织也近包围下切口,愈伤组织及其附近生根逐渐增多。之后苗木逐渐加速生长。

幼苗期一般要经5~8周的时间。此时幼苗组织幼嫩,不耐高温或低温、怕旱、怕强烈日晒,苗木开始需要肥料。抚育管理主要任务是适时、适量进行灌溉追肥,及时松土除草,使土壤通气透水性能增加,并注意预防高温或低温及其他恶劣天气的危害。此外,还应及时抹芽,清除插穗萌发的丛生幼茎,选留健壮的作为主干培养成苗。

(3)速生期。从插条苗高生长大幅度上升到高生长大幅度下降为止。一般高生长多出现于6~8月间,前期生长型的,北方树种可持续3~6周,南方树种可长达2个月左右。

速生期苗木地上、地下部加速生长,需要大量营养,所以应加强肥水管理,充足供应营养与水分,并要注意松土除草,增加土壤通透性。对侧枝萌发力强的树种,速生期前期要及时抹芽除蘖。

(4)苗木硬化期。从苗高生长大幅度下降到直径和根系停止生长为止。前期生长型苗木硬化持续期,黄土高原大部分地区从5月下旬至6月开始,直至秋季或初冬,持续长达3~5个月。而全期生长型则与1年生播种苗相似。

进入硬化期以后,苗木叶大量生长,新生部分逐渐木质化,顶部出现冬芽;而苗茎和根系继续生长,不断充实冬芽和积累营养,至后期体内水分含量降低,干物质增加,苗茎完全木质化,并进入休眠。

为了防止后期徒长,应注意控制水肥,前期可施速效氮和钾肥,但氮素量宜少、宜早。并注意减少灌水次数和灌水量,促进苗木的木质化,提高其抗逆性。

(七)全光照自动喷雾扦插育苗技术

全光照喷雾扦插育苗技术是近代发展最为迅速的先进育苗技术,它的自动间歇喷雾可使插穗表面保持一层水膜,确保插穗在生根之前相当长时间内不因失水而干枯。同时,插穗表面水分的蒸发又可以有效地降低插穗的温度,即使在夏季烈日下插穗也不会灼伤,强光照可以使插穗进行充分的光合作用,使插穗迅速生根。采用该项技术,可以使难生根树种扦插成功,大大缩短了育苗周期,降低了育苗成本。

全光照喷雾扦插育苗装置由叶面水分数字控制仪和对称式双臂旋转扫描喷雾装置两部分构成。叶面水分控制仪主要用于全光喷雾扦插时对插穗叶面水分进行自动监测和控制;双臂旋转扫描喷雾装置主要用于全光喷雾。

苗床应选在阳光充足、排水良好、地势平坦及距离水源和电源较近的地方建立。苗床为圆形,直径与喷雾装置双臂喷水管长相同或略长,中心高,四周低,高差为50cm。床外周用砖砌成高40～50cm挡墙,最底层留出排水孔。床中心用水泥做好基座,并用地脚螺丝把基座固定。插床底部先铺15～20cm碎石块。再铺一层沙,上面铺20cm扦插基质,可用细河沙或蛭石等。

为防止停电带来的麻烦,可在苗床附近安装一个4m高的水箱(容积一般大于$2m^3$),作为停电时应急用或作为农药、化肥的注入箱。

1.硬枝扦插技术

(1)采条。在树木落叶后和第二年春季发芽前,从健壮幼龄母树上采集1年生枝条,容易生根的树种也可采用1～2年生枝条。

(2)制穗和低温贮藏。采条后应立即截制成插穗,阔叶树取枝条的中下部,长度为15～25cm,一般带2～4个芽。插穗粗度根据树种而定,速生树种如杨、柳的粗度为1～2cm,不能小于0.5cm;生长较慢的针叶树种、常绿树种其插穗粗度一般为0.3～0.8cm。针叶树种、常绿树种取带有饱满顶芽的枝条,插穗长度为10～15cm。插穗的切口要平滑,上切口距第一个芽约0.5cm,下切口距最下端的芽约1cm。制穗后,每50～100根捆成一捆进行低温贮藏,方法同种子低温层积催芽,一定要保护好最上端第一个芽。低温贮藏至少需要40天左右。贮藏期间要注意定期检查,发现问题及时解决。

(3)消毒。在土壤解冻后叶芽萌动前扦插。扦插前要对扦插基质进行消毒,方法同播种育苗方法相同。

(4)促根。难生根树种的插穗要用植物生长调节剂(如ABT生根粉)等溶液处理,方法同ABT在育苗中的应用,插穗下端浸入溶液约为插穗长度的1/3,处理后要用清水冲洗。

(5)扦插密度与深度。扦插密度根据树种确定,一般株距10～50cm,行距30～80cm。扦插深度根据扦插时间和环境条件而定,一般将插穗垂直插入基质。扦插后露出最上端第一个芽。扦插时要先打孔再扦插,孔深不能大于扦插的长度,小头向上,大头向下,不能倒插,不能悬空,不能碰掉上端第一个芽,也不能损坏下切口,插后应立即浇水或喷水。

(6)病虫害防治。扦插后,每隔一定时期消毒一次,常用多菌灵50%可湿性粉剂稀释800～1 000倍溶液消毒。生根后适当减少喷水次数,移植后管理同移植育苗相同。

2.嫩枝扦插育苗技术

(1)采条。选择阴天或无风的早、晚天气从幼龄母树上采集生长健壮的当年生半木质化枝条,在避风阴凉处立即制成插穗,并将插穗浸泡在水中。插穗长度10～15cm,阔叶树种取枝条的中下部,针叶树种要带顶梢。做到随采、随剪、随插。

(2)促根。同硬枝扦插。

(3)密度与深度。扦插时要定点划线,密度以两插穗间叶子相接为宜。扦插深度以插穗不倒为宜,通常为直插。

(4)插后管理。扦插后应立即喷水。每隔1周要用多菌灵50%粉剂稀释液消毒一次。为提高扦插生根率,常在扦插生根过程中进行叶面追肥,如喷尿素(0.5%)、磷酸二氢钾(0.2%)等溶液。生根后移植,管理同移植育苗。

四、埋条繁殖法

埋条繁殖是将整个枝条、带根苗木或一段枝条横埋于土中,使其生根成苗的营养繁殖方法。显然,埋条繁殖与插穗横插的扦插繁殖相似,只是"种穗"不同。所以,埋条繁殖法实质是扦插繁殖的一种特殊形式。某些插条不易成活的树种,如樱桃、毛白杨、泡桐等,用埋条繁殖则比较容易成活。

如前所述,埋条繁殖、种条生根大都与插穗基本一致,但以皮部生根为主。由于种条较长,一旦一处生根,全条便可成活,形成数株苗木,而且所含营养物质较多,也有利于生根和苗木生长。

埋条繁殖法以所用材料不同,可分为埋条繁殖和埋苗繁殖两种。

(一)埋条法

落叶后收集种条,按粗细分级,如需将长条截短时,要按基部、中部、梢部分别放置。然后进行浸水催根处理。埋条育苗多用低床,床向以南北向为好,宽1.2~1.5m。埋条时,先在整好的床面顺行开沟,沟距30~40cm,沟深4~6cm,将枝条平放沟中,两条首尾相接并重叠一部分,边放条边埋土。埋土深度一般以枝粗的1.5倍为宜,但随树种、埋条季节和土壤条件而不同。如幼嫩出土能力弱的树种稍浅,反之稍深;春埋稍浅,冬埋宜深;土质疏松可深些,土壤黏重时稍浅。埋好后顺行踏实,并进行灌水。幼苗出土后,当苗高长到20~30cm时,为促进萌条基部生根,应及时进行培土。苗高50cm左右,基部已有新根生成时,可用锋利的铁锹从萌条株间将种条截断,促使萌条自生根萌发和独立营养,尽早形成完整而独立的植株。

(二)埋苗法

又叫埋棵法,是将带根的1年生苗作种条,埋入土中进行繁殖新苗的。此法因种条带有根系,埋后能立即吸收水分和养分,供给新发幼芽生根,所以比用枝埋条成活率高,生长快。埋苗方法与埋条大体相同。

埋条苗的管理,可参照插条苗进行。

五、压条繁殖法

压条繁殖是将不脱离母体的枝条压于土中,促使生根后,再切离母株,使之成为独立新植株的繁殖方法。这种繁殖方法所用的枝条在其未生根之前,由母树供应营养物质和水分,所以成活率都比较高。此法为我国古代及民间常用的繁殖方法,适合于难生根树种和某些果树及观赏树木。如桑、樱桃、葡萄、柑橘、龙眼、荔枝、油茶、雪松、玉兰、桂花、忍冬、卫矛、黄栌等。

压条繁殖中,将连接母体的枝条基部埋入土中,使之遮光,即相当于软化处理;而完全处于黑暗中的枝条则为黄化处理。软化和黄化处理的枝条,木质化的进程减缓,延长了压条部位组织的幼嫩性,再生能力明显提高;同时还抑制枝内生根障碍物质的生成,增强植物生长激素的活性,有利于枝条的生根和形成新植株。为了提高软化和黄化效果,压条时,枝条基部应全部压严,勿使暴露于日光之下。黄化处理则应全部遮光,并清除枝上的叶片。为了促进压条生根,应保持种条基部生根部位有良好的通气和适宜的温度,压条时可将疏松的土壤与锯屑的混合物压在基部,有条件的地方,加入适量的泥炭藓,也可以促进生根。此外,在生根部位适当刻伤、环割,并配合应用促进生根物质,能加快生根速度,提高生根率和成活率。

压条繁殖通常分为低压法和高压法两种。

(一)低压法(地面压条)

(1)埋土压条法(直立压条)。枝条丛生的母树,用苗圃土或腐殖质土压埋枝条基部,促其生根成苗。压条时枝条直立。适用于根株萌蘖的树种。母树栽植后,当年秋季或来年春季平茬,促使形成萌条。当6～7月份新枝长至15～20cm高时即可进行堆土压条。

(2)偃枝压条法(曲枝压条)。在早春树木开始生长前,将1～2年生的枝条弯曲使卧倒,压入已开好的沟穴中,上面覆土10～15cm,使部分枝梢露于地表,为防弯曲部位活动,可用小树杈或木桩插入土中压实固定。偃枝压条又可分为普通偃枝压条、波状压条、水平压条、放射状压条等方法,可以根据情况灵活选用。

(二)高压法

树体较高,枝条不易弯曲至地面的树种,可用高压法。即将选好的种枝,先刻伤表皮,刻伤部位以下,用塑料布围成圆筒,并紧扎于枝上,筒内放入湿润的苔藓或肥沃的土壤,作为生根基质,浇水后将塑料筒上部也扎紧。注意经常保持生根基质湿润,待生根后即可与母体分离,继续培养成苗。

六、根蘖繁殖法

有些树种用茎、枝繁殖不易生根成苗,但它们的根却容易发生不定芽而形成枝条,成为新个体。这叫做树木的根蘖性,用这种方法繁殖新植株叫做根蘖繁殖。常用的方法有分蘖育苗和留根育苗。

(一)分蘖法

分蘖法也叫开沟切根法。此法适用于枣树、毛白杨、刺槐等根蘖性强的树种。利用这些树种的根系受到机械损伤或蔓延到地表时,常常发生根蘖这一特性,在春季树木发芽之前,在疏林、林缘或大树周围开沟,沟深、宽各20～30cm,将沟中的侧根切断,切断处即可发生新苗。待苗高20cm时,在苗基培土,促其根茎部生长自生根,形成独立植株。起苗后再将沟填土整平。

分蘖苗往往丛生,应及时除蘖,选留生长健壮、直立的苗木。因为,母树所在地方条件较差,管理又不方便,自生根生长不良时,苗根多以母树根为主,吸收功能差,苗木生长多数不良,参差不齐,所以通常需要进行归圃培养。归圃培养时应分级集中培养。

分蘖繁殖通常对母树易造成创伤,多次刨根会削弱其生长势;根蘖苗参差不齐,根系发育不良;苗木生长差;由于受母树限制,出苗量低。所以,如无特殊需要,苗圃不宜大量应用分蘖繁殖。

(二)留根法

利用苗圃起苗后,圃地遗留的残根发生根蘖培养成苗的繁殖方法。目前生产上采用留根育苗的主要是根蘖性强的毛白杨、泡桐和文冠果等。此法简便易行,成本较低。

留根育苗,最好在起苗前先在苗圃按苗木规格要求切断侧根,然后再刨主根。在不影响苗木质量的前提下,可适当多留些根在圃地内。起苗后,立即整修苗床,施入基肥,浅刨松土,平整床面,并把裸露的苗根埋入土中,然后进行冬灌,来春出苗后,适时抹芽定株,疏密补稀,适当调整苗木的密度。为培养壮苗,还应注意松土除草、追肥、灌水、防治病虫害。

七、分株繁殖法

利用树木的某些营养器官具有的再生能力,可以形成新个体,将其分离母体,培育成新植株的繁殖方法。因为分株前大多已具备了完整植株的形态特征,所以成活率极高。

分株繁殖因其分离的器官不同可分为根蘖分株(如香椿、泡桐、毛白杨等)、匍匐茎分株(如金银花)、块茎分株(如葛藤等)、根状茎分株(如竹类)、吸芽分株(如香蕉等)多种。

适宜分株繁殖的树种有杉木、珊瑚树、月桂树、杜鹃、栀子、竹等常绿及银杏、樱花、香椿、臭椿、木槿、木瓜、紫薇、榛、石榴、皂荚、杨、柳、泡桐、榆、山楂等落叶树。

第十节　嫁接苗培育

嫁接就是把植物的一部分器官(如枝、芽、胚等)移接到另一植株的适当部位,使两者愈合生长成新植株的繁殖方法,是植物营养繁殖中应用极为普遍的方法,接在上部的枝或芽称为接穗;承受接穗的植物体称为砧木;用嫁接方法培育的苗木称为嫁接苗。嫁接苗的砧穗结合常以穗/砧表示,如将苹果芽接到山定子砧木上,可以记作苹果/山定子。

一、嫁接苗的特点及其利用

(一)嫁接苗的特点

嫁接苗是两株植物器官接合而成,所以具有两株植物的特点:

(1)嫁接苗的地下部分是砧木发育成的根系,具有砧木根系生长发育的特点,所以可以通过选择砧木的方法来影响接穗的生长,增强嫁接苗对环境的适应性,比如提高抗旱、抗涝、耐盐碱等;也可以通过选择乔化或矮化不同类型的砧木,来控制树体的大小。

(2)嫁接苗的地上部分是由接穗发育起来的,也就是由接穗母体的一部分营养器官发育而成的。如同其他营养繁殖一样,新植株的发育阶段不是重新开始,而是由接穗所在母体上已经通过的发育阶段向前的延续。所以嫁接苗可以提前结实,特别是从成年树的树冠上部采取接穗嫁接的苗木,早实性更明显。此外,嫁接苗还能保持母树的遗传性,可保留树种(品种)的某些优良特性。

(二)嫁接苗的利用

(1)嫁接苗变异小,可以保持母株的优良性状。如苹果、梨、桃等果树有许多优良品种,如果用种子繁殖果实将变小,味道变得又酸又涩,产量也很低。用扦插方法繁殖成活率低,难度大。而用嫁接繁殖,操作简单,成活率高,母株的特点也可以完全保留下来,果实风味与母树无异。因此，目前国内外果树大都用嫁接方法繁殖。

用材树种也可以用嫁接保持其特性，用以建立种子园、采穗圃。即将选育出的速生优质、高产或有特殊抗性的优树作母树，采取接穗嫁接，建立种子园或采穗圃，用以采种或取条。再以这些种子或枝条繁殖苗木，栽植后多能保持母体的优良特性。

(2)嫁接苗可以使林果提前受益。因为接穗是在其母树阶段发育的基础上延续生长，阶段发育年老，开花结果期可以提前，所以在果树和观赏树木的栽培中，嫁接可以提早开花和结果，能够提前受益。比如银杏一般 20 年生左右开始结实，但用嫁接繁殖，至少可以提前 10 年结果。山东省郯城县银杏良种嫁接苗矮化密植嫁接后 3 年结果，5 年丰产，每公顷产量达2 902.5kg；板栗实生苗通常 10～15 年以后结实，且产量很低，用 5～6 年实生板栗作砧木，用烟青、烟泉等良种板栗作接穗，当年抽枝恢复树冠，来年即可结实，第三年即可达每公顷2 500～3 000kg。用酸枣作砧木嫁接大枣，有的当年就结果受益。

(3)提高树木的抗逆性及适应性。嫁接的砧木多用野生或抗逆性较强的树种(品种)，在砧木的诱导下，接穗对环境的适应能力有所提高，栽培范围可以扩大，对不良环境的抗逆性也显著增加。比如，把葡萄嫁接到耐寒的野葡萄上，能提高耐寒力；把大枣嫁接到酸枣上，增加了大枣耐干旱瘠薄和水湿，以其作砧木，嫁接板栗良种，可使板栗在瘠薄的水湿地生长，栽培范围也有所扩大。

(4)用嫁接改换良种。一些老果树品质差，生长弱，产量低，通过高位嫁接可以更换良种。比如山东等地对产量低的板栗实生大树进行高接换种，不仅使品种改良，还复壮树势，增加了产量。再如其他果树栽培中也常用高接换种法，淘汰老品种，而无需将老树伐掉重新栽植，可使品种更新在较短时间内完成。

(5)用嫁接改变树木性别。有些雌雄异株树木，如银杏、橄榄、阿月浑子等，雄树不结实，可将其嫁接换头，变为雌株，以增加结果树。单独栽植的雌株，也可嫁接雄树枝，使其成为“两性树”，保证授粉结果。

(6)用嫁接改变树木高度。果树矮化处理后，树冠低矮，营养运输距离变短，结果早，品质好，适宜密植，单位面积产量高，同时也便于管理。可以通过嫁接矮化砧，将树体高度变矮，而用材树种则可通过乔化砧嫁接增加高生长量。

(7)嫁接可以修复受伤或复壮衰弱树木。如应用桥接法可以修复树根、干、大枝因冻害、机械损伤、病害或动物啃伤等受伤部位，使树木得以保存。嫁接还可挽救一些垂危的古树，使其焕发青春。特别是对一些名、特、优、珍稀树种，具有很大的实用意义。

(8)嫁接在育种方面的应用。利用嫁接过程中出现的芽变，可以选育新品种。比如苹果中的红星、短枝青香蕉、短枝红富士等品种就是芽变获得的。还可以通过嫁接的方法使接穗和砧木发生遗传上的变异，培育出适合人们需要的新品种，这就是人们常说的“嫁接育种”。此外，嫁接在育种中最常见的用途是保存良种的性状和珍稀的种质资源；用嫁接法建立种子园和采穗圃等。我国早期建立的刺槐、白榆、日本落叶松良种种子园，大都用嫁接繁殖。此外，嫁接还可用于良种的测定工作。

(9)用于树木科学研究。林木病毒可以通过嫁接进行传播，因此常用来作为检验病毒传染的情况。比如把待检植株的芽或枝嫁接到高度易感的指示植物上，如果指示植物表现出明显的可辨认征状，说明被检植株带有病毒。比如，国外有人用福岛樱作指示植物，通过“T”形芽接，鉴定核果类李属植物是否还有病毒。我国也有人应用芽接法研究类菌质体对泡桐侵染，感染泡桐丛枝病的侵染途径。此外，还用于研究日照长短特性、生物碱的合成和运输等试验中。

(10)嫁接可以加快良种苗木繁殖。对播种育苗容易改变性状、扦插又不易成活的树种，可以用嫁接繁殖法培育苗木。例如毛白杨种子稀少，育苗技术复杂，扦插又不易生根，所以常用嫁接法繁殖。我国农民创造的“接炮捻”嫁接曾培育了大量毛白杨苗木，在生产中发挥了很大的作用。

二、嫁接繁殖的生物学原理

(一)嫁接愈合的过程

嫁接后接穗与砧木愈合形成一体，成为完整植株，能独立地进行营养才算嫁接成功。因此，接穗与砧木的愈合便是嫁接成活的关键。具有生活力的植物大都具有愈合创伤的能力，嫁接接合部位的愈合，与一般器官的伤口愈合相似。大量研究表明，接合部的愈合过程如下：

(1)嫁接部位薄壁细胞的生成。嫁接时，具有分生能力的接穗，紧密地放到刚切开的砧木切口中，使两者的形成层紧紧地靠接在一起。在适宜的温度和湿度条件下，接穗与砧木伤口处形成层部位的细胞会大量增殖，产生新的薄壁细胞。

(2)愈伤组织的形成。新生成的薄壁细胞，分别包围砧、穗原来的形成层，很快使两者相互融合在一起，形成愈伤组织。

(3)新形成层的形成。新愈伤组织的边缘，与砧、穗二者形成层相接触的薄壁细胞进一步分化，形成新的形成层细胞。这些新形成层细胞离开原来砧、穗不断向里面分化，穿过愈伤组织，直到与砧穗间形成层相接，形成一种新的形成层。

(4)新维管组织、新木质部与韧皮部的生成。这些新形成层细胞分化产生新的维管组织，并向内产生新木质部，向外产生新韧皮部，因而实现了砧、穗之间维管系统的连接。这样便使接穗与砧木之间的水分、养分的代谢活动成为一体，一个由嫁接繁殖的新植株便可独立生活了。

(二)影响嫁接成活的因素

嫁接是两株植物营养器官的结合，嫁接成活与否，与砧、穗内在因素，特别是与接穗与砧木之间是否有亲和力有关，同时还受其生长习性、外界环境和嫁接与管理技术的影响。

1.嫁接亲和力与生活力

所谓亲和力是指嫁接中砧木与接穗之间通过愈伤组织愈合在一起，形成新植物的能力。实践证明，并非所有植物都能嫁接成活。有的植物嫁接比较容易成活，有的则比较困难，有的虽能生成愈伤组织，甚至已经长成大树，但嫁接部位还会逐渐脱落而至死亡。究其原因，根本问题在于砧、穗间是否具有亲和力。如果砧、穗间没有亲和力，再熟练的嫁接技术和良好的嫁接环境，也不能成活。

一般情况下，亲和力都与树木的遗传差异有关，而遗传差异又受树木的亲缘关系影响：亲缘关系近的树种，亲和力大；亲缘关系远的，亲和力就小，甚至无亲和力。从植物分类学看，一般同种内嫁接容易成活，种间嫁接就稍难，属间嫁接比较难，科间植物嫁接就更难了。这是因为砧、穗亲缘关系近的,其形态特征、解剖构造、生理生化特征以及遗传特性方面的差异较小,容易愈伤成活,形成一个统一的代谢过程。反之,则由于差异较大,既不易愈合,又不能形成统一的代谢过程,也就难以成活。有时即便是活了,也可能在以后的生长过程中产生不亲和现象,导致死亡。因此,生产中一定要注意选择经过检验并认为有亲和力的树木作嫁接的砧、穗组合,以免造成失败。

具有亲和力的嫁接组合中,砧木与嫁穗的生活力,也是影响嫁接成功的内在因素,如果砧、穗生活力遭到破坏,同样,再好的技术和环境条件也不会嫁接成功。

2.树木生长习性

有些树木并无不亲和现象,但嫁接却不易成活,这可能与其特殊的生长习性有关。如树木物候期一致,特别是砧木萌动期稍早于接穗时,嫁接成活率较高。因为嫁接后,砧、穗愈合成活所需要的营养和水分主要由砧木供应,砧木早萌动便能及时满足需要;还有些嫁接方法,如芽接、袋接、插皮舌接等,要求砧木离皮,所以砧木早萌发,有利于嫁接的实施。还有些树种髓心粗大,1年生枝芽凹陷,不易与砧木密接等,这些都能造成嫁接失败,应引起注意。

3.生理与生化特征

有些树种,如松类,其枝富含松脂,影响砧木切口的愈合;有些树木则含单宁较多,如核桃、柿等,砧、穗切削后,创面很快为氧化的单宁隔离而阻碍愈合,还有些树木,如核桃、葡萄等,早春根压很强,嫁接切削时,伤口往往因伤流而阻碍砧、穗的树液交流,窒息伤口处组织的呼吸,使愈伤组织难以形成;有的树如桃等,切口易形成树胶覆盖于伤口处,使形成层不能接触。

4.外界环境条件

(1)温度。嫁接后,砧、穗要在一定的温度条件下才能愈合。不同的树种愈合所要求的温度也不同。如葡萄要在5℃以上才能产生愈伤组织,21℃以下愈伤组织生长缓慢,24~27℃生长最多。温度达29℃以上时会产生软化愈伤组织,栽植时易受损伤。所以苹果嫁接以20~25℃为宜,而桃、杏最适宜温度在20℃,枣为30℃。

(2)湿度。嫁接愈合需要一定的湿度。因为愈伤组织的薄壁细胞既薄且软,不耐干燥。空气相对湿度降至饱和点以下时,便阻碍愈伤组织的形成。最佳的湿度是保持愈伤组织经常覆盖一层水膜,否则嫁接成活率会降低。但湿度再大,水汽在创面凝结成水时,可能会引起创面腐烂而影响成活。

(3)光照。光照对嫁接愈伤组织的生长具有抑制作用,在黑暗的条件下,愈伤组织生长快,长得多,有利于嫁接成活。因此,嫁接接口应保证遮光,以使接口尽快愈合。劈接法用土埋接口,既避光又保温、保湿,容易成活。其他嫁接方法也宜设法使接口避光,以便提高成活率。

(4)氧气。接合部位产生愈伤组织时,由于细胞迅速分裂和生长,需要进行强烈的呼吸作用,因此必然消耗大量的氧气。嫁接后涂蜡试验证明:涂蜡以后限制了接口处的空气流动,氧供应不足,愈伤组织生长缓慢,而接合部未涂蜡仅放在湿润培养基质中的则愈合较好。因此,在保证愈合的情况下,应设法为结合部提供必要的氧气。

(5)病虫及其他动物危害。嫁接过程中,接穗或砧木感染病害或遭受虫害及其他动物危害会大大降低嫁接成活率,即使已经成活的也会因此而生长衰弱。为了防止发生病虫害,在嫁接前应注意选择无病虫害的种条和砧木,嫁接后一旦发现病虫应及时防治。对其他危害嫁接的动物,如鼠、兔、家畜等也应注意保护。

5. 嫁接技术

如前所述,砧、穗形成层密接,才能使双方的薄壁细胞形成愈伤组织,产生新的形成层,再生成新的维管组织、木质部和韧皮部。所以形成层密接是嫁接成活的前提和关键。由于嫁接材料和嫁接方法不同,砧、穗形成层对接的形式和难度也不一样。要求嫁接人员熟练地掌握嫁接技术,准确地对接砧、穗的形成层,才能保证嫁接成活。此外,切削砧、穗时形状要准确、规范,刀口要平滑,才能保证砧、穗间空隙小,接合紧密,有利于愈合成活。其次还要求动作要迅速、准确,以防接穗表面失水,形成层干燥。

应该说明的是,任何技术高超、操作熟练的嫁接人员,也难以保证砧、穗形成层全部接合。但是,不管任何人只要想使嫁接获得成功,就应尽量扩大砧、穗形成层的接触面,因为接触面越大,结合越紧密,输导组织越易沟通,成活率也就越高。

(三)嫁接中的极性

关于植物的极性问题,扦插育苗中已作过简述,在嫁接繁殖中,同样也应严格注意。

植物根颈部分(即树干与根的交接点处)常被视为植物体的中心,向上生长树干、枝、叶,向下或侧方生长主根、侧根和须根。地上部离根颈远的一端称为远端,离根颈近的一端称为近端,而地下部分也是距根颈近的为近端,距根颈远的一端为远端(见图 2-9)。嫁接时务必注意远端与近端的衔接不可颠倒,否则将违反植物生长的极性而无法愈合成活。凡进行枝接时,一般规则接穗形态上的近端(枝的下端)要接到砧木形态上的远端;根接时,则要将接穗(枝)的近端接到砧木的近端,只有这样砧、穗极性顺序一致,才能顺利愈合生根,否则将无法正常生长。如根接时接穗极性倒转接到砧根上,两者可以愈合,根系也可以供给接穗水分和矿质营养,但接穗却不能供给根系发育所必需的有机营养,最终可能导致砧木死亡,使嫁接失败。

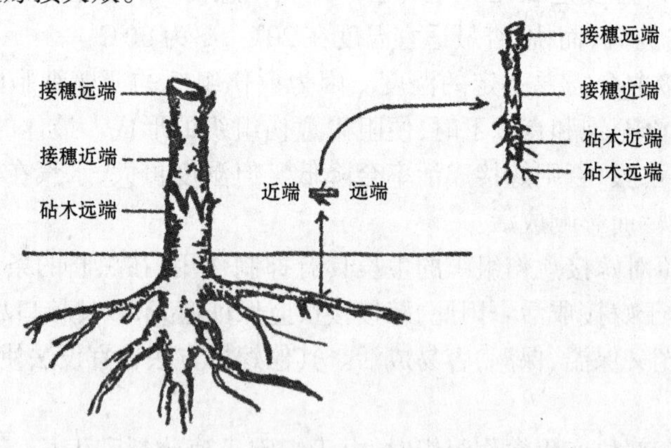

图 2-9 嫁接的极性

"T"形芽接和贴皮芽接,有时可不必严格地遵循极性规则。如果倒接,也可以获得成功,但芽的生长则是先向下,然后转弯再向上生长,其形成层与输导组织也同样随之转弯生长,之后仍能继续进行正常生长。

三、砧木与接穗间的相互影响

嫁接树木是由两个基因型不同的树木接合到一起的，其地上部分由接穗生长发育而成，地下根系则由砧木生成。显然，新植物地上部分生长发育所需要的水分和养分以及在根部合成的一些物质要靠砧木发育的根系供给；而根系生长发育所需的碳水化合物等有机营养，又要靠接穗所形成的树冠来供给。这种代谢过程中物质与能量的交换，必然使砧、穗发生相互作用，产生一定的影响。在进行嫁接繁殖中，了解砧、穗之间的相互影响，有计划地选择嫁接组合，培养我们所需要的嫁接苗，以便更好地为人类的生产和生活服务。

（一）砧木对接穗的影响

(1)砧木影响嫁接树种的大小、树形与寿命。这是砧木对嫁接树的最显著的影响。如苹果嫁接到海棠上，海棠为乔化砧，形成的苹果/海棠树树体高大；而将苹果接到 M 系和 MM 系苹果矮化砧或半矮化砧上，所得到的苹果/M 系矮化砧树树体则矮小。实践证明，选择适当的砧木，可以使苹果同一接穗品种得到从极矮化到极乔化高大的各种嫁接树。同时，嫁接种的树形也会发生变化，可由直立形变成矮化开张形，树冠发生很大变化。之所以产生这种影响，可能与砧木使接穗生长势发生变化有关。除了苹果之外，甜樱桃、柑橘、梨等均有同样的变化。

人们为了控制嫁接树的树体大小，培育了许多能控制树体的砧木，比如英国的东茂林实验站就收集和培育了苹果的砧木系统，按照这些砧木传递给接穗生长势的不同，可以分为矮化、半矮化、乔化和极乔化等多种情况。

嫁接树一般说寿命较短，因为接穗大都发育年老。但是，相同的接穗，嫁接到不同的砧木上，寿命可能不一样。国外有人试验，将樱桃接到马扎（*P. avium*）实生苗砧上，可产生长寿的樱桃树；而嫁接到马哈利樱桃（*P. mahaleb*）实生砧木上，则产生矮小、短寿的樱桃树。

这种特征启示我们，在选配嫁接组合时，应注意到砧木对接穗的影响，从我们造林目的的需要出发，选择适当的嫁接组合，培养所需要的嫁接苗。

(2)砧木影响嫁接树的结果习性。嫁接树地上部分是沿着接穗原有的发育阶段向前继续发育，如果接穗阶段发育年老或已经进入开花结果期，嫁接后当然会很快结果。此外，由于嫁接部位输导组织不如未接时通畅，有机养分在树冠上积累较多，也可能促进早果和增产；特别是当嫁接部位亲和不完善，营养运输受阻，产生绞缢效应，也可造成结果较多。这些严格地说算不得砧木的影响，但是同样的接穗嫁接到矮化砧上可以提早结果，而乔化砧则结果比较晚，这说明砧木可以影响嫁接树的结果习性，特别是结果量，因砧木不同而有很大差异。凡生长旺盛结果面积大（如苹果 M16）和刺激成花力强的（如 M19）都可使产量提高。

在一般的嫁接中，砧木对接穗的遗传性影响较小，所以砧木通常很少影响嫁接树的果实品质。但有时某些砧木也会对果实的品质产生一些“改变”。如以酸橙为砧木，甜橙/酸橙、橘/酸橙、葡萄柚/酸橙的果实光滑、皮薄、多汁、耐贮藏；而以柠檬为砧木，甜橙/柠檬、橘/柠檬、葡萄柚/柠檬的果实皮厚、大而粗糙，品质差，含糖及酸均低。

(3)砧木影响接穗的抗逆性。嫁接树对栽培地区的生态适应性,与砧木树种的生态学和生物学特征有密切关系。我们最常遇到的例子是以山定子为砧木嫁接苹果得到苹果/山定子树,其抗寒、抗旱性强,适于山地栽培,而在平原盐碱土地区栽植则易发黄叶病;而以海棠为砧木嫁接,得苹果/海棠树则可提高适应性。另外,欧洲葡萄/美欧葡萄对根瘤蚜抗性明显提高。就抗性而言,美国得克萨斯州用葡萄柚嫁接到 36 种砧木上,在石灰质土壤上栽培,大部分出现黄化现象,其中 13 种比较严重,但却有 4 种无黄化现象,能适应石灰质土壤。国外还有人试验,核果类李、桃、杏、扁桃等四种砧木中,对土壤不良条件的适应存在差异,耐土壤水湿的顺序是:李>桃,杏>扁桃,这为我们培育嫁接苗、选择适宜的砧木提供了依据。

(二)接穗对砧木的影响

(1)接穗对砧木生长势的影响。这是接穗对砧木最主要的影响。一个生长势很强的接穗嫁接到一个生长势较弱的砧木上去,这个砧木在接受接穗刺激之后,比未嫁接的同类树要长得好得多。反之,如果一个生长势弱的接穗嫁接到生长势较强的砧木上,这个砧木则常要比未嫁接的同类树木生长弱一些。例如,有人用柑橘嫁接试验证明,决定嫁接树生长速度和最终生长大小的,不是砧木而是接穗。

嫁接树的根系生长发育除了取决于砧木本身的特征之外,也受接穗的影响而发生一些变化,如实生砧嫁接苹果,嫁接树根系大小、特性和形状都受到接穗的影响,甚至不同接穗品种能使砧木发育出不同的根系。例如国外有人以红魁苹果嫁接到苹果实生苗上,根系多发育出须状根而少有直根。但是以同样的实生苗,嫁接欧洲伯格和红绞,根系则为较深的直根。在国内,山东农学院应用益都林檎作砧木嫁接苹果树,祝光苹果/林檎根系数量多,须根密度大,白龙苹果/林檎根系数量少,而国光苹果/林檎根次之。值得注意的是接穗品种对砧木根系的影响,主要表现在实生砧木上,而营养繁殖的无性系砧木则难以见到。例如以 M9 和 M12 嫁接不同的品种,虽然接穗对砧根数量有很大影响,但砧根形态则无较大差异。

(2)接穗品种对砧木抗逆性影响。嫁接树的抗性,在很大程度上受砧木影响。因为人们在选择嫁接组合时,对接穗主要考虑它的经济价值,如果树的品种、品质、风味、色泽、产量、销路市场等,而对砧木则比较注意其对栽培条件的适应及抗逆性、生长特点及与接穗的亲合力等,往往忽略接穗对砧木抗逆性的影响。事实上,嫁接树砧木的抗性也可能受到接穗的影响。比如有人用柑橘类试验,将柠檬/酸橙与酸橙实生苗对比,严寒中,柠檬/酸橙的上部柠檬冻死,酸橙砧木亦部分冻死,但酸橙实生苗仅叶子轻度受害,说明接穗可能影响砧木的抗寒性。再如,从一个深秋还在生长,而严冬低温将至时根系尚不能成熟的品种上采取接穗嫁接,砧根也会在低温来临时来不及成熟。但是,嫁接一个初秋即可停止生长的品种接穗时,嫁接树根系也会提早成熟,从而发育出对冬季的耐寒性。

(三)中间砧对砧木和接穗的影响

中间砧是嵌入接穗及砧木接口之间的一段植物茎。在嫁接繁殖中,有时为了某种目的(如增加亲合力、培育抗寒树干或控制树体生长使之矮化等),常在普通砧木上先嫁接有特殊性能的枝和芽(中间砧),成活后以此枝为二重砧木再嫁接栽培品种接穗,形成一个由基砧—中间砧—栽培品种组成的嫁接植株。中间砧介于基砧与接穗之间,无疑对基砧与接穗都会产生一定的影响。因为,目前生产中中间砧主要用于苹果的矮化栽培中,我们仅以此为例说明中间砧对基砧与接穗的影响。

(1)中间砧对基砧的影响。首先,矮化中间砧可以限制基砧的生长,因此才使树体矮化;其次,由于中间砧限制了基砧的生长,所以使得基砧的下部常发生过多的萌蘖,即使一般不发生萌蘖的砧木,此时也会发生很多萌蘖。这可能是中间砧自身特性引起的。

(2)中间砧对接穗的影响。试验证明,中间砧能减弱接穗的生长势,使树体矮化,提早开花,花量增加,产量提高。比如,英国以乐园苹果为中间砧接在海棠上,再接苹果,苹果出现早熟特性。又如,有人用 M9 作中间砧嫁接苹果,出现了开花早、花量多的结果。我国在推广矮化中间砧过程中也证明了以上特点,并选育出自己的矮化中间砧,如吉林农大 63－2－19 和武乡海棠等。

关于砧、穗之间相互影响的机制,由于情况十分复杂,虽然有些人做过研究,但对这些影响的某些解释多数是推测性的,还缺乏足够的根据,而且常常相互矛盾。因此,还需要我们去进一步的试验和研究,以便掌握嫁接的奥秘,更好地应用嫁接技术。

四、砧木的选择

由于砧木对嫁接的生长势、树冠发育、结果习性及对环境的适应性有一定的影响,所以嫁接时选择适宜的砧木是十分重要的。

(一)砧木应具备的条件

黄土高原地区树种资源丰富,各地都有适合生长的树种,可以根据栽培林木的目的、嫁接树种的特点和栽培条件,选择适宜的砧木进行嫁接。砧木应具备的条件是:

(1)要与接穗有良好的亲和力。

(2)对接穗要有良好的影响。

(3)对栽培地区的气候、土壤及其他环境条件要有良好的适应性。

(4)来源充足,容易繁殖。

(5)具有某些符合栽培目的的特殊性能,如矮化、乔化及某种抗逆性,如抗虫、抗病、耐盐碱、耐干旱或耐水湿等。

根据以上条件和各地生产实践,现将主要造林树种常用砧木列于表 2-23,供使用时参考。

(二)砧木的培育

砧木的培育可以用播种法,也可以用营养繁殖法培育,所培育的砧苗分别称为实生砧(有性砧)和无性砧。

实生砧可以用我们上面讲到的播种苗繁殖方法培育;无性砧则可用营养苗繁殖法获得,如扦插、埋条、压条、分株均可,与一般育苗无异。离体砧则通常可从采穗圃和苗圃采取种枝或苗干作砧木;根砧一般也可由苗圃或大树周围掘取根系得到。

矮化中间砧由于具有许多优点,世界各国都很重视果树的矮化栽培,特别是苹果矮化栽培非常普遍,因此矮化砧培育便成为嫁接繁殖和果树栽培中引人注目的问题。对于矮化砧,有条件的地方最好建立矮化砧母本园,即用矮化砧自根苗或用原有的苹果高接换头或幼树改接矮化砧作母本树,建立母本园。母本树要加强管理,注意防治病虫害,及时除

表 2-23　主要造林树种嫁接常用砧木

树种	砧木	常用嫁接方法
落叶松	本砧	髓心形成层对接,皮下腹接,新对接法
樟子松	本砧	髓心形成层对接,皮下腹接,新对接法
油松	本砧、黑松	髓心形成层对接,皮下腹接,新对接法
雪松	油松、黑松	髓心形成层对接,皮下腹接,新对接法
侧柏	扁柏、杜松	髓心形成层对接,切接
毛白杨	加杨、小叶杨、小美杨	芽接,劈接
刺槐	本砧	劈接,插枝接,芽接
楸树	梓树	插皮接,芽接
银杏	本砧	劈接,绿枝接
核桃	本砧、核桃楸、铁核桃、枫杨	合接,舌接,切腹接,插皮舌接
山楂	山里红	劈接,芽接
枣	本砧、酸枣	劈接,插皮接,带木质部贴芽接
柿	君迁子、油柿	单芽腹接,丁字形芽接,劈接,带木质贴芽接
桑	本砧	插皮接,腹接,芽接
苹果	本砧、山丁子、海棠、矮化砧	芽接,劈接,切接,切腹接
梨	杜梨、褐梨、榅桲	芽接,劈接,切接,切腹接
桃	山桃、毛桃、李、杏、寿星桃	芽接,劈接
杏	本砧、山杏、山桃	芽接,劈接
李	中国李、山桃、毛桃、杏梅	芽接,劈接

去原树萌芽。矮化砧条要重剪,促发壮枝,提高繁殖系数。此外,也可用扦插法、压条法繁殖矮化砧。

(三)砧木的利用形式

嫁接繁殖的目的是获得由接穗发育而成的树木,砧木只是这种树木的一个载体。由于栽培目的及嫁接树生长特点不同,砧木利用的形式也有所变化,即有时需永久利用,有时则只是临时利用,起一种过渡的作用。

(1)永久砧木。嫁接苗育成之后,需要永久地发挥砧木与接穗亲和力良好、适应性广、抗逆性强的特点,定植时多将嫁接的接合部露出地面,防止接穗生根。如柿、苹果、梨等嫁接苗即如此定植,这些嫁接苗的成龄大树仍然靠砧木的根系维持生活。

(2)临时砧木(或称过渡砧木)。有些情况下往往不希望(或不需要)砧木永久地发挥作用或者砧木本身不可能长久地发挥作用,如毛白杨/加杨,是由于毛白杨播种、扦插较难而采用的繁殖方法。这一组合虽然非常成功,应用也很普遍,但也存在着一些矛盾,比如加杨寿命短,毛白杨寿命长;毛白杨后期生长快,加杨则生长慢,常常出现“小脚”现象。为了利用加杨嫁接毛白杨易于成活的特点，而又克服上述的不协调现象，可将毛白杨/加杨嫁接苗进行深栽，使接合部埋于地下，促进毛白杨接穗长出自生根，成为纯粹的毛白杨自根树，而原先嫁接时的加杨根便会渐渐萎缩，不起作用。在此过程中，加杨砧木起了个临时过渡的作用。这种情况在其他林木良种及果树嫁接苗培育自根苗中也常利用。

五、接穗的采集、处理及贮运

接穗的选择、采集、处理和贮运是否得当，不仅影响嫁接的成活率，而且关系到嫁接目的能否实现，所以是嫁接繁殖工作重要的环节，必须引起特别重视。

（一）接穗的选择与采集

(1)采穗母树的选择。一般选择生长发育健壮、性状典型、无检疫病虫害的优良植株作为采穗母树。培育用材林、防护林，以选中、幼龄树为宜；培育果树、花木则应以成年树为佳，特别是正在结果的树最好。

(2)采条的部位。因栽培目的而异，一般果树、花木、种子园用苗，应从树冠中上部(最好是向阳部位)，采取健壮的发育枝；培养用材林、防护林苗木，则应选苗茎或从专用的采穗圃采集种条。当然不得已时也可采用幼树枝条或成龄树的萌蘖条。

(3)种条的质量要求。作接穗用的种条，一般都应是生长充实、节间较短、芽体饱满的1年生枝，木质化程度较好的徒长枝也可作种条。嫁接苗发育阶段年幼，生长旺盛。培育果树苗则应选生长充实木质化好的发育枝、结果枝和结果母枝，嫁接后结果早、品质好。

(4)种条的采集时间。树种特性不同，嫁接方法不一样，嫁接种条的采集时间也不一样。落叶阔叶树用枝接法嫁接，种条可在落叶后采集，一般不迟于发芽前2～3周；针叶树一般在春季树木萌动前采集；芽接则都是采集当年生枝，随采随接。

（二）接穗的处理

不管任何接穗的种条，采集后均应立即进行标记、保鲜、防干、防冻、防霉等处理。

(1)认真标记。采集的种条，为防混乱，应于现场捆成捆，做好标签，注明采集地点、时间、树种(品种)、树号、部位及其他有关情况，一式两份捆在种条上。

(2)及时处理。生长季节采集的接穗，应立即剪去叶片，仅留一段叶柄，捆好后用湿物包好，遮阴放置，随接随取，以减少水分的蒸腾，降低生命力；如来不及嫁接或当时嫁接不完，可混湿沙放阴凉处或吊在水井的水面以上；嫁接时也要用湿物包裹或放水桶中，以防接穗失水。

近年来，不少地区推广蜡封接穗，使嫁接成活率大大提高。其方法是：先将种条剪成一定长度(30cm左右)，用水浴法(即隔水法)将石蜡加热至80～90℃，使之融化，然后将剪好的种条快速在蜡液中浸蘸一下，使种条外面沾上一层薄蜡。这种处理方法能防止种条水分蒸发，节省其他保湿材料，使嫁接成活率大大提高。

（三）接穗的贮运

生长季节，接穗如需暂时贮藏，可将种条放入阴凉的地窖内，立即用湿沙培好，或吊入水井内水面以上。

休眠期采集的种条，短期贮藏也可放在地窖中。如需长期贮藏，则应在专门的贮藏室中贮藏，即在背风阴凉处挖深、宽各1m的窖，其长度视种条之多少酌定。窖底铺20cm左右的冰块，上铺一层塑料薄膜，再铺 10cm 左右的沙土，然后把种条按粗细、品种分捆横放窖内，可放 2～3 层，空隙间撒以湿沙土填充，上面覆盖 40～50cm 土。窖内种条部位维持 0℃左右的温度，可以贮藏在 5 月份而芽不致萌动，且新鲜如初。黄委会西峰水土保持科学试验站在嫁接江南槐中将采集的接穗贮藏在果库中，保存数月至嫁接，枝条新鲜如初，确保了嫁接成活率。

接穗如需长途运输，则要妥善包装。即将种条放入包装箱(或袋)内，夏季可用湿苔藓填入其中，既保温又不易发热；冬季调运可填新鲜的湿锯屑。

六、嫁接的季节

广义上讲一年四季都可嫁接，因为在保护地内(如温室、塑料大棚内)，温、湿度可人工调节，树木可终年生长，嫁接自然也可以常年进行。在露地条件下，虽然有些季节不能实施，但有些嫁接方法可以在离体的情况下进行(如装根、接炮烩等)，非生长季也可以嫁接。不过不同的季节，不同的嫁接材料和嫁接方法最适宜的时间却不相同，这在介绍嫁接方法时，将具体说明。虽然四季均可嫁接，但并不意味着各时期都适宜嫁接，特别是不同的方法有各自最适嫁接期，了解这种情况对从事嫁接育苗的人员非常重要。

七、嫁接方法

植物嫁接的方法很多，可以按接穗种类、砧木种类、嫁接部位、嫁接环境、嫁接时期分成许多类，见图 2-10。

(一)芽接法

是用芽作接穗进行嫁接的方法。又因接穗削切的形状不同分为芽片接、芽管接、芽眼接和芽套接等。

1. 芽片接

芽片接是生长季节常用的嫁接方法。由于此时形成层细胞活跃，成活率较高，而且操作简单，一个芽可以繁殖一株嫁接苗，节省接穗，所以应用较为普遍。芽片接，砧木切口形状常用的有：丁字形芽接、十字形芽接、工字形芽接、方块形芽接、单开门芽接等(见图 2-11)。

(1)选砧与切砧。选当年生或 1～2 年生苗木为砧木，粗 0.8～1.0cm。在砧木背阴面，距地面 2～3cm 处，选光滑处切一丁字形或十字形、倒 T 形、工字形、单开门形、四方形等样切口备用。

(2)削接芽。左手拿住接穗，右手拿芽接刀削芽。芽可削成盾形、椭圆形或方形，然后将芽轻轻取下。

(3)插芽。左手握好砧木，用芽接刀轻轻拨开砧木切口；将取下的接芽徐徐插入砧木切口中，使砧木与接穗的横切口紧密对齐，然后用塑料带绑好伤口，使芽露出即可。

2. 芽管接

芽管接是将接穗的芽削下，制成“芽管”，围接在剥皮的砧木上的嫁接法(见图 2-12)。由于砧、穗形成层接触面很大，所以容易成活，生长很快。砧、穗的有关要求与芽片接大致相同，不再重复。

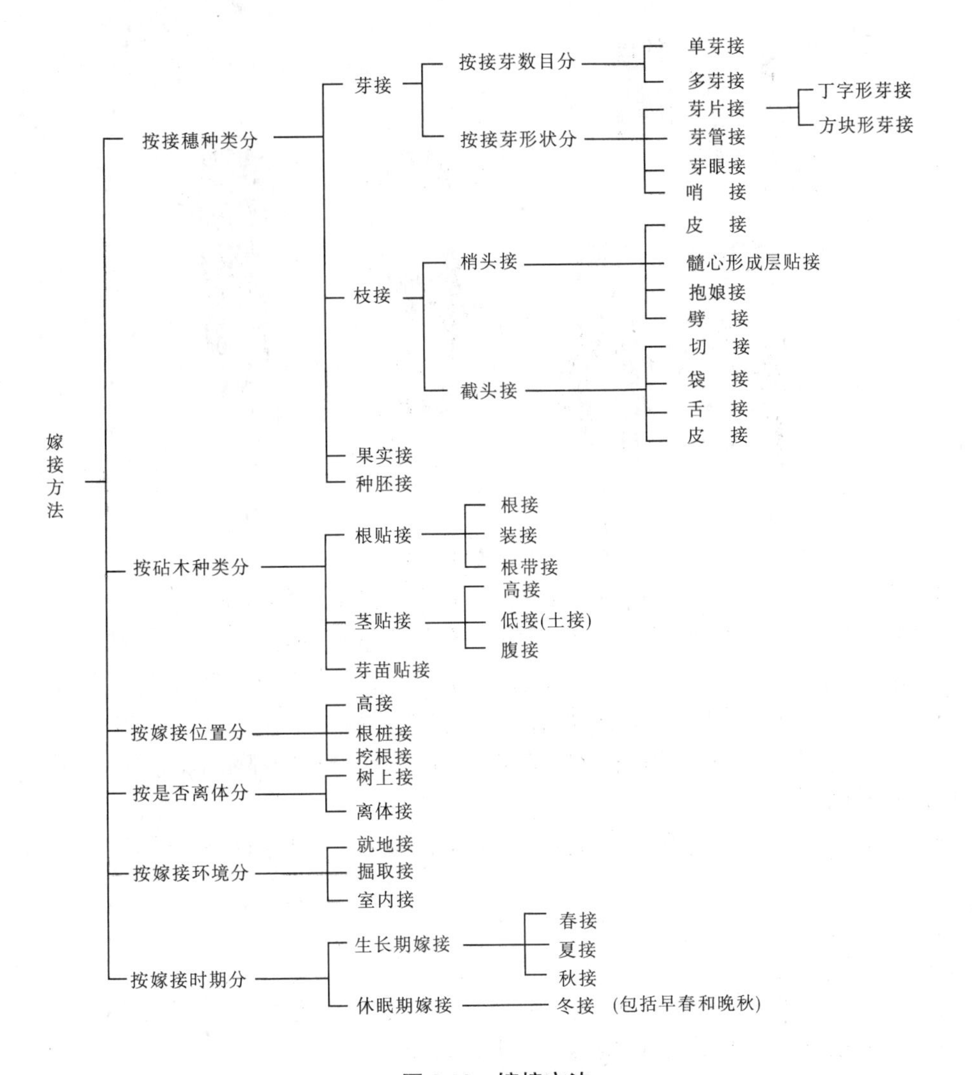

图 2-10　嫁接方法

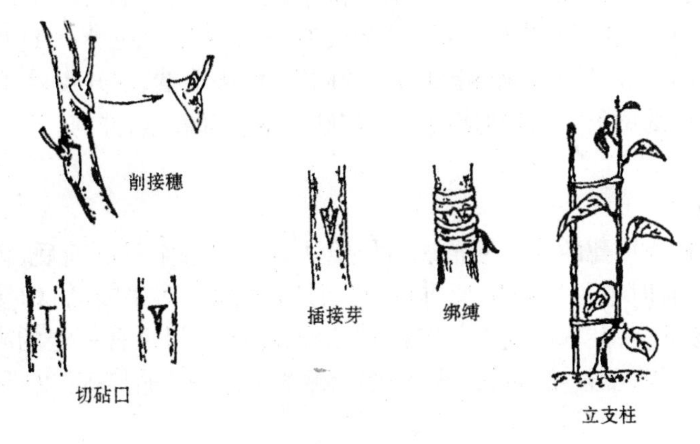

图 2-11　芽接示意图

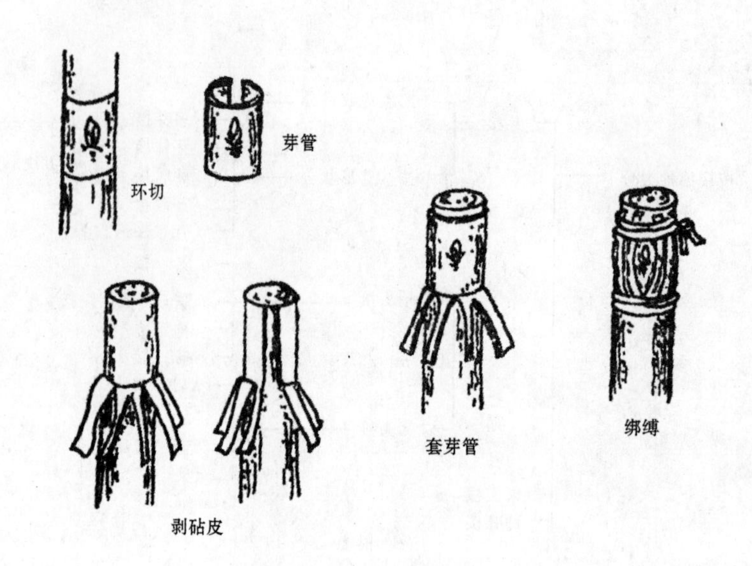

图 2-12　芽管接示意图

(1)削芽。在接穗种条上,选取表皮光滑、充实饱满的芽作接芽。在芽上、下 0.5～1cm 各环切一刀,在芽背面竖切一刀,接芽便可环状剥离接穗木质部,成一管状。

(2)砧木削皮。砧木距地面 2～3cm,选光滑通直段,将梢截断。纵向将皮层用利刀切数条,长度大致如芽管,并将皮留下一部分,其余剥离下来。

(3)套芽。把芽管套在剥皮的砧木木质部上,使芽管与木质部贴紧,芽管开口处与砧木保留的皮相结合。

(4)绑缚。把砧木上剥下的皮向上收起,包住管芽,上、下都用塑料带绑紧,使芽露出即可。

其余处理与芽片接相同。

3.套接(哨接)

套接是在生长季节皮层与木质部易于分离时常用的芽接方法(见图 2-13)。一般宜在小满至立秋前进行。由于砧、穗接触面积大,易于成活。

(1)取哨。选平滑无节的接穗,如春季作柳哨那样,用左手握穗,右手扭转皮层,使其与木质部分离,再在下部环割皮层,取下带芽接哨,一般接哨上应带有 1～3 个饱满的芽。

(2)剥砧皮与套哨。选与接哨粗细相等的砧干,剪去上端,削开皮层,随即将接哨从上向下缓缓套在去皮的砧干上,直到接哨下端与砧木木质部套紧,并与砧皮紧接时为止。一般无需绑缚。

(二)枝接法

枝接法是以枝为接穗的嫁接繁殖法。枝接法多在惊蛰至谷雨前后,树木开始萌动而尚未发芽前进行,有时也可以在生长季进行。枝接一般成活率较高,嫁接苗生长快。但是,枝接所用的接穗多,砧木粗度要与接穗相匹配,嫁接时间也有一定的限制。枝接法可分为劈接、切接、袋接、反袋接、舌接、皮接、髓心形成层贴接、靠接等。林果嫁接常用方法如下。

1.劈接

劈接是将砧木劈一嫁接劈口,接穗削成楔形,插入劈口内的一种嫁接方法(见图 2-14)。

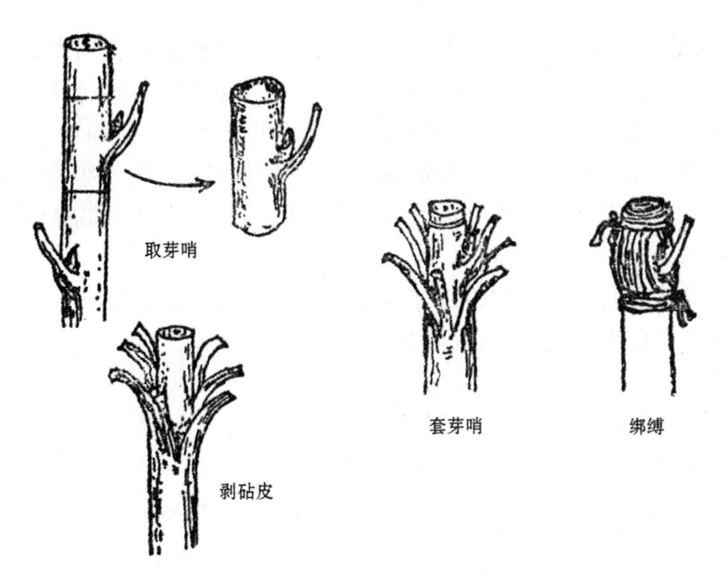

图 2-13　套接(哨接)示意图

劈接法砧木较粗(2～3cm 或更粗些),原地生长,成活后嫁接树生长旺盛。但有些树如枣树,木质纹理不直、劈口不平滑;核桃等易伤流,故不宜采用此法嫁接。

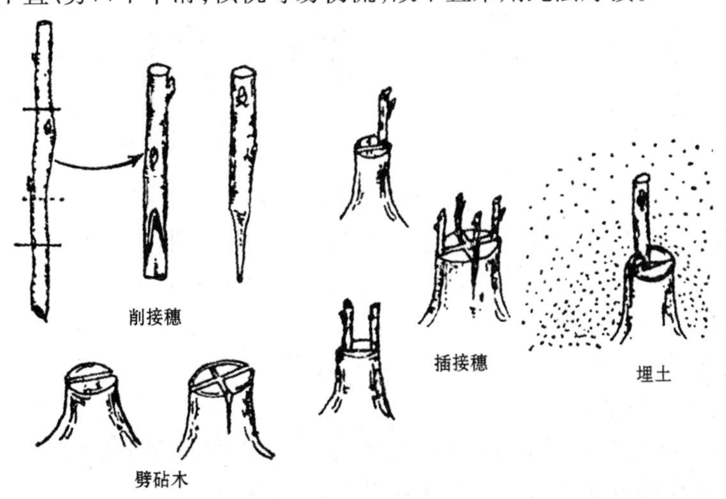

图 2-14　劈接示意图

(1)削接穗。从接穗种条上,选取中段光滑充实,并有健壮芽子的部位,截成 5～6cm 长作接穗,每穗应留 2～3 个芽。然后在下芽 3cm 左右处两侧削成楔形。如砧木粗则为偏楔形,使一侧较厚,另一边稍薄些。若砧、穗粗细相当,可削成正楔形。削面长 2～3cm,光滑平顺。

(2)劈砧木。将选好的砧木基部的土、石、杂草清理一下,距地面 2～3cm 或与地面平,截断砧木,截口要平滑,以利愈合。在砧木横断面选皮厚、纹理通顺处纵劈一口。若砧木较接穗粗,可在断面 1/3 处偏劈;如砧、穗粗细一致,可在中间劈切。劈口要平滑,深约 3cm。注意不要使沙、土落入劈口。

(3)插穗接。用劈接刀楔部轻轻撬开劈口,把接穗缓缓插入其内,使砧、穗形成层准确对接。如接穗较细,只须将偏楔形的宽面与砧木劈口的形成层对准对接。如接穗较细,只须将偏楔形的宽面与砧木劈口的形成层对准即可。较粗的砧木可以插入两个接穗,而砧、穗粗度差异较大时,砧木也可劈成十字形劈口,插入四个接穗。应当注意,楔面不要全部插入劈口,外面要留2～3mm。这样形成层接触面大,有利于分生组织形成和愈合。

(4)绑扎。接后可用麻或马蔺草从上往下把接口绑好。注意不要触动接穗,以防形成层错位。如接后砧、穗夹得很紧,也可不绑扎。

(5)培土。绑扎之后,应及时用黄泥封好接口,再用湿土埋上接合部,砧木以下部位要埋实,接穗部位宜用松土培埋,以利成活时发芽。

2.切接

适用于根径1～2cm粗的砧木(见图2-15)。

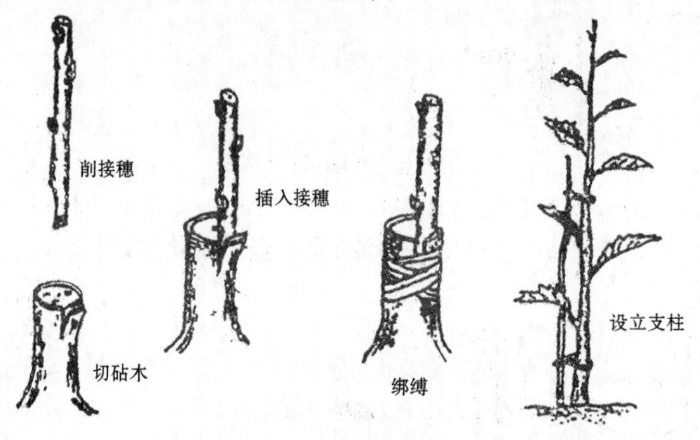

图2-15 切接示意图

(1)削接穗。接穗与劈接要求相同。削接穗时,通常要削三刀,第一刀在接穗下端光滑处削2～3cm长的斜面,削时先以30°下刀,削至接穗横断面1/3～2/5时,再改直刀向下平削;然后再在背面削一长0.8～1.0cm的小斜面,角度在60°左右,此为第二刀;第三刀是在接穗上面的芽眼之上方0.8～1.0cm处截下,即成切接接穗。此时接穗呈一面切面较长,一面切面较短的双切面。

(2)切砧木。将砧木自根部3～5cm处剪去砧干,选平滑无节处斜削横切面一刀,角度为30°左右,再在削过的横切面处垂直下切一接口,深达2～3cm。

(3)插接穗。将接穗切面插入砧木切口中,使长切面向里(砧木心部),紧靠木质部,并使砧、穗形成层对齐、靠紧。如接穗较细,则必须保证一侧形成层对齐、密接。最后,用绳绑扎接口。

3.皮接

皮接适用于直径为3cm左右的砧木,嫁接要在树液流动后,砧木开始离皮时进行(见图2-16)。

(1)削接穗。选择接穗与劈接同。削切时,在接穗光滑处顺刀削一长2～3cm的斜面,再在其背面下端削一长0.6cm左右的小斜面,露出皮层与形成层。

(2)砧木开皮口。若砧木较细,距地面3～5cm处剪去砧干,选砧皮光滑处,由剪口向下顺干纵切一刀,深达木质部,并顺势用刀尖将皮层左右挑开;假如砧木较粗,皮层易于剥

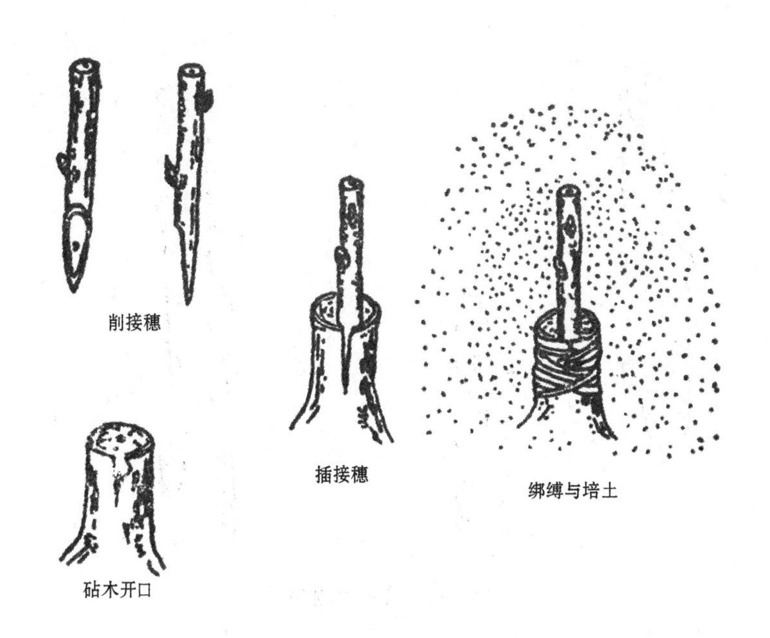

图 2-16　皮接示意图

离,可留干嫁接,即在适当部位纵切一刀或不切口而用竹签插入砧木韧皮部和木质部之间,拔出竹签,即成袋状接口。

(3)插接穗。将削好的接穗大斜面朝砧木的木质部,插入砧皮与木质部之间,切口处要用塑料带绑好,用竹签挑口的插入后可以不加绑扎。然后埋土保温,方法同劈接。

如果是留干皮接的,可暂留砧干,待成活后再剪去砧干。桑树的炮眼接、某些针叶树皮接都属留干皮接。由于原干继续供应养分,有利成活和加快生长;同时,桑树也不致减少产叶量。

4. 舌接

舌接适用于砧木和接穗 1～2cm 粗,大小粗细差不多的嫁接。舌接时,砧、穗间形成层接触面积大,结合牢固易于成活。低接、高接均可适用(见图 2-17)。

(1)削接穗。在接穗平滑处削 3cm 长斜面,再在斜面的下 1/3 处顺穗往上劈一刀,使劈口长约 1cm,成舌状。

(2)削砧木。在砧木上端削一 3cm 左右的斜面,再在斜面上 1/3 处顺砧干向下劈一刀,长约 1cm,成一与接穗相吻合的舌状纵切口。

(3)接插穗。将削好的切穗舌部与砧木舌部相对插入,使舌部交叉,互相靠紧,并加绑缚。

插皮舌接,具有皮接与舌接的共同特点,适合于多种果树,成活率也很高。高接、低接均采用。

5. 袋接与反袋接

袋接是将砧木切口捏成“袋形”,把接穗削成弧形削面,接穗削面朝向木质部,插入袋内为袋接;而弧形削面朝外,对准砧木韧皮部时,即为反袋接。袋接与反袋接成活率都比较高(见图 2-18)。

(1)削接穗。选择与砧木粗细、大小相当的接穗,用四刀削成所需要的削面。第一刀

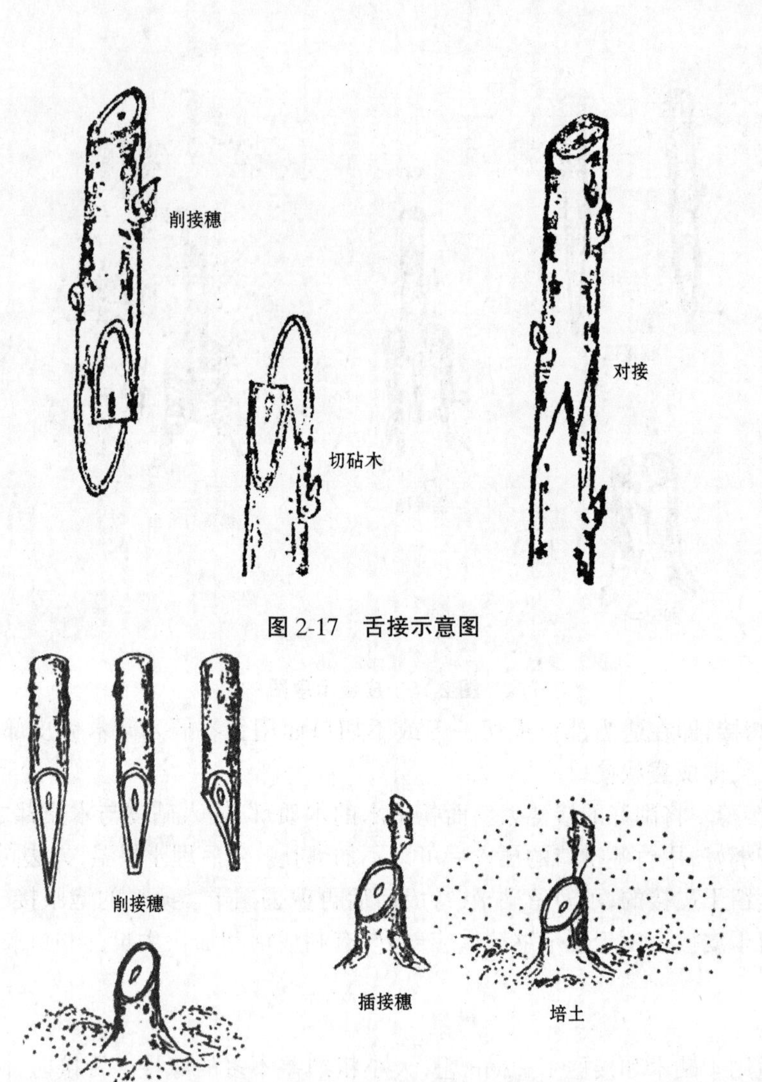

图 2-17　舌接示意图

图 2-18　袋接示意图

先在一个饱满的冬芽背面下方 1cm 处下刀，削成长 3cm 左右的略呈弧形的斜面；第二刀将削面先端过长的部分削去；第三、第四刀分别在斜面两侧 1/2 处向下修削一刀。最后从接穗最上一个芽上方 1cm 处截断，即成袋接接穗。

(2)剪砧。扒开砧木基部泥土，露出埋在土中的根颈下方的黄色部分，用剪刀剪成马耳形斜面，并将斜面部的皮层捏成袋状。

(3)插接穗。将削好的接穗斜面朝里或朝外，缓缓插入袋内，直到插不动为止。注意不要用力过猛，以防砧皮破裂或将接穗皮搓皱。

(4)培土。双手用湿土对挤到接口处，使泥土与接口紧密接触，以防漏风，然后再用细土培起小土堆，盖没接穗顶端 1～2cm。

6. 髓心形成层贴接

此法多用于针叶树嫁接。其特点是接穗形成层和髓心与砧木形成层相贴，接触面积大，整个砧木削面与接穗的髓射线细胞和髓的薄壁细胞组织，在愈伤组织形成中起积极作用,所以容易成活。即使不成活对砧木影响也不太大,仍可以重新嫁接。落叶松、油松、马尾松、水杉等均可用此法嫁接(见图 2-19)。

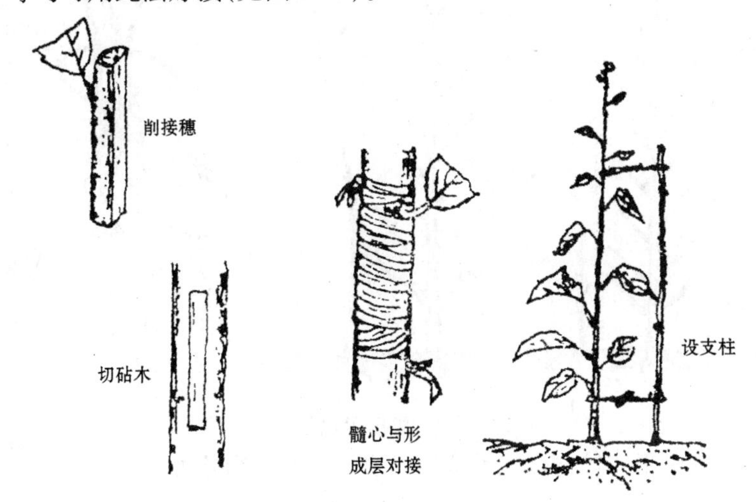

图 2-19 髓心形成层贴接示意图

(1)削接穗。选发育好的枝条作接穗枝,保护好其顶芽,然后剪取 8～10cm 长的小枝,顶芽处保留十余个针叶束或 2～3 个芽,其余全部摘除。然后用利刀从保留的最下面的针叶束或芽处下刀,通过髓心向下逐渐斜削一刀,削去的部分不要太多,以 2/5～1/2 为度。削面光滑平整。

(2)切砧木。在砧木一、二年生部分,选比接穗较粗的光滑枝段,摘除针叶,用利刀从上向下通过韧皮部与木质部之间,切去树皮,露出形成层。注意切削深度要适宜,以深达水白色形成层露出为度,切面长度、宽度要与接穗切面一致。

(3)贴合与绑缚。把接穗切面紧贴在砧木上,上下左右对齐,用塑料带从下往上认真绑缚,当缠到上端切口处,再从上向下缠,然后打结,系牢,以防接口通风。

7. 靠接

有些树木一般嫁接不易成活。可以在生长季将砧木与接穗进行不离体靠接(见图 2-20),很容易成活。

如山茶、桂花、柑橘等就常用此法繁殖。靠接又分为普通靠接、自身靠接、瓶靠接、波状靠接、倒贴皮靠接、辅助靠接、早花接、多砧靠接等。靠接最基本的方法是:

(1)削砧、穗。将砧木与接穗靠近,在两者相对应的部分削出大小相同的切面,各自都露出形成层。

(2)靠接与绑缚。将砧、穗两个切面对难,将形成层准确对位,然后用麻绑紧,勿使错位。

(3)剪砧梢与除穗根。由于砧、穗各自都有完整的构造,又都能制造营养,所以嫁接后一般 10～20 天结合部即可愈合。为了使新嫁接树独立生活,应及时将砧木结合部以上部分剪去,而把结合部以下的接穗部分除去,使成为一个独立的嫁接植株。

(三)根接法

根接法是利用树木的根作砧木的一种嫁接方法。由于根与茎相似,所以普通根接方

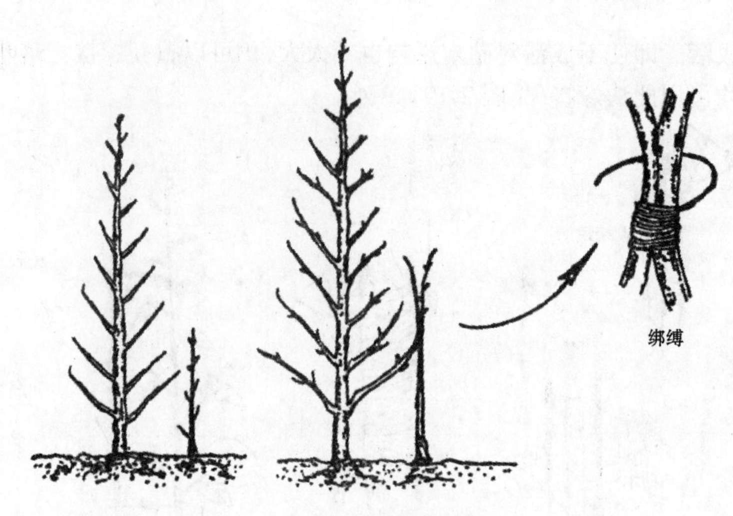

图 2-20　靠接示意图

法与枝接法相同,可以用切接、劈接、舌接等方法。此处介绍几种与上述不尽一致的方法。

1. 装根法

桑树育苗常用此法。即在截好的接穗下端,用皮接、袋接或劈接等方法,把有亲和力树木的根装上(见图 2-21)。

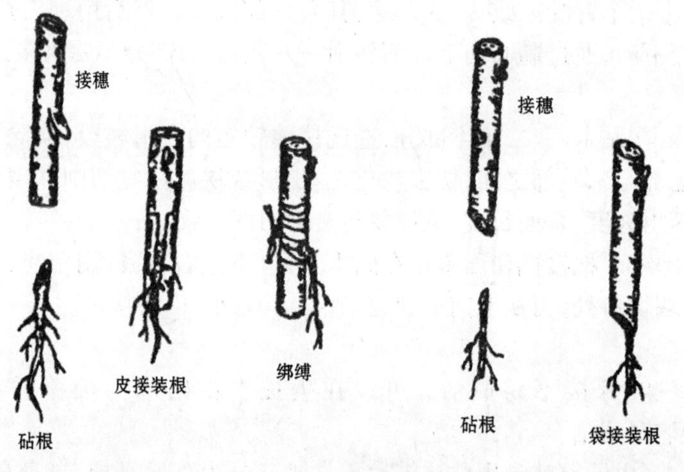

图 2-21　装根嫁接示意图

(1)削砧根。在嫁接前一天或当天早晨,掘取当年生苗根,选取 0.3cm 左右的细根,洗净泥土,剪成 10cm 左右的小段。在根段上端 1cm 处,削成马耳形斜面,注意切口不要沾上泥土和水。

(2)剪接穗。取充实饱满、无病虫害的接穗枝条,剪成 12～15cm 的接穗,其上应保留 3～4 个健壮的芽。上口距芽 1cm 剪平,下端削成马耳形,使与最上端的芽相对。

(3)装根。将剪好的接穗下端马耳形用手捏开皮层,使呈口袋形,然后把削好的砧根斜面向外插入接穗皮层口袋内,以倒提砧根接穗掉不下来为宜,再绑扎结实即可。

(4)栽植。假如是冬季装根,应当在一温暖的地窖用湿沙培起,促进愈合,待来春移入田间培育。如果是春季装根,则应随装随栽。栽时注意穗条顶芽向上,根系舒展,覆土要轻,并注意保墒。

2.短根袋接

短根袋接是近年来群众创造的一种室内嫁接白榆的方法。其操作方法如下:

(1)削接穗。选用优良无性系 0.3~0.5cm 粗的枝作种条,剪成 5~10cm 接穗,上面要留 3~4 个饱满的芽,上切口要平,距顶芽 0.5cm;下端削成鸭舌形,两侧也要削一下,使三刀都见青,露出形成层,削面长 1~1.5cm,要求切面平滑。

(2)剪砧根。用 0.5cm 粗的实生苗或本砧根系作砧根,剪成长 10cm 左右,上口剪成 45°角的斜口,下口剪平。

(3)嫁接。先将砧根上端斜口皮层用手捏开,使成袋状,再将削好的接穗斜面朝外徐徐插入根袋中,注意不要插破根袋。

(4)愈合催芽与移栽。嫁接好以后,可放温室或阳畦中,用湿沙盖好,保持一定的温度和湿度。如山东省定陶县林业局用此法嫁接白榆,一般室温达 12℃左右,经 5~7 天即可愈合。待 20%发芽即可移入圃地培养。

(四)芽苗砧嫁接法

芽苗砧嫁接法是用刚发芽未展叶的芽苗作砧木的一种嫁接方法(见图 2-22)。因为芽苗组织幼嫩,愈伤能力强,只要操作认真成活率很高。此法多用于大粒种子嫁接。如美国多用此法繁殖茶花,我国在油茶、板栗、核桃、桃、杏及栎类等树种嫁接中也有应用。

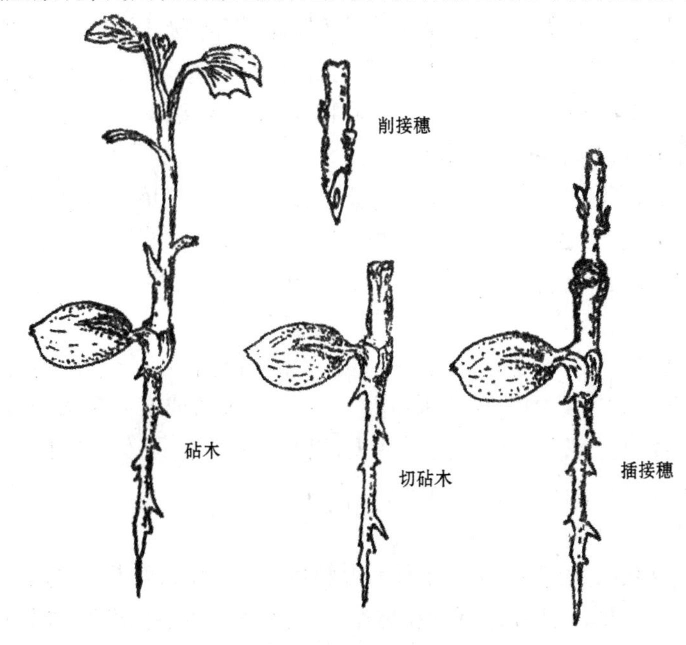

图 2-22 芽苗砧嫁接示意图

(1)芽砧的培育。将预先处理好的种子放入温室内或温床上,保持适宜的温度,使种子萌发,当第一片真叶即将展开时,即可作砧木用。

(2)劈砧。先将芽苗砧子叶 2cm 以上的嫩梢切去,于横断面中央纵切一刀,深 1.2~1.5cm,但不要切伤子叶叶柄。

(3)削接穗。取休眠枝或嫩枝,剪取带有 2~3 个芽的接穗,长 10cm 左右,下部削成楔形。

(4)嫁接与绑缚。把削好的接穗缓缓插入芽苗砧的接口内,用普通棉线绑缚。注意绑缚不宜太紧,以免勒伤幼嫩的苗砧。

(5)嫁接后的养护和移栽。将嫁接好的植株轻轻放入湿润的蛭石或河沙基质中,维持20~25℃温度和湿润的环境,不久嫁接体便会愈合成活,然后经过适当的锻炼即可移栽。

八、嫁接苗的管理

嫁接苗年生长规律大致与其营养繁殖苗相似,因此除了成活期管理有些差别外,其余大体是相同的。成活期的主要管理工作如下。

(一)检查成活与补接

芽接后1周左右,有的2~3周即可检查成活情况,以便及时补接。凡芽体和芽片呈新鲜状态,叶柄一触即落,表示已经成活。这是因为已经成活的接芽生理活动正在进行,芽体和芽片水分、养分仍能正常供应,所以维持着新鲜状态;由于芽已成活,叶柄便产生离层,所以易与接穗脱离。当发现芽体变黑,芽片萎缩,叶柄触之不易脱落时,则表示嫁接未成活。此时如砧皮尚可剥离,应及时补接。对于枝接来说,若发现没有接活,应从砧木基部的萌芽枝中,选留健壮的进行培养,以待秋季或翌春再行补接。

(二)解除绑缚物

对接嫁已成活,愈合已很牢固的苗木,要及时解除绑缚物,以免因绑缚物对植株绞缢,影响营养运输和生长。春季芽接,一般20天左右可以解除绑缚,但是秋季芽接,当年不能发芽,为防受冻和干缩,不要过早地去掉绑缚物。采用枝接繁殖时,宜在新梢长到20~30cm,接合部已生长牢固时,可除去绑缚。

应该提醒的是,许多枝接过程中,都要在砧基或接合部位培土保护,应当注意经常检查,特别是成活后临近萌发时,要及时破土放风,以利于接穗萌发和生长。破土放风应分数次逐渐进行,以防闪苗或抽干。还有的嫁接时,接合部位套以塑料袋,也应及时撤除。

(三)剪砧

春季芽接和枝接,应在嫁接时剪去接合部以上的砧木部分;秋季芽接的则应在第二年春季萌芽之前剪砧。如因某种情况未来得及在嫁接时剪砧或有时需要留砧嫁接,则应在接芽成活后,将接芽以上部分的砧木枝干剪去,以利于接芽的萌发和生长。在风害较大的地区,剪砧可晚些或分次进行,以保护新梢。

(四)设立支柱

在春季风大的地区,为防止接穗新梢风折和接口劈接,当新梢高达20~30cm时,应靠砧设立支柱,绑缚新梢。有时也可分期剪砧,以砧代柱,将新梢绑在砧干上,以减轻风摇和损伤。待害风季节过后,再剪去砧条。绑缚新梢时不要太紧、太死,以拢住即可。

(五)除萌蘖

嫁接后,特别是剪干嫁接,往往会在砧木接口以下或根部发出许多萌条和根蘖,使营养和水分消耗,影响接穗成活、萌发和生长。为了集中营养供给新梢生长,应随即抹除砧木上的萌芽和根蘖。但是,当嫁接未成活时,则应从萌条中选留一枝直立、健壮的枝条,加强管理,以备补接时应用。

（六）培土防寒

黄土高原地区，嫁接苗与播种苗及其他营养繁殖苗一样，也要经历漫长的冬春干旱，寒冷的休眠期，也易遭受风、霜、雨、雪的侵袭。因此，应注意防旱防寒，特别是嫁接的结合部尤要注意保护。通常都以培土进行防寒防旱。其方法是以圃地土壤顺苗行培土，培土高度以20cm盖住接口为宜。

（七）圃内整形

果树和园林绿化用的嫁接苗，要求形成一定的树体结构，塑造成一定的树形。因此，嫁接成活后，应注意整形培养。

（1）定干。当嫁接苗长到一定高度时，应按照树种特性、栽植地条件、树形类别、培养目的要求进行定干。如果树类树形有疏散分层形、自然开心形、丛状形、匍匐形、棚篱架形、矮化形（自由纺缍形、圆柱形、篱壁形、扇形）等，定干要求各不相同，应分情况酌情剪梢定干。大多数果树则往往是在果园定植后才做此项工作，至于园林树木的树形要求则更是多种多样，也应按要求酌情定干。

（2）整形。定干后，可按树形要求通过以下方法对树木整形，即抹芽、除蘖、疏枝、短截、攀扎等，将树体塑造成需要的形状。具体操作可以参照有关资料进行。

第十一节　移植苗与大苗的培育

在苗圃中，把一部分苗木从原育苗地移栽到另一块育苗地继续培育叫做移植，也称换床。移植后培育的苗木称为移植苗。培育移植苗的圃地，又称移植区。一般培育大龄苗木、部分园林绿化苗木及一些珍稀树种，常用移植法育苗。

一、移植苗的特点及其利用

（一）移植苗的特点

（1）苗大健壮。一般播种育苗密度都较大，培育2～3年生以上的大苗，如仍在原地培育，常因密度过大，营养面积小，光照不足，通风不良，生长极差。随着培育时间的推延，这种情况会更加严重，会使苗干细弱、下部光秃、枝叶减少，根系细弱、盘结，数量减少；甚至使部分苗木被压至死，产量也下降。移植后，营养面积加大，通风透气条件得以改善，苗木生长明显旺盛，苗木高大、粗壮。

（2）根系发达。由于移植时，不可避免地会损伤苗根，其作用恰好相当于“切根”，可以促进产生大量的侧根和须根。加以移植后营养面积扩大，营养丰富，所以移植苗的根系较普通播种苗强大得多。另外，还可改变苗木的根茎比。

（3）有些苗木由于移植培养，可以在苗圃内修剪造型，培育成具有较高观赏价值的苗木。

（二）移植苗的利用

由于以上原因，可以认为移植苗质量好于未移植苗，其抗逆性、造林成活率、成林速度和生长速度都会有较大的提高。应用于果树栽培，可以提早结果，产量增加；用于用材林造林，则成林早、产量高。一些种子稀少的珍贵树种，先在较好的条件下密播，集约管理，培育出苗后，再扩大移植，可以保证每粒种子成苗，做到省种、省工，节约经费，降低成本。而在某些风沙严重的圃地，播种小粒种子不易成功，也可用上述方法，先在条件较好的地方播种，待苗出齐可以移栽时移至移植区培育，不仅能突破出苗关和保苗关，还能用较少的投资生产出需要的苗木。

二、移植苗的培育年限及移植季节

（一）移植苗培育年限

苗木移植后培育的年限，因树种特性和经营目的与要求而异。一般生长迅速的树种，移植一次，培育1～3年，即成大苗，可以用于造林。生长缓慢的树种、观赏树木和造型苗，往往要移植数次，培育多年。

（二）移植季节

黄土高原地区，春、夏、秋三季均可移植，但总的说，大多数树种以休眠季节移植为主，常绿树种也可在生长季的雨季移植。

(1)春季移植。春季移植，以早春圃地解冻后立即移植为宜。因为此时树液尚未流动，芽还没有萌发，蒸腾作用弱，且气温低，土壤湿度大，移植后发根早，成活率高。移植时应注意树种发芽规律，早发芽的应先移，晚发芽的宜后移。

(2)秋季移植。在冬季无低温冻害，春季没有冻拔和干旱危害的地区，可在秋季移栽。因为此时根系尚未停止活动，移植后能提早恢复伤口，吸收营养。黄土高原地区秋季移植宜早，落叶树种当叶柄形成离层，叶片可以脱落时即可开始移植；常绿树种则可在直径生长高峰过后移植。

(3)夏季移植。黄土高原地区宜在雨季来临时移植。南方以梅雨初期移植较理想。移植时不要在雨天或土地泥泞时进行，因为这种情况下根系无法伸展，土壤也易板结，都会影响移植苗的生长和发育。

三、移植密度

移植密度取决于树种的生长速度、苗圃地的自然条件（气候、土壤等）、移栽用苗的年龄、作业机具和栽培目的、年限等因素。其中以栽培目的和栽培年限为主要因素。

（一）培育目的对密度的影响

苗木移植都有明确的目的性。如落叶乔木，以养干为目的时，应适当密植。不仅可多出苗木，而且在树木群体发育中，由于争光、争空间，可使苗木向上生长，树干高而且直立。密度小时则易生侧枝，树干弯曲、低矮。若以养冠为目的，则应加大株行距，促使侧枝形成，养成树冠。常绿树种以不使郁闭为宜，否则冠形将变坏。

（二）培育年限对密度的影响

培育年限与移植密度呈负相关。即培育年限越长，密度应该越小；反之，则应加大密度。

生长快的树种适宜的密度，应是2～3年移植一次。第一年稍显稀疏，第二年密度合适，第三年经适当修剪仍能维持生长，年末或来春即达到造林规格。生长慢的树种，可进行两次移植。第一年稀些，第二年合适，第三年郁闭，第四年可移植第二次，以后再培育

2～3年即可出圃造林。

当然，对于造型树培育，应留有充足的空间，使树冠得以按要求生长，并为整形管理提供方便。

为了便于机械化作业，株行距应与机具相配合，便于顺利通行和作业。

四、移植方法

（一）移植用地的准备

移植用地的准备主要是指整地、施肥、耙地、平整、做床等。上述各项技术在前面有关部分也都作了介绍。应该注意的是，移植区一旦移植苗木后，数年间将无法全面整地，其他措施也将因圃地苗木生长而实施困难。所以，要求整地要深、要细，基肥要施足，苗床要做好，并合理地配置好道路及灌排水系统。

（二）移植

1.起苗与苗木分级

移植育苗，先要将原育苗地的苗木起出。起苗时应注意保护苗根、苗干和枝芽，切勿使受伤。如需带土移植的则应事先浇水，然后视土壤湿度适宜时掘苗，并将土球包好移植。

起苗之后，将苗木按粗细、高度进行分级，以便分别移植，使移植苗木整齐，生长均匀，减少分化。分级时，要将无顶芽的针叶树苗及受病虫危害的苗木剔除。

2.修剪

栽植前应修剪过长和劈裂的根系，一般针叶树根长保留 12～15cm，阔叶树保留 15～25cm。切口要平滑，不劈不裂。为了减少蒸腾失水，提高成活率，一些常绿树侧枝可适当短截。

苗木修剪应在遮阴棚内进行，严禁将苗木暴晒、吹风。剪截后的苗木和栽完的苗木应及时假植，以防干燥，降低成活率。

3.移栽

移栽方法因苗木大小、数量、苗圃地情况而不同。主要的方法有孔(缝)植、沟植和穴植等。但不管什么方法，均要求苗根舒展，深度适宜(比原土要深 1～2cm)，不伤根，不损枝芽，覆土要踏实。同时还要求移植成活率高，苗木栽植整齐划一。

(1)孔(缝)植。用于小苗和主根细长而侧根不发达的树种。移植时用铲或移植锥按株行距插孔(缝)，将苗木放入孔(缝)中，然后压实土壤。

(2)沟植。适用于根系较发达苗木的移植。先按规定的行距开沟，深度大于苗根长度，再把苗木按要求的株距排于沟内，然后覆土踏实。

(3)穴植。适用于大苗、带土移栽苗及成活困难的苗木移栽。按照计划密度，预先标出栽植点，然后挖穴栽植。

目前，我国一些苗圃试制成功苗木移植机，几个工序一次完成，大大提高了工效，很值得各地推广。

五、移植后的抚育管理

(一)灌水

苗木移植后,最易因缺水、干旱死亡,所以移植后要立即进行灌水。特别是春天及旱季,应马上灌水。但第一次灌水,水量不要太大,水的流速也不宜太大,以免冲倒苗木。过5~7天后,进行第二次灌水,这次水量要大,灌足灌透,以利成活。若天气干旱,5~7天后可灌第三次水,然后便转入正常的抚育和养护。

(二)扶苗

移植区经第一次灌水后,苗木易于倒伏,在第二次灌水前应及时扶正。否则,几天后苗根生长则难以扶正,且苗干也可能弯曲,降低苗木质量。

扶苗时,可先将苗根处的土壤掘出,轻轻扶正苗干,对齐行间和株间方向,然后再填土踏实。

(三)平整苗床

苗木移植后,经2~3次连续灌水,苗床可能凹凸不平,应及时整平。通常可结合中耕耧平床面,以便以后灌排水和施肥。

(四)抹芽和除萌

移植后,萌芽力强的阔叶树种,可能发生萌芽和根蘖,为减少养分消耗,保证苗干通直无节和健壮生长,应注意抹去多余的萌芽,剪除根蘖。

六、大苗的培育

所谓大苗是指供应城市和居民点造林使用的高大苗木。其中包括行道树、庭院树、四旁树、观赏树和花木等苗木。这些苗木的共同特点是年龄大、树体大,所以称之为大苗。随着经济和城市建设的发展,大苗需要量越来越多,大苗的培育便提到议事日程。其实留床苗和移植苗,或将两种苗木继续培养,都是培育大苗的方法。有关的技术要点,已在上述有关部分阐述,可供参考。仅对未尽之处,作些简要说明。

(一)移植次数与密度

园林绿化用的大苗,阔叶树可用1~2年生播种苗和营养繁殖苗进行移植培养。生长快的苗木,每隔两年移植一次,经1~2次移植,即可出圃。重点绿化工程和易遭破坏的地段,或要求很快发挥绿化效应的地方造林,常需要大的苗木,需经两次以上移植,花费5~6年甚至更长的时间。

生长缓慢和根系不甚发达的树种,如银杏、桧柏、白皮松、侧柏、油松、七叶树等,一般要移植2~3次,每次移植培育2~5年,常需6~10年或十几年才能养成出圃。

一些需要在苗圃特殊造型的苗木,移植次数和所花费的时间可能更长些。

影响移植密度的因素前面已述。具体说,在一般条件下,第一次移植落叶树行距50~100cm,株距40~50cm;针叶树行距30~50cm,株距15~30cm。第二次移植行距100~150cm,株距80~100cm为宜。

(二)修剪与造型

培养大苗除要求生长快外,在移植培养过程中,还要求通过修剪、整形,将苗木塑造成所期望的树型。

1. 修剪与造型的目的

合理的修剪可以调控树木生长，控制树干的高低、枝条的方位和疏密，使树木生长快、树干直、树型美。造型则主要是培养树干和基本树型，给出圃苗木确定好树型的骨架基础，减少定植以后整形的难度。所以造型是大苗培育中的一项重要工作。

2. 修剪造型的基本方法和要求

1)果树类

果树树型有中心主干形、开心形等许多种。

(1)中心主干形。如苹果、梨等常培养此种树型。定干高度60～80cm，基部三大主枝，分枝高度50～60cm。第二层2个主枝，距第一层100cm。第三层1个主枝，距第二层50～60cm，每个主枝上着生3～4个侧枝。

(2)开心形。适合于桃、李等。定干高度40～60cm。定干后，于发芽前选留5～6个发育饱满、角度合适的芽，其余全部抹去。第二年冬剪时选三个角度合适、长势均匀的枝条作为一级主枝，其余的全去掉，形成三主枝。下一年在每个主枝上再选留两个二级主枝及一个侧枝。第三年再在二级主枝上选留1～2个三级主枝。最后形成6～9个主枝构成的开心型基本树形。

2)落叶乔木

落叶乔木，以养干和养冠为主要任务。

(1)养干。①顶芽明显的高大乔木，如杨树、白蜡、香椿等，移植一年后，冬剪主要是提高分枝点，疏剪上部竞争枝，使树冠占树高的1/2，树木便显得高大雄伟。②顶芽较弱的速生乔木，如柳树，生长势很旺，冬剪可适当提高分枝点，疏除上部竞争枝，对主侧枝进行短截；如移植后生长减弱，冬剪时可在饱满芽处短截，更换主枝，次年再延长树干。③上梢软、枝条对生树(如元宝枫)树干易弯曲，为培养直干，初移时可加大密度，多留细小侧枝，疏剪粗大侧枝，或行重短截，以利苗干加速向上生长，养成通直树干，2～3年后再进行第二次移植，培养树冠。④树干不易长直的乔木，如杜仲、梓树等，移植后可先使地上部分多生枝，以养树根，第二年秋进行截干，来年再加强水肥管理，使其萌发徒长枝，养成较直的树干。

(2)养冠。高大乔木，多顺其自然，只剪除较强的竞争枝，以防双头和偏冠发生。国槐、元宝枫、馒头柳等乔木树种，树干养成后，结合第二次移植，在2～2.5m处定干，然后选留方向均匀的3～5个主枝养成骨干枝，至第二年在30cm处短截，促发二次枝，构成基本树型。龙爪槐类，主要是扩大树冠及调整枝条均匀分布。

3)落叶灌木

落叶灌木经多次移植和整型，可以养成树姿优美的大苗。

(1)单干圆头形。榆叶梅、碧桃、紫叶李、黄栌等多用此型。移栽后，第一年先养单干，冬季在40～60cm处定干。第二年选留3～5个方位适宜的芽，余者全部抹除。冬季主枝留30cm短截，使分生二次枝，养成单干圆头树型。

(2)多干式灌丛形。如连翘、太平花、山梅花、玫瑰等，多用干灌丛式。栽植时剪去苗干，使地表萌生3～5个枝条，余者除掉。秋后，将枝自30cm处短截，来年便形成多干式灌木。

(3)攀缘灌木。如紫藤、地锦、凌霄以及蔷薇科的十姐妹等,自然状态下其主干匍匐生长。为了提高观赏价值,可设支架使其攀缘生长。出圃前应先养好根系,留 3~5 个枝蔓,以备上架。

4)常绿树

(1)松类。油松、黑松等松树顶端优势明显,容易养成主干,为保持顶端优势,培养高大、优美的树型,可适当疏剪轮生枝,每轮仅留 3~4 枝。白皮松、华山松等基部易生徒长枝,应及时修除。

(2)柏类。桧柏、侧柏等培养大苗容易,只是在幼年阶段注意剪除干基发生的徒长枝,避免形成双干或多干。杜松与桧柏相似,也易成多干,培养大苗时也应注意去除竞争枝。刺柏发枝旺盛,枝条密集,可修剪培养成圆形或半圆形树冠。

(3)绿篱苗。要求枝叶密集,特别是下部枝不可光腿。移植培育中应进行多次摘心,以促萌发侧枝,使冠丛丰满。

第三章　水土保持林种及配置

黄土高原地区地貌条件的多样性决定了在各个地形部位适宜从事的生产内容及其水土流失特点差异，从而其土地利用方向也有所不同，配置在各个不同生产用地上的水土保持林必将要求发挥其独特的水土保持作用。在水土保持这个总的范畴内，根据其配置的地貌部位和对各类土地防护方面的特点，我们把这些具有不同营造目的和特定作用的水土保持林称为水土保持林的林种。

划分林种是开展水土保持林工作的需要。北京林业大学在过去(1959～1960 年)曾提出过我国水土保持林体系的林种划分，主要有：①分水岭防护林；②护坡林；③梯田地坎造林；④侵蚀沟道防护林；⑤护岸护滩林；⑥坡面塬边防护林；⑦水源涵养林；⑧石质山地沟道造林；⑨山地护牧林；⑩坡地果园(特用经济作物)的水土保持林；⑪池塘水库防护林；⑫山地渠道防护林；⑬山地现有林(包括天然次生林)。

新中国成立以来，党和国家领导人十分关心、支持黄土高原的水土流失防治工作，经过 50 多年的努力，黄土高原水土保持取得了巨大的成就。近年来，随着党中央、国务院对生态环境建设的高度重视，水土保持工作得到长足发展，特别是随着西部大开发和对黄河水土保持生态工程建设力度的不断加大，按水系以小流域为单元进行水土流失的治理，以至进行水土资源的合理利用，从而发展当地的农、林、牧业生产是合乎自然规律和经济规律的。因此，水土保持林作为流域范围内的一项重要的生产事业，不论就综合的生产事业还是综合的水保措施而言，必然成为流域内综合生产的有机组成部分，成为适合于当地实际情况的防护林体系，必将对减少入河泥沙、改善当地生产生活条件起到很大作用。

在这种防护林体系中应包括以下各个林种：①现有的天然林和天然次生林；②现有保存的人工乔木林和天然次生林；③根据农、牧业生产用地及其有关设施的生产需要所规划设计的各个水土保持林种；④四旁植树；⑤木本粮油林基地；⑥果园基地。

显然，由上述林种组成的防护林体系以具有水源涵养和水土保持作用的各个水土保持林林种为主体。同时，将流域范围内的其他林业生产项目也纳入防护林体系之中。这是因为从防护作用的整体看，这些以林业生产为主要特征的林种，它们同时也覆盖着流域范围内的一定面积，占据着一定的空间，在改善当地农、牧业生产生活条件，控制水土流失方面，无疑都在发挥着它们各自的作用，由这一角度看，它们必然属于流域范围的防护林体系的有机组成部分。况且，像果园和木本粮油基地这样的林种，在水土流失的土地上，为了保证获得预期的效益，必须搞好林地上的水土保持工作。

小流域范围内，防护林体系内各个林种的布局与配置，必须以中小流域内土地合理利用、合理的综合治理规划为基础，根据当地发展林业生产的需要，根据水源涵养、水土保持以至改善农、牧业生产条件的需要，进行合理规划。在规划配置中要贯彻“因害设防、因地制宜”和“与工程措施相结合”的原则，在林种配置的形式上，则应根据当地的实际情况，带、片、网相结合。

一个小流域或一个地区(如黄土高原)防护林体系合理的占地比例,或森林覆被率是人们十分关注的问题。世界上凡是森林覆盖均匀并达当地总面积的30%以上的地区和国家,一般生态环境条件较好,各种自然灾害较少或较轻。近年一些学者认为,合理的森林覆被率的低限不应是30%,而应更高些。当然所谓合理的覆被率,除了应该考虑防护要求外,还应考虑当地的生产传统与发展林业生产的实际可能性。

由于历史的原因,我国黄河上中游的黄土高原森林覆被率仅为5%(包括天然林和保存的人工林)。随着"三北"防护林工程的大规模开展和黄河流域水土保持生态工程建设以及大规模的退耕还林,今后这块地方森林覆被率的展望趋势是值得探讨的问题。陕西渭北高原的淳化县,现有的森林覆被率已由1975年前的9.6%猛增至21.64%;雁北黄土丘陵区的右玉县,现有的森林覆被率已由新中国成立前的0.3%提高到21.5%(有报道说已达28%),这两个林业先进县,随着覆被率的增加,生产条件和自然面貌都在发生着深刻的变化。如果我们进一步把这两个县现有的宜林地绿化起来(已为数不多),再加上随着逐步完成农业经济结构的转变而退下来的部分耕地划作林业用地(例如把现有耕地面积的1/3划作林业用地),那么,这两个县最低可达的森林覆被率分别为35.7%和31.7%。根据黄土高原六省(区)"三北"防护林的规划,在完成第一期(1978~1985年)防护林建设工程之后,黄土高原的森林覆被率将由原来的5%提高到18%,在此基础上,将所余宜林地基本绿化起来,森林覆被率可达37%,如果考虑到把退耕农田面积中可能划作林业用地的部分计算进去,黄土高原的森林覆被率将来最低可达到45%左右。我们参考上述林业先进县的实际,从黄土高原的整体看,达到森林覆被率的这个目标还是可能的。这种粗略的、保守的估算,展示了黄土高原美好的前景:千百万个小流域(据黄委资料,黄土高原主沟长6~10km的小流域有47 000个)形成各自的防护林体系,并由黄河各干、支流有机地把它们结合成黄土高原总的防护林体系之后,在林木成长并发挥其防护作用的同时,不仅黄土高原上的气候、水文等条件将发生深刻的变化,水土流失将得到基本控制,农、牧业生产条件将大为改善。而且,由于黄土高原形成新的生态平衡,广大的黄河下游地区人民的生产生活条件也将得到有力的保障。

第一节 坡面水土保持林

黄土高原地区"梁"、"峁"坡和侵蚀沟道的沟坡是当地坡面集流和土壤侵蚀的基地,这些坡面的位置多与当地适于基本农田的地段和沟道内的沟坝地、川滩地等间杂交错分布,坡面的治理状况如何直接影响到基本农田的生产条件,同时,这些坡面在以农、牧业生产为主的地区,生产上又是适于发展林业和牧业生产的基地。因此,配置在这些坡面上的水土保持林的特点是:在流域范围内分散分布,发挥着控制坡面径流、减少入河泥沙、直接为保障和改善农牧业生产条件服务的作用,在此基础上又为在当地具体条件下发展农牧业生产、改善当地群众的生活创造条件。

一、坡面水土保持(或水源涵养)用材林

在黄土高原地区,由于多数坡面的立地条件较差(除森林草原地带的少数地区的坡面

外)，所营造的护坡林多以解决三料(燃料、饲料、肥料)问题为其特征。多年来由于长期过度放牧、采伐、修路、矿产资源开发等，原本很脆弱的植被遭到严重破坏，覆盖度降低导致水土流失严重的山地坡面，需要通过人工营造水土保持林的方法来防止坡面土壤侵蚀，增加坡面稳定性，同时争取获得一些小径级用材。现有生产实践表明，这样的护坡林，在良好的经营管理条件下，仅可生产一定量的小径材。这也是在广大的黄土高原地区不宜提出建立用材林基地的根据。

坡面水土保持林发挥着涵养水源、调节径流的作用。在一个小流域或沟系的各个坡面上，合理布设的护坡林，将成为当地森林覆被率的重要组成部分，从而在一定范围内可发挥改善当地局部气候和水文条件的作用。

(一)人工营造坡面水土保持用材林

这类地区主要包括梁峁顶(分水岭)、坡面等，一般造林比较困难(水土流失、干旱、风寒、土壤瘠薄等)，应通过细致的造林整地措施，人工改善树种成活与生长的立地条件，采取乔灌木树种的不同混交形式使其形成复层林冠：一方面使幼树成活生长的过程中，发挥生物群体相互间的有利影响，为提高乔木树种的生长率及其稳定性创造有利条件；另一方面，通过一定的混交形式有利于尽快形成较好的森林枯枝落叶层，发挥其涵养水源、调节径流的作用。

在此种林分中可采用刺槐、油松、侧柏、椿树、白榆、青杨、山杏以及紫穗槐、沙棘等。

由于造林条件严苛，护坡林中树种混交建议采用下列形式：

(1)灌木带与乔木行混交。基本沿等高线，先行造成灌木带(例如沙棘或紫穗槐，每带用灌木 2～3 行，行距 1.5～2m，株距 1m)，带间距 4～6m。待灌木成活经过一次平茬后，再在灌木带间栽植乔木树种(如刺槐、油松或青杨)1～2 行，株距 2～3m。

(2)乔灌木隔行混交。乔灌木同时进行造林，采用乔木(如油松、刺槐等)与灌木(如沙棘、紫穗槐等)行间混交方式。

(3)结合水土保持整地措施的乔木、灌木纯林。生产上，由于种苗准备、劳力调配组织等原因，广泛采用营造乔木(例如油松、刺槐等)、灌木(如沙棘、紫穗槐等)纯林的方式，实际成效也较好。但是，应该指出的是，采用乔木、灌木纯林的方式要特别注意采用一定规格的反坡梯田、水平阶或鱼鳞坑等水土保持造林整地措施，方可保证在幼林期间既发挥一定的水土保持作用，又大大有利于幼树的正常成活、生长以及迅速郁闭成林。

(二)小流域水源地区水源涵养用材林的封山育林

这类山地坡面依托残存的次生林或草、灌植物等，通过封山育林、生态自然修复，达到恢复水源涵养林、形成稳定林分的目的，这类技术要点除政策、管理保护等措施外，主要是林分密度管理和林分结构调整等。

二、护坡薪炭林

发展薪炭林主要在解决农村生活用能源(主要是做饭取暖)的同时，制止坡面水土流失，发展农业生产、改善群众生活。黄土高原地区由于燃料匮乏，致使大量林地、天然草皮破坏，作物秸秆、根茬、饲料、草皮甚至牛粪等作为燃料，而使农田得不到最低的有机质补充，割断了农业生态系统中物质和能量的循环，可以这样说，我们烧掉的是“粮食”，是“产量”。同时，由于燃料奇缺，群众不得不花去大量的劳力去为觅取燃料而做非生产性的劳动力消耗。

(1)护坡薪炭林地选择。在小流域规划和水土保持生态工程规划中，一般选择距村庄(居民点)较近，交通便利，不适于搞经济利用(如农业、经济林、用材林、草场等)，甚至水土流失严重的坡地作为人工营造护坡薪炭林的地方。

(2)树种选择。一般薪炭林应选择耐干旱、耐瘠薄、耐平茬，具有再生能力、生物产量和热值高等特点的树种。适宜黄土高原地区的主要薪炭林树种有刺槐、沙棘、柠条、旱柳、沙柳、紫穗槐、胡枝子、花棒、毛条、梭梭、沙枣等，不同树种其热值不同(燃料值)，见表3-1。

表3-1　黄土高原地区薪柴树种同当地其他燃料值比较

燃料种类	热值(kJ/g)	与当地原煤热值之比
柠条	18.5	0.69
沙棘	19.5	0.73
刺槐	19.0	0.71
高粱秆	17.3	0.65
牛粪	12.8	0.48
原煤(甘肃平凉安口)	26.8	1.00

(3)薪炭林经营。各地可采用不同的经营形式，可以利用薪炭林再生能力强的特点，轮封轮伐，封山育林，对低价值林分进行改造，提高用材产量，要逐步由粗放经营向科学管理、集约经营转换，由单效益向多效益综合发展。甘肃泾川县对沟道刺槐林实行划片(区)分户管理模式，谁管理谁砍伐，伐一栽一，解决了群众用椽和烧柴问题，刺槐林越长越旺，既防止了水土流失又带来了经济效益，各地可以借鉴。

三、复合林牧护坡林

由于土地利用的方向为发展畜牧业，梁峁防护林营造的目的就在于：为恢复植被或人工培育牧草创造必要的条件；利用林业本身的特点为牲畜直接提供饲料；保障牧场或草场免于水土流失以及大风寒冻之害。

畜牧业是黄土高原地区主要的生产事业。为了从根本上提高和稳定农业产量，必须在发展生产中深刻认识“农、林、牧三者互相依赖，缺一不可，要把三者放到同等地位”这样一个农、林、牧三者之间的辩证关系。由于历史及自然条件方面的原因，黄土高原地区的畜牧业历来以养羊为主，其次是猪、牛、驴、骡、马等。但是，植被覆盖度低，可食性牧草过少，严重地限制了畜牧业的发展，加剧了水土流失及所谓的“林牧矛盾”。也正因为如此，畜牧业可提供给农业的有机质肥料和役畜数量远远不能满足要求，从而限制了农业的发展。因此，有计划地改善天然牧坡，积极培植人工草场，以满足饲草(料)的需要，成为发展畜牧业的关键。

黄土高原地区的人民群众在与自然斗争中创造了直接采用人工营造可供放牧的灌木林作为放牧基地的办法，收到以林促牧、以牧促农、迅速改变自然面貌和生产面貌的效果。

山西省水土保持科学研究所在晋西北地区总结了偏关营盘梁、右玉县盘石岭营造放牧林的经验，陕西绥德、甘肃定西、山西河曲曲峪等处均有类似的经验。

(一)树种选择

生产上广泛用做放牧林的灌木树种应具有以下特点：

(1)适应性强、耐干旱、耐瘠薄。黄土高原山区由于植被覆盖度低，草种贫乏，立地条件的干旱、瘠薄反映出土地生产力低，植物生长条件差，直接种植牧草效果往往不好，选用适应性强的乔、灌木树种，不论其生长势还是其生物产量均可达到满意的效果。黄河水土保持西峰治理监督局(黄委会西峰水土保持科学试验站)在南小河沟相同的立地条件下，对一些灌木树种(可供饲用)和饲草进行了多年试验研究，得出部分灌木树种的嫩枝叶产量均比一些传统饲草高(见表3-2)。

表3-2 甘肃庆阳市南小河沟饲料产量对比

饲用植物名称	林龄(a)	可采食率(%)	饲料产量(kg/hm^2)
柠条	6	55.6	8 131.5
狼牙刺	6	42.5	11 458.5
沙棘	9	33.3	15 959.2
杭子梢	5	47.8	7 533.0
天然草场	—	—	3 611.2
紫花苜蓿	—	—	2 555.2
杂花苜蓿	—	—	2 563.5
红豆草	—	—	3 335.2

(2)适口性好。沙棘、刺槐、杨树、柠条等均有较好的适口性。

(3)营养价值高。大多可作饲料的乔、灌木树种均具有较高的营养价值，见表3-3。

表3-3 几种灌木和当地几种牧草营养成分对比

饲用植物名称	树龄(a)	物候期	风干叶子和嫩枝营养成分含量(%)							
			粗蛋白	粗脂肪	粗纤维	无氮浸出物	磷	钙	灰分	水分
柠条	3	初花	25.27	4.27	23.18	34.26	0.285	2.05	8.16	4.41
狼牙刺	6	初花	27.41	3.23	15.50	43.45	0.390	1.76	6.16	4.26
沙棘	5	展叶	20.43	3.25	16.86	49.65	0.255	1.08	5.23	4.58
杭子梢	5	展叶	25.17	3.39	20.46	36.75	0.335	1.395	7.26	6.37
天然草场	—	—	4.1	1.6	44.7	38.70	—	—	16.9	
紫花苜蓿	—	—	14.9	2.30	28.30	37.30	—	—	0.60	8.60
杂花苜蓿	—	—	18.85	5.16	17.67	47.07	—	—	11.25	

表3-3表明，所测灌木树种均可达到或超过优良牧草指标（有材料指出，优良牧草的标准为：粗蛋白10%～20%，粗脂肪2.5%～5.0%，粗纤维20%～30%，无氮浸出物30%～45%）。

(4)生长迅速，幼龄时即可提供大量饲草，经济价值高。

(5)萌蘖力强，平茬或放牧后能迅速恢复。

(6)除作为主要饲料树种外，应具有其他经济效益。

根据以上特点，结合黄土高原地区多年的生产实践，灌木饲料林可选用柠条、沙棘、紫穗槐等，此外，还可试用胡枝子、榛子、黄刺梅、刺槐（灌木状）等。这些灌木具有适应性强（耐干旱、耐瘠薄等）、饲用价值高、可食性好、耐刈割、耐牲畜啃食、萌发再生力强等特点。同时，在利用其枝叶、荚果作为饲草（料）之外，通过平茬刈割所得枝柴也是解决当地燃料缺乏的一个重要来源，有计划地轮封、轮牧尚可很好解决所谓的"林牧矛盾"。牲畜、羊群不再满山乱牧，这样就可保证其他林业用地上林木的正常生长。

（二）树种配置

放牧林可采用短带状沿等高线配置（每带长10～20m，每带由2～3行灌木组成）。带间距4～6m，水平相邻的带与带间留有缺口，以利牲畜通过。偏关营盘梁和河曲曲峪村采用灌木丛均匀配置，每丛灌木（包括丛间空地）占地5～6m^2，羊只可在丛间自由穿行。总之，不论应用何种配置形式，均应使灌木丛可以充分形成大量枝叶，又便于牲畜采食；与此同时，应注意有利于有效地截持径流。在这种留一定间隔的灌木丛间的空地上，由于截留雨、雪，又处于灌木丛间形成的良好小气候条件，对于天然牧草的恢复与生长十分有利。其结果是茂密壮旺的灌丛再加带间空地天然牧草的繁育生长，最终形成牧草丰盛的放牧基地。一般营造的柠条放牧林，在其营造5年之后其产草量与一般覆被率的草坡（40%～50%）相比，其载畜量可提高十多倍。据北京林业大学（1965年）在山西盘石岭、临县兔坂村调查，3～4年生人工沙棘放牧林，每公顷可供10只羊全年饲食，较之一般草坡载畜量可提高4.5倍。

灌木放牧林多采用直播造林。播种后头1～3年，灌木主要生长地下部分，地上枝叶生长较慢，到播后第3年起，宜将地上部分进行平茬，以促进其地上部分萌生新枝，加强生长。因此，在造林头2～3年内，实行封禁造林地，牧畜不得进入林内，待经过平茬出叶发枝后方可放牧。柠条灌丛的灌木放牧林，据观察，在羊只采食后经7～10天，新枝萌出又可继续放牧。因此，在放牧林管理上应注意规划好轮牧区，这样既有利于灌木正常生长，又有利于经常保持羊群有丰富的采食饲草。

实践证明，灌木放牧林全年均可放牧，即使在大雪封地，采食其他地面牧草困难时，仍可采食灌木嫩枝。

在远离畜舍的牧坡，可选择背风、平缓的坡地，结合营造灌木林可配置一些疏枝大叶的乔木树种（如杨类、核桃等），使之形成片林，当遇到风雹暴雨和酷暑烈日等灾害天气时，可作为牲畜庇护所。

上述梁峁防护林中有关放牧林的配置原则，除了应用在不适于作为农业用地并划为牧场的梁峁地带外，适用于沟谷地带其他的牧坡牧场。

四、山地农田防护林

山地农田主要包括水平梯田、坡式梯田、缓坡坡耕地等。由于大面积退耕还林，坡耕地最终要成为梯田或林地。

(一)水平梯田

在基本农田建设中，水平梯田是其重要的组成部分。梯田建成后，梯田地坎占用面积(一般为农田总面积的3%～20%)的合理利用，以及由于暴雨径流对梯田地坎的冲蚀与破坏，不仅造成新的水土流失，而且还需要经常花费一定的劳力进行维修。针对存在的这一问题，黄土高原山区群众在长期的生产实践中，较为普遍地在梯田地坎栽培一些经济树种，例如：栽植花椒、柿、枣(晋、陕、豫等)、柽柳、杞柳、桑条、白蜡条等经济护埂植物，较好地起到充分利用土地、增加群众收入、保护固持梯田地坎、省去或减少梯田地坎维修用工等作用。黄委会西峰水土保持科学试验站在梯田地坎栽植黄花菜取得很大成功，在陇东地区得到普遍推广应用。

但是，如果在梯田造林时，由于树种选择和配置方式不当，往往产生遮阴耕地、串根萌蘖、与作物争肥争水等不良影响。因此，在规划设计梯田地坎造林时，应该适当考虑这些问题，充分发挥梯田地坎造林的优越性。

1.树种选择

树种选择有如下要求：抗风力强，不易被刮倒、风折及风干枯梢；生长迅速、稳定、枝叶茂密、根系不伸展过远或具有深根性；经济价值较高，没有和农作物相同的病虫害。

2.树种配置

(1)梯田地坎栽植灌木。一般栽植在地坎的1/2或1/3处(也就是在田面50cm以下的位置)，栽植1～2行，株距0.5～1.0m。如杞柳、紫穗槐、柽柳等，经济上可以采收编织枝条，可以利用其嫩枝叶等就地压制绿肥，同时又可充分利用灌木根系网络埂坎，起到巩固埂坎的作用。定西水保站观测梯田地坎上栽植的杞柳，3～4年后，每公顷地坎造林可采柳条2万多kg，在一次降雨101.4mm，历时4.5小时，强度23.1mm/h的特大暴雨中，杞柳造林的地坎没有冲毁破坏现象。

在修筑水平梯田的过程中同时结合压入树条的办法效果也很好。上述灌木树种一般主侧根发达，具有垂直向下的特性，把它栽在埂坎上不会产生“串根胁地”的问题。

梯田地坎上栽植的灌木每年均应进行平茬，平茬时间宜在早春或晚秋进行，这样既可采到优质枝条，又不影响灌丛发挥其防护作用。

(2)梯田地埂上栽植乔木或经济树种。一般以经济林为主，株距5～6m。此外，坡耕地实行林粮间作，在种植农作物的同时，有计划地沿等高线种植经济价值较高的乔木树种，植树行间距10～20m，株间距3～4m，到乔木树种形成树冠郁闭时，即完成了退耕还林的过渡。

(二)坡式梯田或缓坡耕地上的草(灌)带

在一些地广人稀的地区，一时尚不可能修成水平梯田，群众中有结合水平地埂带状栽植苜蓿、黄花菜、紫穗槐等习惯，通过一定时间对泥沙的拦蓄过滤，可逐步改坡地为坡式梯田，又可起到一定的水土保持作用。这种办法值得推广。

在坡地上栽植草带与灌木带时，带间距离需根据这些草灌带的设置宽度，也就是它的吸水与分散地表径流的能力来确定。据国外有关资料，带间距离为带宽的8～10倍，这个带间距在一般坡度的坡地条件下，也正适合于坡地逐步改变为坡式梯田的要求。

第二节　黄土高塬沟壑区和沿河阶地的塬面塬边防护林

黄土高塬沟壑区的塬面塬边和沿河冲积阶地，地面平坦、土层深厚，从古至今是农业（粮、棉、油）生产基地。但是，由于地势高耸（塬、沟相对高差有70～200m），水源缺乏，风大霜多，塬面的面蚀和沟蚀均很剧烈，严重影响和限制着农业的高产稳产。因此，在黄土高原地区的综合治理规划中，对这一类型土地，在大搞农田基本建设，合理规划田、路、渠、林时，塬面塬边防护林是必不可少的组成部分。

一、塬面塬边防护林的作用

（1）塬面塬边防护林为塬面农田屏障，可充分发挥其防止害风霜冻之灾害，特别是干热风和大风对农作物的危害，改善农田小气候，改善农业生产条件。

（2）塬面塬边防护林，结合塬面上的蓄水保水措施，与塬边埂、沟头防护等工程措施相配合，可分散涵蓄地表径流，防止塬边线的侵蚀崩塌和沟头的溯源侵蚀。

（3）塬面塬边防护林，通过合理的抚育间伐等可为农村生产生活提供一定数量的木材和其他林副产品。

二、塬面塬边防护林的配置

塬面塬边防护林的配置与平原地区农田防护林的原则相同。其要点如下：

（1）主林带力求与当地主要害风的方向相垂直或允许有30°的偏角，主林带间的距离应为组成林带的乔木树种在壮龄时期高度的25～30倍。

（2）副林带基本上与主林带相垂直，以利于使农田地块为长方形，便于农田的耕作，又有利于辅助主林带发挥防护作用，一条主林带与一条副林带所包围的田块称为一个林网。主林带间的距离和副林带间的距离所构成的林网面积，应适合当地的农田基本建设、水利和道路长远规划并与之相协调。由于主副林带间的距离确定是以当地所处立地条件下主要树种壮龄期生长高度为主要依据，因此一般建议在森林草原地带林网规格为：主林带间距（300～400m）×副林带间距（500m）；草原地带的林网规格为：主林带间距（150～300m）×副林带间距（500m）。如此，林网面积（或方田面积）摆动在7.5～20hm^{2}之间。

（3）根据黄土高塬沟壑区的条件，林带可由2～3行乔木及2行灌木组成，使林带的林冠层形成上下均匀透风结构，建议采用杨类、旱柳以及紫穗槐等乔灌木树种，为了配合当地对经济树种的需求可在林带背风向阳的一侧种植桃、梨、苹果、桑等。

（4）由于在土地及劳力条件好的农业地区造林，可充分利用有利条件，加强林木管理，促进林木迅速成长，及时发挥与提高其防护作用。

以上是保证设置农田防护林发挥其防护作用方面的一些具体原则,我们在规划时可以将土地利用与道路、渠道、田边地界相结合。同时应适当提出防护林带走向、田块大小方面的要求,以便在(进行土地利用的)总体规划时能结合这一方面的情况统筹安排。

在塬面的广大地区,基本农田建设短期内还不能达到高标准的要求时,在坡耕农田的条件下,农田防护林的配置应在考虑防风效果的同时,适当考虑到利用林带发挥其分散拦截地表径流、防止水土流失方面的要求。

塬边防护林从树种组成及其结构配置等方面基本与塬面防护林相同,其特点是应较多地考虑结合塬边埂更好地涵蓄分散地表径流,发挥其固持边陡坎的作用。在此情况下,可将塬边防护林带配置在塬边埂的外侧。在没有修筑塬边埂的塬边上,可直接在塬边密播或密植(株距 0.5m)两行灌木,在向塬面的一侧同时栽植 2~3 行乔木树种。据山西省水土保持科学研究所试验,在其试验场的陡坎峁边播种 2~3 行柠条组成的灌木带,确实发挥了很好的固持陡坎、保持水土的作用。由此可看出这是保塬固沟的行之有效的办法。

塬边附近的集流槽是塬面洪水汇集并倾泻入沟道中的通道,通常这里也正是塬边侵蚀沟激烈发展的场所。为了制止沟头前进、沟岸扩张,除了在塬面上规划一定的蓄水保水措施外,在靠近沟头的集流槽底部修筑沟头防护工程往往可取得很好的效果。在这一地段,塬边防护林应该配置在靠近沟头防护工程上游的集流槽底部。在留出一定水路的条件下,垂直于集流槽水流方向配置宽 10~20m 的灌木林带。这样可在塬面洪水发生时起到缓流挂淤的作用。在修筑沟头防护工程时,结合工程也可进行柳枝埋设或垂直水流方向打下柳桩,待其萌发生长后可进一步巩固沟头防护工程,即使遇到特大塬面洪水过坝时也可起到安全防护、防止沟头前进的效果。

在广阔的塬面上配置塬面塬边防护林的基础上,大力提倡四旁植树,把一切可以栽树的地方栽起来,实现"大地园林化",必将使塬区的农、牧、副业处于十分有利的园林防护之中,达到稳产高产的目的。

第三节　沟道防护林

在黄土高原地区,即使是坡面或塬面径流得到基本控制之后,总有一部分地表径流,甚至固体径流产生或流到沟壑和河川中去。同时,水土流失严重地区沟壑纵横,沟壑所占面积很大(如黄土丘陵沟壑区一般可达 40%~60%,黄土高塬沟壑区占 40%~50%),其本身承接的降水量对形成地表径流,加剧这一地区的水土流失也起着很大的作用。这两方面就是沟壑中较大径流的来源,也是引起沟壑中水土流失的主要动力。

黄土高原地区群众多年来有着留淤成滩、修筑川台坝地、建设稳产高产田的丰富经验。很多地区坝地已成为当地基本农田的重要组成部分之一,而与此同时,沟壑经常是这一地区割草放牧,生产三料、木材、果品、药材和其他林副产品的基地。从沟壑总的利用面积来看,沟壑中林业生产较之其他各项生产占有更大比重,这是各地共同具有的特点。因此,在黄土高原地区,为了控制水土流失、减少入河泥沙,充分发挥土地生产潜力,治理沟壑具有重要意义。而在沟壑治理中,除工程措施外,进行沟道造林是非常重要的一环。

黄土高原地区,由于各地所处的自然历史条件不同,沟壑侵蚀发展的程度不同,因而土地利用的基础和治理的水平也各异,它们适合于采用的沟道造林措施也出现比较复杂的情况。为了叙述的方便,可概括为下述几种类型。

一、沟壑发展基本稳定的沟道

沟道侵蚀发展基本停止,沟道农业利用较好,沟坡现已用做果园、牧地或林地等。这一类型基本是在坡面治理较好,沟道采用打坝淤地等措施达到稳定沟道纵坡、抬高侵蚀基点的地区,对这一类型的治理措施在于根据全面规划,更好地利用现有土地,加强巩固各项水土保持措施的效果,很好地发挥土地生产潜力,提高其生产率。

沟道中除已有淤地坝外,应在其上下游未及利用的荒沟及支沟底部进行植树造林,在这一类型沟道中(特别是在森林草原地带),利用水肥条件较好、沟道宽阔的地段,发展速生丰产用材林。如黄土高原各乡镇都注意发展这样小片的农村用材林基地,就可改变当地农村木材奇缺的状况。

在较为宽敞的沟道,利用缓坡、土厚、向阳的沟坡,可建立果园。应该强调指出的是,不论建设新果园或改造老果园,均应特别注意加强水土保持整地措施,可因地制宜按窄式梯田、大型水平阶或大鱼鳞坑的方式进行整地。在此基础上,结合果农间作,在果园内适当种植作物(如豆类等),达到粮果兼顾、共同丰收的目的。在规划果园时应考虑水源、运输等条件,并在果园周围密植紫穗槐等灌木带,调节果园上坡汇集的径流并就近取得绿肥原料,得到编制篓筐的枝条。

一般在利用沟坡进行造林时,造林地的位置可选在坡脚以上沟坡全长的2/3以下,因为沟坡上部多为陡立的沟崖,如它已基本稳定,应避免因造林而引起新的水土流失。在沟坡造林地的上缘可选择一些萌蘖性强的树种(如刺槐、沙棘等),使其茂密生长,再略加人工促进,让其自然蔓延滋生,从而达到进一步稳固沟坡陡崖的效果。在沟坡崖条件较好的地方也可以考虑撒播一些乔灌木树种的种子,让其自然生长。

二、沟壑发展部分稳定的沟道

侵蚀沟道的中下游侵蚀发展基本停止,沟道上游侵蚀发展仍较活跃,沟道内进行了部分利用。在黄土丘陵沟壑区,这类沟道所占比例较大,也是开展治理和合理利用的重点。在开展治理和合理利用沟道的同时,必须有规划地积极进行坡面治理和利用。

有条件的沟道应打坝淤地,修筑沟壑川台地,建设基本农田。在坡面已基本治理的流域,由下而上,依次进行坝系建设。在打坝淤地的施工过程中,可以在其外坡分层压入杨柳枝条,或直接播种柠条、沙棘等灌木,其成活后将发挥很好的固坝缓流作用。这类沟道的上游,沟底纵坡较大,沟道狭窄,沟坡崩塌较为严重,沟头仍在前进。它对坡面(梁、峁、坡、塬面)割切破坏,以及多数这种支毛沟汇集而来的大量固体及液体径流直接威胁着沟道中下游坝地的安全生产。因此,积极开展对这种沟道的治理具有重要的意义。

不论是沟头前进,还是沟岸扩张,都与沟底的不断下切刷深有直接关系。因此采取的措施是:在沟头建筑沟头防护工程和小型蓄水工程,拦截、缓冲径流,制止沟头前进;在沟底建筑沟道防护工程,如谷坊、小型淤地坝等,从而达到抬高侵蚀基点、减缓沟底纵坡坡度、稳定侵蚀沟沟坡的目的。但是,仅靠工程措施还不能完全达到治理目的,为确保下游工程措施和坝地的安全,必须采用工程措施与生物措施相结合的办法,才能从根本上解决问题。

在黄土高原地区,采取的工程措施主要有编篱柳谷坊或土柳谷坊群。编篱柳谷坊是在预定修建谷坊的沟底按 0.5m 株距打入一行 1.5～2m 长的柳桩,地上部分露出 1～1.5m,距这一行柳桩 1～2m 按同样规格平行打入另一行柳桩,然后用活的细柳枝分别对两行柳桩进行编篱到顶。在两篱之间填满湿土,夯实到顶。修筑土柳谷坊的方法是在土谷坊施工分层夯实时,在其背水坡压入长为 90～100cm 的 2～3 年生柳枝,或是在谷坊两侧进行高杆插柳。

编篱柳谷坊或土柳谷坊这两种措施的特点在于工程措施与生物措施紧密结合起来。当洪水来临时,谷坊与沟头间形成的空间,发挥着消力池的作用,水流以较小的速度回旋漫流而过,尤其在柳枝发芽成活茂密生长起来以后,将发挥稳定的、长期的缓流挂淤作用,沟头基部冲淘逐渐减少,沟头的溯源侵蚀将迅速停止。

在沟底已停止下切的一些沟壑,如果不宜于农业利用时,最好进行高插柳的栅状造林。这种方式是采用末端直径为 5～10cm,长为 2m 的柳桩,按照株距为 0.3～0.5m、行距为 1.0～1.5m、垂直流线每 2～5 行为一栅进行配置,每一柳栅之间可以保持在柳树壮龄高度的 5～10 倍,以利其间逐渐淤积或改良土壤,为进行农林业利用创造条件。

沟底造林除柳树之外,建议首先栽植沙棘、刺槐、杨属系列等根蘖性强的树种,在其成活后,可采取平茬、松土(上坡方向松土)等促进措施,使其向上坡逐步发展,它可能又为后续的崩落物或泻溜物埋压堆积,但是依靠这些树木强大的生命力,又会很快以它的青枝绿叶所覆被,如此几经反复,泻溜面或其他不稳定的坡面,最终将固定下来变害为利。

三、沟壑侵蚀发展活跃的沟道

侵蚀沟系的上、中、下游侵蚀发展都很活跃,整个侵蚀沟系均不能进行合理的利用。这类沟系的纵坡较大,一、二级支沟尚处于切沟阶段,沟头溯源侵蚀和沟坡两岸崩塌、滑塌均甚活跃,所以不能从事农林牧业的正常生产。沟坡有时生长着覆被度很稀的草被,如果在这里滥行放牧,不但不能解决放牧问题,往往进一步加剧沟道的水土流失。对于这类沟系的治理可考虑从以下三方面进行:

(1)封禁。距离居民点较远,现在又无力投工进行治理时,可采取封禁的办法,减少不合理的人为破坏,使其逐步自然恢复植被,或撒播一些林草种子,人工促进植被的恢复。

(2)退耕还林。对仍在耕种的坡耕地,要在统一规划和土地合理利用的基础上逐步退耕还林。

(3)加大治理力度,从根本上改变山区面貌。按照国家统一规划,在各级政府的领导和群众积极参与下,大力开展小流域综合治理工作,使昔日的光山秃岭披上绿装。

第四节　池塘水库周围防护林

在水土流失较为严重的地区,池塘水库常是当地农田水利化以及解决人畜用水的重要水源。但是,由于库区范围内水土保持工作上不去,池塘水库往往遭受泥沙淤塞,或因风浪冲淘引起的库岸坍塌,从而威胁到池塘水库的使用价值及其寿命。此外,由于塘库的水面蒸发而造成塘库蓄水的大量散失以及因水库附近(特别是坝体以下的地段)地下水位抬高而发生土壤沼泽化等问题都影响到当地的生产。

池塘水库中的泥沙来源主要有两个方面:一是由水库的集水区而来,经由沟、溪、河流进入库区;二是因池塘水库蓄水后库岸受风浪的冲淘产生崩塌所引起的。为了防止池塘水库的泥沙淤积问题,必须在其集水范围内积极采取综合性水土保持措施。其中就林业措施而言,应因地制宜、因害设防地进行水土保持林种配置,使其在池塘水库流域范围内形成防护林体系。下面仅就池塘水库沿岸及其坝体周围防护林的配置等问题作一概括的介绍。

库岸的岸坡形态和其地质状况不同,受水浪冲淘破坏的程度也不同,当库岸由均一的疏松母质(如黄土)所构成时,其破坏冲淘的程度当视水浪的大小而定。水浪越大,因冲淘而引起的库岸破坏也越大,进入库区的泥沙也越多。据观察,塘库水面浪高在 0.1～0.2m 时,岸库即出现明显的冲淘破坏。在库岸周围营造防护林的目的之一就是缓冲波浪对库岸的冲击破坏作用,一般在库岸接近水面的地段和坝体的迎水坡配置以灌木柳为主的防浪林。生长茂盛的灌木柳具有较强弹性,能很好地削弱波浪的冲击力量。同时,借助于发达的根系也可固持岸坡土壤,增强其抗蚀能力。这种防浪林带愈宽、栽植密度越大,其防护作用也愈大。据观察,15～20 行的灌木柳防浪林可以削弱高达 1～1.3m 的浪头而保护岸坡免于冲淘破坏。

池塘水库沿岸营造一定结构和宽度的乔灌木混交林,既对拦蓄岸坡上部的固体径流、减少进入塘库泥沙有良好作用,同时对于减少塘库水面蒸发损失水量的作用也是很大的。尤其在干旱地区水面无休止的蒸发几乎等于该地区降水量的若干倍,如果按生长期水分蒸发量为 600～700mm 计算,那么在这期间,水面将损失6 000～7 000m^3/hm^2,这种无效蒸发显然对于水利事业是不利的。池塘水库周围的防护林通过其对于风速和气流结构的影响,可减低水面蒸发量。据国外的研究资料,防护林对塘库水面风速减低近 1/2,而蒸发量则相应减少 25%～30%。

池塘水库防护林的配置包括:库区上游集水区的各种水土保持林;塘库沿岸的防浪林和防护林;坝体前面以高地下水为特征的一些地段的造林。

在设计塘库沿岸的防护林时,应该具体分析研究塘库各个地段的库岸类型、土壤及其母质性质,以及塘库有关的水文资料(高水位、低水位、常水位等持续的时间和出现季节频率等),然后根据实际情况和存在问题分不同地段进行设计,而不能无区别地拘泥于某一种规格。

塘库沿岸防护林由靠近水位的防浪灌木林或其上坡(或外侧)的防护林组成。如果库岸为陡峭类型,其基部又为基岩母质,则无需也不可能设置防浪灌木林,视条件只可在陡岸边一定距离处配置以防风为主的防护林。因此,我们所说的塘库沿岸的防护林重点应设置在塘库周围由疏松母质组成和具有一定坡度(30°以下)的库岸类型。在这种情况下,首先应确定塘库沿岸防护林(主要指防浪灌木林带)的设计起点。这里可供选择的有下列五种情况:一是由高水位开始;二是由高水位和常水位之间开始;三是由常水位开始;四是由常水位水和低水位之间开始;五是由低水位线开始。具体在一个水库设置沿岸防护林应由何点作为起始线，在分析有关资料时考虑如下原则：如果高水位和常水位出现频率较少和持续时间较短而不至于影响到耐水湿乔灌木树种的正常生长时，林带起点应该尽可能由低水位线或常水位和低水位线之间开始，这样，一方面可以更充分合理地利用水库沿岸的土地作为林木生产用地；另外，也可以使塘库沿岸的防护林充分发挥其减低风速和防止水面蒸发的防护作用，使更大的水面处于其防护范围之内。根据一些水库沿岸防护林带设计资料的分析，往往仅是由于设计防护林带的起点不同，沿着高水位线设计的林带比沿着常水位线的设计，有 20%～40%的土地面积没有得到利用，或者塘库的水面有 20%～40%处于林带防护范围之外。因此，通常防护林带的设计起点多建议由正常水位线开始，或略低于此线。

塘库沿岸防护林带的宽度应根据水库的大小、土壤侵蚀状况、沿岸受冲淘的程度而定。因此，即使是一个水库，沿岸各个地段防护林带的宽度往往也是不相同的，当沿岸为缓坡且侵蚀作用不甚激烈时，林带宽度可为 30～40m，而当坡度较大，水土流失较严重时，其宽度应扩大为 40～60m，在水库上游产沙量很大时，林带宽度甚至可达 100m 以上，一般只有在平原地区较小的池塘，其沿岸防护林主要作用为防风时，林带宽度才可采用 10～20m 或更小些。

塘库沿岸的防护林基本上由防浪灌木林和兼起拦截上坡固体径流与防风作用的林带所组成。防浪灌木林配置在常水位线或其略低的地段，由灌木柳及其他耐水湿的灌木组成，在常水位以上到高水位之间，则采取乔灌木混交型，乔木应选用耐水湿的树种，灌木则仍可采用灌木柳，使其能形成良好的结构。在高水位以上，往往立地条件变得干燥起来，而应采用耐干旱的树种。在这类林带中，为了防止水土流失或防止牲畜进入，可配置若干行以沙棘为主的灌木林缘。

在塘库沿岸造林的同时，应进行坝面的造林工作。在坝的迎水坡按照配置防浪林的位置，栽植纯灌木柳，在接近坝顶处栽植杨柳类喜湿树种。在坝的背水坡栽植较耐旱的乔灌木树种，如果此时由于坝体土质过于紧实，或采用其他工程护坡时，也可不造林。

有些水利工作者反对在坝坡上植树，特别是栽植乔木树种。他们认为由于深根乔木树种的生长，随着其根系的死亡腐朽会造成坝体内部的空洞以至威胁坝体安全；同时，乔木树种在坝体上受到强风吹袭摆动也对坝体稳定不利。据研究，乔木根系主要分布在坝体土壤表层，伸入的深度最大不超过 1.5m，而且其走向大致是沿坡向水面发展的，因此在坝坡上植树是有益无害的。至于乔木树种是否一定需要栽植在坝坡上，当视防护要求(有时是绿化、美化的要求)，或其他维护坝体措施的方便而定。

为了防浪或护岸，灌木柳可以采取密植的方式，株距 0.3～0.5m，行距 1.0m。乔木树种株距可为 0.7～1.0m，行距则可确定为 1.5m 或 2.5m。

选择接近水面或可能浸水地段的造林树种时，应特别注意其耐水浸的能力。据测定，可耐水浸的时间为：灌木柳 60～70 天，黑杨(美杨)40 天，榆 30 天等。

对于坝体前面或其他低湿地，宜用做培育速生丰产用材林基地，选择耐水湿、耐盐渍化土壤的造林树种营造纯林，以充分利用这些不适耕地进行林业生产。同时，由于栽植成块状林或片状林，通过林木强大的蒸腾作用可以降低该地的地下水位，有利于附近其他用地的正常生产。

第五节 河川两岸的护岸护滩林

一、河川发育及土壤侵蚀特点

天然降水和出露的地下水，沿地表由高处向低处汇流，这些水的水流随着地形的变化逐渐汇集到沟河，聚涧成溪，汇溪而成河川。

天然河川，按其地理环境和演变的过程，可分为河源、上游、中游、下游和河口。在河川的上游地区，其纵断面比降大，河谷狭窄，水流湍急，冲淘强烈，且多跌水；在河川的中游地区，河谷断面大致稳定，比降小，河水冲淘和淤积不太显著；而在下游地区比降甚小，流速减低，河谷宽广而多弯曲，淤积显著，河床上升，在暴雨之后常造成水灾；在河口，由于流量和含沙量大以及入海处河床比降小，则发生大量泥沙沉积，逐渐形成三角洲新陆。

在一般情况下，河川的侵蚀从河源到河口是逐渐减轻的，在上游地区侵蚀强烈。由于河谷的土壤地质条件不同，河川侵蚀的程度各异。河川的侵蚀和其流域范围内的土壤侵蚀一样，是在古代侵蚀的基础上发展起来的，因此河川侵蚀的过程和其流域地区上游土壤侵蚀过程是联系在一起的。可以说，河川侵蚀是土壤侵蚀的一部分，是其流域地区土壤侵蚀的继续。

应该指出，高而陡峭的河岸是发生沿岸侵蚀、底部冲淘、河岸崩塌等现象的良好处所，但由于河岸的构造不同，其侵蚀的程度也不同。上下由坚硬的岩石组成的河岸，一般侵蚀很轻微或者根本不产生侵蚀；而由黄土或砂土—黏土构成的河岸侵蚀非常剧烈。河川侵蚀往往是通过冲淘、塌陷、崩塌等现象来实现的。

这种现象在黄土高原地区常会看到，由于河川及其流域地区土壤侵蚀的结果，每年都有大量的有机物质和无机物质被河水挟带到大海中去，河川上游地区土壤肥力降低和农田面积缩小，下游地区经常泛滥成灾，对国民经济的发展影响极大。

二、河川护岸林的种类及其设置

河谷川道两岸的川地，土地平坦、水土条件好，常是基本农田的精华所在。但是，这些川地所处地形部位较低，在洪水时期常受淤泻和冲淘的危害，致使川地面积缩小并破坏川地的生产力。黄土高原地区广阔的河川两岸群众历来有采用林木进行护岸护滩的丰富经验，不仅可以保护现有耕地，并可扩大耕地面积，同时也是河川两岸地区生产用材和燃料的基地。

从地貌学的观点看，任何河川都有其产生、发育、衰老和幼年、壮年、老年的发展过程。在一定的河谷流域的地质、地形、土壤、植被、水文等条件下，产生了河谷川道的上、中、下游，以至其两岸所形成的岸滩类型的多样性。我们在治理河川，与河争地，使其为发展生产服务时，就必须考虑到这些因素，考虑到河谷川道发育的规律，例如水文变化、河道曲行、河岸类型有冲有淤等情况，才能因势利导、因地制宜、因害设防地为发展生产的目的服务。

很明显，河川沟道既汇流着其全流域的径流与泥沙，而且在其漫长的径流过程中又夜以继日地对河床及其两岸进行着无休止的侵蚀或淤淀。因此,我们应该理所当然地把整治河川护岸护滩作为水土保持工作的一个重要侧面。

在河堤上营造护岸林,是固持河岸、防止水浪冲淘、减少河道淤积和调节河水流量的重要措施之一。

为了防止河岸的破坏,河岸造林必须和河滩造林密切地结合起来,群众常说"护岸必先护滩"就是指的这个道理。只有在河岸滩地都营造起森林的条件下,方能减弱水浪对河岸的冲淘和侵蚀,因为林木的强大根系,一方面能固持岸堤的土壤,另一方面根系本身就起着减缓水浪的冲击作用。

(一)平缓河岸的护岸林

长期以来由于河川遭受侵蚀和冲淘的结果,造成河床弯曲,平缓河岸和陡峭河岸交错存在,往往一边为平缓河岸,而对边则为陡峭河岸;同时平缓河岸又与河滩连结在一起。因此,在平缓河岸营造防护林时,既要与陡岸造林相结合,又要与滩地造林相结合。

在一般情况下,缓坡岸上的立地条件较好,护岸林的设置可根据河川的侵蚀程度及土地的利用情况来确定。在岸坡上可采用根蘖性强的乔灌木树种来营造大面积的混交林,在靠近水的一边可栽3~5行灌木柳,在岸坡侵蚀和崩塌不太严重,且岸坡平缓,河川洪水时期河水上涨到岸边的幅度不太大时,应营造20~30m宽的乔木护岸林带,常采用的树种多为耐水湿的杨、柳类;若洪水漫延的范围很大,林带应加宽到50~200m,我国最宽的护岸林可到500m(如宁夏地区吴忠县地段的黄河护岸林)。

在岸坡侵蚀和崩塌严重的情况下,造林要和工程措施结合起来,河岸上部比较平坦的地方应采用速生和深根性的树种(如刺槐、杨、柳、臭椿、白榆等)营造宽20~30m的林带,林带与河岸平行,林带边缘距河岸边应留出3~5m的空白(崩塌地块)。在靠近水的一边仍要栽植3~5行的灌木柳。

(二)陡峭河岸的护岸林

一般河流陡岸为河水顶冲地段,侧蚀冲淘严重,常易坍塌。因此,护岸林应配置在陡岸岸边及近岸滩地上,以护岸防冲为主。陡岸岸上造林,除考虑河水冲淘外,还应考虑重力崩塌。黄土质陡岸临界高度(稳定高度)一般为1.5~2.0m,沙黄土质为1.0m,而树木固土深度(根系密集深度)一般为2m左右。因此,在3~4m以下的陡岸造林,可直接从岸边开始;3~4m以上的高陡岸造林,应于岸边留出一定距离。一般以从岸坎临界高度的高处按土体倾斜角(即安息角,黄土、沙黄土为32°~45°)引线与岸上之交点作起点。

陡峭河岸的立地条件比较恶劣,护岸林的营造最好采用乔灌木混交方式,适宜的树种为刺槐、柳、杨、臭椿、楸、沙棘、柠条、紫穗槐等。林带的宽度可根据河川的侵蚀状况及土地利用情况来确定,尽可能应用农田与河岸间的空地,包括近岸滩地林带,宽度为20~40m。

森林固持河岸的作用是有限的,而河流洪水的冲淘力量随着流域面积的增大而加强,特别是当河川地区上游的森林遭到破坏后,洪水的冲淘作用特别大,在这种情况下,护岸工作应转向以工程措施为主,最好修筑永久性的水利工程,如堤防、护岸、丁坝等。

(三)护滩林的配置与营造

护滩林的任务就在于通过洪水时期可能短期浸水的河滩外缘(或全部)栽植乔灌木树

木,起到缓流挂淤、抬高滩地、保护河滩的作用,使之创造为农业利用,或直接在河滩地进行大面积造林的条件。如上所述,即使在陡岸进行必要的工程防护以后,这些工程之间也可自然形成滩地,河滩造林也应随之进行,最终达到巩固陡岸的目的。

当顺水流方向的滩地很长时,可营造雁翅式护滩林。即在河流两岸(或一岸)河滩地进行带状造林,顺着规整流路所要求的导流线方向林带与流向构成30°~45°的角度,每带栽植2~3行杨柳,每隔5~10m栽植一带,其宽度依滩地的宽度和土地利用的要求而定。树种主要采用柳树(或杨树),行距为1.0~1.5m,株距为0.5~0.75m,造林方法是埋杆造林,应深埋不宜外露过长,插干采用2~3年生枝条,长0.5~0.7m,主要依地下水的深度而定。

此种配置方法可减少洪水的冲力,也能淤积泥沙,逐渐缩小河道的宽度,使河道逐渐由弯变直,林带的位置和角度应因地制宜,被河水冲刷的一面,林带可伸展到河槽边缘,林带与水流所成的角度宜小,带距可缩短。

第四章　水土保持造林技术

水土保持林就其发挥水土保持作用的范畴应包括天然林、次生林以及人工林等。天然林、次生林的采伐、抚育、更新以至其他经营措施中均应注意到水土保持问题，使其既能达到经营的经济目的，又可以很好地长期发挥其涵养水源、保持水土、改善环境的作用，做到青山常在，碧水常流。从黄土高原地区的实际情况出发，大量的、主要的水土保持林需要通过人工栽植的方法来营造，而这一地区由于历史、自然条件和人为等因素的原因，造成造林成活率和保存率都比较低，生态环境脆弱，水土流失严重，大量泥沙流入黄河，严重威胁到下游人民的生命和财产安全。为了改善这一严酷的现实，黄土高原地区人民从新中国建立以来，在非常困难的条件下，经过几十年不懈努力，取得了不少的成绩，林草覆盖率由1%增加到28%，许多长期受危害的村庄周围变成了绿洲。1997年，中央号召要“建设一个山川秀美的西北地区”，并要求把生态环境建设作为黄河流域经济社会可持续发展的重大问题对待，把水土保持工作作为改善农业生产条件、生态环境建设和治理黄河的一项根本性措施，持之以恒地抓紧抓好。特别是近年来，中央相继增加了黄河流域水土保持生态建设的投资，黄河水土保持生态工程建设力度不断加大。这给黄土高原地区生态环境建设和经济发展带来了巨大的活力，特别是水土保持林的营造，要不失时机地加大种植力度和速度，使黄土高原在不远的将来变成一片绿洲。

第一节　造林地的立地条件

立地是指造林地或林地的具体环境，即指与树木或林木生长发育有密切关系并能为其所利用的气候、土壤等条件的总和。构成立地的各个因子称为立地条件。

在自然界，立地条件总是千变万化的，严格地讲，任何地方或区域没有两块绝对相同的造林地或林地，总有一些微小差别，但这种变化总还有一定的变化范围，而且在许多情况下还不足以引起树种选择及造林技术方面的不同，完全可以将其界限划分出来，把立地条件及其生长效果相似的林地归并在一起，就是立地分类。而立地质量评价是指对造林地或林地某树种生产力水平的评估。

一、造林地立地条件的分析和评价

(一)全面掌握造林地的立地性能

立地条件本身是个复杂的综合概念，是由许多环境因子结合形成的。为了全面掌握造林地的立地性能，就必须对立地条件的各项组成因子进行调查、观察和了解。在一定的造林地区内，大气候条件和地貌类型已经确定，进一步就要了解、掌握下列各项环境因子：

(1)地形。包括海拔高度、坡向、坡形和部位、坡度、小地形等。

(2)土壤。包括土壤种类、土层厚度(总厚度及有效厚度)，腐殖质层厚度及腐殖质含量,土壤侵蚀程度,各土壤层次的石砾含量、机械组成、结构、结持力、酸碱度,土壤中的养分元素含量、含盐量及其组成,成土母岩和母质的种类、来源及性质等。

(3)水文。地下水位深度及季节变化,地下水的矿化度及其盐分组成,有无季节性积水及其持续期,地表水侧方浸润状况,被水淹没的可能性,持续期的季节等。

(4)生物。造林地上的植物群落名称、结构、盖度及其地上地下部分的生长状况等。

(5)人为活动。土地利用的历史沿革及现状,各项人为活动对上述各环境因子的作用等。

(二)各环境因子之间的相互关系

有些环境因子有独立的生态作用,但大多数环境因子相互之间存在着错综复杂的关系,它们是通过这种联系而对林木生长共同起作用的。尤其是地形因子,它本身是间接的生态因子,通过对其他环境因子的再分配而起作用,因此它与其他环境因子之间的关系更加密切。

(三)找出主导因子

在许多环境因子中要找出主导因子,可以从两个方面进行:一是逐个分析各环境因子与植物必需的生活因子(光、热、气、水、养)之间的关系,从中找出对生活因子的影响面最广、影响程度最大的那些环境因子;二是找出处于极端状态,有可能成为植物生长的限制因子的环境因子,因为按照规律,成为限制因子的一般也是起主导作用的因子。把二者结合起来,从造林地如何保证林木生长所需的光、热、气、水、养等生活因子着眼,逐步分析各环境因子的作用程度,注意各因子之间的相互关系,特别注意那些处于极端状态有可能成为限制因子的环境因子,主导因子就不难找出。

(四)立地质量评价

进行立地质量评价比较通用的办法是应用某个主要树种的立地指数,把树种的立地指数,即它在一定基准年龄时的优势木平均高或几株最高树的平均高(也称为上层高)作为因变量,把各项立地因子作为自变量,对大量野外调查所得的数据进行数理统计分析,从而筛选出影响林木生长的主导立地因子,制定多个立地因子与立地指数之间的回归关系,并提供各种立地因子组合情况下的生长预测。在这种情况下最常用的数理统计方法是回归分析,特别是多元逐步回归分析方法。

除了用立地指数(上层高)作为立地质量评价的生长指标外,在某些情况下还可以用平均高生长量、胸高以上5年高生长段等作为替代生长指标。在土壤可供水量成为林木生长限制因子的干旱、半干旱地区,也可以用全年或干旱季节的平均土壤含水量作为评价立地质量的指标。

但必须指出:数学方法只是一种手段,必须要有好的原始数据(数据足够多,量测精度高,无偶发因子干扰等),而且数学分析过程必须与生物学分析过程紧密结合,才能取得好的分析成果。

二、立地条件的分类

(一)划分立地条件类型的依据

划分立地条件类型必须以造林地上客观存在的立地环境本身作为基本依据。在无林地区的造林地上,没有森林植被或森林植被早已被破坏殆尽,就是灌木及草本植被也经常受人为活动的强烈干扰,使其对立地性能的指示意义有很大程度的下降。因此,在这种情况下也只能以非生物立地环境本身作为划分立地条件类型的依据。在立地环境因子中,气候、土壤及起再分配作用的地形因子是决定性的。大气候条件已作为造林区划的主要依据而得到反映。这个造林区划本身就是立地分类的一个组成部分,在一定的地区内进一步区分立地条件类型时,地形和土壤因子就占有突出的地位。

在主要依据地形、土壤等因子来划分立地条件类型的同时,并不否认植被,尤其森林植被的作用。在条件许可的地区,只要植被受破坏较轻、分布规律较明显,对其指示意义的研究比较清楚,就可以也应该利用植被作为划分立地条件类型的补充依据。

(二)立地条件类型的划分方法和表达形式

1. 按主导环境因子的分级组合

这种做法简单明了,易于掌握。因此,这种方法在实际工作中应用最为广泛,在中欧地区的一些国家,如德国、奥地利、瑞士等,也通常采用这种方法进行立地分类。但是,从另一个角度来看,这种做法又比较粗放、呆板,难以照顾到个别具体情况或难以全面地反映立地的某些差异,特别是采用的立地因子较少时,例如仅采用坡向和土层厚度进行立地分类,坡向分为阴坡和阳坡两级,土层厚度分厚土和薄土,而不考虑坡度和坡位及土壤有机质含量等的影响,这样就可能造成同一立地类型的立地,却有不同的林木生长效果,造成一定程度的混乱。为了避免这些情况出现,应在划分立地类型时多吸收一些立地因子参加,但同时又要注意采用的因子不能过多,否则会造成类型数量过多,类型命名过于复杂,而丧失本方法简单、易行的特点。

2. 按生活因子的分级组合

生活因子不易直接测定,例如土壤水分供应的多少,是由林地水分循环中各个收支项目长期结合形成的常年土壤水分状况所决定的,并不是一次或几次土壤含水量的测定值所能代表的。许多地形因子(海拔、坡向、坡度、部位、小地形)和土壤因子(土厚、机械组成、因素状况、地下水位等)都在这里有所参与。因此,按生活因子的分级组合类型,先要对各重要立地环境因子进行分析综合,然后再参照指示植物及林木生长状况,才能确定级别、组成类型。

3. 用立地指数代替立地类型

这种做法在北美(美国和加拿大)比较普遍。它们常用某个树种的立地指数级来说明林地的立地条件。鉴于立地指数可以通过调查编表后查定,立地指数又可以通过多元回归与许多立地环境因子联系起来,因此这样做也是有一定好处的。但必须看到,立地指数只是地位级的一种表达方式,它本身只能说明效果,不能说明原因。比如同样生长不好的刺槐林分,在渭北黄土高原的丘陵地区的北坡是由于阳光不足,而在南坡则是由于过于干旱,但在编制立地指数表时,这两个立地很可能被划进一个立地指数级,造成了同一指数级的立地条件并不一致的结果,使立地指数的应用受到限制。

另外,立地指数必须与一定的树木相联系,而不能成为许多树种的共同尺度。因为不同树种对立地条件的反应是不同的,这也给立地指数的应用带来了不便。

综上所述,应用立地指数给定量地评价立地、深入地了解立地条件来了很大方便,但要用立地指数完全代替立地条件类型划分是很困难的。

三、黄土高原地区造林立地条件类型的划分

黄土高原地区主要土地类型可分为河谷平原、黄土丘陵沟壑区、土石山地和沙地四大类,各地类面积是:河谷平原约22.72万km^2,黄土丘陵沟壑区约20.99万km^2,土石山地13.69万km^2,沙地4.86万km^2,分别占总土地面积的36.2%、33.5%、21.8%和7.8%,水域面积仅占0.7%。按照不同土地类型的资源特点及其适宜性,土地利用现状各有侧重,形成黄土高原地区农林牧业综合发展的总体格局。按照土地坡度分级:≤7°为冲积平原或河谷平原,主要是耕地,适于发展农田防护林和少量经济林;黄土丘陵类7°~25°属缓坡丘陵,主要为耕地和林地,>25°的陡坡丘陵多为牧地和灌木林地;土石山地7°~25°的缓坡主要为耕地和林地,>25°的陡坡多为天然林地和荒地;沙地主要是沙漠和沙化荒漠,大部分为天然荒漠草场。

本地区大部分地面在海拔1 000~2 000m之间,除少数超过2 000m的山岭(六盘山、黄龙山、子午岭、吕梁山)为石质基岩山地和土石山地突出于黄土高原之上外,其余地方大多为黄土所覆盖。黄土的地貌有塬、梁、峁等类型。塬为表面平坦的黄土高原,周围为深陷的沟谷,沟坡很陡,这种地形在本地区的南部较为普遍,如陇东的董志塬及渭北的洛川塬。梁、峁为长条状或圆顶的黄土丘陵,其间的沟壑极为发达,有些地方的沟壑密度达3~5km/km^2,支离破碎,沟窄坡陡,侵蚀严重,利用不便。

本地区主要植被类型为干草原,典型的土壤为黄土母质上发育的黑垆土。黄土母质层很厚(几十米至100m),有垂直节理(有立土性),多孔,吸水性和透水性都很强,腐殖质含量很低,速效氮、磷的含量也低,呈石灰性反应。绝大部分土壤基本上都受到长期的广种薄收耕作制及滥伐焚毁的影响,植被遭破坏,所以腐殖质含量很低,结构松散,一遇暴雨就产生大量土壤流失。由于面蚀及沟蚀的结果,有些地方黄土层被大量冲走,在侵蚀沟坡及沟底出现红黄土及第三纪红土的露头,这些底土的质地较黏,结构紧密,肥力更低。

由此可见,本地区气候干旱,植被稀疏,地形起伏很大,而地面组成物质又很松散,再加上暴雨强度大,就形成了有利于土壤侵蚀的一切客观条件。但这些客观条件只是通过不合理经营的主观因素才引起大量的水土流失。在本地区影响林地立地条件的各环境因子中,海拔高度和土层厚度除在少数高山地区之外,一般不起主导作用,起主导作用的是地形部位、坡向及土壤发育(流失)程度。

按照立地条件类型划分的方法和依据,对黄土高原地区首先分出塬、梁、峁、沟壑、川地、沟坝地等,以此作为划分的第一级;第二级是部位的划分,分为塬面、塬边、梁峁顶部、斜坡上部、斜坡下部、沟坡、沟底;第三级是坡向,坡向基本分为阳坡(S、SW、SE、W)、阴坡(N、NE、NW、E)。但对一些陡峻的死阴坡(E、N坡)宜于单独划出,因为此时限制林木成活生长的主导因子已转化为光照不足。

黄土高原地区立地条件类型命名可分为塬面、塬边、梁峁顶部、阴向梁峁斜坡、阴向梁峁沟坡、阳向梁峁斜坡、阳向梁峁沟坡、侵蚀沟底、川地与沟坝地等。

在黄土高原地区,植被因子在造林立地条件形成中只是起着微弱的间接作用,而土壤因子则是立地条件的主体,它是光、热、水分、植物等因子影响的直接接受者,是各个自然

因子的综合反映者。由于黄土母质的土壤物理性质和养分性质的均一性,所以土壤因子中土壤养分状况基本上不因地形条件的变化而变化。在黄土高原地区划分造林立地条件时,不应将土壤养分因子作为区划因子。而土壤干旱是当地造林立地条件的主要矛盾,因此土层中土壤水分贮量多少是区划立地条件的主导因子,它是通过地形因子中的地形部位和坡向的不同组合来反应土壤水分状况的具体变化,所以生产当中多依此来区划造林地立地条件类型。

第二节　水土保持林树种的选择及其组成

一、水土保持林树种选择的意义和原则

在水土保持的造林工作中,造林树种选择的适当与否是整个造林工作成败的关键之一。如果造林树种选择不当,造林不易成活,以致徒费劳力、种苗和资金;即使能成活,也可能长期生长不良,难于成林、成材,也起不到应有的水土保持作用。如新中国建立初期,在黄土高原的各个省(区)内不同程度地在黄土干旱山地营造了杨树林,其中有一定的比例形成了“小老头林”,这种小老头林的形成固然与这一地区气候干旱、降水量偏低有关,但基本的一条就是树种选择不当,应引以为戒。

造林中选用哪些树种,首先应该本着既能满足社会生产的需要,又能满足符合它们要求的立地条件,这就叫做适地适树。适地适树是个技术原则,它是为达到特定的造林目的而采取的必要手段或措施。

在一个地区造林时,如何贯彻适地适树的原则,最简捷可靠的方法是虚心学习当地群众的经验,深入调查研究在当地生长的各个树种的习性、生长状况和它适合生产的环境条件,以至它们的经济价值等。林木在生长发育过程中,经过长期的自然选择,逐步地对环境条件产生了较强的适应能力,并把这种适应能力遗传给后代,形成其本身的生物学特征。要正确地选择树种,必须对树种的生物学特征有较深入的了解,以便根据这些特征,将其安排在适宜其生长的造林地上,做到适地适树,形成稳定的林分。

黄土高原地区群众在长期和自然作斗争以及水土保持工作中已积累了丰富的经验,有“阴坡油松,阳坡槐”,“洋槐上荒山,杜仲下阴滩,橡树满山跑,核桃栽沟边”,“核桃避风山,洋槐阴阳弯,杏树满山跑,山腰柿树岭,杨柳沟渠道,坳堰楸桐椒”等说法。这些来自群众多年实践的说法,揭示了树种与环境条件之间的辩证关系,在一定程度上反映了造林树种的生物学特性,也反映了造林地区的环境条件。

由于我国地域辽阔,气候条件复杂,乔灌木树种的种类繁多,一般来说,这些树种都具有对人类有利的某些特性。但是由于造林的目的不同,造林地环境条件的不同,并非所有树种都可应用,必须按照一定的原则经过选择,方可作为当地的造林树种。就造林树种的自然分布而言,每一个树种都有它适生的气候区域。在它适合生长的气候条件下,就能良好生长,超出这个适生范围,可能生长不良,甚至死亡。我们把一个地区天然分布的树种叫该地区的乡土树种,它是在长期适应本地区的气候条件下形成的,因此选用乡土树种进行造林是最可靠的。

与树种分布有关的气候条件，最主要的是气温和雨量。这两个因素是决定树种水平分布（地理位置）和垂直分布（海拔高度）的主要因素。此外，与这两个主要因素有直接关系的影响因素还有日照、气流（风）和空气湿度等。对一个树种来说，在它最适生的气候条件下，所形成的林木，不论其生长量、干形、材质、抗害能力、结实繁殖以及寿命等各方面都比较良好。如果把它移植至其分布区中心偏暖的地方，则幼龄时生长旺盛，在壮龄后生长衰退，病虫危害也较严重。例如，榆树是东北、华北、内蒙古的乡土树种，但它的分布区在东北、内蒙古和华北北部，所以在河北中、南部地区，榆林生长量远远落后于其中心分布区，而且病虫害也较为严重。如果把它移至其中心分布区偏冷的地方，由于气候的原因，一般长势减弱，生长量降低，甚至出现冻害现象。

树种分布除了受大区气候影响外，对于由局部地形条件所引起的中、小区气候的变化也有所反映。如在山区，阳坡与阴坡、山谷与山脊、迎风面与背风面等，因日照、温度、湿度、风力等的不同，树种的适应程度也有所差异。如低山阳坡应选择喜暖、喜光、耐干旱的树种。但在具体情况下，对于各个因子又应综合起来加以考虑。如油松是喜光、耐旱的树种，一般可在阳坡造林，但在低山地区，水分缺乏是油松成活及幼年生长的限制因子，为了解决这个主要矛盾，在低山地区则可将油松栽植在阴坡土厚的地方，而把阳坡让给那些更喜暖、怕风、耐旱的树种，如刺槐、侧柏、山杏等。在中山地区（海拔800～1 500m）阳坡水分条件有所改善，可在其阳坡进行油松造林。至于那些对温度、水分变化更敏感的树种，还应在造林地的地形部位上（向阳背风、无冷空气积聚、坡下部等）有所选择，否则也不易收到良好效果。

影响到树种选择的土壤条件，主要是土壤水分、土壤养分以及土层厚度、土壤机械组成和土壤理化性质等。土壤中的矿物营养物质，必须呈溶液状态才能为林木吸收利用，林木蒸腾消耗的大量水分，也都要从土壤中吸取，因此造林地的土壤水分状况，对于林木的成活生长具有重要的意义。对土壤水分的要求，每个树种都有它最适宜的界限，根据这个特性，可把树种分为旱生、中生、湿生三类，造林地的水分状况应当与树种对水分要求的特性相适应。即使属于同一湿度等级，树种对水分条件的适应范围也不相同。如油松和元宝枫的最适水分条件相似，但水分减少后，对元宝枫的生长影响很大，而对油松的影响则较小。又如刺槐和沙棘同样是耐干旱的树种，但沙棘同时具有耐水湿的特性，而刺槐则在水淹稍久即行枯死。因此，不但要了解树种对水分条件的一般知识，还要了解树种耐旱、耐湿、耐水淹的程度，以及树种随着年龄变化对土壤水分需求的变化和对水质的反映等（如活水、死水、淡水、碱水等）。

关于树种对土壤养分的要求，可以说所有树种都在肥沃深厚的土壤上生长良好，只是不同树种的适应广度不同罢了。因此，从造林地土壤养分条件的实际情况出发，对各个造林树种应按其耐瘠薄的程度进行分类。在土壤养分条件差的地方，种植耐瘠薄的树种，在肥沃的造林地上种植经济价值高、能充分发挥土地生产潜力的树种。

关于土壤的理化性质，应该了解各树种对土壤机械组成和土壤酸碱度的适应程度。例如：油松适生在土壤透水、透气性良好的沙质土壤上，有些针叶树如云杉、冷杉、马尾松等，阔叶树如板栗、山杨、桦木等喜生长在酸性土壤上，其中有些树种如油松、栎类、山杨等也能在微碱性土壤上生长，侧柏喜生长在石灰性土壤上，而胡杨、柽柳、沙枣等少数树种在盐碱地上也可正常生长，刺槐、紫穗槐、中槐、苦楝、臭椿等也有一定的抗盐能力。

总之，我们在选用造林树种时，既要很好地分析研究各树种的生物学特性，又要很好地研究造林地的立地条件，使它们达到对立的统一。我们在研究自然规律的基础上，还可以采用引种育种的方法，把一些经济价值高、群众喜爱的树种进行引种驯化。在其所谓分布中心区之外进行栽培。如刺槐原产北美北纬 39°～43°地区，19 世纪引种于我国青岛，现在已广泛分布于东北铁岭以南至辽东半岛、黄河流域、长江流域各地，成为适应各地条件的群众喜爱的树种。另外，当我们选用的造林树种基本适合于造林地的条件，但是由于人为不合理活动的结果，造成水土流失、土壤肥力下降、土壤干旱以及小气候条件恶化等，为了营造水土保持林，应该通过人工的方法（如细致整地、灌溉、保墒、防止土面蒸发、松土除草）达到改善林木生长环境条件的目的，促使林木正常生长发育。这种通过采用一定的造林措施改善培育林木条件的方法，是我们工作中，特别是造林条件困难的地区经常采用的方法。因此，上述采用适生范围、引种育种、人工改善林木生长条件三方面，都应属于贯彻“适地适树”原则的途径。

水土保持林树种选择的原则，由于水土保持林的主要任务是减少、阻拦及吸收地表径流，涵养水源，固持土壤，因此对水土保持林的树种选择有如下要求：

（1）乔灌木根系发达，能网络固持土壤，特别在滑塌、泻溜、崩塌的地段，应注意采用根蘖性强的树种或蔓生树种。

（2）林分的树冠浓密，落叶丰富，易于分解，可以较快地形成松软的枯枝落叶层，提高土壤的保水保肥能力。

（3）在水土流失特别严重的地段，应采取耐干旱瘠薄、适应性较强的乔灌木树种，有些特殊困难地区，为了水土保持的目的，有时可采取某些适合这种条件生长的纯灌木树种。在营造护岸护滩林、水库周围防护林及沟道造林时，又宜采用地上部分分枝稠密，耐水湿甚至能耐短期浸水的树种。

（4）应选择生长迅速，分枝稠密，又具有一定经济价值的树种。在有防风要求的某些林种中还应选用树形高大，枝叶繁茂，生长迅速，不易风倒、风折及风干枯梢的树种。

二、适地适树的途径和方法

为了使“地”和“树”基本相适，有 3 条基本途径：一是选择，包括选树适地和选地适树；二是改树适地，即在地和树之间某些方面不太相适的情况下，通过选种、引种驯化、育种等方法改变树种的某些特性使它们能够相适，如通过育种工作，增强树种的耐寒性、耐旱性或抗盐性，以适应在寒冷、干旱或盐渍化的造林地上生长；三是改地适树，如通过整地、施肥、灌溉、混交、土壤管理等措施改变林地的生长环境，使其适合于原来不适应树种的生长。

通过选择途径达到适地适树的要求，必须首先了解“地”和“树”的特性。分析造林地的立地条件，掌握造林地的本质，了解造林地的特性，要依靠树木学的基本知识，通过大量的调查研究，了解各因子之间的相互关系，配置各因子综合作用于林木生长的数学模型，用于立地评价和预测，为适地适树提供科学依据。掌握了立地条件和树种生长的关系，就可以提出适地适树的方案，对方案要进行对比分析，这样就能为造林地提供适生的造林树种。

在最后确定造林树种时，需要把造林目的与适地适树的要求结合起来统筹安排。在一个区域内，同一种立地条件可能有几个适用的树种，同一树种又可能适用于几种立地条件，要经过分析比较，将其中最适生、最高产、经济价值又最大的树种列为这个区域的主要造林树种，而将其他树种列为次要树种。在一个区域内树种也不能太单一，要把速生树种和珍贵树种、针叶树种和阔叶树种、乡土树种和外来树种、对立地要求严的树种和广域性树种适当地搭配起来，确定一定的发展比例，使树种选择方案既能充分发挥多种立地条件的综合生产潜力，又能满足生产建设的要求。

三、水土保持林的组成

水土保持林的组成是指构成该林分的树种成分及其所占的比例。在水土保持林的造林树种中既有乔木树种又有灌木树种。按森林的组成不同，可分为单纯林（纯林）和混交林。单纯林是由一种树种构成的森林，混交林是由两种以上的树种构成的森林。纯林的概念是相对的，有条件的，因为它不仅局限于特指的木本植物，而且还有一定的人为数量标准，如通常把虽有两种以上的树种，但其中一个树种在全林所占比重不超过10%，并未改变另一种树种的绝对优势的林分仍看做纯林。

水土保持林一般是由多个树种组成，并形成结构紧密的林分群体的混交林，又多为复层林（有时为单层林）。纯林和混交林各有其优缺点，纯林的结构简单，营造和管理都较容易，单位面积主要树种的产量高，有不少树种能在纯林中稳定生长（如杉木、华山松等），而在一些盐碱地、干旱瘠薄地造林，有时以造纯林为主。我国目前造林生产中仍以营造纯林为主，但纯林对环境条件的利用不够充分，易遭病虫危害，如宁夏地区在营造杨树纯林中，由于天牛的危害极为严重，以致造成全区杨树毁灭的灾害，要引以为戒。另外，针对树种纯林的火险性较大，又容易引起地力衰退，因此在黄土高原地区营造水土保持林主要以混交林为主。

（一）黄土高原地区营造混交林的意义

（1）营造混交林能充分利用林地的立地条件。单纯林由一种树木组成，对光照、热量、水分养分条件要求及消耗利用也比较单一，混交林则不同，在林内如果有耐阴性树种同喜光性树种相搭配，就能够充分利用林内的光照条件；深根性树种同浅根性树种混交，可以充分利用土壤中的水分、养分；同样，常绿性树种同落叶性树种，乔木同灌木树种栽植在一起，有利于对立地条件的充分利用，能够形成稳定的林分。

例如山杨等从土壤中吸收氮素很多，云杉、松树则吸收较少。不同树种混植在一起可以充分利用土壤中的各种营养元素。特别是刺槐、紫穗槐、柠条等豆科树木以及沙枣、沙棘等树种，根部有根瘤菌可以改良土壤，增加土壤中氮素的成分，从这一点出发它们与别的树种混交后，可以改善树木的氮素供应状况。

（2）混交林可以有效地改善外界环境条件。混交林的结构导致特殊小气候的形成，混交林内光照强度减弱，散射光比例增加，分布比较合理，温度变化较小，湿度大而且稳定，CO_2浓度增高，从而有利于林木正常生长。

树木从土壤中吸收各类元素，每年还要归还相当一部分到表层土壤中去，混交林中可以较纯林积累更多的枯枝落叶,这些含有多种营养成分的枯枝落叶经分解后,可以增加表层土壤中营养元素的含量,由于这种物质的循环,促进了土壤腐殖质的形成,有利于形成柔软的腐殖质层,从而改良了土壤的结构和理化性质,提高土壤肥力。纯林则缺乏这一作用,因此长期经营单一树种,往往导致土壤条件的恶化和林分生产率的降低。如德国卡文具茨林管区沙地上的松林,150 多年以前,原为Ⅱ地位级,连续造林两代,地位级现已降为Ⅳ、Ⅴ级,国外这种教训不少,值得我们重视。

我国南方各省杉木造林多为纯林形式,由于精细管理,采取了炼山施肥、林粮间作,以及初期混植油桐经济树种等措施,杉木人工纯林一直保持很高的生产水平。所以纯林恶化土壤条件也是相对的、有条件的,不是所有纯林都必然造成土壤恶化,就是在单一纯林中,只要采取合理的措施,也可以避免或减轻上述缺点。

若混交林中树种搭配的不合理(包括种间关系及混交的形式),例如,都是喜光性很强的树种,隔行或隔株混植,往往发生某种树复压另一种树,生存竞争很激烈,结果有的树种被淘汰,这样并不一定能够充分发挥它的防护作用。

(3)混交林可以提高林分的防护效能和木材产量、质量。混交林树冠层厚,枯枝落叶量大,能较多地截持天然降水,减少地表径流,防止水土流失,同时还有较好的防风固沙、调节气候的作用。

由于混交林可以合理地利用不断改善的环境及较好地发挥树种间的相互促进作用,因而混交林的木材蓄积量常较高,质量较好。

(4)混交林能够抵御病虫害及火灾。由于林内小气候的变化,使病原菌、害虫丧失了生存的适宜条件,同时招引来各种天敌和益鸟,从而减轻了病虫的危害。小气候的改变,减少了发生森林火灾的危险性,即使发生森林火害,混交林中阔叶树占有一定比重,可以起机械地隔阻作用,使林火不致蔓延。

由此看出,混交林有很大的生物和经济意义,应该大力提倡营造混交林。但是,混交林的优越性必须是树种合理搭配的前提下才能变成现实,营造得不好的混交林,不仅收益不大,而且往往会适得其反。

黄委会西峰水土保持科学试验站经过多年试验研究,总结提出了陇东黄土高塬沟壑区立地条件类型和适生的乔、灌木树种(表 4-1),对陇东黄土高塬沟壑区水土保持造林起到了很大的作用,很值得推广。

表 4-1　陇东黄土高塬沟壑区不同立地条件类型乔、灌木树种确认

立地类型	确认树种
阳山坡	杜梨、刺槐、侧柏、沙棘、紫穗槐
梁顶	杜梨、刺槐、侧柏、沙棘、紫穗槐
东西山坡	杜梨、刺槐、侧柏、沙棘、紫穗槐
东西沟坡	沙棘、虎榛子
阳沟坡	虎颓子、沙棘、狼牙刺
阴沟坡	沙棘
阴山坡	油松、杭子梢
沟滩地	美杨、辽杨、北京杨、214 杨、意冬杨、沙兰杨

(二)混交林的应用条件

营造纯林还是营造混交林是一个比较复杂的问题。强调混交林的优越性,并非说不顾具体情况必须营造混交林而不能营造纯林。营造混交林既要解决技术问题,也受经济规律的制约;既要考虑短期利益,也要考虑长期利益。

以发挥防护效益和环境美化为主要目的者,一般应营造混交林,而速生丰产用材林、短轮伐期用材林和经济林,以在短期内获得较大的木材和其他林产品的产量,而不大考虑其防护效益时,一般营造纯林。同时,为了克服纯林的弊端需采取相应的措施,包括施肥、灌水、病虫害防治等集约栽培技术。

绝大多数立地条件下均可营造混交林,在某些极端的立地条件下,如盐碱地、高寒山地、水湿地和极端贫瘠之地,一般营造纯林。

具有营造混交林的成熟技术方可营造混交林,如果经验不足,为了避免大面积发展混交林可能造成的损失,可先造纯林。

某些树种的纯林病虫害严重而用其他防治手段防治难以奏效时,营造混交林一般可以取得良好效果。

(三)混交林树种选择及类型

1. 树种选择

(1)主要树种。栽培经济价值高、防护效能好的目的树种,在混交林中数量最多,是优势树种,一般为高大乔木,在林分生长中后期林冠居于上层。

(2)伴生树种。在一定时期与主要树种相伴而生,并为乔木树种生长创造有利的条件。伴生树种是次要树种,经济价值较低,在林内数量上一般不占优势,多为中小乔木,林分生长中后期占据第二林冠层。伴生树种主要有辅佐、护土和改良土壤等作用。辅佐作用主要是给主要树种造成侧方庇阴,使树干长得通直,自然整枝良好。护土作用是以自身的树冠和根系,遮蔽地表,固持土壤,减少水分蒸发,防止杂草丛生等。改良土壤作用是将林木枯枝落叶物回归地表,或利用某些树种的生物固氮能力,提高土壤肥力,改善土壤理化性质。

(3)灌木树种。与主要树种生长在一起,并为其生长创造有利的条件。它是次要树种,经济价值大都不太高,在林内的数量依立地条件的不同不占优势或稍占优势,林分生长的中后期往往自行消失或处于林冠最低层。灌木树种的主要作用是护土和改土,这是由于它们分枝多,树冠大,叶量丰富,根系密集,耐干旱、耐瘠薄,有些有较强的萌芽能力和固氮能力,因此可以覆盖地表,抑制杂草,增加土壤有机质和氮素含量,分散地表径流,防止土壤侵蚀。

2. 混交林的类型

混交林类型主要有乔灌木混交型、乔木混交型(其中包括阴、阳性树种混交,不同阳性树种混交及针阔叶树种混交)、综合性混交型。

(1)乔灌木混交型。乔木与灌木混交,种间矛盾比较缓和,林分稳定性较强,保持水土作用大。混交初期灌木可以为乔木树种创造有利的生长条件,林分郁闭以后,因其处于林冠之下,见不到足够的光线,趋于衰退,在林内逐渐消失,而当郁闭林分树冠疏开时,灌木又会在林内重新出现,发挥一定的护土、改土作用。总的来说,灌木的有利作用是大的,但持续的时间不长,灌木死亡后,又可以为乔木树种腾出较大的营养空间,起到调节林分密度的作用。乔灌木混交型多用于立地条件较差的地方,而且条件越差,越应适当增加灌木的比重。

(2)阴、阳性树种混交类型。这种混交类型是指主要树种和伴生树种构成的混交林,这种类型的混交林林分生产率较高,防护效能较好,稳定性较强。主要树种与伴生树种混交多构成复层林,主要树种居第一林层,伴生树种居于其下,组成第二林层。

主要树种与伴生树种的种间矛盾比较缓和,因为伴生树种多为耐阴的中等乔木树种,这些树种主要是改善树种的生长条件,一般不会对主要树种有严重威胁,但是,要求营造在较高的立地条件下。

(3)综合性混交类型。由主要树种、伴生树种和灌木树种组成的混交林,它兼有上述混交类型的特点。

在秦岭林区常常见到云杉、冷杉和桦木进行混交;油松、华山松与橡树进行混交。这就说明阳性树种不但可以和阴性树种进行混交,而且阳性树种和阳性树种之间也可以进行混交,但混交方法一定要注意,必须采取块状或带状混交,否则,两个阳性树之间的矛盾加剧,导致混交林的失败。

在黄土丘陵地区宜采用乔灌木混交或乔木混交类型。如刺槐和杨树,杨树和白榆,油松和侧柏,油松和刺槐,油松和沙棘,刺槐和沙棘,刺槐与紫穗槐、柠条等,进行带状混交,这样既有利于保持水土,又可获得一定数量的木材,这些灌木的枝叶又是很好的三料(燃料、饲料、肥料),有利于农、林、牧业的全面发展。

由于混交林比纯林具有更多的优点,它能充分利用空间和地力,对外界不良环境因素的抵抗力较强,防护效能和稳定性较大,单位面积上的木材生长量较高,因而近年来国内国外在防护林的营造和研究中都比较重视混交林。各国防护林采用的混交方式不完全一致,较为常用的有带状、行状、团块状混交等。株间混交(包括一些不适当的行间混交)容易造成压抑现象,一般采用较少。

一般针叶树的落叶分解比阔叶树困难。针叶树中混栽阔叶树,不仅可以促使落叶分解,防止粗腐殖质堆积过厚,还能改变由于营造针叶树纯林而引起的土壤养分不均衡的现象。实践证明,在同样的立地条件下,复层混交林的总生长量比纯林大30%以上。

在一些立地条件特别恶劣的地方(如水土流失特别严重的沟蚀、面蚀地段,土壤特别干旱、瘠薄地段等处),由于无法选定适合的乔木树种,往往采用纯灌木的造林形式,充分利用灌木树种适应性,增加改良土壤,改善生长环境特点,使其能达到保持水土,尽快增加地面植物被覆的目的。在培植灌木林到一定时期后,根据经济上的需要,在灌木林地内可进一步引种更有价值的乔木树种。

另外,根据水土保持林种的性质(如放牧林、薪炭林、护坡林、柳篱挂淤林及结合工程措施的各个林种),结合采用纯灌木形式来造林反而是更为合理的。采用纯灌木的造林形式是水土保持林规划设计中的一个重要特点,应该引起我们的重视。

(四)混交方式

(1)星状混交。将一树种的少量植株点状分散地与其他树种的大量植株栽种在一起的混交方式。

(2)株间混交。株间混交又称行内混交、隔株混交,是在同一种植行内隔株种植两个以上树种的混交方法。

(3)行间混交。行间混交又称隔行混交,是一树种的单行与另一树种的单行依次栽植的混交方法。

(4)带状混交。一个树种连续种植3行以上构成的"带",与另一个树种构成的"带"依次种植的混交方法。

(5)块状混交。块状混交又叫团状混交,是将一个树种栽成一小片,与另一栽成一小片的树种依次配置的混交方法。

各种混交方式如图4-1所示。

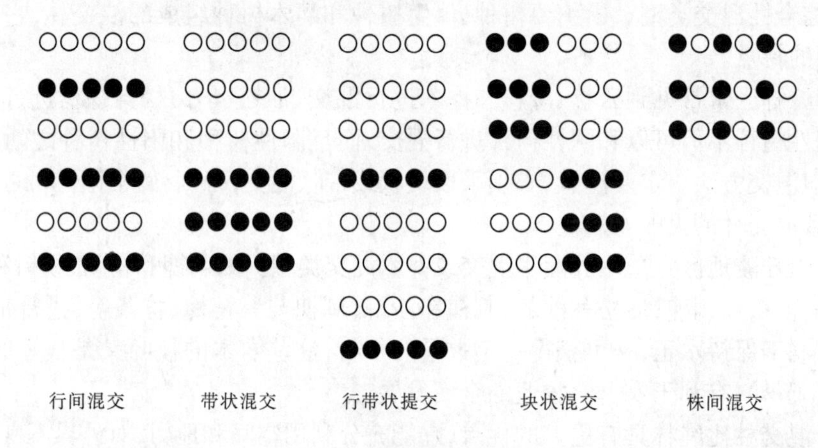

图4-1 混交方式示意图

(五)混交比例

一般混交比例以主要树种占的比例大、次要树种占的比例小为原则。造林初期,次要树种和灌木树种所占比例应占全林总株数的25%～50%,但特殊的立地条件或个别混交方式,混交树种的比例不在此限。

(六)混交林培育方法

混交林营造成功的关键在于正确处理树种间的关系,使主要树种在伴生树种的辅佐下取得最好的生长效果。

造林前首先根据造林地的条件和造林目的选择适宜的主要树种,再确定相应的伴生树种、混交方法和混交比例。

造林时,通过控制造林时间、造林密度、株行距、苗木年龄和造林方法等措施调节树种间关系。为了协调两个树种之间的相互关系,有时还可以引进第三个树种栽培于二者之间,这个树种称为缓冲树种。

黄土高原混交林的营造,在无林地区是按照设计进行全面人工造林;在有一定数量天然林木的造林地上,在整地中应尽可能多地保留天然林木,与人工种植的树木形成混交林。

在林分的生长发育过程中,不同树种间的关系更为复杂,它们对于环境资源的争夺更加激烈,这时需要通过各种措施对林分实施调控。当伴生树种的生长速度超过主要树种,并因树高、冠幅过大造成光照不足并影响主要树种生长时,可以对伴生树种实施修剪、平茬、环剥、断根等措施,以抑制其生长。

(七)不同类型区的混交模式

1. 黄土丘陵沟壑区

(1)小叶杨×沙棘混交林。在山坡下部,行间混交。

(2)小叶杨×柠条混交林。在山坡下部,行间混交。

(3)山杏×柠条混交林。在阴坡、半阴坡、半阳坡,行间或行带状混交。

(4)山杏×沙棘混交林。在阴坡、半阴坡、半阳坡,行间或行带状混交。

(5)臭椿×柠条混交林。在沟坡,行间或不规则混交。

(6)臭椿×胡枝子混交林。在沟坡,行间或不规则混交。

(7)山桃×沙棘混交林。在阴坡、半阴坡、半阳坡,行间或行带状混交。

(8)白榆×沙棘混交林。在半阴坡、阴坡、半阳坡,行间混交。

2. 黄土高塬沟壑区

(1)油松×沙棘混交林。在阴坡、阳坡(高海拔地带),行间混交。

(2)云杉×沙棘混交林。在阴坡、阳坡(高海拔地带),行间混交。

(3)侧柏×刺槐混交林。在沟坡上部、中部及多种立地条件下,行间、带状或块状混交。

(4)侧柏×沙棘混交林。在半阳坡、阴坡、半阴坡等,行间、行带状混交。

(5)油松×侧柏混交林。在行间、株间混交。

(6)油松×元宝枫混交林。在阴坡、半阴坡,行间或行带状混交。

第三节 黄土高原主要水土保持造林树种及其分布

黄土高原地区水土保持造林树种选择主要依据黄土高原地区林业气候区划、立地条件、适地适树及调查分析确定。

一、区划线的界定

(1)温度带的区划线。根据《中国自然区划概要》规定:日平均气温≥10℃积温3 400℃线的走向作为暖温带与中温带的区划线。

(2)干湿带区划指标。根据《中国气候区划》中以干燥度指标所划分的气候区,与本区的自然景观不相符合,因此本区划把干湿带划分指标规定如表4-2。

表4-2 黄土高原地区干湿带划分指标

干湿带名称	半湿润	轻度半干旱	重度半干旱	干旱
干燥度	1.0~1.8	1.81~3.0	3.1~4.0	>4.0
年降水量(mm)	≥550	440~549	200~399	<200

二、区划类型及其适宜树种分布

根据上述划分结果和调研，将黄土高原地区分为6个林业气候类型区，各区的范围、气候、土壤特征及可发展的适宜树种分析如下。

Ⅰ　宝鸡－洛阳暖温带半湿润气候区。本区西起宝鸡，东至豫西地区，包括汾渭和洛河谷地，地势平坦。河滩地为冲积土、黄土和沙土，阶地为娄土和盐碱土，台塬为黄土和沙砾土，海拔400～800m。这里水热资源丰富，气候温暖湿润，年平均气温8.8～14.6℃，≥10℃积温3 457～4 781℃，≥5℃生长期212～264d，年日照1 941～2 740h，年降水量454～752mm，干燥度1.4～1.8，属暖温带落叶阔叶林（森林草原）地带，是林木生长较好的地区。

适宜的树种有：臭椿、白榆、国槐、刺槐、油松、侧柏、旱柳、水杉、泡桐、白蜡、箭杆杨等多种杨树及苹果树、梨树、桃树、柿树、枣树、桑树、核桃树、花椒树等。

Ⅱ　张家川－武山中温带半湿润气候区。本区位于子午岭南侧的张家川、秦安、武山一线渭河河谷地带。气候温凉湿润，年平均气温7.2～10.4℃，≥10℃积温2 225～3 395℃，≥5℃生长期192～235d，年日照2 730～2 888h，年降水量507～606mm，干燥度1.2～1.6，土壤为黑垆土和黄绵土，自然植被为中温带落叶阔叶林。

适宜树种有：栎、杨、桦、榆、柳、油松、侧柏、丁香、苹果、杏、桃等树种，在年平均气温10℃以上水肥条件较好的地区，可发展泡桐。

Ⅲ　兰州－大同中温带轻度半干旱气候区。本区南界与Ⅰ、Ⅱ区相连接，北界大致与古长城附近400mm雨量线相齐，包括甘肃的兰州盆地、宁南山区、陇东、陇西、陕北、晋中、雁北及内蒙古阴山南部地区。兰州盆地为灰钙土和白僵土，陇东、陇西地貌为丘陵沟壑，海拔1 200～2 000m，年侵蚀模数7 000～10 000t/km^2，陇东为黄绵土和灰钙土，陇西梁峁顶及坡地为栗钙土，塬地为冲积土，低洼河滩有盐碱土，石质山地为碳酸盐褐土和草甸土；陇南塬地为黏黑土，沟坡为黄善土，沟底为潮土、淤土和石砾冲积土，山地为淋溶褐土；陕北梁峁为侵蚀黑垆土，沟谷为浅黑垆土。陕北以黄土丘陵沟壑为主，年侵蚀模数10 000～15 000t/km^2，最大可达20 000～30 000t/km^2，是黄河中游侵蚀最严重地区。土壤为轻垆土、沙黄土、硬黄土、冲积土和盐碱土；古长城一线以覆沙黄土丘陵沟壑为主，土壤为黑垆土、黄绵土，河谷为石砾土和沙板土。晋中及雁北地区地貌以梁峁状缓坡宽丘陵为主，盆地和丘陵为碳酸盐褐土和淡褐土，山地为褐土、淋溶褐土和山地棕壤；晋西北为黄绵土，黄河两侧有盐碱土，年侵蚀模数5 000～10 000t/km^2；晋东南以褐土为主，丘陵沟壑为红黄土，缓坡丘陵为红黏土。内蒙古呼和浩特地区是阴山山地向高原过渡的缓坡黄土丘陵沟壑区，土壤为沙黄土、淡栗钙土和黑垆土。本区气候温凉干燥，年平均气温5～10.9℃，≥10℃积温2 246～3 708℃，≥5℃生长期176～233d，年日照2 511～3 011h，年降水量380～585mm，干燥度1.4～2.3，自然植被具有明显的草原特征，属中温带落叶阔叶林地带。

适宜树种有：侧柏、刺槐（南部）、栓皮栎、樟子松、油松、落叶松、国槐、白榆、白桦、旱柳、青杨及多种杨树、苹果树、梨树、杏树、枣树、海红树、花椒树、山楂树等。

Ⅳ　循化－景泰中温带重度半干旱气候区。本区包括陇中北部和青海的东南部。陇中北部是祁连山东延余脉与黄土丘陵组成以梁峁为主的穿插地貌,有很多山间盆地,年侵蚀模数3 000～5 000t/km^2,海拔1 500～2 000m,年平均气温7～8.3℃,≥10℃积温2 798～2 988℃,≥5℃生长期196～220d,年日照1 928～2 232h,年降水量185～290mm,干燥度2.7～5.6,大部分地区呈荒漠草原和草原景观。青海东部地形复杂,植被、土壤、气候具有明显的垂直地带性,东南部是黄河与湟水河河谷相间的新积土人工植被(川水)地带,大部分为种植区。自西宁小峡以东海拔2 300m至民和县2 100m以下地段,是黄土高原向青藏高原过渡的黄土低山区,年平均气温7～8.7℃,≥10℃积温2 423～2 901℃,年降水量252～373mm,干燥度2.4～3.6,属中温带灰钙土干草原地带。

适宜树种:阳坡以柠条、柽柳等旱生灌木为主;阴坡为油松、樟子松、沙棘;川台地为旱柳、白榆、臭椿、刺槐、花椒、山杏、文冠果及多种杨树,部分地区可发展苹果树、梨树等。

Ⅴ　银川－包头中温带干旱气候区。本区位于黄土高原西北部,气候干旱少雨,多大风,光能资源丰富,年平均气温6～9℃,≥10℃积温1 795～3 351℃,≥5℃生长期192～212d,年日照2 836～3 227h,年降水量141～357mm,干燥度3.2～7.5。库布齐沙漠北侧的河套平原,土壤肥沃,属栗钙土地带,有冲积土、灌淤土和盐碱土;毛乌素沙漠南部的古长城两侧,属覆沙黄土丘陵,地貌以梁峁涧为主,沙丘或洼地间有大小不等的湖、盆和滩地,土壤为栗钙土和灰钙土;西南部的定边、盐池,属鄂尔多斯高原向黄土高原过渡地带,这里沙滩、戈壁和川地交错,水资源贫乏且矿化度高,土壤为黑垆土、黑钙土和部分盐碱土;西部的贺兰山与鄂尔多斯高原之间的银川平原,沃野千里,渠道纵横,为引黄灌区,是全国商品粮基地之一,土壤为栗钙土、灌淤土和盐碱土。由于水源不足,大部分地区呈荒漠景观。自然植被是由极旱生型禾本科植物和旱生小灌木组成的荒漠地带,是乔木生长最不适宜的地区。

适宜树种:主要适生一些耐寒、耐热、耐旱、耐盐碱、抗沙埋的灌木,如柠条、沙柳、柽柳、沙棘、枸杞等。平川滩地可发展青杨、合作杨、新疆杨、白榆等;石质山地为油松、樟子松;由于光热资源丰富,气温日差较大,在引黄灌区发展苹果、梨、葡萄等经济林,可获得较高的经济效益。

Ⅵ　西宁－门源半湿润高原气候区:在湟源、互助和民和县海拔2 500～2 300m以下的中山地段,年平均气温4.7～5.6℃,≥10℃积温1 902～2 051℃,≥5℃生长期124～166d,年降水量371.2～390mm,干燥度1.2～1.6,属半湿润栗钙土草原(中山)地带。

适宜树种有:山地以柠条、沙棘等灌木为主;河谷阶地为臭椿、旱柳、山杏、白榆、垂柳、河北杨、小叶杨等。

在湟源、大通、互助等县海拔2 800m和民和县海拔2 500m以下的高山地段,气候寒湿,年平均气温2.8℃,≥10℃积温959～1 213℃,≥5℃生长期124～150d,年降水量426～516mm,干燥度1.2。土壤以山地暗栗钙土和黑垆土为主,属森林草原(高山)地带。

适宜树种有:山地以山杨、桦木、油松、沙棘为主,河谷阶地为白榆、旱柳、山杏等。

第四节　造林地的整地

林木栽培像其他植物栽培一样需要以"土"为主。造林整地是人为地控制和改善造林地的环境条件(主要是土壤条件),使之适合林木生长需要,达到适地适树的一个重要手段。我国各地多年造林实践证明,造林整地与否,或整地的规格质量如何,在很大程度上决定着造林成活率的高低和幼林生长的快慢。因此,细致整地是提高造林质量的基本措施。

一、整地的作用

农业上深翻改土,精耕细作是改善农业生产基本条件的有力措施。造林,尤其是在水土流失地区造林,整地在改善林木生长条件方面具有不可忽视的重要作用。和农田整地不同,由于造林地面积大,地域广,加上地形、植被和经济条件多变,土壤干旱瘠薄,水土流失,因而只要能满足整地的目的要求,一般尽量不采用局部整地,而采用全面整地的方法。由于林木根系深广,且栽培期长,同一地块造林后不可能年年进行整地,因而希望一次整地的效果大些,持续时间长些,这就对整地的规格、质量提出了较高的要求。造林整地在改善林木生长条件方面有其独特的作用。

(一)改善立地条件

在水土流失地区,一般造林地大都干旱瘠薄、杂草繁生或土层浅薄、石砾比例较大(石山区或土石山区)。整地的重要作用之一,就在于通过人工措施在一定程度上改善这种不利条件,使之有利于幼林的成活与生长。主要是改善土壤的水分、养分和通气条件,也可以影响近地表层和土壤的湿热状况。

1. 改善小气候

光照是林木生活中不可缺少的一个因子,通过整地,在灌木杂草繁生的造林地上能改变局部的光照条件,从而有利于调节幼林与杂草之间对光照的竞争关系,同时在一定地区的一定条件下,温度条件是随着光照条件的改变而改变的,采取一定的整地措施能使地温升高,温差加大,从而有利于幼苗发芽生根,也有利于土壤微生物的活动以及营养物质的分解。应该指出,除了调节造林地上自然植被与所造幼林在光照条件方面的关系外,在自然植被稀疏的造林地上(水土流失地区的情况多属如此),通过整地改变局部小地形,使原来的坡地变为小平地,原来的阳坡变为小阴坡,这样,由于改变了光照角度,相应地也改变了种植点附近的温度条件,能降低地温,减少水分蒸发,为幼林的成活生长创造了良好的条件。

2. 整地对土壤水分的影响

整地在改善土壤水分状况方面有明显的作用,所谓改善包括干旱地区通过整地增加土壤水分和水分过多地区排除多余的土壤水分两层意思,由于黄土高原造林地区大多是干旱和半干旱地区,而半湿润和湿润地区也不免有季节性干旱,所以整地改善水分条件的作用,多偏重于理解为蓄水保墒,造林地上的植被被铲除,可使更多的降水或降雪直接落到地面,而不致在降落途中被截蒸发,整地大大地增加了地表的粗糙程度,构成大量具有一定容积的"水库",可以阻滞地表径流的形成,截蓄地面径流,并将其贮蓄起来,提高其利用率;整地改善了土壤的物理性质,使土壤变得疏松多孔,土壤总孔隙度(尤其是非毛细管孔隙度)及田间持水量增加,透水性、透气性及蓄水能力增强,地表物理蒸发和植物蒸腾耗损减少。仅就对土壤水分的影响而言,由上述这些有关因素,我们可以看出,为了发挥整地对蓄水保墒的最大的作用，整地季节的选择有很重要的关系。就是说，应该在降雨或降雪(包括径流)来临之前进行整地，可以创造承接保存水分的条件，否则，随整地随造林或在干旱时期整地，中间又无一个降雨时期，这样的整地不仅不能增加水分，反而会因为整地造成失水跑墒，不利于幼苗的成活生长。因此造林整地，应该掌握提前整地的原则，一般要求在造林前3～8月进行。据中国林业科学院林研所在甘肃定西观测，不同的整地方法具有不同的容纳降水和拦蓄地表径流的能力，故影响到水分的积蓄量、渗透量及渗透速度，所采用的水平阶、水平沟和穴状三种整地方法与荒坡相比较，7～10月份，0～100cm土层中的平均含水量(%)分别为：荒坡8.25%，穴状9.18%，水平阶11.66%，水平沟沟底14.26%，沟斜坡13.40%。

3. 整地对土壤养分的影响

通过整地可使表层腐殖质含量较高的细土集中在种植点周围，同时，在一定整地深度的范围内，通过改善水分、温度和通气状况，加速土壤的物理化学风化，释放可溶性盐类，同时使微生物活动频繁，促使腐殖质及生物残体的分解(矿物化)，解放出有效养分。因此，整地必须做到保持一定深度(一般为30～50cm)，在山地整地时常将栽植点附近的地表细土集中于穴内，并除去大石块，增加细土层厚度，降低粗骨性，以提高土壤肥力。

4. 整地对土壤空气的影响

整地改善了土壤的物理性质，土壤容重变小，孔隙度增大，土壤通透性好转，无疑对根系的呼吸及土壤微生物的活动有良好的作用。

(二)保持水土

在水土流失严重的地区，整地是生物措施(造林种草)的重要一环。水土保持林本身是保持水土的重要武器，但它必须是在成活、郁闭成林和生长迅速的前提下，才能较快较好地发挥防护作用。因此，整地不但要为人工幼林成活、生长创造良好条件，而且首先要保证其不受冲刷。另一方面，整地也是一种坡面上的简易工程，因为它有一定的容积，可以大部或全部拦截径流和泥沙，防止水土流失。根据陕西彬县水土保持站1959年对不同整地方法蓄水、拦泥能力的测定，在蓄水量方面：水平沟为荒坡的6.8倍，水平阶为荒坡的2.67倍，鱼鳞坑为荒坡的8.4倍，坑穴基本与荒坡相同；在拦泥方面：水平沟为荒坡的8.96倍，水平阶为荒坡的2.63倍，鱼鳞坑为荒坡的5.00倍，坑穴、荒坡基本相似(表4-3)。

表4-3　不同整地方法的蓄水拦泥效益

整地方法	蓄水量		拦泥量	
	m^3/hm^2	%	kg/hm^2	%
水平沟	102	680	44 370	896
鱼鳞坑	126	840	24 750	500
水平阶	40	267	13 050	263
坑穴	15	100	4 950	100

在黄土高原及土地容易发生水土流失的地区，整地保持水土的作用首先是通过改变小地形，把坡面局部变为平地、反坡或下洼地，改变地表径流的形成条件，减少和防止发生

水土流失,而一旦发生时又可以避免大量汇集和延缓其流速来实现的。其次是均匀分布山坡上的积水容积,可以把截阻的地表径流分散地保蓄起来,再有整地后土壤疏松,水分下渗快,即汇集在积水容积的地面径流,也因在坡面上停留时间较长,增大物理蒸发和渗入土壤中的可能性。

(三)提高造林成活率,促进林木生长

由于整地改善了立地条件,对多数地区来说主要是改善了土壤湿度条件,因而造林时播下的种子在比较湿润的环境中,能够及时吸收到所需的水分,完成其发芽准备,萌发出土,而栽植的苗木在这种条件下,根系的再生能力恢复很快,受机械损伤的根愈合,新根大量发生,可以及时吸水供应地上部分蒸腾需要,保持植株体内的水分平衡。林木的根系在经过整地改造过的优越条件下生产发育良好。由于土壤变得疏松,石块被清除,土层加厚,林木、杂草的根系被拣出,苗木根系向土壤深处及四周伸展所受的机械阻力减小,主根一般可以扎得较深,侧须根及吸收根的数量显著增多,水平分布的幅度和垂直分布的深度增大,这将有利于林木的生长,提高林木抗旱和抗风的能力。

(四)便于造林施工,提高造林质量

造林地整地后,减少了造林时的障碍,便于栽植、播种及抚育管理,有利于提高造林施工速度。同时,经过细致整地,能提高造林质量。

二、造林整地的方法

由于造林地条件是多种多样的,整地方法也是多样的。我国劳动人民在长期的林木栽培过程中积累了丰富的经验,尤其在新中国建立以来,在整地方法与技术方面有更多的创造和提高。但往往出现同法异名、同名异法或基本同法,只是规格不同而有不同名称等现象,下面着重介绍几种我国最常用的造林整地方法。

整地的方法分为全面整地、带状整地和块状整地三种。有时把带状整地和块状整地统称为局部整地。

(一)全面整地

全面整地是翻动造林地全部土壤的整地方法。这种方法在改善土壤理化性质方面的作用很大,消灭灌木、杂草比较彻底,便于采用机械化作业及进行林粮间作,幼林生长比在同条件下采用带状或块状整地更好。只是整地花工较多,全面整地的应用受地形条件(如坡度)以及经济条件的限制。故全面整地主要应用于平原地区的荒地、河滩地,黄土高原地区的塬面、塬边及山区的平整缓坡地和水平梯田。全面整地实行机械化的条件较好,一些农用机具能直接使用。还应注意,全面整地不宜连成大片,坡面过长时,山顶、山腰、山脚应当保留原有植被。

(二)局部整地

局部整地是翻动造林地部分土壤的整地方法。局部整地改善立地条件的效果不如全面整地(蓄水保墒、消灭杂草等),但它比较省工、灵活,能适用于各种条件,而且它具有良好的保持水土作用。局部整地分为带状整地和块状整地,有时为了保持水土或调整造林密度,采用二者相互结合的方法。

山地造林一般都采用局部整地,其中在坡度较缓(有时稍陡坡也采用)、坡面较大、土层较厚的条件下可采用带状整地。块状整地在应用上比带状整地更为灵活，几乎能应用于各种条件。在山地的带状整地实践中多采用断续带状，当带的长度较大时，在每一水平带内隔一定距离还要留横档。有时断续带状整地的长度不长(一般 2～3m)，但它仍区别于块状整地，因为在拦截地表径流、防止杂草侧向蔓延及便于种植点在带内灵活配置等方面，仍表现出带状整地的特点。

1．带状整地

适用于地形比较平坦或坡度小于 10°的不很干旱、杂草危害不太厉害的地区。在山地，整地带应沿等高线环山保持水平，带宽与带间距离应根据有利于保持水土和幼林成活、生长以及造林地植被状况和种植点配置等要求来确定。带状整地的优点在于既省劳力和费用，又能蓄水保墒。整地方法是机械或畜力成带的翻耕土壤。若造林地坡度不大或为平坦地，带宽与带间距离为 1～2.5m；在丘陵沟壑区或坡度较大地区，带宽 0.5～1.0m，带间距离 2～3m。

1)山地带状整地

(1)套二犁水平沟整地法(犁沟整地)。这是陕北米脂一带群众创造的方法，适于 20°以下的较缓山坡，且坡面比较完整。其具体做法是：用山地犁按植树的行距 1.5m，沿等高线自上而下地环山翻成水平沟，每条沟来回套翻两次，犁成深 15cm、宽 30cm，在沟的下沿挖植树坑，并围成水钵。为了防止暴雨顺沟冲刷和冲毁沟沿，根据坡长、坡度的大小，每隔 12～15m，加宽 2～3 犁，用人工拍畔成 45cm 深的沟，沟内每隔一定距离筑一土挡，见图 4-2。

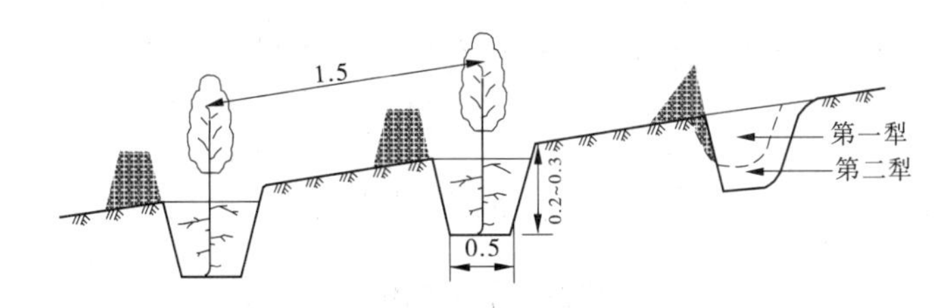

图 4-2　套二犁水平沟整地示意图　(单位：m)

(2)水平阶整地法(也叫水平条，窄带梯田，还有一种相似的方法叫反坡梯田)。适于坡度不太大的山坡地，水平阶的宽度因坡度大小而异，一般是坡度大，水平阶稍窄(0.9m 左右)；坡度小，水平阶宽(0.8～1.3m)。

水平阶的特征与规格，连续或断续带状，阶面宽度一般在 1.3m 以内(石质山地 0.5～0.9m，黄土地区 0.8～1.3m)，阶宽在 1.0m 以上的称窄带梯田，梯田反坡较大时称为反坡梯田，反坡很大时近似三角形水平沟，见图 4-3。

图 4-3　水平阶整地示意图

(3)水平沟整地方法。水土流失严重的地段，或急需迅速制止水土流失的地方，要求有较厚的土层,在黄土地区较为适用,适合于在35°以下的陡坡使用,费工较多,但蓄水保墒,防止水土流失效能较大,常与其他方法结合使用。整地方法是沿等高线挖成长方形蓄水沟,沟的深浅、宽度、长度应根据地形与坡度大小而定。一般要求沟底宽30~50cm,沟深30~40cm,呈品字形交错排列,幼树栽在沟内或埂上,见图4-4。

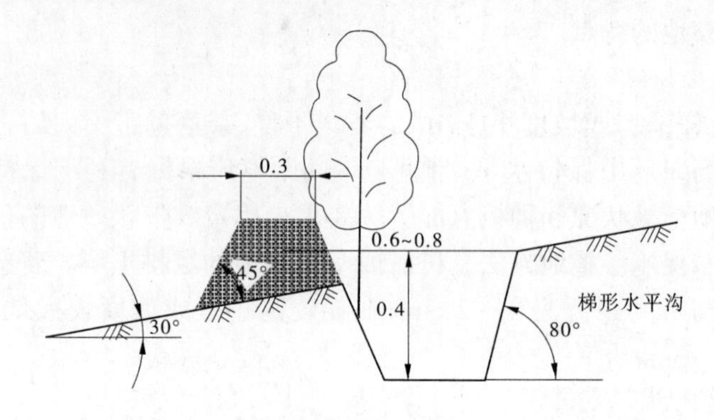

图4-4 水平沟整地示意图 (单位:m)

2)平原带状整地

(1)带状。为连续长条状,带面与地表平,带宽0.5~1.0m或3~5m,带间距离等于或大于带面宽度,深度约25cm,或根据需要增加至40~50cm,长度不限,见图4-5。

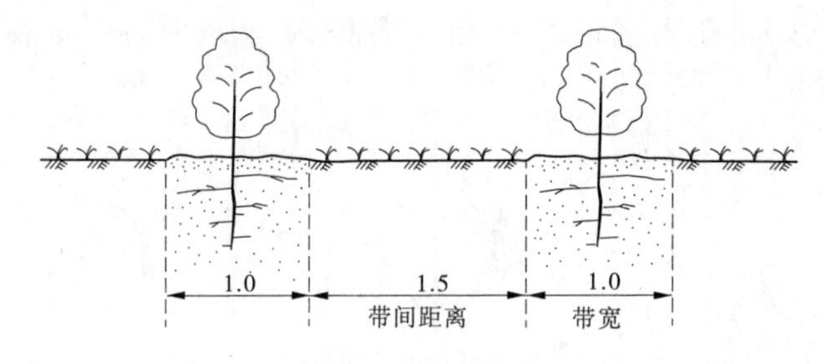

图4-5 平原带状整地示意图 (单位:m)

(2)高垄。为连续长条状,垄宽0.3~0.7m,垄面高于地表0.2~0.3m,垄长不限,垄向应便于垄旁犁沟排水(见图2-4)。

2. 块状整地

块状整地是呈块状翻垦造林地土壤的整地方法。块状整地灵活性大,可以因地制宜地引用于各种条件的造林地,整地比较省工,成本较低,同时引起水土流失的危害较小,但改善立地条件的作用相对较差。

块状整地可用于山地、平原的各种造林地,包括地形破碎的山地、水土流失严重的黄土地区的坡地,伐树较多或有局部天然林改造的地方,风蚀严重的草原荒地、沙地以及沼泽地等。

(1)鱼鳞坑整地。在坡度较大或地形较破碎的丘陵沟壑地带,营造水土保持林时常采用此法整地。做法是:在山坡上自上而下沿等高线挖成半月形的植树坑,坑呈品字形排列,幼树栽在坑的中央或靠近土埂处(见图4-6)。

(2)穴状整地。这是一般常用的方法,穴的大小、深浅根据苗木的大小、种类而定,适

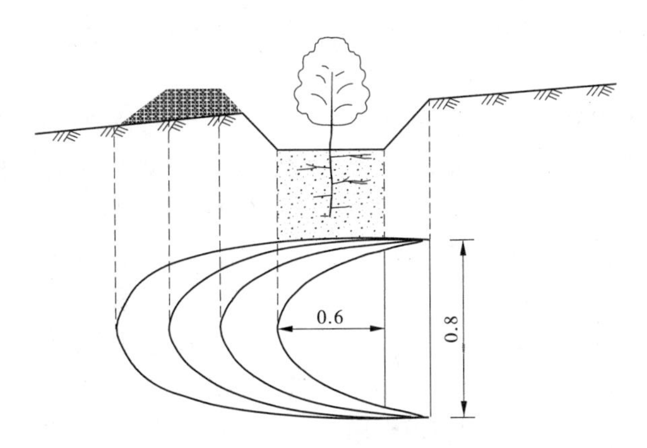

图 4-6 鱼鳞坑整地示意图 （单位:m）

用于 15°以下的山坡,一般直径为 0.4～0.5m,深 0.3～0.4m,苗木大时应相应增大,适用于一般风蚀不严重的半固定沙地及沙壤土、平整缓坡地、水分充足而又排水良好的林中空地及荒地等(见图 4-7)。

(3)块状整地。一般山地的条件,各种坡度及土壤植被状况下均可用。但在各种条件下,规格大小可有较大差别,小块状整地适用于一般造林的粗放整地,尤其适用于地形破碎地段;大块状整地适用于经济林及群状配置的人工林。

块状整地一般为方形或长方形,块面水平或稍向内倾斜,一般都有外埂,埂高 10～15cm,块状地边长 0.5～1.2m 不等,这要根据杂草灌木生长情况、配置需要及树种的要求而定(见图 4-8)。

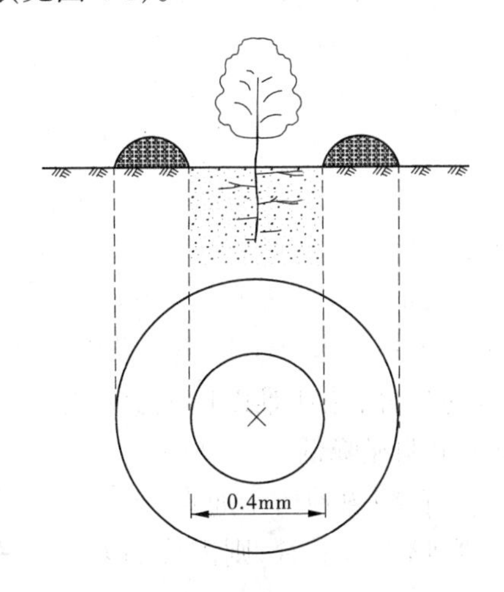

图 4-7 穴状整地示意图 （单位:m）

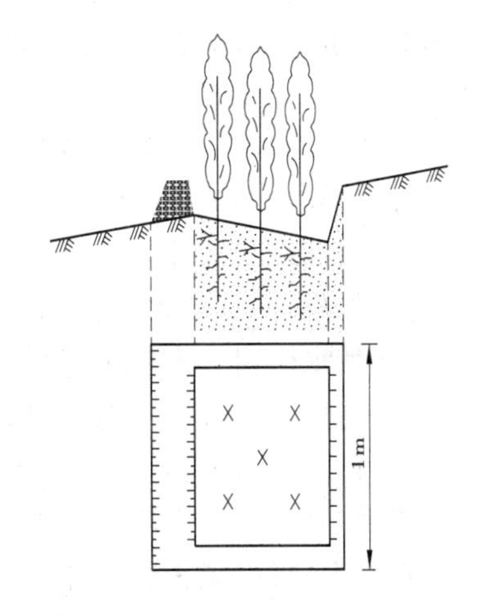

图 4-8 块状整地示意图

第五节 造林密度

造林密度系指单位面积造林地上的栽植株数或播种点(穴)的数量,一般指的是初植(或初始)密度。一定树种在一定的立地条件和栽培条件下,根据经营目的,能取得最大的经济效益、生态效益和社会效益的造林密度，即为应采用的合理的造林密度。造林密度一般以行距(m)、株距(m)表示。

造林密度以及由它发展成的后期林分密度在整个人工林成材过程中起着很大的作用。造林密度的大小直接影响造林成活率、幼林郁闭的早晚，特别是对林木生长的作用非常大，主要是对高生长、直径生长、单株材积生长、林分干材产量和生物量、根系生长、林分稳定等影响很大。造林密度不同或密度相同而林木在林地上的分布形式不同，关系到今后形成怎样的群体结构，研究造林密度是为了充分了解各种密度所形成的群体以及组成该群体的个体的生长发育规律，从而使整个林分生长发育过程中，始终能形成一个合理的群体结构。也就是说，既能使各个体得到充分发育的条件，又能最大限度利用空间，使整个林分获得最高产量，达到最大的防护作用。

在过去，由于对密度不同所引起的群体与个体之间的关系认识不足，造林密度一般都偏大，而且间伐又不及时，致使林木生长减退，成材期推迟，出材率下降。也有些地方由于造林成活率不高或者间伐过度，形成现有林分过稀，防护作用大大减弱，以致造成单位面积木材产量不高、木材品质降低的现象。因此，对各类造林树种造林密度的研究是当前提高林分单位面积上木材产量和质量亟待解决的问题之一。

一、确定水土保持林造林密度的原则

（一）林种对造林密度的影响

水土保持林的主要任务是保持水土、改善环境，而用材林主要是为了生产各种规格的用材，在考虑造林密度时应该首先满足其形成较大防护作用方面的要求，也应该考虑对木材生产方面的要求。因此，在考虑造林密度时，可以与用材林确定的原则结合起来。根据树种特性，应采用适当密植的原则，就是林木密度适当加大。

（二）树种的生物学特性对造林密度的影响

喜光树种、生长快的树种，造林密度应当小些，如落叶松、刺槐等；耐阴树种或生长缓慢的树种，造林密度应当大些。这样能够促进幼林适时郁闭(造林后3～4年)，抑制杂草滋生，缩短抚育年限，减少抚育次数，节约抚育费用。郁闭是林木群体形成的开始，幼林郁闭后，便能发挥其水土保持和涵养水源的作用，发挥林木群体对不良环境条件的抵抗能力，有利于幼林的稳定生长。不能郁闭或郁闭很慢的林分，往往难以形成森林环境，除了立木生长不良、材质低劣外，其具有的水土保持作用也明显降低。

除生长速度外，还应考虑树木的外部形态特征。有些树种树干通直，天然整枝较好，密度小些问题不大；有些树种栽植稀时，枝杈横生，影响干形发育，则需要加大造林密度，保证干形通直。

（三）立地条件对造林密度的影响

立地条件的优劣是林木生长快慢最基本的条件。优良的立地条件提供林木生长充足的水肥，林木生长较迅速，反映在林木生长的外部特征是树冠发育较大，生长旺盛，所以在较好的立地条件上适当减小造林密度；在立地条件差的地块，一般只能用来培育中、小径材。为了保证幼林适时郁闭，提高林木群体抵抗外界不利因素，造林密度应加大。但是，在特别困难的造林条件下，即使采用必要的造林技术措施，尚不能达到幼树成活、生长对水肥方面的最低要求，在此情况下（每个植株不能得到最低的营养面积），只能采用稀植的办法。为了发扬林木群体对不良外界环境条件的抵抗能力，保证每一植点（在稀植的情况下）幼树可以顺利成活与生长，生产上也有采用簇式栽植或播种，以及团块状配置的方法，或采用行内密植（株距小），增大行距（行距大），此种方法我们把它叫做疏中有密，往往也可收到较好的效果，这些方式的特点是单位面积上的株数、簇数或团块数较少（稀），而每行内或簇内的植株则较多（密），即所谓"稀中有密，密中有稀"的配置，如果期望其达到理想结果，关键在于人工抚育及时，在每一簇中保证有一植株可以最终形成生长壮旺的立木。

但是也有人认为：为了获得较高的产量，在干旱、贫瘠的土壤上，必须相应地扩大林木的距离。并认为，立地条件越恶劣，越大的抚育间伐强度越有利；相反，好的立地条件上，强度抚育间伐不能提高产量。这是因为在恶劣的立地条件上，每株林木生产一定量的木材所需的空间比在肥沃土地上大。

水土保持林往往采取两种以上乔灌木混交的形式，以便形成一定的林分结构，发挥较好的防护效果。各个树种合理的混交搭配，要很好分析研究各树种的冠幅大小、对光照的要求，以及地下部分分布的深度与广度等，即使是纯林，一些喜光性强的树种如杨、泡桐等的栽植密度也应该适当小些。一些灌木树则多采取较大的造林密度，期望它能尽快郁闭，尽快覆盖地表，尽早发挥防护作用，我们采用的一些灌木树种，虽多属喜光性强的树种，但通过及时平茬抚育可以适当调节其对光、水分等方面的矛盾，更可促进其壮旺生长。相反，如果我们采取灌木密植的方式而必要的抚育措施又跟不上去，灌木林往往会迅速分化，出现枝枯叶落、生长衰退的现象。

（四）经济条件和经营水平对造林密度的影响

在交通方便、劳力充足、木材缺乏的地方，小径材可以充分利用，造林密度应大些，以便通过间伐，为群众提供一定数量的木材；反之，当地对小径材需要不多，则宜栽植得稀些，这样有利于培育大径材，又可以减少抚育间伐的费用。进行细致管理，集约经营，造林密度应适当小些；反之，管理粗放或仅进行一般的管理，密度宜适当大些。

（五）水土保持作用对造林密度的影响

有些水土保持林的林种（如沟底造林、护岸护滩林等）为了发挥其水土保持作用，如促进挂淤、缓流、加固水工措施等，有时采用非常密植的方式，如株距0.3～0.5m，行距1.0m等，也是必要的，在此情况下往往要把发挥它的水土保持作用放在第一位，而对它本身提供林副产品等要求则放在较为次要的地位。

造林密度的大小关系到造林成本的高低。整地、栽植（或直播）费用几乎与造林密度成正比，即造林密度大，整地、造林的开支也相应增加。因此，从经济效益的角度来看，造林密度过大是不适宜的；相反，造林密度小，虽可节省开支，降低造林成本，但会影响林分的适时郁闭和林分的生长，同样也是不适宜的。应在保证林木正常生长的前提下，尽量节省开支。

二、造林密度的确定

造林密度的确定一般采用经验、试验、调查、查表等的方法来确定。黄土高原地区根据多年造林经验和有关规定,用材林一般造林密度 2 000~3 000 株/hm²;经济林和果园造林密度 1 000~2 000 株/hm²;以灌木为主的饲料林和薪炭林造林密度一般为 10 000~20 000 株/ hm²,见表 4-4。

表 4-4 黄土高原主要水土保持树种初植密度

树种	造林密度(株/hm²)	树种	造林密度(株/hm²)
油松	3 500~5 000	臭椿	1 500~3 000
侧柏	2 000~4 000	沙棘、柠条、胡枝子	10 000~20 000
刺槐	2 500~10 000	紫穗槐、花棒	6 000~10 000
旱柳	600~1 000	杞柳、黄柳、沙柳、柽柳	20 000
泡桐	500~1 000		

人工林在生长发育过程中,随着其生长,密度也相应地发生变化。因为林龄增长,林木个体对营养面积和光能的需要也在增强,适时进行间伐,调整林分密度,是改善林木个体与群体之间相互关系的重要措施,也是提高单位面积木材产量和质量的重要措施。山东林科所就这方面进行了调查研究,提出加拿大杨造林密度为 3 330~4 950 株/ hm² 时,不同生长阶段适宜林分密度是:10~15 年保留 1 600 株/hm²,15~20 年保留 1 200 株/hm²左右,25 年以后可全部砍伐利用;刺槐造林密度为 3 300~5 000 株/hm² 时,不同生长阶段适宜的林分密度是:7~8 年保留 1 600~2 500 株/hm²,8~12 年保留 1 200~1 500 株/hm²,15 年以后采伐利用。

第六节 造林方法

在细致整地的基础上,采用何种造林方法,取决于造林树种的特性、种苗来源和造林时劳力、机具的充分与否等条件。一般造林方法分为直播造林、植苗造林和分殖造林等三大类。

一、直播造林

直播造林是把造林树种的种子直接播入造林地的造林方法。这种方法可以避免起苗造成根系损伤,有利于形成分布自然、舒展、匀称的完整根系,造林具有方法简便、节省劳力和资金等优点。但这种方法对造林地的立地条件要求比较严格,一般干旱、高温、寒冷、霜冻、风沙及杂草灌木茂盛的地方造林往往不易成功。

直播造林主要在以下情况下应用:造林地立地条件好或较好,特别是土壤湿润疏松、灌木杂草不太多的造林地;鸟兽危害及其他灾害性因素不严重或较轻微的地方;人烟稀少、地处边远地区的造林地,可进行飞播造林;具有大粒种子的树种,以及有条件地用于某些发芽迅速、生长较快、适应性强的中小粒种子树种;种子来源丰富、价格低廉的树种。

从生物学的观点一般认为,种子直接在造林地上发芽、生根、萌枝、长叶,适应造林地环境条件较快,可望稳定生长。在黄土高原地区适于直播造林的树种有油松、侧柏、刺槐、山杏、核桃、柠条、紫穗槐、沙棘、虎榛子、扁核木、黄刺玫、连翘等。播种方法有撒播、条播、穴播、块播等。

(一)撒播

撒播是将种子均匀地撒入造林地,如用手撒播和飞机撒播。播种前一般不进行整地,有的覆土有的不覆土,使种子在裸露状态下发芽成苗。这种方法简单、播得快,但种子耗量大,适于土层深厚、湿润疏松的沙壤土及地广人稀地区大面积造林采用。

(二)条播

条播是在经过全面整地或带状整地的造林地上,按一定行距进行播种的方法。播种行成单行或双行,连续或间断。播种入土或播后覆土镇压。条播便于机械化或半机械化作业,但种子消耗量较大,应用不多,仅用于采伐迹地更新、次生林改造,以及某些水土流失地区,树种多为灌木树种,如柠条、紫穗槐等。

(三)穴播

穴播是在局部整地的造林地上,按一定的行距挖坑播种的方法。即按穴点播,一般是在挖穴后,分树种按其种粒大小,均匀地播入数粒乃至数十粒种子,然后覆土镇压。这种播种方法简便、选点灵活、用工量少、节约种子,且适于地形复杂、支离破碎的造林地,是播种方法中应用较广的一种。

(四)块播

块播是在经过整地的大块状地上,密集或分散地播种大量种子的方法。块状地的面积一般在 $1m^2$ 以上。块播可以形成植生组,具有群状配置的优点,但此法施工比较麻烦。

直播造林,在干旱地区以雨季较好(大粒种子除外)。雨季土壤湿度大、地温高,幼苗出土整齐,成活率高。油松雨季直播造林已普遍采用。为了确保苗木充分木质化,以利安全越冬,要对种子进行催芽处理,使其提前出苗,延长生长时间。雨季播种不宜过迟,过迟则影响苗木木质化,降低越冬能力。秋季播种不宜过早,过早则种子发芽出苗有冻死之危险。雪播在雪前、雪中、雪后均可施行,一般在融雪后能保持一个月的土壤湿润最为理想。直播还要防止鸟兽危害,除用 666 粉、磷化锌、砷酸铅拌种外,还可以改进播种方法,采用窄缝播法或带帽播种法,带帽播种后覆以适量的杂草,种子发芽以后摘帽。

二、植苗造林

植苗造林,是以苗木作为造林材料进行栽植的造林方法,又称栽植造林、植树造林。植苗造林是应用最广的一种造林方法。植苗造林适用于绝大多数树种和各种立地条件;植苗造林幼林郁闭早,对林分的稳定和生长具有重要的作用,比直播造林节省种子;但植苗造林生产工序多,技术要求严。

干旱地区造林,为了提高造林成活率,促进林分早日郁闭,多采用植苗造林的方法。大面积造林一般针叶树以采用 2 年生左右的苗木较好,阔叶树种 1 年生苗木即可。四季生长较慢的阔叶树种则可选用 2 年生苗木。但用做同一块造林地的苗木必须选择相同等级的壮苗,避免苗木参差不齐,有壮有弱。壮苗的条件是茎杆粗壮,木质化程度高,顶芽饱满,根系发达,主根直而粗,须根多,无病虫害和损伤。植苗造林主要在秋春进行,针叶树可在雨季造林。植苗造林应掌握以下三个环节。

(一)苗木栽植前的保护和处理

植苗造林,必须保证根系完整,苗木健壮。根系是苗木向土中吸收水分和养分的唯一器官,根系完整无缺,须根多,就能保证吸收更多的水分和养分,维持苗木在恢复生活机能和生长时期的水分平衡,有利于成活和生长,对于针叶树造林更为重要。因此,在起苗、运苗、植苗过程中,要严格注意保护根系。在起苗时不要断根太多,在运苗过程中一定要防止根部干枯或腐烂。苗木运到造林地后不能立刻进行造林时,应有专人管理,进行喷水,湿润苗根,如有必要,应选择背风湿润的地方挖苗木假植沟,进行假植。造林时,随起随造。之所以在起苗到造林这段过程中,要把好保护苗木这一关,就是因为很多树种的苗木根系经不起风吹日晒,往往有些苗根在暴晒 1~2 小时后,苗木成活率即下降 1/2,以至全部失去成活的可能,针叶树应随起随植或带土移栽,边起苗边运苗边栽苗,不使苗木过夜。栽时根系要舒展,埋土要实,切勿漏风。

必要时要采取以下措施:

(1)截干:在苗干距地面 10~15cm 处剪去地上部分;

(2)去梢:截去苗木部分主梢;

(3)剪侧枝:对苗龄较大、已长出侧枝的苗木进行修剪;

(4)修根:修剪过长和受机械损伤的苗根;

(5)蘸泥浆:苗木挖出后在泥浆池里蘸根;

(6)浸水:苗木挖出后浸入水中;

(7)化学药剂、有机酸蘸根或喷叶:用 ABT、1.0%苹果酸、1.0%柠檬酸等浸根,可提高苗木栽植成活率;

(8)树盘覆膜、覆草:在干旱地区造林可以采取在树盘覆膜、覆草的方法,此法必须是在经过细致整地的地块。

(二)栽植方法和技术

1. 栽植方法

栽植的方法一般分为如下几种:

(1)按植穴的形状分为穴植、缝植、沟植。

穴植是在经过整地的造林地上挖穴栽苗,穴深应大于苗木主根长度,穴宽应大于苗木根幅。

缝植是在经过整地的造林地上或土壤深厚未整地的造林地上,用锨、锹开成窄缝,植入苗木后,再从侧方挤压,使土壤和苗根密接。

沟植是在经过整地的造林地上,用一些机械或畜力拉犁开沟,将苗木按一定株、行距摆放沟底,再覆土、扶正、压实。

(2)按苗木根系是否带土分类为裸根栽培和带土栽根两种。

(3)按同一植穴栽植的苗木数量分类有单植和丛植两种。丛植的优点类似于群状配置,由于可以形成独特的小气候,抗御不良环境的影响及丛内植株的相互促进和竞争,因而造林成活率、保存率较高,林木生长快,干材质量好,造林成本因无需补植而较低。适于丛植的树种主要是耐阴或幼年耐阴的树种。栽植一般以采用小苗为宜,如能稍带宿土效果更好。

(4)按使用的工具分类有手工栽植和机械栽植两种。手工栽植一般以镐、锹等或畜力牵引犁铧进行栽植，多用于山地造林。机械栽植是在经过整地的疏松、深度符合要求、草皮充分腐烂的造林地上，取合格苗，利用植树机划线开沟、植苗、培土及镇压等工序完成栽植的方法。这种方法造林功效高，劳动强度小，造林成本低。机械栽植主要用于地形平坦且宜林地集中连片的平原、草原、沙地、滩地等。目前国内外山地造林机械化程度均不太高。

2. 栽植技术

栽植技术是指栽植深度、栽植位置和施工具体要求等。适宜的栽植深度应根据树种、气候和土壤条件、造林季节的不同灵活掌握。一般考虑到栽植后穴面土壤会有所下沉，故栽植深度应高于苗木根颈处原土痕2～3cm。栽植过浅，根系外露或处于干土层中，苗木易受旱；栽植过深，影响根系呼吸，根部发生二重根，妨碍地上部分的正常生理活动，不利于苗木生长。但是，现有科研成果和生产经验证明，在湿润的地方，只要不使根系裸露，适当浅栽并无害处，因为在此种条件下，湿度有保证，浅栽可使根系处于地温较高的表层，有利于新根的发生；而在干旱的地方，尽量深栽一些反而对成活有利，因为在这种情况下，根系处于或接近湿度较大且稳定的土层，容易成活。所以，栽植深度应因地制宜，不可千篇一律。在干旱的条件下应适当深栽，土壤湿润黏重可略浅栽；秋季栽植可稍深，雨季宜略浅；生根能力强的阔叶树可适当加深，针叶树多不宜栽植过深；截干苗宜深埋少露。

栽植位置一般多在植穴中央，使苗根有向四周伸展的余地，不致造成窝根。有时把苗木植于穴壁的一侧(山地多为里侧)，称为靠壁栽植。靠壁栽植的苗木，其根系贴近未破坏结构的土壤，可得到毛细管作用供给的水分。此法多用于栽植针叶树小苗。有时还把苗木栽植在整地(如黄土地区的水平沟整地)破土地的外侧，以充分利用比较肥沃的表土，防止苗木被降雨淹没或泥土埋覆。

施工的要求，除前面所说的以外，栽植时可先把苗木放入植穴，理好根系，使其均匀舒展，不窝根，更不能上翘、外露，同时注意保持深度。然后分层覆土，把肥沃湿润土壤填于根系处，并分次踏实，使土壤与根系密接，防止干燥空气侵入，保持根系湿润。穴面可视地区不同，整修成小丘状或下凹状，以利排水或蓄水。干旱条件下，踏实后穴面可再覆一层虚土，或盖上塑料薄膜、植物茎秆、石块等，以减少土壤水分蒸发。栽植容器苗和带土大苗时，除防止散坨外，应能够取掉根系不宜穿透的容器，否则可连同容器、包装物一起栽植，其他技术与裸根栽植技术基本相同，覆土后也应填实土坨与土壤之间的空隙。

(三)栽植季节和时间

为了保证苗木顺利成活，需要根据造林地区的气候、土壤条件，造林树种的生长发育规律，以及社会经济状况，确定适宜的栽植季节和时间。

(1)春季栽植。春季是植树的黄金季节，黄土高原地区每年造林任务的70%～80%是在春季完成的。春季栽植关键在于“早”，地一解冻即可开始，阔叶树必须在发芽前，针叶树在“抽苔”以前栽植。此外，由于山区地形、海拔的不同，土壤解冻时间也有先后，先低山，后高山；先阳坡，后阴坡。一般南部为3月上旬至3月下旬，西北部为3月上旬至4月上旬。栽植的顺序应根据不同树种发芽的早晚具体安排。

(2)雨季栽植。黄土高原地区春季一般比较干旱多风，对造林成活率影响比较大。降雨多集中在7～9月，往往这时天气多有连阴雨，土壤含水率高，空气湿度大，栽后成活率高。适于雨季造林的树种多为针叶常绿树种，如油松、侧柏等。一般苗龄要小，以1.5～2.5年生比较理想。根据黄土高原地区多年雨季造林实践经验，造林关键在于要掌握雨情，时间不要早于7月以前，最迟不能到9月份。要做到"雨不透不栽，不连阴不栽，雨后天晴不栽"。雨季造林一般选择立地条件较好的阴坡、半阴坡。

(3)秋季栽植。黄土高原地区秋季造林基本占全年造林面积的20%～30%。进入秋季，气温逐渐降低，树木生长开始变慢，并先后进入休眠状态，根系停止生长较晚，这时土壤仍较湿润，树木栽植后根系当年可恢复一部分，翌春发芽早，抗旱能力强，造林时间较长，便于安排造林时间。秋季栽植在树木落叶后至土壤冻结前进行，一般在9月下旬至11月上旬。

三、分殖造林

分殖造林又称分生造林，是利用树木的营养器官(如枝、干、根、地下茎等)作为造林材料进行造林的方法。分殖造林适用于地下水位较高、土壤水分条件较好的造林地，河滩造林多用此法。分根、分蘖造林在原有树木的附近进行，一般不适用大面积造林，埋干、埋条等方法则多用于在苗圃培育苗木。

(一)特点

(1)分殖造林具有营养繁殖的一般特点，因它是营养器官的延续，所以能保持母本的优良遗传性能。

(2)由于在营养器官中贮藏着丰富的养分，所以造林初期林木生长较快，与植苗造林相比，这种方法无需采种、育苗，施工简单，造林省工、省时，节约费用。

(3)造林地要求具有良好的湿度条件。

(二)技术要点

分殖造林按所用营养器官的部位不同，可分为插条、插干、压条、分根、分蘖及地下茎造林等方法。

1. 插条造林

插条造林是截取树木或苗木的一段枝条做插穗，直接插于造林地的方法。

(1)选取插穗。从壮龄优良母株上采1～2年生枝条或苗干做插穗，采条时间以秋季落叶后至春季发芽前为宜，要随采随插。避免采用萎缩枝条，一般要求具有饱满侧芽，并以采用枝条的中、下段以下为好。插穗规格因树种、造林目的和环境条件而异。插穗长度一般30～70cm，粗1.5cm以上。为了提高造林成活率，扦插前插穗在水中需要浸泡3～6天。

(2)扦插深度。扦插深度因插穗和造林地的土壤水分条件而异，常绿树种的扦插深度可达插穗长度的1/2～1/3以上；落叶阔叶树种，土壤水分条件较好时，地上可留5～10cm。干旱地区应全部插入土中，盐碱地区应适当多露，以防盐碱水浸泡插穗上切口。风沙危害严重的地方应全埋，秋季扦插为了防止插穗顶端风干也应全埋。

2. 插干造林

插干造林又叫截干造林，是将幼树树干或大树粗枝直接插于造林地的方法。在黄土高原地区主要为柳树和易生根的杨树。

插干造林分为两类：一种是高干扦插，选取4～6年生、小头直径3～4cm、长2.5～3.0cm的通直枝条作为插穗，插深1m左右，高干扦插成林快，易保护，但取材困难；另一种是低干扦插，选取色泽正常的枝条做插穗，长度30～60cm，粗0.5～3cm，扦插时地上留1～2cm即可。

插干造林要掌握“深埋、砸实、少露”的原则。

3. 分根造林

分根造林是利用树木的粗根截成插穗植于造林地的方法。根条可于秋季树木落叶后，土壤尚未结冻前，或春季土壤已经解冻，而树木尚未发芽前，从发育健壮的母树根部挖取，粗度不小于1～2cm，根段长20cm左右，倾斜或垂直插入土中。上端微露，上切口盖土成堆，防止水分损失。

4. 分蘖造林

分蘖造林是将根蘖性很强的树种根系所萌生的根蘖苗连根挖出，用来造林的方法。在黄土高原地区主要有刺槐、沙棘、枣树等。

第七节　人工水土保持林的抚育管理

为了及早发挥水土保持林的防护效益，促进幼树的成活与生长，造林之后，要连续抚育多年。幼林抚育通常是指从造林后到幼林郁闭前这一阶段里所进行的全面抚育措施。新造(植苗或直播)幼林，一般要经历恢复(缓苗和发芽)、扎根、生长的过程。林木一生中，这是个关键的转折阶段，对以后的生长关系极大。同时，这个阶段幼林的个体各自独立，林木的主要矛盾是与外界不良环境条件的矛盾，幼林抚育的根本任务，在于创造优越的环境条件，满足幼树对水、肥、气、热、光的要求。因此，它对提高造林的成活率、保存率和促进幼林生长、加速幼林郁闭等具有十分重要的意义。抚育管理是巩固造林成果，加速林木生长的重要措施。群众中流传有“三分造、七分管”，“一日造林、千日管护”，“有林无林在于造，多活少活在于管”等说法，生动地说明了造林后抚育管理的重要性。

幼林抚育管理措施，因造林地的环境条件和造林树种的生物学特性等不同而有所差异，在干旱、水土流失地区来讲，土壤管理是幼林抚育管理措施最主要的组成部分，其次是对组成幼林的个体及其营养器官进行干涉、抑制和调节等。

一、松土除草

松土的作用在于疏松表土，切断表层和底层土壤的毛细管联系，以减少土壤水分蒸发，改善土壤的通气性、透水性和保水性，促进土壤微生物的活动，加速有机质的分解和转化，从而提高土壤的营养水平，有利于幼林的成活和生长。尤其在干旱地区，不具备灌溉条件的情况，松土的蓄水保墒作用更为显著，几乎是人工林生长过程中唯一可行的措施。

除草的目的是排除杂草灌木对水、肥、气、热、光的竞争，避免草灌对幼树的危害。杂草生命力强，根系盘结，不仅与幼树争夺水肥，阻碍林木根系发育，而且有些杂草(如冰草)还能分泌有毒物质，影响幼林生长。一般杂草的蒸腾系数较大，尤其在生长旺盛季节，由于它们的大量耗水，致使幼树生长量明显下降。此外，杂草地上部分遮蔽幼树影响光照，草灌藤蔓的压抑攀缠，阻碍林木生长，甚至窒息致死。因此，及时清除杂草灌木是幼林顺利成活和迅速生长的一项基本条件。

在干旱地区松土除草要同时进行。但在湿润地区或土壤水分条件充足的造林地上，也可以单独进行除草（割草），而不进行松土；在杂草灌木繁茂的林地上，应先劈除草灌，然后松土并挖去草根。

每年松土除草的次数和进行的时间要根据幼树的年生长规律及林地的环境状况而定，但也要考虑劳力情况。一般情况下，造林初期幼林抵抗力弱，抚育次数宜多，后期逐渐减少。大多在造林的前1～2年，每年2～3次；第3～4年，每年1～2次。为了蓄水保墒，及时消灭杂草，每年第一次松土除草的时间一般在幼林与杂草旺盛生长的雨季前进行。

在全面整地全面造林的情况下，必须进行全面的松土除草，而在局部整地的情况下，松土除草范围初年仅限于整地范围，以后可逐年扩大，以改善林地条件。目前，我国松土除草一般都属手工操作，由于林地面积大，花费劳动力多，抚育是一项艰巨的工作，因此要大力提倡使用化学除草。化学除草已应用于苗圃和果园，并取得一定的效果，而林地上使用尚缺乏经验，需要进一步摸索。据试验，对落叶松幼树应用化学除草剂，用50%的西马津以每穴0.5g或50%的阿特拉律每穴0.2g，除草效果最好，其杀草率可以分别达到50.4%及64.1%而无药害。浓度低，效果不显著；浓度高，药害严重。

松土除草的深度根据树种和土壤条件而定，一般松土深度为5～10cm，以不伤害幼树根系，并为树木生长创造良好条件为原则，掌握里浅外深，树小浅松，树大深松；夏秋浅松，冬季深松；沙土浅松，黏土深松。在土壤较黏重的地方，要深松土或每隔1～2年深松土一次，松土深度可加深到12～15cm。在松土除草的同时，根据幼林的具体情况，可结合进行扶苗、去蘖、除蔓等工作，在有水土流失的地区还应结合植穴培埂和维修加固水平沟、水平阶、鱼鳞坑等简易整地工程。

二、灌溉

人工林灌溉是造林时和林木生长过程中，人为补充林地土壤水分的措施。

造林时灌溉，可以提高造林成活率。

林木培育过程中灌溉，可以促进林木生长，提高单位面积木材的产量，尤其是造林后的初年，灌水具有明显的后效。

但是，黄土高原地区造林大多集中在地形复杂的丘陵山地或条件恶劣的地区，再加上经济、技术、水源等条件的限制，使得灌溉不能成为一种常规技术加以应用，一般大面积山地造林很少灌溉，这就造成了苗木栽植成活率低，难以达到治理的预期目的。为此，我们要大力宣传和推广集雨节灌技术，使造林灌溉成为黄土高原地区造林的一项主要工作。黄委会西峰水保站的科技人员在每年的水土保持工作实践中，总结出了一整套适宜于黄土高塬沟壑区的集雨节水灌溉技术，通过在黄河水土保持生态工程齐家川示范区推广应用，效果显著，值得在整个黄土高原地区推广。

三、施肥

人工林施肥使用的肥料种类主要有有机肥、无机肥以及微生物肥等。施肥的方法主要有手工施肥、机械施肥和飞机施肥等，在黄土高原地区主要采用手工施肥的方法。施肥时期主要以3个时期为主，即造林前后、全面郁闭以后和主伐前数年。

四、林农间作

幼林郁闭前的几年内，林地上一般有较大的空隙，用以间作粮食作物或其他农作物，搞得好，可以充分利用这些土地，增加单位面积上的总收获量，做到以短养长，长短结合，不仅部分地解决林农争地、争劳力的矛盾，而且能合理利用土地和劳力，促进农林生产的发展。林农间作还可以起到以耕代抚的作用，减少了幼林抚育经费，降低造林成本。合理间作还能利用种间关系的有利一面，为幼林生长创造良好的条件，如间作作物遮蔽地面，减少水土流失，抑制杂草生长，作物收割后大量的根茬留在地里，可以增加土壤的有机质，改良土壤的结构，提高土壤肥力，因而有促进幼林生长的作用等。

正确处理和调节种间关系，充分发挥种间的有利作用，关键在于正确地选择间作作物及保持一定的间作距离。间作作物及其配置应根据树种特性、年龄、造林地的条件及经济状况来定，一般在干旱、水土流失严重的地方间种豆类及牧草绿肥等作物，在沙地间种花生、薯类等作物，在盐碱地上可选择冬小麦、谷子、大豆、黑豆、绿豆等作物，还可以选择黄花草木樨、紫花苜蓿等绿肥植物进行间作。

经济树种林地条件好，树木行距较大，间作物与树木应保持的距离大致相当于半个树冠幅的距离，而用材林、防护林间作一般在郁闭之前的幼林阶段，当幼林郁闭度达到0.5以上时，即应停止间作。间作一般在行间进行，间作物与幼树至少要保持30cm以上的距离，以不影响幼树生长为原则。

五、平茬和除蘖

平茬是利用树种（主要是阔叶树种）的萌蘖能力，保留地径以上一小段主干，截去其余部分，促其长出新茎干的一种抚育措施。当幼树的地上部分由于某种原因（如机械损伤、霜冻、病虫兽害等）而生长不良，丧失培育前途时，可进行平茬。经平茬后，幼树能在根茎以上长出几条或十几条生长迅速、光滑、圆直的萌蘖条，可选留其中最好的一条作为培养对象，一般用于1～2年生的人工幼林。观察证明，平茬后长出的萌蘖条一般赶上相邻的未平茬同龄林的植株。平茬还可促进灌木丛生，使它更好地发挥护土遮阴作用。对于提前郁闭，对伴生树种或灌木进行平茬，是调节种间关系、促进主要树种生长的一项有效措施。平茬一般在春季进行，要求截口必须平滑。

根际萌蘖力强的树种（如杨树、榆树、刺槐、泡桐等），由于栽植后多发生萌蘖，丛状生长，失去顶端优势，严重影响主干生长。因此，进行幼林抚育时要及时除蘖，以保证能够培养出干形通直的良材。

在采用截干造林法时，在造林后1～2年，必须进行除萌蘖，使每株只保留一个主干。

六、间苗

在采用群状（簇播、簇植）以及穴播、丛植等方法造林时，幼林在全面郁闭之前首先达到簇内或穴内郁闭，植株丛生，初期生长良好，但随着年龄的增长，个体要求的营养面积增大,群内开始分化,生长受到抑制,为了改变这种状况,就要进行间苗,通过调节群内密度来保证优势植株的正常生长。

间苗的具体时间、强度和次数应根据幼树的生长状况及树群集中程度而定,生长在立地条件较好地方的速生阳性树种,间苗时间一般可在造林后2～3年,强度也可大些;反之,可以晚些间苗,推迟到造林后6～7年,强度也应小些。在立地条件恶劣的地方,为了增强幼树的抗性,也可以不间苗。间苗可在初冬或早春进行,掌握去劣留优的原则。间苗的次数要按具体情况而定,在劳力充裕,立地条件较差,树种生长缓慢时,最好分两次进行间苗,如油松簇播造林,第一次间苗后每簇宜保留4～5株,第二次间苗每簇保留1～2株。

七、修枝

修枝是改善树干质量(减少枝杈,促进干形圆满通直),促进林木生长,减少病虫危害及火灾的一种抚育措施。一些速生阔叶树种,如泡桐、刺槐等,在自然生长情况下,往往主干低矮弯曲,侧枝粗大,生长不良,需进行修枝。通过修枝,对树冠的生长进行适当的控制,可以改善林分的通风透光条件,因除去了树冠下部垂死的同化作用低于补偿点(制造养分不够耗)的枝条,可以集中更多养分用于高、径生长,缩短成材的年限。此外,通过修枝,还可以获得一定数量的薪柴及嫩枝饲料和肥料,增加短期收益,因此修枝也是人工林抚育管理的重要措施之一。但如修枝强度过大,一方面会减少幼树的同化面积,另一方面也会使林地强度透光,从而引起杂草滋生,林地条件变坏,对林木生长反而不利。特别是在缺林地区,为了取得薪材而过多的修枝是极为有害的,必须采取措施加以限制。但是无论是从生物角度还是从经济角度看,修枝不是所有树种都应进行的抚育措施。

合理的修枝强度应当以不破坏林地郁闭和最大限度地促进林木生长量为原则,具体指标应根据树种、立地条件、年龄、培育林种的要求和经济条件等因子决定。一般阴性树种和常绿树种,保留的“冠高比”(树冠长度与树木的高度之比)要大些,阳性树种,落叶阔叶树种和速生树种,保留的“冠高比”可小些;一般修枝的强度应使保留的树冠长度与树高之比大体为1:2或1:3。否则,树冠太小,影响树木正常生长。修枝的开始时间,一般多在幼林郁闭以后,林木即将出现自然整枝前,但对有些树种,分枝部位过低,枝条过于横生,修枝也可以在郁闭之前进行。修枝的季节,一般在秋季树木落叶后至春季发芽前,对于生长特别旺盛的竞争枝,可在新梢旺盛生长的6～7月短裁加以控制。修枝的工具要锋利,切口要平滑,留枝长度要适当,并要防止撕裂树皮和碰伤保留枝,对于修枝后的伤口,必要时应涂以保护涂料,以防病虫侵入。

八、补植

由于苗木质量、栽植技术及外界条件等因素,造林后往往有部分幼树死亡,当死亡株数超过一定界限,以致影响幼林及时郁闭时,则应进行补植。按造林技术规程规定,除成活率达70%以上且分布均匀外,都要进行补植,而成活率低于30%的则须重造。

补植必须按原来的株行距进行,要求用同树种的大苗(最好苗龄与幼林一致),以便赶上已成活植株。补植季节应在早春或选当地有利季节(如雨季)进行。

为了避免补植时苗木运输费工,并使苗龄与幼林一致,可以在造林同时留出一定数量苗木假植于造林地附近阴凉处或在造林地内局部密植。在抚育过程中如发现缺苗可随时就近带土起苗补植,这样不仅成活率高、生长快,而且经济、省工。

九、低价值人工水土保持林的改造

新中国建立以来,我国的造林事业有了很大的发展,许多人工水土保持林已蔚然成林,正在茁壮成长。但由于种种原因,其中的一部分却生长不良,不能很好地起到防护作用,因而需要对它们进行改造。它们的共同特点是,生长多年乃成“小老头林”,由于部分人工林的经济价值和产量都很低,所以通常称之为低价值人工林或低产林。

“小老头林”涉及的树种较多,如杨树、油松、侧柏、刺槐、山杏等,其中以杨树最为突出。在山西雁北地区的小叶杨人工林中,有许多生产力很低的“低产林”,水土保持效益也极差,它的面积相当于该树种造林面积的 50%。从我国的东北、华北、西北各省来看,各省都有面积为数不小的杨树“小老头林”。由此可见,对现在生长不良人工水土保持林的改造,既是当前造林工作中的一项重要任务,又是科研方面急需解决的一个重大课题。

近些年来,许多林业生产部门和科研、教学单位,对生长不良人工林改造方面,曾进行了一些研究,并取得了一定的经验和成果。下面仅就现有资料,以杨树为重点,对生长不良人工林的形成原因和改造方法加以粗略的归纳与分析。

(一)树种选择不当,没有做到“适地适树”

由于造林地的立地条件根本就不能满足造林树种生态特性的要求,从而使“地”和“树”的矛盾无法统一起来,结果导致了人工林生长不良,毫无成材希望。在干旱和半干旱地区水分条件很差的造林地(如在黄土丘陵地区的梁峁坡上部及顶部,干旱沙地、沙梁等)上营造对水分条件要求常常大于对养分条件要求的杨树属这一类型。

对这种类型的生长不良人工林,一般应根据“适地适树”原则,更换树种,重新进行造林。例如在干旱和半干旱地区杨树造林地上重新栽植油松,比原树种的产量及防护效益要高得多。辽宁省建平县黑水林场用油松来改造沙地上的小青杨“小老树”取得了成功,就是这方面的例证。据辽宁省林科所的调查资料,16 年生的油松,其树高分别为 4~5m,胸径 6~7cm,而 22 年生小青杨树高仅 3m,胸径 5cm。

更换树种时的造林技术要求与一般造林相同,但也可根据需要适当保留原有树种,以便形成混交林。保留原有树种的比例一般不宜过大,以不超过 50%为宜。如果保留过多,将会引起造林地的生态条件显著变坏,从而不利于新植幼林的成活、生长和发育。另据我们在山西省吉县红旗林场调查结果,在半干旱黄土地区已成为“小老树”的小叶杨林内,6 年后行内补植刺槐,补植刺槐后小叶杨长势有了明显的好转。18 年生小叶杨纯林其树高为 3.44m,胸径为 4.2cm,而小叶杨与刺槐混交后,其树高为 10.03m,胸径为 8.7cm,由此可以看出营造杨树、刺槐混交林是改造杨树“小老树”的途径之一。

(二)幼林抚育工作差

幼林抚育不及时或长期缺乏抚育,会造成林地荒芜,杂草丛生,严重恶化幼林生长的环境条件,从而导致幼林生长不良。对此,不需要更换树种,重新造林,而只要采取适当的抚育措施,就可以使幼林得到复壮。

(1)深松土抚育是生产上广泛应用着的改进这种类型低价值人工林的有效方法。

(2)平茬复壮是在改造因人畜等的破坏而形成的低价值人工幼林,并且造林树种又具有顽强的萌芽能力时常用的一种方法,但这种方法不能用于改造因树种选择不当而形成的“小老树”。

(3)造林密度偏大,再加上间伐抚育不及时,因此单株的营养面积和生长空间都不能满足林木正常生长的需要,从而导致幼林生长迅速衰退,易遭各种自然因子和生物因子的危害,可以采用调整林木密度的措施,进行间伐抚育,即可得到复壮。

间伐抚育一般应在高生长量趋于衰退时立即进行,如林木生长已严重衰退,则长势极难恢复,间伐效果将很不显著。间伐强度应视幼林的生长情况、现有密度和造林地立地条件具体确定,一般多采用隔行间伐或隔株间伐。在有条件的地方,间伐后最好将树根挖除,否则不仅会生出大量的萌蘖,继续和林木争夺养分和水分(杨树),而且还会因地上留有根桩,有碍深抚的顺利进行。

此外,修枝、种植绿肥作物或混交改良土壤的乔灌木树种等措施,也都会对提高林分的生长量起良好作用。

第五章　几种造林新技术介绍

第一节　径流林业技术

径流林业综合育林技术是以径流利用为基础,以降水的合理时空分配为手段,在干旱的气候、土壤环境中为林木的生长创造出相对适宜的土壤水环境,使降水较少的干旱、半干旱地区也能建立起相对稳定、生长快速的人工林生态系统,提高经济林的产量和品质。在这个技术系统中,对降水的高效利用是核心,一切技术措施都是围绕着提高降水资源的有效利用、降低水分的无效损失而展开的。通过人工措施改变地表性状使比较小的降雨也能产生地表径流,从而提高降水的地表产流率,增加林木根系分布区域的供水量,同时通过一系列的蓄水保墒措施尽可能地减少地表的无效蒸发损失,延长土壤水分的使用时间,使有限的水分主要通过林木根系的吸收参加林木的生理生长活动之后再返回大气,提高水分的利用效率。这种措施的应用,基本上可解决两个问题:一是通过有效的水分调节措施,在一般年份使土壤水分基本维持在林木生长发育所需的适宜范围之内;二是在短期天气干旱的情况下,土壤含水量不低于苗木的凋萎湿度,以维持林分的稳定性。

径流林业技术措施的核心技术是集水整地。集水整地系统由微集水区组成,一是产生径流的集水面,二是渗蓄径流的植树穴。根据地形条件,以林木为对象在全林地形成不同的集水与栽植区,组成一个完整的集水、蓄水、水分利用系统。在树木的栽植区自然降雨不能满足树木正常生长发育的需求,在不同的时间里土壤水分有一定的亏缺量,通过集水面积、径流系数来调节产流量,弥补土壤水分的不足,保持水分供需的基本平衡。因此集水面积大小、集水面上的产流率直接影响径流林业技术的综合效率。

在干旱、半干旱地区,土壤水分是制约林木生长的关键因子,在确定一系列技术措施时必须考虑到水分对其他因子的制约作用。首先,应当选择较耐干旱的树种,做到适地适树;其次,要采取一系列的抗旱造林技术措施,其中造林密度的确定是非常重要的环节。在该地区造林密度一定要控制在降水资源环境容量允许的范围之内,也就是所确定的造林密度,应当依据水量平衡的原则,综合考虑树木的生长速度、蒸腾耗水需求、降水量及树木可能的利用水量和土壤的蒸发、渗漏损失,估算出每一株树木所需要的水分营养面积,作为确定造林密度的主要依据。径流林业技术正是以林分与林木个体的水量平衡为基础确定造林密度,保持造林密度在水资源环境容量允许的范围之内。

一、集水整地措施

(一)栽植区面积

首先,要确定整地的规格大小,包括整地的深度、松土区域的面积、断面形式。整地的深度主要考虑当地的气候、土壤及产流条件。在干旱、半干旱气候条件下,一般要求深整地，以便降低土壤紧实度、促进土壤熟化、增强土壤蓄水能力，在土层比较深厚的情况下，对于防护林和用材林一般最好整地深40～60cm，经济林整地深80～100cm。

确定栽植区面积主要考虑三个因素：一是树木的生物与生态学特性，主要考虑水分需求、个体大小、根系分布等；二是汇集径流的贮存、下渗需求，主要考虑所收集的径流水能有效地贮存在树木根系周围，不产生较大的渗漏损失；三是施工的难易程度与费用，主要考虑整地的规格大小、投入的劳力和费用。在干旱、半干旱地区，为了增加土壤有效蓄水量，应当采取较大规格的整地，但是整地规格加大、破土面增加，地表蒸发也随之增加，而且径流进入后渗蓄的深度也相应减少，也增加了地表蒸发量。因此，栽植区面积的大小，应考虑生物、经济兼顾的原则，既考虑到树木的根系生长发育及养分和水分的需求，又要考虑到地形、土壤等自然与经济条件。

经济林树种一般对水分、养分的需求比较高，根系的水平分布比较宽，栽植区的面积宜大一些，其宽度一般在1.4～2.0m，长度主要由造林的株距决定，一般为1.0～2.0m；水土保持用材林的阔叶树因根冠较大，一般栽植区宽度在1.0～1.6m，长度在1.0m；针叶树的根系相对比较集中，一般栽植区的宽度在1.0～1.4m，但若是培育速生用材林，则整地宽度可适当加大；薪炭林、护牧林等以灌木为主的水土保持林，栽植区面积可适当小一些，一般宽为0.6～0.8m，长度可依据地形条件而定。

林木的栽植一般都是沿等高线走，因此栽植区的宽度受地形、土壤条件的制约，当坡度比较大时栽植区不宜太宽，否则一方面施工困难，工程量增加，另一方面在幼林期也容易引起水土流失，降低集水效果。当土壤较为紧实时，对林木的根系生长有影响，其宽度可大一些，如果坡面土壤非常疏松时则可以适当小一些，以免由整地引起坡面水土流失。

（二）集水面积

在确定栽植区面积的大小，即径流渗蓄与水分消耗区面积大小之后，即可确定集水面的大小。集水面积的大小主要根据栽植区面积、降雨量、地表的产流率、栽植区水分消耗需求、树木需水量、土壤水分短缺量等因素来确定，其目标是所产的径流能弥补栽植区土壤水分的短缺量。

降雨量与降雨性质是影响集水面积大小的重要因素，一般降雨量大、降雨强度高则产流率也高，相应的集水面应小一些，否则应大一些；土壤比较干旱，土壤水分亏缺严重时，集水面应大一些；地表产流率与地表的性状有关，产流率越高则收集的水量也越多，相应的集水面应小一些，否则，如果地表比较粗糙或疏松、有裂缝等，则产流率比较低，相应的集水面应大一些；如果所栽植的是需水量较大的经济林木，则集水面应大一些，所栽植的是较耐干旱的树种则集水面可以小一些；如果在栽植区采取了蓄水保墒的技术措施，有效地降低了土壤的水分消耗时，则可以适当减小集水面积。

栽植区面积大则集水区面积也应大一些，以满足栽植区的水分贮蓄与消耗，一般栽植区与集水区的面积比例由栽植区的水分亏缺量与进入栽植区的径流量来确定，总的原则是所亏缺的水分基本上等于径流补充的水分。在黄河上中游地区年降水量一般在300～600mm，蒸散需求量一般在700～1 000mm，据此集水区与栽植区的面积（或宽度）比例，对于经济林一般为4:1～8:1，对于防护林一般为2:1～6:1，具体的比例要考虑当地的立地与树种来确定。当然，如果条件许可的话，可以通过水量平衡计算出较准确的比例。

(三)蓄水工程

通过集水面所产生的径流直接流入栽植区并渗入土壤中供林木吸收利用,但是如果有较强的降雨发生,径流量太大时径流来不及渗入土壤中,有可能冲毁坡面整地工程造成水土流失,因此与集水面相配套,在径流渗蓄区要修筑比普通整地规格更高的蓄水工程,以保证有一定的拦蓄暴雨的能力,保证坡面安全。

蓄水工程的断面形式在山坡地一般有反坡梯田、水平沟、鱼鳞坑等,在平缓地有穴状、条带状等形式。在修筑时要考虑本地区可能发生的暴雨量、暴雨强度及所产生的最大径流量,同时还要考虑幼林无覆盖时地表土壤侵蚀造成每年可能的蓄水损失量。例如,如果栽植区有效蓄水面积为 $2.0m^2$,集水面积为 $10.0m^2$,24 小时最大暴雨量为 100mm,最高径流系数为 0.6,则降雨所产生的总径流量为 $0.6m^3$,降落在栽植区的降雨总量为 $0.2m^3$,加上径流量则在这一次降雨过程中进入栽植区的总水量为 $0.8m^3$,考虑到降雨过程中土壤的入渗,所修筑的蓄水容积应在 $0.4 \sim 0.8m^3$,即在宽 1.0m、长 2.0m 的栽植区,其外埂的高度应在 0.2～0.4m。

(四)集水整地施工

(1)整地。在干旱、半干旱水土流失严重的地区,由于土壤瘠薄、紧实度又高,致使造林苗木的根系初期生长不良,不仅影响成活率而且也影响后期的生长发育,通过整地措施可以改善林木生长的土壤环境条件,减少幼树生长的阻力。在进行整地施工时,一定要达到预先设计的长、宽、深的标准。开挖时,应将表层熟土堆放在坡上方,生土堆放在坡下。当开挖到要求深度时,将上方的熟土连同上方坡面的表层土一起回填到坑内,直到填平为止。在回填的过程中,应适当进行人工踩实,以有利于蓄水保墒。如果是经济林,则结合整地可以施足底肥。同时在回填的工程中可以在土壤中加一些绿肥、有机肥、复合肥、土壤改良剂、蓄水保墒材料等,以增加土壤养分,改良土壤结构。当然所施肥的数量与种类主要由所选的造林树种所确定。为了减少地表蒸发的损失,栽植区表面的形式以在阳坡的造林地能造成小阴坡为较理想,可以降低夏半年的土壤蒸发;在阴坡的造林地修成水平面较为理想,可以改善春季地温,促进林木根系的生长。

(2)蓄水工程。蓄水工程是栽植区的重要组成部分,是彻底拦蓄坡面径流,保证坡面安全的重要技术措施。蓄水工程的修筑与栽植区整地同时进行,以防止因长时间土壤蒸发使湿度降低影响施工质量。按照整地的断面形式,一定要满足设计蓄水容积所要达到的外埂高度,注意外埂一定要修结实,不能有虚土,与原地表一定要结合紧密。特别是修反坡梯田地,一定要在外侧修加固埂。外埂的顶宽一般为 20～30cm,高度按抗暴雨径流的要求修筑,一般在 20cm 左右。整修的方法是利用堆积在坡下方的生土,结合整地开挖面,形成所需要的断面形式,注意埂的高度、宽度要一致,且通顺、均匀。外埂的土壤要踩实,当其高度达到要求后即可用铁锹压实拍光内外侧及顶部,检查合格后整理好栽植区表面。为了使径流能均匀地分配到各个林木,在整修外埂时应每隔一株或几株树木修一横挡,以防止因径流过分集中冲毁蓄水工程。一般可以每隔 3m 左右修一个,横挡的高度与外埂平齐,顶宽 20～30cm。

(3)集水面。集水面的主要作用是把降雨径流汇集到树木根系分布区。在该地区由于土层比较深厚、表层土壤比较干燥,其产流形式主要是超渗产流,因此地表性状与产流率有密切的关系。为了提高降雨的产流率,需要把集水区修成一定的形式并尽量减少降雨的地表损失。一般来说,集水区应当修成一定的坡度,地表较结实、平整,不易产生水土流失。集水面的整修可分为坡面和梯田等平缓地两种情况。在坡地上整修集水面比较简单,如果是利用自然坡面直接集水,则对坡面凹凸不平的地方进行处理使坡面基本保持平整通直即可,一般不作进一步地处理。如果要增加径流系数,则对集水区地表要进行修整。整修的方法是清除杂草后,把坡面整修平整,然后用机械或人工的方法把坡面表层土壤压实拍光。集水面的整修最好结合整地同时进行,以雨后土壤湿度较高时为宜。当集水区地表比较干燥的表土与杂草被清除并回填到栽植区后,趁露出的湿土没被风干之前应立即进行整修。首先把集水区的形状整修好,坡面弄平整,不能有凹凸不平,然后用人工踩实表土,再用铁锹拍光(如图 5-1)。用铁锹拍打集水区地表时,最好使用平板锹,要用力均匀,从上到下一行一行地拍,或者用小平板夯(压实拍光机)等机械的方法压实集水面。杂草清除要彻底,结合植树带整修把杂草连同根系、种子等一起回填到植树带底部,较彻底地预防集水面杂草再生。同时,如果集水面拍得较光滑时,草籽也不易落在坡面上,也可以起到防止杂草滋生的作用。原则上集水区是以每株林木为对象修筑的,但是在坡面较平整的情况下也可以以两三株树木为对象修筑。集水区边界由 15～20cm 高的垂直于等高线的土埂组成,目的是防止因小地形变化引起坡面径流过分集中,把径流均匀地分散导入每一株树木。如果是在平坦地面上整修集水面,如梁峁顶部或弃耕的水平梯田等,其主要任务是要把集水面修成一定的坡度,一般要求 8°以上,根据地形条件和施工难易程度,可以把集水面修成带状或回字形(见图 5-2)。施工时以集水面长的中点线为分界,靠近植树带一侧的为挖方,另一侧为填方。结合整地将地表熟土回填而底层生土留下。在完成整地任务后,随即整修集水面,以便填方土壤能与表层土壤紧密结合。将挖方一侧的土壤填到填方一侧,直到所要求的坡度为止,然后平整集水面,再用人工的方法或机械的方法将集水面压实、拍平即可。在整修过程中应当注意不要破坏植树带,集水面坡度不要过小,整地回填时应注意回填土的高度,预留要挖去的高度,保证集水面形成的坡度、植树带有足够的蓄水容积。

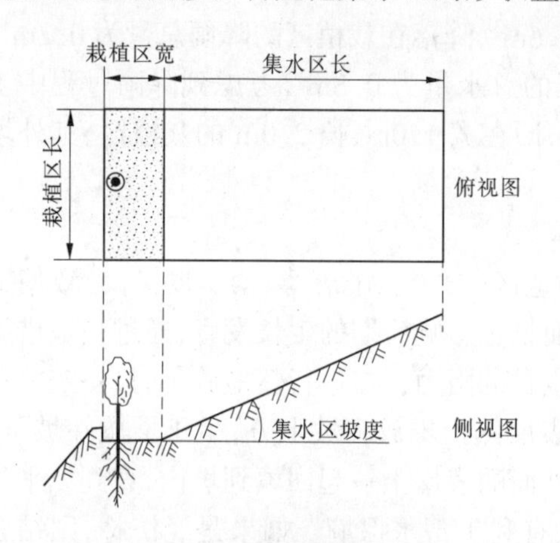

图 5-1　坡地集水整地示意图

二、集水面防渗措施

在干旱、半干旱地区,提高小雨强降雨的产流率是增加旱季林木水分供应量的重要手段之一,也是提高降水利用率的重要措施。在黄土地区年降雨中小雨强降雨分别占总降雨次数和降雨量的 80％和 70％以上,一般很难引起地表径流,强烈的水土流失主要是由出现频率极低的大暴雨径流所引起的。该地区最严重的水分亏缺主要是在春季,而此时不仅降雨量很小而且雨强也低,再加上地表层土壤极为干燥,经过冬季的冻融胀缩的影响

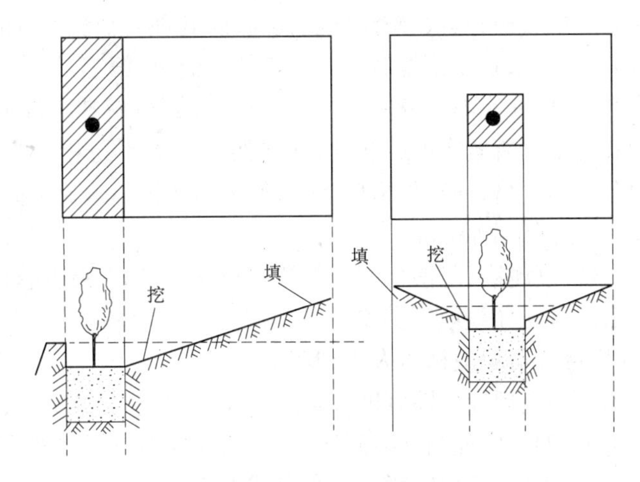

图 5-2　平缓地集水整地示意图

之后，表层土壤结构疏松，在迅速回升的气温和强西北风的影响下土壤失水极为强烈，小雨量降雨只能湿润地表层并很快被蒸发回大气，很难形成径流。因此，通过一系列的地表防渗技术对集水区进行处理，不仅可以增加降水的利用率，减少土壤的无效蒸发，而且可以提高土地的生产力和经济效益。到底选用什么样的地表防渗技术对集水区进行处理，要根据降水特性、林木水分需求量和林种而定，依据当地的经济条件作出合理的选择。

（一）压实拍光处理

压实拍光是一种以紧实地表土壤，减小孔隙度，增加土壤黏结力，形成一层高密度入渗阻力层为特点的地表防渗措施。表土层压实拍光的程度与土壤的机械组成、有机质含量、施工时的土壤含水量、压实力大小及均匀程度等因素有关。表层土壤密实度越高，水分的入渗阻力越大，降雨产流率也越高，在条件允许的情况下应尽量增加压实力，提高表层密实度。在整修时，先把地表的杂草连同干燥土层一起铲除回填到栽植区，裸露出湿土，按预定的形状整修好集水面后，根据需求即可进行压实拍光处理。采用人工方法时先用双脚在集水面上全部踩压一遍后用铁锹自上而下拍打一遍，使表层密实而光滑。如果使用机械的方法，踩实集水面之后用小平板夯全面镇压一遍，并作平滑处理。小平板夯是专为整修集水面而设计制造的，体积小，耗油省，移动方便，镇压力大，可代替 20～30 个人的体力劳动，宜在施工中推广应用。压实后表土紧实度和表面光滑是衡量压实效果的主要措施，在施工中应认真执行设计标准。

（二）防渗剂处理

在极干旱或林木需水量较大的情况下，依靠压实拍光已不能满足林木生长发育对水分的需求，必须对地表进行适当的防渗处理，以进一步提高降雨的产流率，增强对降雨的空间分配强度。目前国内外常用的防渗化学材料有钠盐、乳胶、蜡状物、沥青及 YJG－1、YJG－2、YJG－3 和生物材料如地衣等。其中 YJG 系列和生物材料在国内外近期才开始应用，为防渗处理开辟了新的材料领域。

在选用集水区地表处理材料时要遵循这样几个原则：首先，所选材料应当无任何污染，长久使用不会破坏土壤结构，即对土壤、水质、果实、林木和动物不能有任何污染，也不能对施工人员的健康造成威胁；其次，防渗性能较高，即处理后径流系数能在0.5以上，特别是产流初损雨量应当很低，在小雨量时也有一定的产流量；第三，有较长的使用寿命，耐雨滴的打击和径流的冲刷，在高温、寒冷气候条件下老化或分解速度较慢，使用寿命最少应在3年以上；第四，与土壤有紧密的结合性，在自然条件下不易和土壤分离；第五，具有可靠的材料来源和合理的价格，性能价格比适宜，使用后产出投入比较高。在黄土高原地区建议使用YJG系列材料和生物材料。

地表面越平整、紧实度越高，防渗剂的处理效果越好、使用寿命也越长。因此，要对进行防渗剂处理的集水区事先仔细地压实拍光，除去浮土，平滑平面，而且一般应在苗木栽植后再进行处理，这样可以避免栽植时人为破坏集水面。

在集水面压实拍光并整理好后即可进行防渗处理。如使用YJG－1，可取YJG－1原液加水按照1∶10～1∶15的浓度配制好喷洒液，装入喷雾器内备用。喷洒时应选在无风晴朗的天气进行，否则因风吹散，雾化的喷洒液会造成材料浪费而且很难喷匀，如果有雨时喷洒，还没有等膜形成与土壤接触牢固便会被雨水冲失。在面积较大时可使用大容量喷雾器，例如摇臂式喷雾器，面积较小或补喷时可以使用一般的农用喷雾器。在喷洒时调节好喷雾器的流量，喷头离地面一般30～40cm，喷头移动的速度要均匀，应当以地面有微积水为宜，注意不要漏喷。在喷洒后半小时内地表层即可形成防渗层。在喷洒时应该注意一次喷洒成功，否则当地表干燥防渗剂成膜之后很难再加厚膜，这是由于原来喷洒的防渗剂使新喷的防渗剂变成地表径流流失。喷洒完后，严禁人畜践踏破坏集水面，注意日常保护。

YJG－2和YJG－3也是液体防渗剂，YJG－2要加70％的酒精稀释，并加入适量固化剂后再用喷雾器喷洒，而YJG－3则可加入固化剂后直接喷洒，要注意的是两种溶液配制好后要立即喷洒，否则就会因时间长凝固而无法喷洒。其操作方法及要领与YJG－1相同。

（三）生物防渗处理

与化学防渗相比，生物防渗处理有其无法比拟的优点和更广阔的应用前景。在相对集水效率要求较高的地方可以使用化学防渗剂，但在对径流系数要求不高时则可以用生物材料来代替。此外，在压实拍光的集水区表面也可以使用生物材料，以对集水面起到保护作用。

对集水区地表进行处理的生物材料，经过室内试验和野外试验观测，使用了一种自然存在于黄土高原地区的地衣——石果衣。这种地衣紧密贴生于土壤表面，耐干旱，在合适的温度、湿度条件下可以进行营养繁殖。繁殖好的地衣营养碎片，喷洒在集水面上，利用夏季的有利条件，经过1～2年即可形成地衣保护层。

石果衣的集水效果虽然不如化学材料，但它是一种纯生物材料，又具有极好的水土保持效果，对促进全林地生态环境的改善具有积极的作用。

（四）其他处理方法

除了上面介绍的几种防渗处理方法和材料之外，还有一些材料也在试验研究中应用了。其中，有水泥和107胶混合起来喷洒在集水面上，也具有较高的径流系数和较长的使用寿命；在干旱区还使用了在集水面上铺设油毡纸、塑料薄膜的方法；此外，还试验了沥青、拒水粉等材料的防渗性能和使用方法。其中有的材料和方法在一定的条件也可以使用。

第二节　保水剂在抗旱造林中的应用技术

一、保水剂的种类

目前国内外的保水剂共分为两大类，一类是丙烯酰胺－丙烯酸盐共聚交联物（聚丙烯酰胺、聚丙烯酸钠、聚丙烯酸钾、聚丙烯酸铵等）；另一类是淀粉接枝丙烯酸盐共聚交联物（淀粉接枝丙烯酸盐）。

（一）聚丙烯酰胺

聚丙烯酰胺为白色颗粒状晶体，主要成分为：丙烯酰胺（65%～66%）＋丙烯酸钾（23%～24%）＋水（8%～10%）＋交联剂（0.5%～1.0%）。在国际上，法国、德国、日本、美国和比利时等国所生产的保水剂大多属于这类成分的产品。该产品的特点是：使用周期和寿命较长，在土壤中的蓄水保墒能力可维持4年左右，但其吸水能力会逐年降低。据黄土区造林试验观察，使用该类保水剂造林后的当年，其吸水倍率维持在100～120倍，第二年吸水倍率降低20%～30%，第三年降低40%～50%，第四年降低更多。

（二）聚丙烯酸钠

聚丙烯酸钠为白色或浅灰色颗粒状晶体，主要成分有：聚丙烯酸钠（88%，其中含钠24.5%）＋水（8%～10%）＋交联剂（0.5%～1.0%）。国内生产的保水剂大多是这种成分的产品。其主要特点是：吸水倍率高，吸水速度快，但保水性能只能保持2年有效。据造林试验观测，这类产品的吸水能力和吸水速率明显高于聚丙烯酰胺产品，在土壤中如遇充分给水，0.5～1.0小时后便迅速吸收自重的130～140倍的水分；但第二年的吸水倍率要降低60%左右。由于聚丙烯酸钠会造成土壤中钠离子含量的递增，林业和农业用保水剂的生产厂家大多改为生产聚丙烯酸钾或聚丙烯酸铵。

（三）淀粉接枝丙烯酸盐

淀粉接枝丙烯酸盐为白色或淡黄色颗粒状晶体，主要成分为：淀粉（18%～27%）＋丙烯酸盐（62%～71%）＋水（10%）＋交联剂（0.5%～1.0%）。这种产品在用于造林地蓄水保墒时，使用寿命一般只能维持1年多的时间，但吸水倍率和吸水速度等性状极佳。据实验室对黄土浸提液的吸水对比试验，该类保水剂在遇水后的15～20分钟内即可吸收自重150～160倍的水分。

二、使用方法

保水剂是一种高吸水性树脂，这类物质含有大量结构特异的强吸水基团，在树脂内部可产生高渗透缔合作用并通过其网孔结构吸水。它的最大吸水力高达13～14kg/cm^2，可吸收自身重量的数百倍至上千倍的纯水，并且这些被吸收的水分不能用一般的物理方法排挤出来，所以它又具有很强的保水性。由于树木根系的吸水力大多为17～18kg/cm^2，一般情况下不会出现根系水分的倒流，而林木根系却能直接吸收贮存在保水剂中的水分，这一特性决定了保水剂在农林业抗旱节水植物栽培技术中的广泛应用。

造林绿化工程中，保水剂一般的使用方法是：在植树穴内将保水剂与土壤充分均匀混合后再栽植苗木，当土壤中的保水剂遇到下渗水后，可以有效蓄贮水分供苗木利用。要注意的是，保水剂并不是造水剂。因此，正确地使用应该是在雨季造林前整地时就施用保水剂，经一个雨季的充分吸水，便可使当年的雨季或秋季造林成活率甚至翌年春季造林的成活率提高15%～20%，生长量提高25%左右。

在干旱少雨而且又无灌溉条件的情况下，例如春季造林，当土壤含水量不足10%时，施用保水剂前应将其投入大容器中充分浸泡，使之充分吸水呈饱和凝胶后再与土壤混合使用，否则结果将适得其反。当然，如条件允许，各造林季节尽量都使用浸泡吸水后的保水剂，效果会更好，因为干保水剂在土壤中遇水膨胀时，由于周边土壤的压力会降低其吸水的能力；而使用事先吸水膨胀后的保水剂，特别是大颗粒的保水剂，既可保证其释水缩小后再遇水膨胀的有效空间，还可增大土壤孔隙和通气性能。

通过对各类保水剂的多年使用对比，造林绿化适宜采用0.5～3mm粒径的大颗粒保水剂产品，这样既可满足土壤孔隙空气通畅的要求，又可保证所贮存水分的80%～85%被林木高效利用；一些粉状保水剂产品，使用时若与土壤混合不均匀，吸水后容易在局部产生糊状凝胶，造成相当范围的土壤蓄水过高，严重影响土壤通气和林木生长，甚至造成林木枯死。

三、使用量

应用保水剂时，施入量一般情况下以占施入范围内（植树穴）干土重的0.1%为最佳。施入量过大，不但成本高，而且雨季常会造成土壤贮水过高，引起土壤通气不畅而导致林木根系腐烂。在具体造林绿化中，保水剂的单位面积工程施用量取决于造林密度、树种、整地方式和植树穴规格等诸多因素。

根据对降水量为400mm左右黄土半干旱区的适宜造林密度的研究，针叶树种1 200～1 500株/hm^2，阔叶树种750～900株/hm^2，经济树种500株/hm^2的造林密度比较合理。在考虑上述合理密度和具体整地方式的基础上，经数年不同保水剂施用量的实地造林对比试验和成本核算，确定出主要树种造林的保水剂合理用量。若采用2～3年生针叶苗，植树穴规格为30cm深、30cm穴底直径，保水剂合理用量为25g/株，按平均价格计算成本，折合600～750元/hm^2；若采用1～2年生阔叶树苗木，植树穴深40cm、穴底直径40cm，保水剂用量60g/株，折合900～1 050元/hm^2；2年生经济林苗木，采用50cm深、50cm穴底直径植树穴，用量120g/株，成本为1 200元/hm^2。

配合其他技术措施，保水剂一般广泛应用于各种植苗造林。

为防止苗木栽植前在运输过程中根系失水，可采用保水剂蘸根的方法。具体方法是：将0.1～0.2mm粒径的粉粒状“淀粉接枝丙烯酸盐”类型保水剂产品，按0.1%浓度投入浸根用容器中，充分搅拌均匀，20分钟后使用；裸根苗在保水剂浸液中浸泡半分钟后即可取出，最好再用塑料薄膜包扎。这样完全可以保证苗木根系在10小时内不失水。经对比测定，采用保水剂蘸根法处理的苗木，造林成活率可相应提高15%以上。

保水剂同样也可用于大苗移植造林。1999年春季，北京林业大学在头年反坡梯田整地后的造林地，进行了5年针叶树种侧柏、油松的带土坨大苗移植造林对比试验，植树穴规格为 50cm×50cm，土壤墒情一般，含水量为 10%～11%。使用保水剂的植树穴，在大苗移植前施用了事先经充分浸泡吸水呈饱和状态的大颗粒保水剂 10kg(相当于干保水剂 83g)，而后与植树穴内的土壤充分搅拌、均匀混合；植树后为避免紫外线对保水剂的降解作用，同时为了降低土壤蒸发量，所有植树穴的表面都覆盖了虚土和 3cm 厚的作物秸秆。经测定，造林后施用保水剂的大苗移植造林成活率仍然高达 90%，其他仅为 71%。为了简化使用，降低造林成本，近两年北京林业大学摸索出一种造林时携带方便、操作简单的保水剂使用方法。做法是将塑料纱网缝制成直径 8cm、长 50cm 的棒状网袋，承装前述已吸足水分的凝胶状大颗粒保水剂 1.3～1.4kg(相当于干保水剂 10.7～10.8g)，造林时，针叶树苗木根系旁只需垂直放置 1 个，阔叶树和果树苗木根系两侧各垂直放置 1 个；其网袋中保水剂贮存的水分可缓慢向土壤释放，涉及直径范围 25～30cm，其周边的土壤含水量在 20～30 天内可维持在 12%～13%。如若该期间无降水过程，可在造林后的第 25 天左右，将该网袋抽出，放入水桶中重新吸水，然后再放回原处。采用这种方法，造林成活率仍可保持在 90%左右。

第三节　蓄水保墒技术

无论是降水还是集流水，只有贮存在土壤中才能被树木有效利用。土壤的蓄水保墒能力是决定林木生长好坏的重要因素，也是抗旱造林所要解决的重要技术问题之一。土壤的蓄水保摘措施主要包括两个方面：一是改变土壤的大气蒸发条件，从而降低地表的潜在蒸发速度；二是改善土壤结构，增强土壤自身的持水能力。改变土壤蒸发条件的最有效的方法是进行覆盖，其中利用泥沙、卵石、秸秆、树叶、枯草、粪肥等材料覆盖，在我国已有悠久的历史，最近几十年开始利用地膜、草纤维膜、乳化沥青、土面增温保墒剂等。覆盖能有效地提高地温、减少蒸发、保持土壤水分。改善土壤结构的措施主要有整地松土、接连施肥料与土壤改良剂等，其中以施用有机肥为主，配合施用能胶结土壤颗粒形成一定结构的各种土壤改良剂。同时，对于西北地区的黄土由于结构性差，深层渗漏比较严重，配合土壤改良措施要采取一定的防渗漏措施。通过土壤结构的改良可以起到受墒、蓄墒、保墒 3 个方面的作用，减少土壤水分无效消耗，提高水分的利用效率。

一、地表防蒸发措施

改变土壤表面蒸发条件的最有效的方法是覆盖。覆盖栽培能有效地改变农田小气候条件，改变土壤水热状况，从而促进农作物和林木生长，提高产量。目前，国内外普遍使用的几种地表覆盖材料有地膜、草纤维膜、秸秆、沥青和天津轻化所研制的土面覆盖剂 6 号及 65 号。其中地膜覆盖因其保墒作用明显，自 1978 年从日本引进我国以来到 1989 年覆盖面积已达到近 200 万 hm^2，并以每年 15%～20%的速度在全国扩大。这一技术在我国的应用，特别是在那些人均耕地比较少的地区和寒冷、高原地区以及那些热量和水资源相对不足的广大北方地区，是对自然环境进行适当改造和对自然资源进行弥补的行之有效的手段。它有效地提高了地温、调节了植物的生长季节、保持了土壤水分，使这些因素的组合更加适合林业生产和林业的生长发育，在我国农、林业的生产中起到了重要作用，但是成本较高。

地膜的主要作用是提高地温,保墒,改善土壤理化性质,提高植物光合效率。在选择地膜时要注意选用无色、透明的地膜,膜的厚度可根据使用方法选择,如果是直接铺在地表则宜选用较厚的膜,如果是铺在地下则可以选用较薄的膜。对于造林苗木来说膜的大小可以选择1m×1m或60cm×60cm。如果是既要提高地温又要蓄水保墒时,地膜直接铺设在表面,如果是以蓄水保墒为主时则适宜把地膜铺设在表土层下层,即把地膜铺设好后在上面压上2～3cm厚的土壤,这样还可以极大地延长地膜的使用寿命。

草纤维是采用麦秸、稻草和其他含纤维素的野生植物为主要原料生产的一种农用纤维膜。其性能接近聚乙烯地膜的使用要求,同时能被土壤微生物降解,是一种很有希望取代聚乙烯地膜的无污染覆盖材料。但其韧性差、横向易裂,所以后期的增温效应和保墒性能远低于聚乙烯地膜;覆草和秸秆覆盖增产的机理在于覆盖后土壤温度变化小,有利于根系生长,提高蒸腾效率,减少覆盖区内干物质无效损耗,不论在丰水年还是欠水年都有明显的保墒作用。

土面增温保墒剂,为黄褐色或棕色膏状物,是一种田间化学覆盖物,又称液体覆盖膜,属油型乳液,成膜物质有效含量为30%,含水量为70%,加水稀释后喷洒在土壤表面能形成一层均匀薄膜。土面增温保墒剂的作用主要包括三个方面:一是用其直接覆盖土壤表面,由于其成膜性可以直接阻挡土壤水分蒸发,减少无效耗水;二是通过减少土壤水分蒸发消耗,从而减少了汽化的热量消耗,因而起到了提高地温的作用;三是它具有一定黏着性,与土壤颗粒紧密结合,覆盖地表等于涂上一层保护层,能避免或减轻农田土壤风吹水蚀。

土面增温保墒剂的使用方法为:根据种子萌芽温度和播种时的天气确定使用时间,如果是春季播种造林,可比正常播种期提前几天使用,用时最好选在晴天上午。地表尽量整平,尽可能地将大土块压碎,否则会影响剂膜的完整性。可用于树木周围也可用于全造林地,有条件时最好在喷洒前浇水。用量大约为0.15kg/m^2,一般兑水5～6倍稀释,边拌边加水配成乳剂。乳剂喷洒前要用纱布或细筛过滤,喷洒要均匀,否则膜厚不匀,会造成出苗不齐。为了延长膜的使用时间,一般喷剂后禁止人畜进入践踏。

二、土内蓄水保墒措施

土内蓄水保墒措施是指在土壤中所进行的一系列增强土壤持水能力的技术措施。除了目前使用的保水剂之外,常用的技术措施可分为两大类:一类是增加土壤的疏松度,主要是整地措施;另一类是改变土壤的结构,使其形成利用、保存水分的孔隙度。措施主要有增加土壤有机质、增加化学胶结物。土内的蓄水保墒措施一般结合整地同时进行。

众所周知,干旱、半干旱地区的造林,土壤水分条件是影响造林苗木成活和林木生长的主要限制性因子,而林地坡面集水与深整地措施是解决这一矛盾的有效途径。为了获得更多的土壤水分贮存以保证造林成活率,除了要进行大规模的深整地以外,还要求整地不能与造林同时进行,而要比造林时间提早1～2个季节。春季造林是在前一年的雨季前整地,秋季造林要在当年春季或雨季前整地为最好。

由于黄土是无结构的,所以它的保水能力不强;另一方面是由于黄土土质的立土性,大量的水分进入土壤中会有相当一部分被垂直渗透掉,不能为树木生长完全利用。为解决这一难点，除了深整地外，就是通过土壤结构改良来改善土壤深层的贮水功能，保贮秋水，使秋水春用。整地时在每一植树带内施入绿肥 30～50kg；若是营造经济林则在每一植树带内施入厩肥 50kg、过磷酸钙 2kg、锯末 20kg，或是厩肥 50kg、过磷酸钙 2kg、锯末 10kg、土壤改良剂 0.5kg 与土混合均匀填入坑内，以提高土壤的贮水能力与肥力，延长土壤有效水的供应时间。实践证明，在有机肥缺乏的地方，适量使用绿肥是改良土壤结构、增加土壤肥力、提高水分使用效率的良好途径。

土壤改良剂是指施入土壤后能改善土壤结构的水稳性有机物的总称，属于高分子化合物，包括矿物质制剂、腐殖质制剂和人工合成制剂三大类。其作用有胶结土壤颗粒使其形成水稳性团粒结构、固结表层土壤防止表土的移动、提高土壤的温度等。从 20 世纪 90 年代开始应用比利时 Lalofima 公司的两种产品：一种是沥青制剂哈莫菲纳（HA，Homofina），主要成分是沥青、水、磷酸二氢钾、混合酸钾皂；另一种是聚丙烯胺制剂（PAH，Polyacryi－made），主要成分是聚丙烯胺。其主要作用是抑制水分蒸发，提高土壤温度，阻止盐分上升，减少渗漏。这种产品可以应用在春季气候多变、干旱大风、土温低、气温回升快、失墒速率高的北方干旱地区，特别是结构性差的沙质土可大面积使用。在使用时可以直接喷于地表起保墒增温作用，也可以用于土壤结构改良。用于土壤结构改良时的使用量为干土重的 0.05%～0.3%。

对于结构性比较差的沙质土壤或黄土，由于其持水能力比较低，如果有大量来水的话很难蓄纳，会有大量的水分渗漏到深层，降雨过后根系层水分又会在短时间内产生短缺。在增加土壤持水能力的情况下，减少土壤深层的渗漏也是延长有效水分供应时间的主要途径之一。防止深层渗漏的方法主要有以下几个方面的措施：一是在深层铺设地膜，直接起到阻水的作用；二是在底层撒施防止水分渗漏的材料，如拒水粉、拒水土等；三是在底层撒施土壤改良剂，与土壤混合形成阻水层。这些措施的使用深度主要依据当地的气候条件而定，干旱程度越严重应当使用深度越深。

三、爆破深松土措施

在我国的干旱、半干旱地区，一方面由于长期干旱，土壤的紧实度比较高，人工整地费力费工，另一方面该地区的一些经济林树龄比较大，深整地比较困难，一些防护林也因为土壤条件差保水效果不佳，影响其生长速度与稳定性。近几年来所使用的爆破整地方式在该地区显示出较大的优势，在一些地方产生了较好的效益。根据林地深翻改土的原理，利用炸药在一定压力下产生爆炸时所产生的巨大能量，使坚实的土体破碎，产生较多的孔隙，以有效地调节土壤的蓄水保墒能力、通气条件，促进土壤内微生物的活动，增加土壤养分的释放，同时提高松土的作业效率。一般在爆破松土的工程中使用的硝铵炸药还可以起到施肥的作用。

（一）作业方法

（1）钻炮眼。用直径为 6～8cm 的土钻在树冠外缘垂直向下钻孔，根据需求钻取不同深度的炮眼。一般情况下可取 1.0～1.5m 深。

（2）装药。把硝铵炸药装入炮眼底部，可根据爆破的范围、深度要求，装入适量的炸药。具体的爆破用药量可先在要爆破的造林地上进行试验，可分别装入 100g、200g、

400g、800g 不等的炸药进行试验。装药的多少与该地土壤的容量、紧实度和土壤湿度有关。装好药以后，将接好导火线的雷管插入炸药内。最好炸药用纸包起来，以防药受潮或太分散影响爆破效果。

(3)堵塞炮眼。这一环节关系到能否充分发挥炸药的威力。炸药、雷管、导火线装好后，用湿土（土壤含水量为12%～14%）堵填炮眼，先填土30cm，砸实，再填土，砸实，直至与地面平。否则爆破的气体将从炮眼处冲出，形成冲天炮，影响爆破质量。

(4)引爆。将导火线引燃后，人迅速跑到安全的地方去，要确认爆破结果、排除哑炮。

(二)安全注意事项

在爆破过程中一定要注意安全，对于炸药、雷管、导火索的管理一定要按照国家的有关规定进行，妥善保管，不得随意丢弃或给无关人员。在操作过程中，一定要按照国家有关规程进行，不得随意操作，要把安全放在首位。

在爆破后，一般是炸药放置以上部位的土壤得到松动，而以下部位的土壤却因为爆炸的压力而更加坚实，可以起到土内深层防渗、增加根系层持水量的作用。

土内深松爆破后，增加了土壤孔隙度，扩大了土内气体的交换，增加了土内水分的含量。这些环境的改善，一方面加剧了土壤母质的物理风化作用，另一方面又促进了微生物的活动。据研究，土壤中的微生物，大多数为好气性生物，包括细菌、真菌、放线菌和藻类。随着土壤微生物环境的改善，大量的真菌类微生物可产生植物酸，它们将土壤中的有机磷分解成磷酸和肌醇，促进了有机物中有效酸的释放。另外，大量的杆菌将产生有机酸并与硝化细菌、硫化细菌等氧化产生的硝酸、硫酸一起将周围环境中的难溶性磷酸盐溶解成可溶态磷酸盐。此外，微生物不仅可将有机质中的钾释放出来，它们产生的酸还可将长石、云母等含钾矿物中的钾溶解出来，供树木利用。

土内深松爆破后，由于土壤水、氧、温度等微环境的改善，好气性微生物活动加剧，这些微生物活动所需要的食物就要增大，而土壤中的有机物质是它们的主要食物来源之一，因而土内深松爆破后，有机质分解加快，积累会明显减少。故在进行深松爆破后，应增施有机肥。

第四节　冬贮苗木等水造林技术

冬贮苗木等水造林技术是黄河灌区为实现等水造林采取的一项造林技术，采用本项技术可以延缓苗木萌动，推迟造林时间，提高造林成效。其主要技术措施如下。

一、苗窖准备

在造林地附近，选择交通方便、东西走向的农灌渠作临时苗窖，窖址要为黏土。顺渠挖窖深50cm，长宽按每窖贮3 000～5 000株而定。

二、苗木入窖

按苗木的不同品种、不同苗龄、不同规格分级，于11月上旬大地封冻前分别贮入不同苗窖。

将苗木倾斜放入窖内，每次放苗厚度 20～30cm，用湿土埋实，不留空隙，不漏枝梢，两层相互搭压 2/3。

实际操作过程中，还有 3 种具体方法可供选择：

(1)斜埋法。选择较为背风向阳的干燥地块，南北各开沟，南 60cm，北 100cm，宽根据苗高而定(2～5m)，长视苗木多少而定。坑挖成后，将分级的苗木南北向斜放沟底，即根北、梢南，放一层苗后，用湿土把根空隙填实，再放第二层(一般放 2～3 层，每层苗不能放得太厚)。每隔 1.5～2m 在沟中央立一草把，以便通气。苗按层放好后，用湿土覆盖成鱼脊形，苗梢不要露出地面。沟四周垫 10cm 高的土埂，以排雪水。

(2)平埋法。在背风向阳较为干燥的地块，挖 80cm 左右深，长、宽同斜埋法，将分级的苗木平放于坑底，然后用湿土填实，一层苗木，一层湿土，上下层苗木可头末倒置。

(3)窖洞斜埋法。选择比较向阳的闲散窑洞，若窑内干燥时，需用水洒湿地面后，铺一层 10cm 左右的湿土，将分级的苗木斜埋于窖内墙壁两侧，覆细湿土至苗木 2/3 处，一层苗木一层湿土，中间需留一走道，最后封闭窑门。每隔 30 天检查一次，如发现覆土过干，可洒水补墒。

三、苗窖封顶

11 月下旬封冻前，用厚度不于小 60cm 的湿黏土封窖。

四、苗窖检查

第二年 3、4 月份气温回升期间，一般要检查 3 次，发现窖内温度高于 5℃ 或窖顶覆土开始消融，要在窖顶加土或盖麦秸等遮阴，以控制温度回升，待第一次引水前 1 周，出窖造林。

五、注意事项

对于根系含水量较大的苗木，树苗出圃后，需晾晒 2 天左右，至损根伤口干结后窖藏，以防烂根，翌春定植时，对发霉根要剪除。苗木窖藏前的起运过程中要严防苗皮机械损伤。开春后严格控制土壤湿度，从 5 月中旬以后，土壤湿度应控制在 2%～3%，以防止芽萌动。

第六章 防护林设计技术

在一个流域或区域的范围内,防护林体系的合理配置,要体现各个林种所具有的生物学的稳定性,产生最佳的生态效益,从而达到流域或区域生态环境工程建设的持续、稳定、高效的主要目的。防护林体系技术模式的主要基础是做好各个林种在流域内的水平与立体配置,形成有效的防护体系。

水平配置是指在一个流域范围内的平面布局和合理规则。对具体的中小流域应当以山系、水系、道路网络、土地利用等为基础,根据当地的水土流失、自然环境特点、生态环境建设及经济发展需求,进行各个防护林林种的合理布局与配置,体现因地制宜、因害设防的原则,综合考虑,在林种配置的形式、位置上与农田及牧场防护、水土保持、水源涵养、灾害防止相结合,兼顾流域水系的上、中、下游,山系的走向、坡、沟、川,左右岸的相互联系,形成层层设防、层层拦截,水土保持林、水源涵养林、防风固沙林、农田防护林相互结合、效益互补的综合森林防护体系。

立体配置是指某一具体林种的树种组成与空间结构。根据各个林种的经营目的与具体的立地条件,确定适当的树种。林分的植物组成、密度、栽植点,形成合理的林分结构,优化其对营养空间的利用与防护效能,以加强林分生物学的稳定性和开发利用其短、中、长期的生态经济效益。根据防止水土流失和改善生态环境条件、山区经济林发展的需求、立地条件、植物的生物生态学特征,把林分设计成为从地下到地面、到地上空间、到林冠层的立体结构,在林分内引入乔、灌、草、药用植物及其他经济植物,使森林改善生态环境的作用与土地、气候资源得到充分地发挥。

对于一个完整的流域或区域的防护林的配置,要通过各个林种的合理地水平配置与布局,使土地得到合理地利用。不同林种的防护林分布比较均匀,有一定的林木覆被率,同时不同林种的生态效益互补,使水土流失得到有效控制,形成较完整的生态防护体系。在此基础之上,通过对林分改善环境作用的合理利用,通过对不同植物种的立体配置,不仅使林分结构更加稳定,而且在加强其生态效益的同时可获得较高的经济产品。

第一节 林分配置

防护林的主要目的是控制水土流失、改善生态环境条件。一般配置在立地条件较差的地方,进行造林设计要特别注意当地的水土流失特点与立地环境对人工造林的影响。在该地区首先要对水土流失的状况和土壤侵蚀程度的有关情况进行调查,查明其坡面、沟道、梁峁顶部的侵蚀程度与自然植被生存情况,土地的利用历史与现状,分析立地条件与可能造林树种的适宜性,确定造林的技术措施与树种、林种。

在综合考察农、林、牧、副业发展与水土流失状况的基础之上,从水土保持、生态环境改善、促进当地经济发展出发,逐步调整不合理的土地利用,把水土流失严重的坡耕地退耕还林还草。对于这些土地的利用，要因地制宜、因害设防、先易后难、突出重点、密切与群众利益的结合，发展多树种、多林种、乔灌草相结合的水土保持林体系。

在进行防护林的林种设计时，以固土防冲、控制水土流失为主要目的，使水土保持与土地合理利用有机地结合起来，以流域为单元，分别使不同地形地貌部位、不同土壤侵蚀特点、不同配置的林种，在平面上形成有机联系、高效拦截径流泥沙的水土保持林体系，同时在立地条件较好的地段，引入生物学特性适宜的经济植物类，形成多植物种类的复合林分结构，将眼前利益与长远利益相结合，以使水土资源得到更充分的利用。

水土保持林的林种主要包括水土保持用材林、水土保持薪炭林、水土保持护牧林、水土保持经济林、坡面水土保持林、沟道水土保持林等。在土壤水分条件较好、植被覆盖度较大的荒坡及土层较厚的沟坡、河滩地等地可以配置用材林。在背风向阳、水分条件较好的缓坡地段和河谷阶地，在做好水土保持的基础之上可以配置一些经济林。根据当地生活的需求利用荒山荒坡可以配置一些薪炭林。

第二节　典型设计

以下介绍在黄土高原地区常用的几种典型造林模式，以供参考。

一、油松、沙棘混交林

(1)油松、沙棘混交林造林配置，如图 6-1 所示。

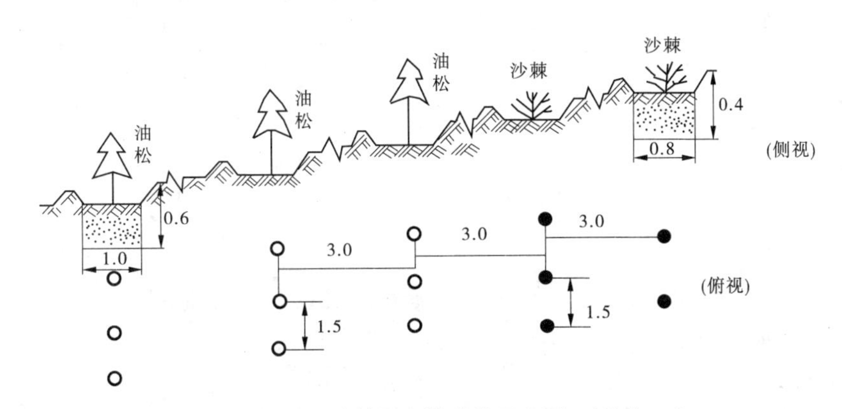

图 6-1　油松、沙棘混交林造林示意图　(单位:m)

(2)适用立地条件:山梁顶、山梁坡、沟坡中下部。

(3)造林设计，见表 6-1。

表 6-1　油松、沙棘混交林造林设计

造林树种	混交方式	株距(m)	行距(m)	每穴栽植株数	苗木规格			用苗量(株/hm^2)
					苗龄(a)	基径(cm)	苗高(cm)	
油松	3 行	1.5	3	3	2	0.45	15	4 000
沙棘	2 行	1.5	3	1	1	0.5	50	890

(4)造林技术措施,见表 6-2。

表 6-2 油松、沙棘混交林造林技术

项目	时间	方式	规格与要求
整地	春夏秋	反坡梯田	油松(宽×深)100cm×60cm,沙棘 80cm×40cm,每隔 2.5~3.5m 做一个 20cm 高横挡,田面反坡 20°,梯田外侧修地埂,高 25cm、宽 30cm
栽植	春秋	植苗	油松:春季随起苗随造林,苗木要稍带些原土,保持根系舒展,踏实土 沙棘:用 1 年生扦插苗,注意不要窝根,踏实土
抚育	春秋	松土除草、培修地埂、修枝	造林后连续抚育 3 年,第一年松土除草 1 次,于 5~8 月进行,第二年 5~8 月松土除草 1 次,抚育时注意培修地埂,蓄水保墒,刺槐栽植后第二年起每年修枝,修枝强度为保留树冠高 2/3

二、侧柏、刺槐混交林

(1)侧柏、刺槐混交林造林配置,如图 6-2 所示。

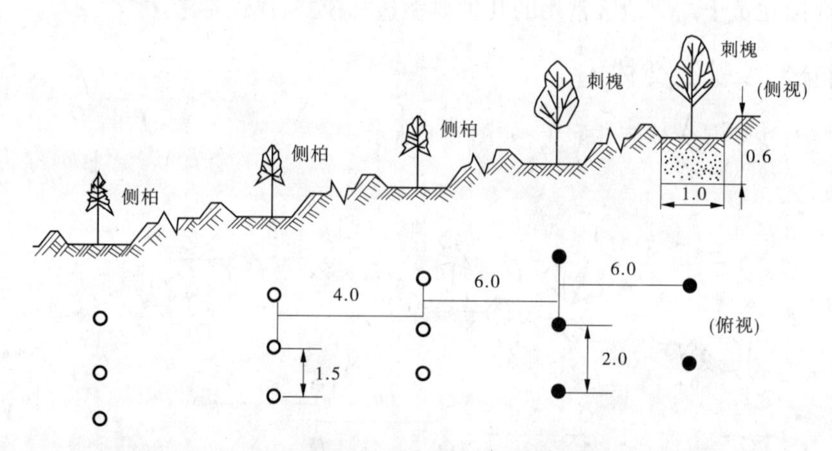

图 6-2 侧柏、刺槐混交林造林示意图 (单位:m)

(2)适用立地条件:山梁坡、沟坡中下部黄土。

(3)造林设计,见表 6-3。

表 6-3 侧柏、刺槐混交林造林设计

造林树种	混交方式	株距(m)	行距(m)	每穴栽植株数	苗木规格			用苗量(株/hm²)
					苗龄(a)	基径(cm)	苗高(cm)	
侧柏	3 行	1.5	4	1	2	0.60	60	840
刺槐	2 行	2.0	6	1	1	1.2~1.5	150	420

(4)造林技术措施,见表 6-4。

表 6-4　侧柏、刺槐混交林造林技术

项目	时间	方式	规格与要求
整地	春夏秋	反坡梯田	宽×深为100cm×60cm,每隔2.5～3.5m做一个20cm高横挡,田面反坡20°,梯田外侧修地埂,高25cm,宽30cm
栽植	春秋	植苗	刺槐:春季随起苗随造林,截干,留干长4～6cm,埋深超过原土印3～4cm,踏实 侧柏:春季随起苗随造林,埋深超过原土印2～3cm,扶正踏实
抚育	春秋	松土除草、培修地埂、修枝	造林后连续抚育3年,每年松土除草2次,分别于4～5月及7～8月进行,深5～8cm。秋季培修地埂,从栽后第二年起刺槐每年修枝,修枝强度以保留树高2/3为宜

三、油松、刺槐混交林

(1)油松、刺槐混交林造林配置,如图6-3所示。

(2)适用立地条件:山梁坡、沟坡黄土。

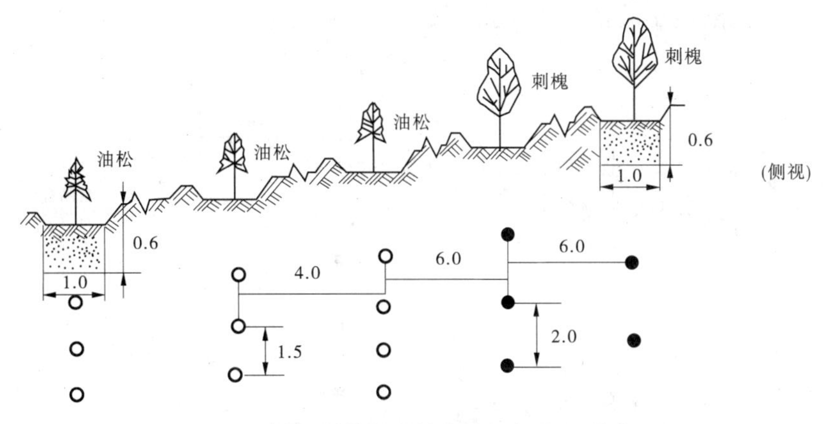

图 6-3　油松、刺槐混交林造林示意图　(单位:m)

(3)造林设计,见表6-5。

表 6-5　油松、刺槐混交林造林设计

造林树种	混交方式	株距(m)	行距(m)	每穴栽植株数	苗木规格			用苗量(株/hm^2)
					苗龄(a)	基径(cm)	苗高(cm)	
油松	3行	1.5	4	3	2	0.45	15	2 520
刺槐	2行	2.0	6	0	1	1.2～1.5	150	420

(4)造林技术措施,见表6-6。

表 6-6　油松、刺槐混交林造林技术

项目	时间	方式	规格与要求
整地	春夏秋	反坡梯田	宽×深为 100cm×60cm，每隔 2.5～3.5m 做一个 20cm 高横挡，田面反坡 20°，梯田外侧修地埂，高 25cm，宽 30cm
栽植	春秋	植苗	油松：春季随起苗随造林，苗木要稍带些原土，保持根系舒展，踏实 刺槐：用截干苗造林，留干长 10～12cm，栽时要根系舒展，埋深使切口与地面平，填土踏实
抚育	春秋	松土除草、培修地埂、修枝	造林后连续抚育 3 年，每一年松土除草 1 次，于 5～8 月进行，第二年 5～8 月松土除草 1 次，抚育时注意培修地埂，蓄水保墒。刺槐栽植后第二年起每年修枝，修枝强度以保留树冠高 2/3 为宜

四、侧柏、沙棘混交林

(1)侧柏、沙棘混交林造林配置，如图 6-4 所示。

(2)适用立地条件：山梁顶、山梁坡、沟坡。

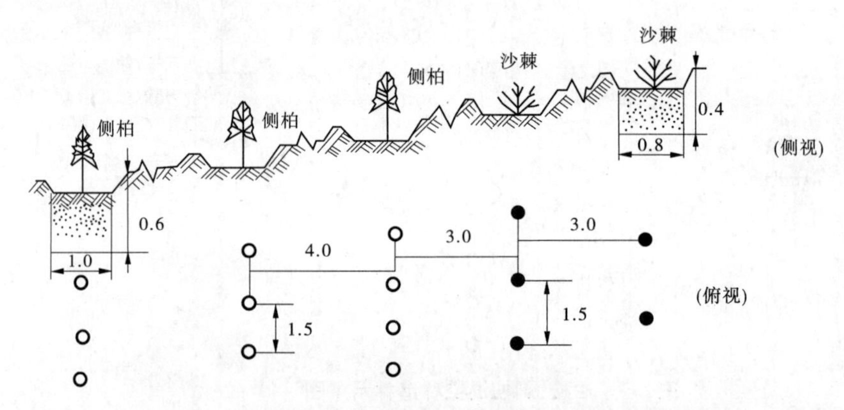

图 6-4　侧柏、沙棘混交林造林示意图　(单位：m)

(3)造林设计，见表 6-7。

表 6-7　侧柏、沙棘混交林造林设计

造林树种	混交方式	株距(m)	行距(m)	每穴栽植株数	苗木规格			用苗量(株/hm^2)
					苗龄(a)	基径(cm)	苗高(cm)	
侧柏	3 行	1.5	4	1	2	0.60	60	560
沙棘	2 行	1.5	3	1	1	0.5	50	750

(4)造林技术措施，见表 6-8。

表 6-8　侧柏、沙棘混交林造林技术

项目	时间	方式	规格与要求
整地	春夏秋	反坡梯田	宽×深为 100cm×60cm，每隔 2.5～3.5m 做一个 20cm 高横挡，田面反坡 20°，梯田外侧修地埂，高 25cm，宽 30cm
栽植	春秋	植苗	刺槐：春季随起苗随造林，截干，留干长 4～6cm，埋深超过原土印 3～4cm，踏实 沙棘：用 1 年生扦插苗，注意不要窝根，踩实土
抚育	春秋	松土除草、培修地埂、修枝	造林后连续抚育 3 年，每年松土除草 2 次，分别于 4～5 月及 7～8 月进行，深 5～8cm。秋季培修地埂，从栽后第二年起刺槐每年修枝，修枝强度以保留树高 2/3 为宜

第七章　苗木病虫害及其防治

第一节　苗木病虫害的种类、特点及其防治

一、苗木病害的种类、特点及其防治原则

(一)苗木病害的种类

苗木发生病害的病原体主要有真菌、细菌、病害、植物病原体、线虫及寄生性种子植物等。不少病原体为土壤习居菌,它们长期存活于土壤中,对环境有很强的适应能力,不容易根除,由于高温、干旱、水淹、污染等非生物因素引起的苗木病害属于生理性病害。

苗木病害按照其受害部位可分为根部受害型、叶部受害型、枝干受害型。根部受害出现根部或根颈部皮层腐烂,形成大大小小的肿瘤,受害部位有的还生有白色丝状物、紫色垫状物或黑色点状物,如苗木猝倒病、茎腐病、根瘤病、紫纹羽病、白绢病等。叶部及嫩梢受害后出现形状、大小、颜色不同的斑点,或上面生有黄褐色、白色、黑色的粉状物、丝状物或点状物,如叶斑病、炭疽病、锈病、白粉病、煤污病等。苗期枝干就感病的病害往往在幼树及大树时期继续发病,如泡桐丛枝病、枣疯病、杨树溃疡病等,出现丛枝、溃疡等症状。

(二)苗木病害的特点

苗木由于所处环境条件、抗病能力及其对生态条件的适应性的不同,其病害有如下特点:一是病害发生的爆发性和毁灭性,如苗木猝倒病、茎腐病、白绢病等,发病条件适合时,可在极短时间里造成大量苗木死亡;二是有的苗木病害仅在苗期发生,大树很少见,如苗木猝倒病、松苗叶枯病、苗木茎腐病等;三是有些树木在苗期病菌侵入体内,一般不表现症状,呈潜伏状态,一旦苗木移植后,树木抗病性明显减弱,潜伏树体内的病菌开始活动,向外蔓延扩展,树体外表出现症状,如杨树溃疡病;四是不少苗木病害的病原菌为土壤习居菌,可长期在土壤中存活,一旦条件适合就会猖獗为害。因此,土壤的理化性质、水分、微生物等状况与这些病害的发生关系非常密切。

(三)苗木病害的防治原则

苗木病害防治的根本途径在于正确执行育苗技术规程,创造有利于苗木生长,不利于病原体生存和发展的环境条件,包括选择适当的苗圃地和适应造林地生态条件的、抗逆性强的树种,精耕细作,及时催芽、播种,中耕锄草,松土,合理施肥和灌水,实行轮作,适时遮阴和及时除去覆盖物,及时清除枯枝、落叶、死株,做好苗圃及其周围的卫生工作等。

病害一旦发生,要采用化学防治方法,一定要科学使用农药,正确选择农药,做到对症下药;注意适时适量,喷药要做到既有良好的药效,经济合算,又不致于对植物产生药害。

二、苗木虫害的种类及其防治原则

苗圃中的害虫可分为地下害虫和地上害虫。地下害虫主要有地老虎、金龟类、蝼蛄

类、蟋蟀类、金针虫类、象虫类等，它们生活在土壤中，取食发芽的种子和幼苗的根系；地上害虫主要有食叶害虫和食嫩枝、幼干的害虫，如金龟子、地老虎、蝼蛄、金针虫等。

在虫害发生以前要注意观测和调查。每次育苗前必须进行土壤杀虫处理或药剂拌种；育苗后如果发现，就要采取农药杀虫或用毒饵、黑灯光、马粪鲜草诱杀。

第二节　常见苗木病虫害及防治方法

一、苗木病害及其防治

（一）苗木猝倒病

1.分布及危害

苗木猝倒病也称立枯病，是一种世界性病害，全国各地苗圃均有分布，是育苗中的一大危害。在黄土高原地区分布也很广，几乎每个地方都有分布，每年苗木猝倒病的发病率很高，严重的达60%以上，甚至绝产。

在黄土高原地区猝倒病主要危害油松、刺槐、沙棘等主要水土保持造林树种。许多农作物和蔬菜的幼苗也常发生猝倒病，所以猝倒病已成为一大危害。其症状如图7-1所示。

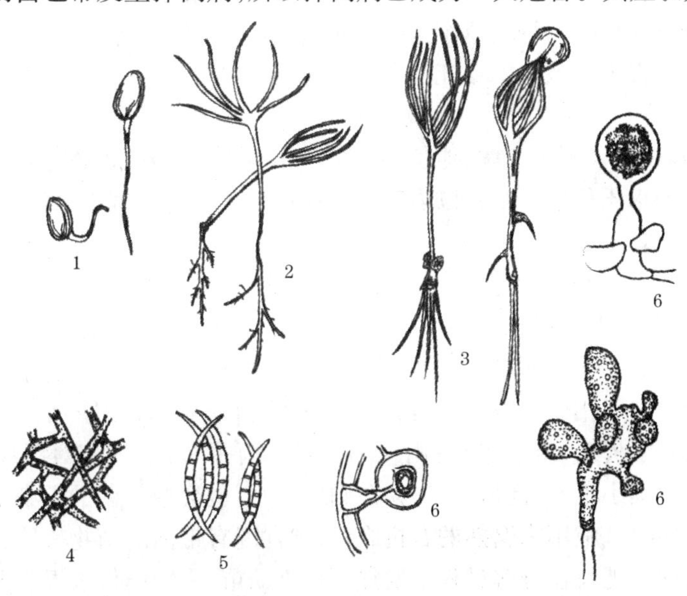

图7-1　苗木猝倒病示意图

1—发芽种子病状；2—猝倒型病状；3—立枯型病状；4—丝核菌；5—分生孢子；6—腐霉菌

2.症状鉴别

从播种到苗木木质化后均可能出现猝倒病，但发生最严重的是苗木出土至苗木木质化以前的幼苗阶段，多发生在每年的4～6月间。由于发病时期不同，其症状表现为4类：

(1)种芽腐烂。播种后至出土前种子和幼芽被病菌浸染，使种子或幼芽腐烂，造成缺苗、断行或缺行。出现这种现象多是由于种子质量差、播前未处理、未催芽、播种时间过早、土壤温度过低、土壤潮湿板结、幼苗出土时间过长等原因。

(2)茎叶腐烂。在幼苗出土期,如果雨水或浇水过多、湿度过大,或播种量过多、苗木密集,或揭除覆盖物过迟,致使嫩茎上部及叶子被病菌浸染而腐烂,上面出现白色丝状物或白色蛛网状物,同时茎部或叶部呈现腐烂萎蔫状,最后全株死亡。

(3)幼苗猝倒。幼苗出土后的扎根时期,由于苗木幼嫩,茎部未木质化,外表尚未形成革质层或木栓层,病菌自根茎侵入,产生褐色斑点,病斑扩大,呈水渍状。病菌在苗颈组织中蔓延,破坏苗颈组织,而上部幼叶仍保持绿色,全株迅速倒伏,引起典型的幼苗猝倒病。这种病多发生在苗木出土后的1个月之内。

(4)苗木立枯。在苗木茎部木质化以后,病菌难以自根茎侵入。若土壤中病菌较多,或者是环境条件对病菌蔓延有利,则病菌就会从根部侵入,使根部腐烂,全株枯死,但并不倒伏,故称立枯病。

3.发病病原

引发苗木猝倒病的原因有非侵染性和侵染性两类。侵染性病原主要是真菌中半知菌的茄丝孢菌(*Rhizoctonia solani* kuhn)、腐皮镰孢菌[*Fusarium solani*(Mart.)App.et Wollanw.]和尖孢镰孢菌(*F.Oxysporum* SCHL.),鞭毛菌的终极腐霉(*Pythiumultimum* Trow.)和瓜果腐霉[*P.aphanidermatum*(Eds.) Fitz.],有时还有半知菌的细链格孢菌(*Alternaria* tenuis Nees.)等。非侵染性病原主要由于圃地低洼积水、排水不良、土壤黏重、表土板结、播种时覆土过厚、草帘子揭开过晚、地表温度过高等。有些地下害虫,如金针虫、地老虎等为害也导致苗木枯死。

4.发生规律

猝倒病的病原菌来源于土壤,能长期在土壤中生存。病害主要发生在1年生的幼苗上,特别是出土到木质化这一个月以内的苗木受害最重。通过调查分析,病害的发生发展主要由以下原因造成:

(1)前作感染。前茬作物是蔬菜、瓜类等易感病植物,土壤中有大量病株残体,病菌繁殖快,积累得也多,苗木易受感染。

(2)与气候有关。在苗木易发病期,病害流行的严重程度与土壤含水量、降水量、降水次数、雨季长短及空气相对湿度关系很大。雨量大,降水量多,雨季长,空气相对湿度大,土壤过于黏重,容易板结,就会染病;雨量小,干旱,雨季短,空气相对湿度小,也易染病。整地不细致,土块大小不一,高低不平,易使圃地积水,也会遭病菌的侵染。

(3)肥料未腐熟。施用未腐熟的有机肥料,常常混有带菌的植物残体,施入土壤后,促进病菌的发展,而且肥料在分解过程中发热会伤害幼苗,为病菌侵入提供了条件。

(4)播种不及时。播种过早,土壤温度低,会延迟出苗的时间,易发生种芽腐烂;播种太晚,苗木出土晚,在雨季到来之前苗木未木质化,这时苗木比较脆弱,易感病期与高温高湿的易感病期相近,而可能导致病害突然发生。

(5)种子质量和播种量。种子品质差也会导致病害的发生与发展;播种量过大时,如果管理不当,也会促使猝倒病严重发生。

(6)与浇水有关。在易感病期,如果浇水过多,使苗床积水或过湿,也会导致病害发生。

(7)遮阴物撤除过早。无论是覆草、覆帘子或其他覆盖物,如果撤除过早,也会使幼苗受到日灼而导致病害发生。

5.防治方法

针对猝倒病,我们必须认真做好预防工作,尽量做到病害不发生或少发生;因地制宜采取综合防治措施,从不同角度控制病害的发生,特别是采取合理的育苗措施是防治此病的关键,要将防治措施贯穿到育苗的各个生产环节。

针对黄土高原地区猝倒病的发病规律和危害,通过我们多年育苗试验和观察、总结,提出以下具体防治方法:

(1)选好苗圃地。无论塬地、川台地或山地,圃地要求平坦、土层深厚、透气透水性良好及肥沃的土壤,圃地周围要求通风透光,排水良好,远离蔬菜地。

(2)细致整地。圃地经过犁耙后,要细致平整,整地要在土壤干爽和天气晴朗时进行。施用的肥料要以充分腐熟的农家有机肥为底肥,其他肥料作为追肥合理使用。

(3)种子消毒。虽然猝倒病一般不是由种子带来,但用药剂处理种子后,药剂随种子一同进入土壤,可对种子周围土壤中的病菌起到抑制或杀灭作用,生产中可用高锰酸钾浸种,1.5%的多菌灵或95%敌克松拌种。

(4)土壤消毒。播种前可用2%~3%的硫酸亚铁250kg/hm^{2}喷洒土壤,或用硫酸亚铁200~300kg/hm^{2}并混20倍细土,均匀撒入苗床,耕入表土;也可用40%福尔马林溶液稀释400倍喷洒床面,淋透深度在3~5cm,然后用塑料薄膜覆盖3天即可;用得最多的是在苗床上堆积柴草焚烧,使20cm土层内达到灼热灭菌的程度,冷却后播种。

(5)实行轮作。为减少病菌在土壤中的积累,尤其猝倒病发生严重的地方更要避免连作,可以使用苗木与苗木、苗木与农作物、苗木与绿肥等轮作。

(6)选择适宜的播种时间和播种量。播种时间一般在土壤解冻后即可;播种量以出苗后不稀不稠、便于管理和生产优质苗木为原则,否则会影响苗木的密度和产量。

(7)控制灌水和及时撤除遮阴物。实行科学灌水,播种前灌足底水,播种后到出苗前不用灌水,如要灌水,主要掌握次多量少,特别是灌水时间必须在每天9点以前或17点以后,不能使用机井刚抽的水,灌溉用井水必须晾晒数日。夏季高温时为了防止幼苗日灼,需要用草帘、遮阴网等覆盖物遮阴,但当幼苗逐渐长大、抗病性提高时要及时撤除遮阴物,以免湿度过大,幼苗脆弱,引起茎叶腐烂。

(8)苗期喷药。幼苗出土后,可每隔6~10天喷一次等量式波尔多液,共喷2~3次,进行预防。一旦病害发生,应尽快销毁病苗,并用2%的硫酸亚铁溶液喷洒,每公顷用药液1 500~2 250kg,喷药后半小时再用清水喷洗叶面上的药液,免遭药害,共喷药2~3次。也可硫酸亚铁混入细沙制成药土,药土比例为2%~3%,每公顷撒1 500~2 250kg药土。在病害严重时,可用青霉素配成药液喷洒,比例为1支青霉素(80万单位)兑水10kg,能起到很好的防治作用。

(9)接种菌根。在油松、雪松育苗试验中,我们在播种沟内施入带有菌根菌的松林土,结果发病率明显比未施菌根菌的要低,说明在育苗中接种菌根或撒入菌根制剂,有利于松苗的生长,而且可以减轻猝倒病的危害,此外,土壤中接入木霉素对猝倒病也有很好的抑制作用。

(二)苗木茎腐病

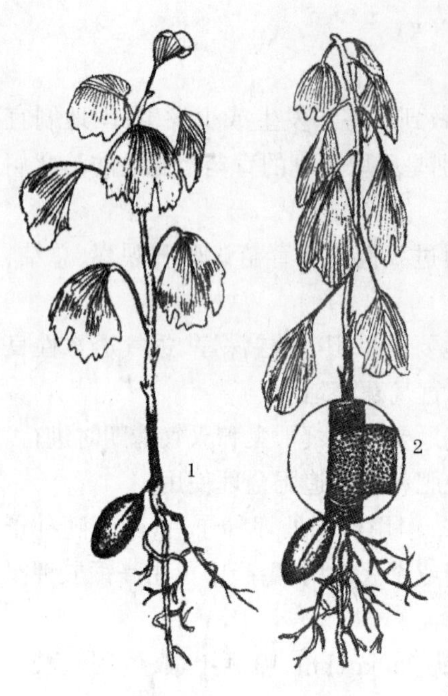

图 7-2　苗木茎腐病示意图

1—茎腐病状;2—病部小菌核

(1)分布及危害。茎腐病在夏季炎热高温地区均有发生,死亡率可达 90%以上。主要危害银杏、松、柏、刺槐等。

(2)特征。苗木感病后主要表现为茎部变褐色,皮层坏死,包围全茎后则全株枯死。叶枯死下垂但不脱落,顶芽枯死。病苗茎部皮层稍皱缩,内皮组织腐烂呈海绵状或粉末状、灰白色,其中生有许多细小的黑色小菌核。以后病菌也扩展至根部,使根部皮层腐烂(见图 7-2)。

(3)病原。属于真菌中半知菌的菜豆壳孢菌[*Macrophomina phaseolina* (Tassi)Goid.]。

(4)发生规律。病害主要发生在一年生以下幼苗上,特别是自出土到一个月以内的苗木受害最严重。该病菌是一种弱寄生菌,可长期在土壤中的病株残体上生活,当条件适宜时危害苗木。夏季炎热,土壤表面温度升高,苗木茎基部灼伤,为病菌侵入提供了条件,是诱发茎腐病的重要原因;苗床低洼积水,苗木生长不良,也易发生病害。一般雨后 10～15 天苗木开始发病,此后发病的程度与气温的高低及高温持续的时间成正相关,6～8 月份气温高,降雨早,降雨量大,降雨持续时间长,则病害来得早且严重,9 月以后病害停止发生。

(5)防治方法。苗木茎腐病的防治主要是促进苗木生长健壮,提早木质化,提高抗病能力和夏季降低苗床土温为主。从雨季开始至 9 月份,要搭荫棚遮阴,也可灌水降温。此外,在行间覆草或间作其他抗病树苗、农作物或绿肥,均有防病效果。播种前可用化学农药处理土壤:一是 40%的甲醛(福尔马林)1 份加 50 份水稀释后浇灌,每平方米 6kg,然后用塑料膜覆盖 1 周后掀开,经过 3 天晾晒后再播种;二是用甲烷(每平方米用药 20～30mL)或氯化苦(40%原液,每平方米 20～30mL)对土壤进行处理。

(三)苗木根癌病

(1)分布及危害。根癌病又名冠癌病,是一种世界性病害,在我国分布很广,危害的植物有 61 科 300 余种,其中大部分为双子叶植物。

(2)特征。根癌病主要发生在根颈处,有时在主根、侧根、主干和侧枝上也有发生。在发病部位出现大小不等近圆形的瘤(见图 7-3),初期瘤小,表面光滑,质地柔软,呈灰白色或肉色。后逐渐变为褐色至深褐色,质地坚硬,表面粗糙有龟裂,最后外表层脱落,露出许多木瘤。

(3)病原。由细菌中的致瘤农杆菌[*Agrobacteriumtumenfaciens* (Smith et Towns.) Conn.]引起。

(4)发生特点。根瘤病菌可在病癌内或土壤中的病株体残体内存活 1 年以上,如 2 年未得到侵染的机会,则失去致病力或生活力。病菌可随灌溉水、雨水传播,也可借嫁接、耕作或地下害虫、线虫传播，远距离传播则靠带病苗木及种条的长途运输。病菌由机械损伤、虫伤、嫁接口等各种伤口侵入根内，因此苗木伤口多时则发病严重。通常含水量高，微碱性的土壤有利于发病。

(5)防治方法。在苗圃中易感病树种实行3年以上的轮作；加强苗木检疫，尤其做好产地检疫，发现可疑苗木，用1%的硫酸铜液浸苗5分钟，水洗后再栽植或出圃，或用根癌宁浸苗5分钟再用，发现病菌及时销毁，严禁病苗外运；重病区要对土壤进行消毒，每平方米用50～100g硫磺粉或漂白粉与土壤混合，病根要挖出销毁；易感病苗定植前用根癌宁(K84等)浸根5分钟再用，田间发现病株后将癌瘤切除后用根癌宁灌根或在生长期间用根癌宁浇根。

图7-3　苗木根癌病示意图

1—加拿大杨根部被害状；2—病原细菌

(四)松落针病

(1)分布及危害。松落针病在世界各地普遍发生，在我国松树分布区均有发生，主要危害油松、华山松、樟子松等，在黄土高原地区发病率也很高，它既危害大树，又危害幼苗，成为我国松苗的毁灭性病害。

(2)特征。松落针病的病原多，不同树种、不同时期表现的症状不同(见图7-4)。在幼树或大树上，一般危害2年生针叶，也危害1年生针叶。受害针叶春末夏初时就开始出现黄褐色病斑，秋天大部分病叶脱落，翌年春天在病落叶上产生黑色或褐色横纹线，将针叶分成若干段，在两横线间产生黑色或褐色圆形或椭圆形突起的小点，为病菌的无性繁殖体(分生孢子体)。此后产生黑色或灰黑色长椭圆形或椭圆形突起的小点，长0.3～2cm，具油漆光泽，中间有1条细缝，为病菌的有性反繁殖体(子囊盘)。春季在冬贮苗或在苗床上越冬的幼苗的病斑和顶芽，常常流脂，形成脂块。

(3)病原。由真菌中的子囊菌引起。

(4)发生特点。苗木和幼树受害严重。病菌在受害针叶中越冬，5～8月份病菌传播最快，病害也最严重。

(5)防治方法：加强苗圃管理，避免苗木过密，增强苗木的抗病能力。剔除病苗及弱苗；适地适树，营造混交林，对幼林加强抚育管理，及时疏伐、间伐，保持合理的密度；在5～8月份病菌飞散期间喷洒药剂，以波尔多液(1∶100)为主；在病菌大量飞散时，以25%的百菌清(500～800倍液)为主。

(五)阔叶树苗木白粉病

(1)分布及危害。白粉病是阔叶树上非常普遍的一类病害，全国各地均有分布。主要危害杨、桑、柳、榆、泡桐、梭梭和果树类。

(2)特征。树木受害后受害部位覆盖一层白色粉末状物，是病菌的营养体(菌丝体)和繁殖体(粉孢子)。后期在白色粉末层中出现小颗粒状物，初为淡黄色，逐渐变为黄褐色、

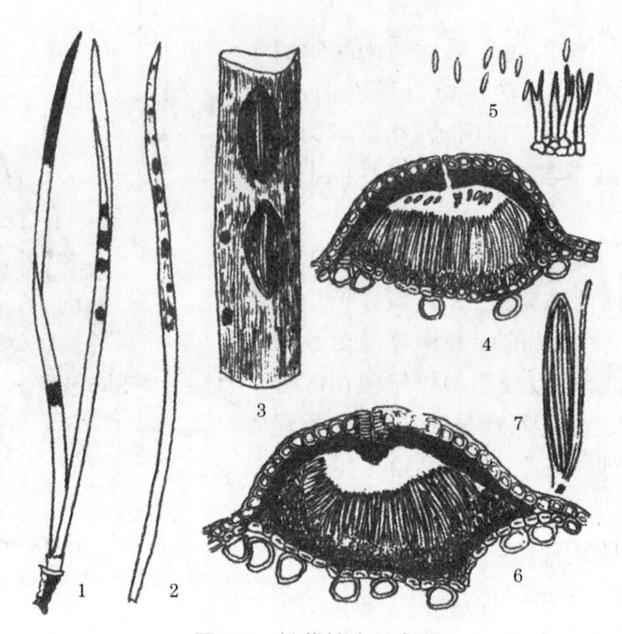

图 7-4 松落针病示意图

1—樟子松受病的针叶;2—松针上产生子囊盘;3—子囊盘放大;4—分生孢子盘;
5—分生孢子梗及分生孢子;6—子囊盘横切片;7—子囊及侧丝

黑褐色,是病菌的有性繁殖体(闭囊壳)。由于白粉菌的种类不同,在各种树木上的表现也不同,如臭椿、杨树等的白粉病出现在叶背面,黄栌的白粉层却在叶的表面;臭椿的白粉病的小颗粒状物大而明显,核桃白粉病的小颗粒状物很小而不明显。

(3)病原。由真菌中子囊菌的白粉菌引起,常见的有棒球针壳[*Phyllactinia corylea* (Pers.) Karst.]、柳构丝壳[*Uncinula salicis*(DC.)Wint.]、桤叉丝壳[Microsphaera alni (Wallr.) Salm.]、白叉丝单囊壳[*Podosphaera leucotricha* (Ell.et EV.)Salm.]及猪毛菜内丝白粉菌[*Leueillula saxaouli* (Sorok)Golov.]等。

(4)发生特点。病菌在病叶、病落叶、病稍、病枝上越冬,借气流传播。发病时间因白粉病种类而异。苹果、蔷薇白粉病在春季嫩叶展开时发作。因此,5~6 月份的春稍及 8~9 月份的秋稍发病严重;臭椿、桑树等许多林木白粉病在秋天开始发作,9~10 月是发病高峰期。

(5)防治方法。栽植抗病品种,合理密植,科学管理,控制氮肥,防止徒长;春季剪除病芽、病枝,集中销毁,秋天清除病叶集中处理;春季萌芽前喷 3~5 度波美度石硫合剂,生长期喷 0.2~0.5 波美度石硫合剂,或 70%的甲基托布津可湿性粉剂 800~1 000 倍液,25%粉锈宁 800 倍液。

(六)杨树叶斑病

(1)症状鉴别。主要危害杨树的叶片(见图 7-5),也危害叶柄和嫩梢,病斑黑色、褐色或灰白色,大小不一,造成病苗早落叶,甚至全株枯死。

(2)防治方法。秋季扫集落叶,予以烧毁;幼苗发芽时每隔 10~15 天喷 0.5%~1%波尔多液,0.4%~1%的代森锰锌或福美砷,70%的敌克松 1 000 倍液。

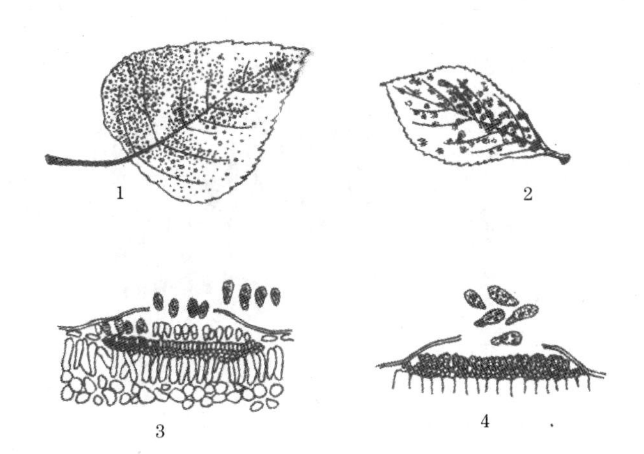

图 7-5 杨树叶斑病示意图

1、2—杨树叶斑病症状;3、4—孢子

(七)杨树黑斑病

(1)症状鉴别。危害叶片、叶柄、果穗、嫩梢等。我国大部分地区的杨树黑斑病由杨生盘二孢菌引起,在青杨派杨树上,病斑主要在叶背面,在黑杨派及白杨派上叶背面和叶面都产生病斑。病斑圆形,角状或不规则形,直径为 1~2mm。杨盘二孢菌引起的黑斑病为褐色,近圆形或角状,病斑直径为 1~10mm(见图 7-6),由杨盘二孢菌引起的黑斑病呈褐色或暗褐色,近圆形,直径 1~6mm。黑斑病的病斑多连成片,空气潮湿时病斑上产生 1 至多个乳白色小点。嫩梢上的病斑梭形,黑褐色,长 2~5mm,后开裂成溃疡斑。

(2)病原。主要有 3 种,属于真菌中的半知菌,常见的有杨生盘二孢菌[*Marssonina brunnea*(Ell.etEV)Magn.],又分为寄生在白杨派的单芽管专化型(*M.brunnea* f.sp.monogermtubi)和寄生于黑杨派及青杨派树种的多芽管专化型(*M.brunnea* f.sp.-multirmtubi)。此外,还有主要分布于新疆的杨盘二孢菌(*M.populi* clib.Magn.)和白杨盘二孢菌[*M.castagnae*(Desm.et Mont.)MAGN.]。

(3)防治方法。选用抗病杨树造林,并避免营造大面积纯林,Ⅰ-69 杨、Ⅰ-72 杨、中林 115 等有较强的抗病性,而Ⅰ-214、北京杨、箭杆杨、小叶杨等极易感染病;合理密植、及时间伐、保持林内通风透光;在发病前喷洒 40%的多菌灵 800 倍液。

(八)杨树叶枯病

(1)症状鉴别。侵害叶片、嫩梢和幼茎,在叶片上产生各种形状的病斑,直径 1~5mm(见图 7-7)。青杨派和黑杨派在叶片上的病斑为圆形,有明显的轮纹状,浅褐色;白杨派上的病斑初期多为近圆形,褐色,后期大多连成不规则形,并有同心轮纹;后期病斑上均有黑褐色霉状物,嫩梢及嫩茎上的病斑凹陷,梭形,上面有绿色霉层。

(2)病原。病原为真菌中半知菌的细链格孢菌[Alternaria alternata (Fr.) Keissl]。

(3)防治方法。选用抗病性强的树种育苗和造林,如加拿大杨、山海关杨、新疆杨、毛白杨、小黑杨等;加强管理,清除枯枝、落叶,集中销毁;发病开始前,喷 40%乙磷铝 300 倍液,或 75%的百菌清 500 倍液。

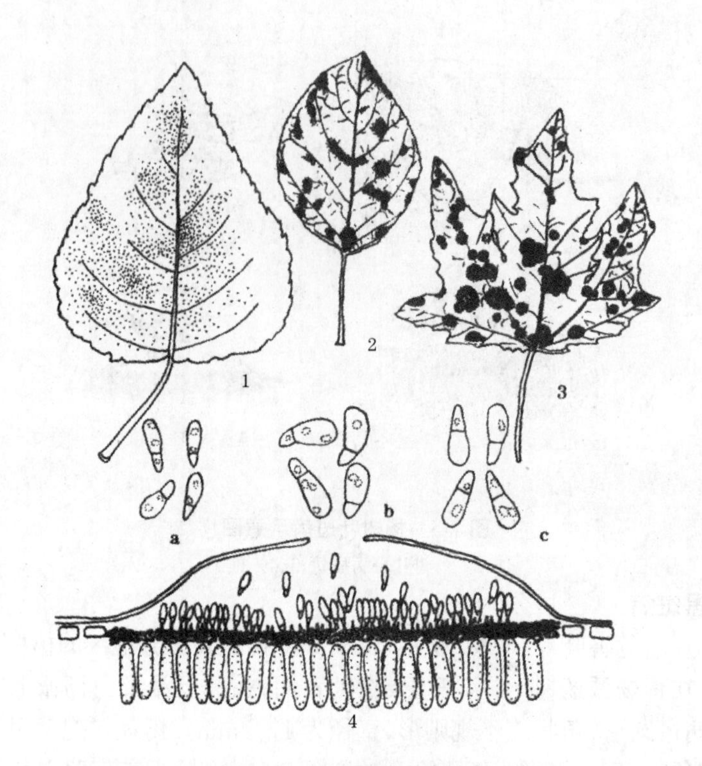

图 7-6　杨树黑斑病示意图

1—杨生盘二孢菌的单芽管专化型在加拿大杨上的症状及分生孢子(a)；2—杨盘二孢菌在密叶上的症状及分生孢子(b)；3—白杨盘二孢菌在新疆杨上的症状及分生孢子(c)；4—分生孢子盘

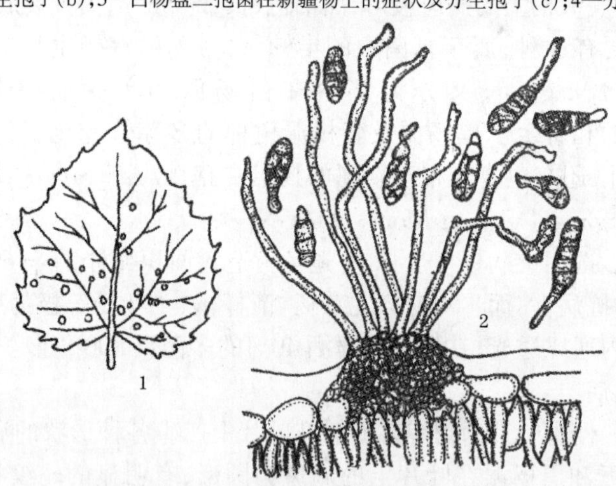

图 7-7　杨树叶枯病示意图

1—病叶症状；2—分生孢子梗及分生孢子

(九)杨树溃疡病

(1)症状鉴别。主要危害树干的中、下部，根茎及大树的枝条也常有病斑出现(见图 7-8)。溃疡病有多种病斑出现，最常见的是水渍状斑，圆形或近椭圆形，褐色，常有紫红色液流出，直径约 1cm。秋天在一些树皮光滑的杨树上产生水泡型溃疡斑，病斑与树皮同色，凸起呈泡状，内部充满树液，直径约 1cm，以手压即有树液流出。幼树上有时出现长为

3～4cm或更大些的大型溃疡斑,中部凹陷,有纵裂纹。危害幼树顶梢时出现枯梢型溃疡斑,首先出现不明显的灰褐色病斑,此后病斑迅速包围树干,致使上部枝梢枯死。一般的溃疡病斑发生在皮层处或树梢,触及木质部,但大斑型溃疡斑深至木质部,变为灰褐色。后期在病斑上出现黑色小点,为病斑的繁殖体,内有大量进行传播侵染的孢子。溃疡病斑一般第二年不再扩展,但有时在老病斑上产生新的病斑。

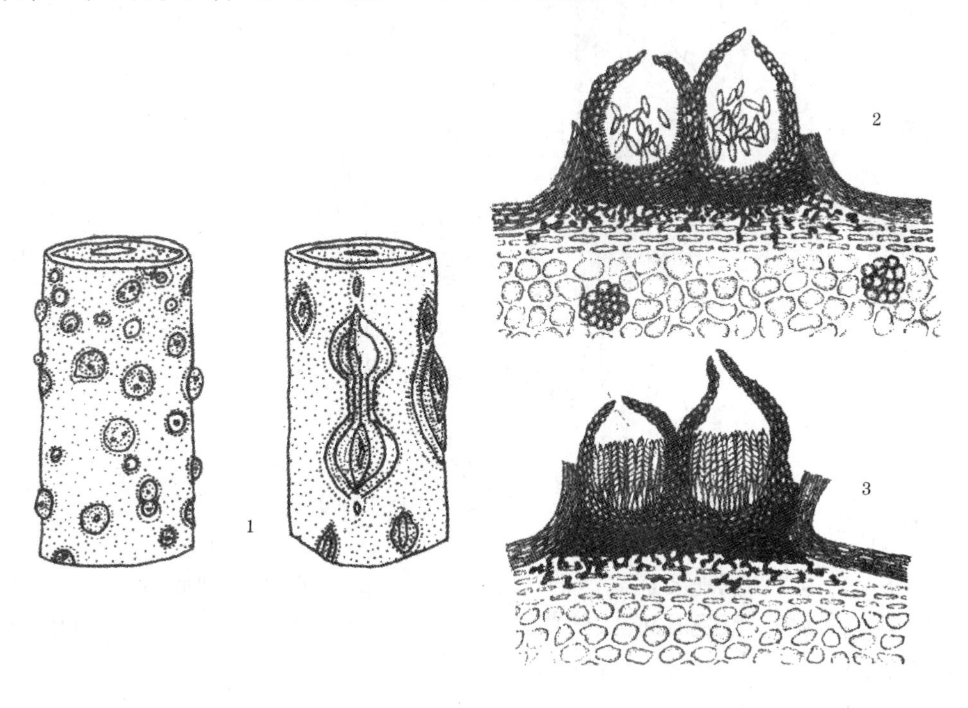

图 7-8 杨树溃疡病示意图

1—树干受害症状;2—分生孢子器;3—子囊腔

(2)病原。病原为真菌中子囊菌的茶蔗子葡萄腔菌[*Botryosphaeria ribis* (Tode) Gross rt Dygg.],无性型为半知菌的聚生小穴壳菌(*Dothiorella gregaria* Sacc.)。

(3)防治方法。根据适地适树的原则,按照造林地的生态条件,选择相适应的造林树种,培育健康壮苗,认真做好产地检疫,把好苗木质量关;从起苗、运输、假植到定植的全过程,做好苗木保护,尽量减少水分损失,尤其大苗移植更要做好保护,定植前根部用水浸泡24小时,增强抗病性;定植后立即灌水,在特别干旱缺水地区,为保水在干基部覆盖农用薄膜或杂草;定植前集中喷洒药剂,定植后15天喷1次,共喷2次左右,常用药为45%代森铵200倍液。

(十)泡桐炭疽病

(1)症状鉴别。主要为害叶片、叶柄及嫩梢,叶片上病斑圆形,褐色,周围黄绿色,直径约1mm,后期病斑中间常破裂,病斑多时可连成不规则较大的病斑(见图7-9)。叶脉受害后常使叶片皱缩成畸形,叶柄、叶脉及嫩梢的病斑初为淡褐色圆形小点,后纵向延伸,呈椭圆形或不规则形,中央凹陷。发病严重时嫩梢及叶片枯死。雨后或高湿条件下,病斑上、尤其叶柄和嫩梢的病斑常产生粉红色分生孢子或黑色小点。苗木木质化前感病可引起倒伏,木质化后则形成立枯。

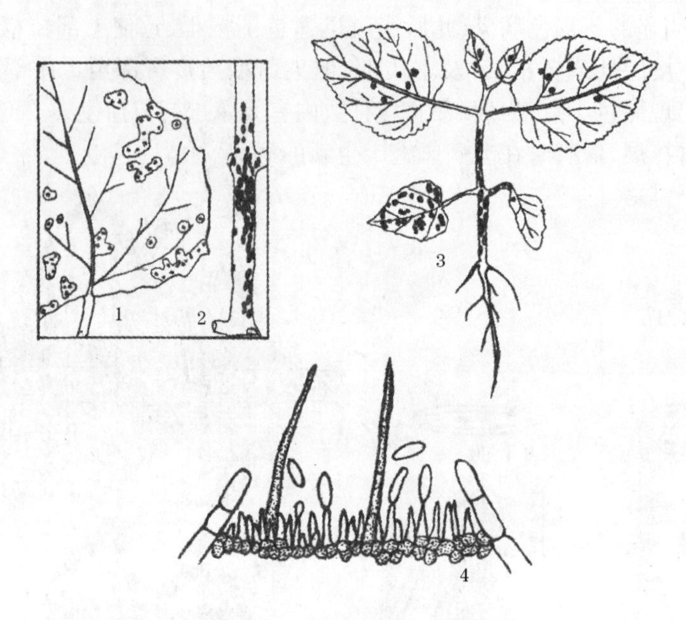

图 7-9 泡桐炭疽病示意图

1—叶上症状;2—嫩枝上症状;3—苗木被害状;4—病苗的分生孢子盘和分生孢子

(2)病原。由真菌中半知菌的胶孢炭疽菌(Colletotrichumgloeis poriodes Penz.)引起。

(3)防治措施。苗圃地要远离泡桐林,避免连作,如要连作,须彻底清除病苗和病枝叶,集中销毁;加强管理,及时间苗、除草,适时灌水和施肥,及时拔除病株;喷洒0.5%的波尔多液或65%的代森锌500倍液,每隔10～15天喷1次,共喷3次。

(十一)非侵染性病害

苗木在生长发育过程中都需要一定的环境条件,当环境条件中的某些非生物因素(如温度、水分、化学物质等)不适宜生长发育,超出了苗木的适宜能力时,苗木就会出现不正常的表现,并造成一定的经济损失,这类病害称为非侵染性病害、非生物性病害或生理病害。这类病害多与栽培管理、环境污染、气候异常等有关。

1.土表烫伤

盛夏高温干旱时,多沙砾的或黏土板结的苗床上,中午前后土表温度很高,常达50～60℃,幼茎易被烫伤,尤其松、落叶松等树种极易发生。苗嫩而温度高时,嫩茎近地表处呈水渍状,变褐色,萎缩,苗迅速倒伏,出现猝倒现象。苗稍大再出现严重烫伤时,则形成立枯苗,不再倒伏。这两种病苗的根部起初时均完好,可与因病菌侵染造成的苗木猝倒病区分开来,但时间久了以后根部即腐烂。如果烫伤较轻,仅在嫩茎西南方向地面处出现褐色凹陷的烫伤斑,虽一般不致死,但生长受到影响。

有些针叶树的嫩茎刚出土尚未伸直时,若遇到强光暴晒,会使苗茎的上部灼伤坏死,称为日灼。灼伤轻时,幼茎的上部被灼伤变成紫红色,幼苗不能伸直。因灼伤而死的幼苗,初期根部保持完好,由此可与由病原菌侵害造成的侵染心房猝倒病区分开来,但时间长后,根部亦腐烂,难以分辨受害原因。为防止日灼和土表烫伤,应在播种后苗床上及时搭建遮阴棚和适时喷水,避免地表温度过高。

2.冻害

春季苗木出土后遇倒春寒,出现晚霜,温度骤然下降,或晚秋提前来寒流,苗木顶梢尚未充分木质化,均能使苗木遭受冻害,造成苗木体内结冰,组织坏死。

3.药害

1)药害的表现

使用农药可以防治有害生物或调节植物的生长,提高植物的抗性,但使用不当则会造成严重的环境污染和导致植物的病害或伤害。急性药害可使种子不萌发,叶部出现斑点、穿孔、焦灼、黄化、枯萎、失绿或白化、卷叶、畸形、落叶等。根部受害时粗短肥大,缺少根毛、烂根等;受害植株生长停止,植株矮化,甚至全株死亡。如果植株不死,药效期过后仍可长出枝叶,恢复正常。慢性药害发生缓慢,表现不明显,往往表现出生长缓慢,植株短小,果实早落。药害的另一种表现形式是残留药害,当残留在土壤中的药害或其分解产物积累到一定浓度时就会对植物产生药害。

2)影响药害的因素

(1)药剂的种类和性质。一般使用除草剂产生药害的危险性大于杀菌剂和杀虫剂,植物性农药较无机及有机合成农药安全。

(2)两种农药混合不当。农药混合不当不仅降低药效,而且会产生药害。此外,喷药不均匀、浓度过大、用量过多等均容易出现药害。

(3)植物的耐药力。各种植物对各种农药的敏感程度差异很大,如桃树对铜制剂、砷制剂或石灰硫磺合剂易产生药害,而苹果、葡萄等对这些农药有较强的抵抗能力。

(4)气候因素。一般温度高、光照强易发生药害,重雾及高湿也易发生药害。

(5)土壤因素。沙质土壤及有机质少的土壤,施药时容易淋洗至根部造成药害,黏质土壤较轻。

3)药害的预防

使用药剂前要认真了解药剂的性能、使用范围、防治对象、使用浓度,还要考虑苗木的种类、生长情况、气候条件、病害的种类、发育阶段等。然后确定施药的种类、浓度、时间、方法及用量,如对一些药剂的效果无把握时,在大面积使用前应做小面积药效和药害试验,取得经验后再大面积使用。如果发生药害,应积极采取挽救措施,尽量减少经济损失。种芽、幼苗受害较轻的地块,加强栽培管理,促进幼苗健壮、早发。如果受害率超过30%时应补种、补栽。叶片、植株受害严重时,采取灌水,增施磷、钾肥,中耕松土,促进根系发育,增强恢复能力。如果用错了农药,一般采用喷大水淋洗或排灌洗液的方法进行处理。

4.缺素症

植物在正常的生长发育中需要各种营养物质,既包括氮、磷、钾、镁、钙、硫等大量元素,也包括铁、锰、硼、锌、铜等微量元素。它们在植物的生理活动中发挥重要作用,既是植物的组成部分之一,又是参加组成植物生命活动过程的调节物质(如酶、微生物等)。当植物缺少某些必要的元素时,植物就会表现异常,出现一定的症状。当某些元素过多时,也会影响植物的正常生长和发育,如氮肥过多,出现徒长、脆弱,易受冻害而形成干枯。

植物缺少某些元素一般首先在叶片上表现出来,出现叶变小、变黄、全面黄化或红褐色和紫色斑块等,顶芽枯死、丛生等,缺少氮、磷、钾、镁、锌等元素时,下部的叶片最先出现症状，而且受害最重；缺少钙、铜、锰、硫、铁等元素时，则新叶最先表现出来。林木黄化病在黄土高原地区是常见的一种林木病害。引起林木黄化的原因很多，其中一个重要原因是缺铁引起的，如刺槐、苹果等，表现出上部黄化、下部仍保持绿色；缺镁也会造成叶片黄化或白化；缺硼引起的缺素症使植物生长不良，幼嫩部分表现更明显，叶变紫色或红色，茎端枯死，出现丛生，根系生长不良。因缺铁而黄化的苗木施用硫酸亚铁进行防治。缺硼的苗木在土壤中施用硼砂、叶片喷洒0.3％的硼砂或0.2％的硼酸水进行防治。

二、苗木虫害及其防治

（一）地老虎

1.症状鉴别

地老虎成虫长16～23mm，翅展42～54mm，灰褐色，前翅有两对横纹，将翅分成三个部分（见图7-10），顶端为黄褐色，中间暗褐色，近中间有一肾状纹，纹外有一个尖端向外的契形黑斑，后翅灰白色，腹部为灰色。卵半圆球形，直径在0.5～0.55mm，初产卵为黄色，后颜色变暗，幼虫长约55mm，宽约8mm，黄褐至暗褐色，背面有明显的淡色纵线，其上端布黑色圆形小颗粒；腹部各节背面前方有四个毛片，后方两个较大，臀板黄褐色，有两条明显的深褐色纵带。蛹长约20mm，赤褐色，有光泽，末端有两个臀棘。

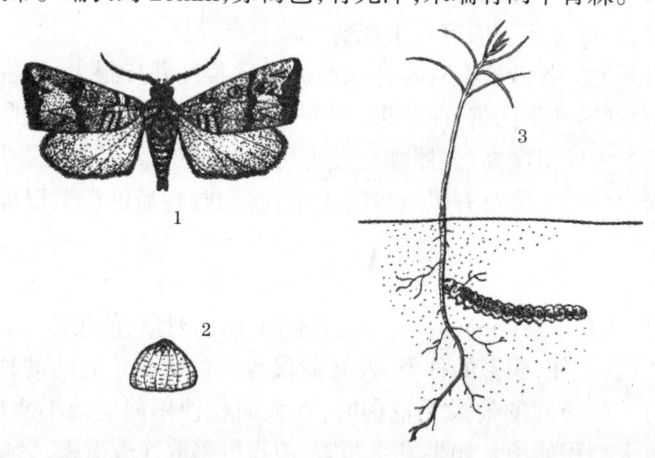

图7-10　地老虎及其为害状

1—成虫；2—卵；3—幼虫为害苗木症状

地老虎属杂食性，常将幼苗从近地处咬断，幼虫在5月中、下旬为害最凶，啃食幼苗的根、茎。多在清晨把地面上幼苗咬断，拖入土中作食料。

影响地老虎发生数量和苗木为害程度的因素很多，但主要是土壤湿度，其次是土壤质地，还与苗圃的杂草多少有关。

2.防治方法

（1）清除杂草。地老虎喜欢在杂草中产卵，因此早春时节，在成虫产卵盛期之后，幼虫大量孵化时，及时清除圃地及周边杂草，集中堆制绿肥，可有效防止地老虎的危害。

（2）杀灭幼虫。播种前或幼苗出土前，以新鲜柔嫩的杂草（如苜蓿）或宽阔的树叶在傍晚时分分别撒布于苗床或畦间步道上，清晨抖动杂草或移开树叶，踏死地老虎幼虫，也可在杂草上或树叶下撒布2.5%敌百虫粉剂毒杀幼虫。

(3)诱杀成虫。地老虎喜欢糖蜜,而且趋光性强,因此,在成虫盛发始期,可用黑光灯诱杀成虫,或用糖6份、醋3份、白酒1份、水10份配成的糖醋液,加入25%敌百虫粉剂1份,诱杀成虫。

(二)金龟子

1.症状鉴别

幼虫通称蛴螬,又名地蚕。成虫取食农林作物的叶片,可造成树木的重大损失。幼虫终身栖居土中,取食植物的根部或土壤中的各种腐殖质,是各种苗木的重要虫害(风图7-11)。

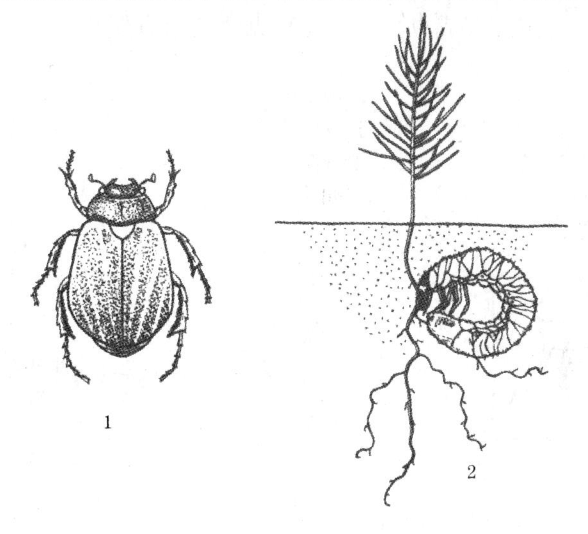

图7-11　金龟子及其为害状

棕色鳃金龟子:1—成虫;2—幼虫为害苗木

金龟子成虫体坚硬,鞘翅覆盖腹背的大部分以至全部。触角鳃片状,通常10节。末端3~5节向一侧扩张呈瓣状,合起来如锤状。前足扁而大,通常开掘式,利于进出土壤产卵。幼虫多为黄白色,身体柔软,表皮上多皱褶和细毛,上腭和胸足都很发达。腹部末节最长,多圆形,向腹面弯曲,常有多数钩状毛,其数目和排列方式是区分幼虫类的重要依据。

2.防治措施

金龟子进入圃地的途径主要有3个:一是在附近林木上取食的成虫到圃地上直接产卵为害;二是随施用未腐熟的厩肥和堆肥大量进入圃地;三是圃地的前作中就有大量蛴螬未经除治。其防治可根据实际情况,分别采取杀灭成虫、杀灭幼虫和生产过程中的经常性灭杀。

(1)杀灭成虫。可用黑光灯诱杀、人工捕杀或用2.5%敌百虫粉剂或乐果、辛硫磷、敌敌畏等农药常规用量喷雾药杀。

(2)杀灭幼虫。不用不合格的堆肥和厩肥;对有蛴螬和其他地下害虫严重为害的圃地,播种和植苗前,必须采用灌水淹3天并及时清除浮出水面的幼虫,或用2.5%敌百虫加细土30倍撒施畦面后翻入土中,每公顷用敌百虫7.5kg;此外,辛硫磷、毒死蜱等也可按常规用量使用,做好这些工作,就可以有效预防虫害发生。

(3)经常性灭杀。对少量发生的蛴螬,可采用下述措施:用20%甲基异柳磷乳油,40%乙酰甲胺磷乳油或50%辛硫磷乳油加水4~6倍,或用敌百虫原液兑水1 000倍浇灌被害苗苗根至表土下4~5cm湿润即可。

(三)蝼蛄

1.症状鉴别

蝼蛄体长40~50mm,茶褐色。翅短小,前足扁平健壮,适于开掘,有尾须两根(见图7-12)。后足胫节内缘有一根刺,前胸背中央有一个心脏形暗红色斑点;卵椭圆形,乳白色,孵化前呈暗灰色;若虫形似成虫,体色较淡,无翅或仅有翅芽。

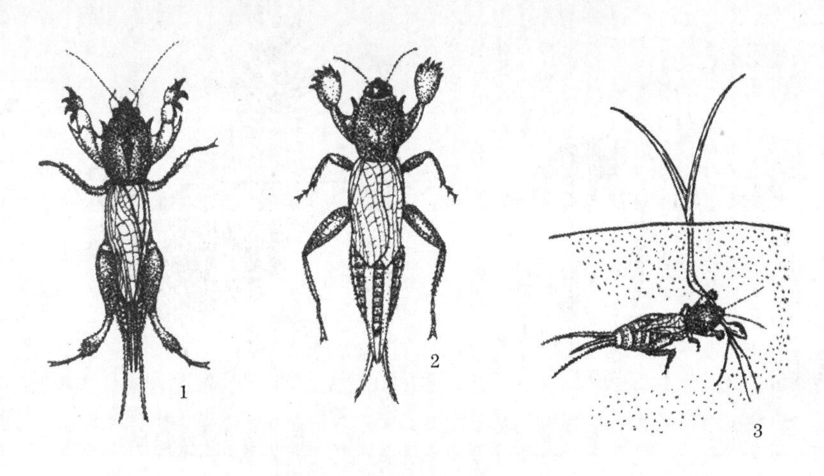

图7-12 蝼蛄及其为害状

1—华北蝼蛄;2—非洲蝼蛄;3—成虫为害苗木

由于蝼蛄常在表土层钻隧道生活,常使幼苗离土或折断;成虫和若虫还取食幼苗的根及嫩稍,是苗圃一大害虫。

2.防治措施

(1)毒土药杀。整地做床时,毒土用25%敌百虫1kg加细土100kg拌匀,均匀撒布于苗床上,立即用齿耙翻入土中。也可每公顷用3.7~7.5kg的50%辛硫磷,加水20~30倍均匀喷洒在370~750kg细土上做成毒土,然后翻入表土层。

(2)药剂拌种。用50%的辛硫磷乳油每100mL加水5~7L拌种。

(3)毒饵和黑光灯诱杀。用50%敌百虫1份加半熟的饵料(谷子、炒豆饼等)10份拌匀,傍晚时均匀撒布于苗床上,每公顷用饵量22~37kg。或于圃地上每隔20m左右挖一浅坑,用鲜马粪或嫩草拌湿土将其填平,上置毒饵诱杀。圃地大道或其他空地上设置黑光灯诱杀成虫。

(四)蟋蟀

1.症状鉴别

蟋蟀体黄褐色,触角丝状,末端尖细,体较长。产卵器尖状,细长。尾须不分节,但较长。前足胫节上端内、外两侧均有听器。头圆,两复眼上方有黄色条纹,由头顶直达头后部。中胸腹板后缘呈“八”字形缺刻。

成虫、若虫均取食苗木幼嫩部分，常常造成缺苗。

2. 防治措施

(1)苗床药剂处理。播种前，每公顷用3%呋喃丹颗粒剂30～45kg撒施或沟施处理苗床。该药对人、畜毒性极大，一定要注意。

(2)捕杀。少数大蟋蟀，可直接拨开洞口土，滴入煤油数滴，用尖嘴壶对准洞口灌水至水满，连续数次，直至大蟋蟀浮出洞口，捉住杀死。

(3)毒饵诱杀。用麦麸、米糠等16份，25%敌百虫1份拌匀(干料需加适量水，调至紧捏可以成团，但又不至流水后，再与农药搅拌均匀)，制成毒饵，傍晚时分撒布于苗畦或蟋蟀洞口附近。

(五)象鼻虫

1. 症状鉴别

象鼻虫俗称“灰老道”、“放牛小子”(见图7-13)，成虫和幼虫都危害苗木，喜食幼嫩多汁的幼苗，造成缺苗断垄。

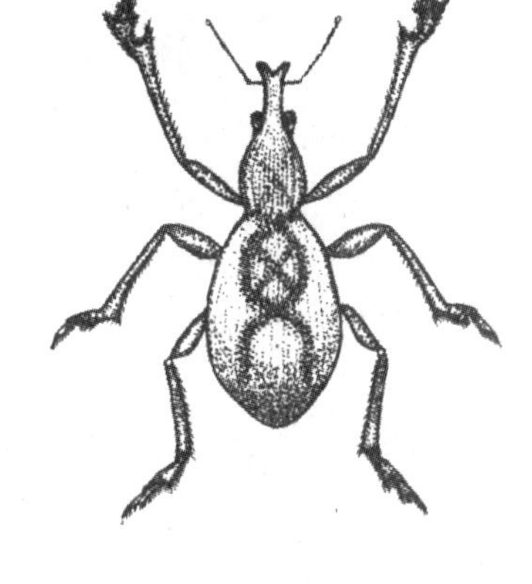

图7-13 象鼻虫(大灰象岬成虫)

2. 防治措施

(1)春季整地时，每公顷用3.7～7.5kg的50%辛硫磷，加水20～30倍均匀喷洒在370～750kg细土上做成毒土，然后插入表土层药杀幼虫。

(2)在成虫盛发期，用90%的敌百虫或50%的1605乳油800倍液或40%乐果乳油100倍喷雾。

(3)在被害苗附近的土块下落叶中捕杀成虫。

(六)金针虫

1. 症状鉴别

金针虫成虫体多扁长，前胸和中胸间具有弹跳构造；幼虫黄褐色，体细长而坚硬，头尖削，似金针而得名(见图7-14)。幼虫生活于土壤中，取食植物的根、块茎和播种地里的种子。春、秋两季主要在土壤表层活动，为害最重。

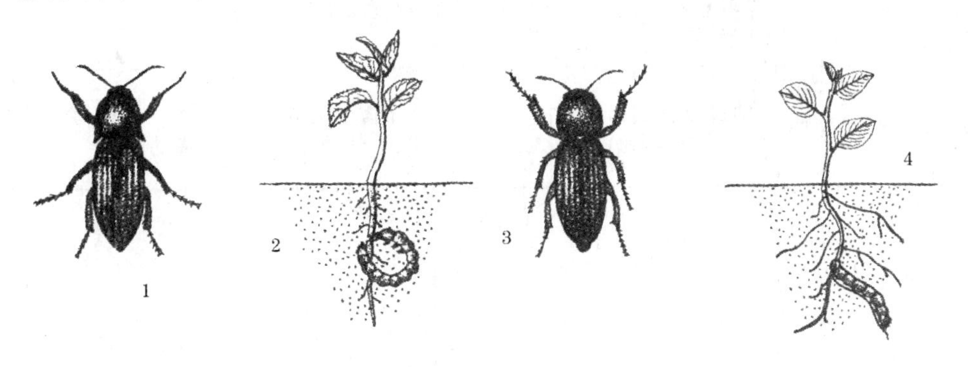

图7-14 金针虫及其为害状

1—沟叩头成虫；2—沟叩头幼虫为害苗木；3—细胸叩头成虫；4—细胸叩头为害苗木

2. 防治措施

(1)土壤表土处理。播种前要查清前作受害情况,或进行取样调查,每平方米有幼虫2头以上就要用毒土对土壤进行处理。毒土的配制可参照金龟子及蝼蛄防治法。离水源地远的地区,每平方米可用3%的呋喃丹颗粒剂10g施入表土层进行处理。

(2)药剂拌种。播种前,用50%辛硫磷每100mL加水5~7L拌种。

(七)黄土高原主要苗木常见虫害防治

主要苗木常见害虫防治方法见表7-1。

表7-1 黄土高原主要苗木常见害虫防治方法

名称	危害树种	危害特点	防治方法
蚜虫	刺槐、槐、松、柏等	以针状口器刺入叶片或嫩枝皮内,吸取养料	春末夏初喷洒40%乐果乳油或50%109药2 000~4 000倍液,50%的碱氨或敌敌畏1 500~2 000倍液,50%氟乙酸氨粉剂4 000倍液毒杀
红蜘蛛	松、柏、桃、苹果等	以针状口器刺入叶片,吸取养料	早春喷0.5波美度石硫合剂,夏季喷1605,每毫升加15kg水毒杀,或20%三氯杀砜或满卵脂800倍加40%乐果1 000~1 500倍或80%杀虫脒1 500倍液
青杨天牛	杨树	蛀食苗木枝干、梢部	成虫出现期(4月下旬)喷洒40%乐果乳剂或80%敌敌畏乳剂800~1 000倍液或80%敌敌畏乳油800~1 000倍液;用“721”烟剂在无风天气熏杀成虫,每公顷用药7.5~11kg
潜叶蛾	杨树	幼虫钻入叶内,危害叶肉,叶上形成一大片不规则黑黄色斑	喷1605乳油2 000~3 000倍液或敌敌畏乳剂、杀螟松1 000~1 500倍液,也可喷90%敌百虫1 500倍液
介壳虫	槐、桑、榆等	以针状口器刺入叶片,吸取养料	在虫子爬动初期,喷0.5波美度石硫合剂或50%敌敌畏1 500倍液
杨树卷叶蛾	杨树等	吐丝将叶卷或将2、3个叶粘在一起,钻在里面危害	每毫升1605乳油加水10kg喷洒
种蝇	刺槐、松类、紫穗槐等	幼虫危害刚出土的幼苗以致枯萎死亡	播种前在沟中撒辛硫磷,每公顷用5%的辛硫磷颗粒剂30~45kg或用0.5%的硫酸亚铁浇灌幼苗

第八章　黄土高原主要树种育苗与造林技术

第一节　油　松

学名:*Pinus tabulaeformis* Carr

科、属名:松科(pinaceae),松属(*Pinus* Linn.)

油松主要分布在内蒙古的阴山,宁夏的贺兰山,青海的祁连山、大通河、浣水流域,甘肃南部,陕西的秦岭、黄龙山,河南的伏牛山,山西的太行山、吕梁山等。陕西、山西为其分布中心,有较大面积的单纯林。它适应性强,根系发达,是甘肃年降水量400mm以上地区的造林先锋树种,也是薪炭林和风景树种。油松木材坚实,富松脂、耐腐朽,是优良的建筑、电杆、枕木、矿柱等用材。

一、形态特征

油松是常绿乔木,高达25m,直径1m以上;树冠塔形或卵形。一年生枝较粗壮,淡灰黄色或淡褐红色;冬芽红褐色。针叶二针一束,粗硬,长10～15cm。雌雄同株,雌球花单生或2～4个生于新枝近顶端。球果第二年成果,卵圆形,长4～9cm,成熟时暗褐色,常宿存树上;鳞盾肥厚,横脊显著,鳞脐起有尖刺;种子卵形,具翅,种翅基部有关节,易于和种子分离。油松各器官形态如图8-1。

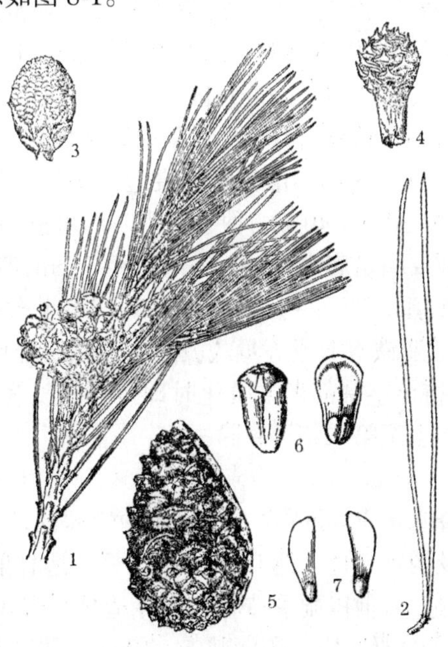

图8-1　油松

1—球果枝;2——束针叶;3—雄球花;4—雌球花;5—球果;6—种鳞背腹面;7—种子

二、生物学特性

油松是温带树种，抗寒力强，可耐－25℃的低温，适应大陆性的气候。性喜阳光，幼年时耐庇荫，在甘肃中部干旱地区，10 年生时仍能在郁闭度为 0.6～0.7 的杨树林下正常生长，但在阴湿多雨、日照时间短的太子山等林区，极不耐上方庇荫。油松主根明显，侧根发达，是深根性树种；性喜深厚肥沃的中性至微酸性土壤，也耐瘠薄，但不耐盐碱，虽能在年降水量 400mm 以上的地区成林，但随年降水量的增加生长量急剧上升，如年龄相似的油松，在年降水量 394mm 的定西县巉口，年平均高生长为 14cm；在年降水量 430～590mm 的子午岭正宁县，年平均高生长增为 21cm；年降水量为 600～800mm 的小陇山林区，年平均高生长可达 39cm。油松对大气二氧化硫污染抗性较弱。

三、造林技术

（一）采种

油松在 10 月上旬球果成熟，成熟时球果由深绿色变成黄褐色，果鳞微开裂，种子为黑褐色，种仁饱满。采种过早，种子没有完全成熟；采种过迟，种子飞散，采不到种子；故应适时采种。采收的球果放在通风良好的场地上，摊开晾晒，每天翻动一两次，晚上堆积覆盖可加速果鳞开裂脱粒。每 100kg 球果一般能出种子 3～5kg。种子脱出后揉搓脱翅，风选去杂，晒干后贮藏。种子千粒重约 42g，发芽率 90％以上。

（二）育苗

油松用播种育苗，圃地应选土层深厚的沙壤土或壤土。前茬是油松的圃地易形成菌根，育苗效果较好；前茬是豆类、瓜类、马铃薯、蔬菜的易得猝倒病（立枯病），不宜选作苗圃。圃地应深翻整地，蓄水保墒，施入基肥。为预防猝倒病及地下害虫，在施基肥时用硫酸亚铁（$75kg/hm^2$）和六六六粉（$27.5kg/hm^2$）进行土壤消毒。

油松以早春播种为好。播前要进行种子消毒及催芽处理，通常用 0.5％的福尔马林溶液浸泡 15～30 分钟，或用 0.5％高锰酸钾溶液浸泡 2 小时。再用 40～60℃的温水浸种一昼夜，捞出后混沙催芽，待 30％～40％的种子裂嘴时即可抢墒播种。

油松宜条播育苗，播前要灌足底水，播幅 5cm，行距 25cm，覆土厚度 1.5cm，每公顷播种量 225kg 左右，播后稍加镇压，防止鸟、鼠为害。幼苗出土时要加强管理，及时松土除草，并喷 0.5％～1.5％硫酸亚铁溶液或等量式波尔多液预防猝倒病；以后每隔 10 天左右喷一次，连续喷 3～4 次。待苗茎基部半木质化时即可停药。为使苗木安全越冬，防止生理干旱，冬天可覆草或覆湿土至第二年早春除去。

（三）造林

（1）植苗造林。在年降水量 400mm 左右的甘肃中部地区，阳坡因水分不足，不宜栽植油松；阴坡、半阴坡、梁峁及沟壑台地才适宜于油松造林。造林前要细致整地，蓄水保墒。春季、雨季、秋季均能植树造林，但以雨季造林为主。造林宜用 3 年生左右、根系发育良好的带土苗，2～3 株丛植。栽时要比原土印深栽 5～10cm。林区及林区附近的湿润地区应单株栽植。造林不宜过密，每公顷以 4 500 株（丛）左右为宜。

油松宜混交造林，黄委会西峰水土保持科学试验站在南小河沟苗圃育苗中，利用容器袋进行油松、侧柏育苗，比大田裸根苗成活率高、苗壮；同时利用这些容器苗在齐家川示范区造林，大大提高了造林成活率和保存率，特别是油松与沙棘、刺槐混交，比油松纯林生长情况好，可大力推广。

(2)直播造林。宜在雨水较多的林区及林缘地带进行直播造林。要求土层深厚，土壤水分充足而稳定的造林地，一般以阴坡为主。有冻拔害及鸟兽害的地方，不宜采用。

通常应用穴播，每穴播种20粒，覆土2～3cm，播后要用杂草和枝叶覆盖。播种季节以春季和雨季为主，春播要早，雨季要准确掌握雨情，及时抢播。为防鸟兽危害，种子要用药物拌种。

四、病虫害防治

油松幼苗期易得猝倒病，防治方法可参考第七章有关内容。人工油松林目前病虫害较少。

第二节　华山松

学名：*Pinus armandi* Franch

科名：松科(Pinaceae)

华山松是我国西部地区重要的用材树种。分布范围很广，更新繁殖容易，生长比较迅速。材质优良，纹理较密，容易加工；木材含松脂，较耐腐朽，是很好的建筑、家具用材。种子壳硬，种仁含油率42.76%，并含有比较丰富的蛋白质和钙、磷、铁等元素，是良好的干果食品。也可以榨制松子油，供食用和做机械润滑、制肥皂等用。树干含松脂较多，可以采制松香。

一、形态特征

华山松为常绿乔木，树皮灰色，幼年光滑，老干树皮比较粗糙，像龟甲状剥落。针叶5针一束，长8～15cm。雄花为葇荑花序，黄色。球果大，圆锥状长卵形，长10～22cm，生于树枝顶端。每个鳞片包2粒种子，成熟时鳞片张开，种子易掉，褐色或黑褐色。花期4～5月，球果次年9～10月成熟。华山松各器官形态如图8-2。

二、生物学特征

华山松为较喜光树种，幼苗时喜一定庇荫。在温和、凉爽、湿润的气候下生长良好，对高温和干燥气候不适应。较耐寒，能耐－31℃的绝对低温。华山松能在多种土壤上发育生长，但最喜欢生长在比较深厚、湿润、疏松、微酸性的森林棕壤及草甸土上。不耐瘠薄，不耐盐碱。华山松根系较浅，主根不明显而侧根、须根发达。对土壤水分条件要求比较严格，阴坡和半阴坡生长良好。

华山松适应性不如油松，但在适生条件下生长速度优于油松，幼龄期表现明显。

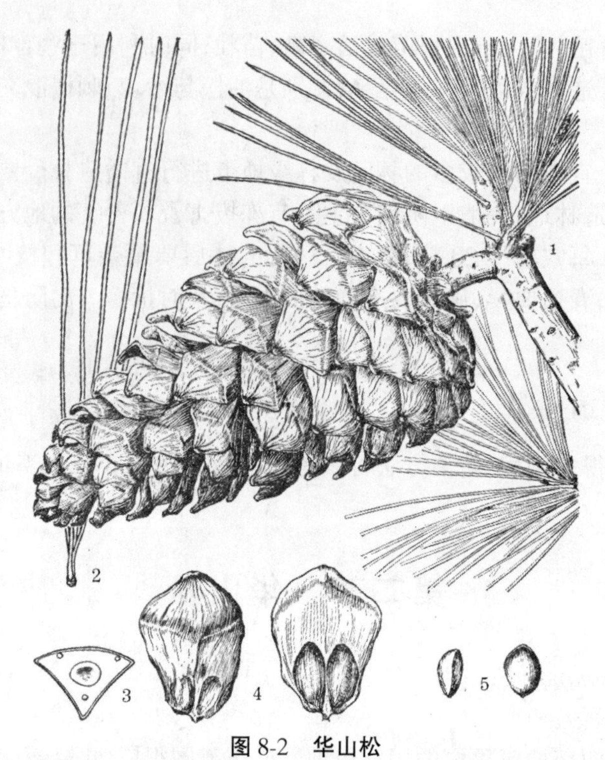

图 8-2　华山松

1—球果枝;2——束针叶;3—针叶横剖面;4—种鳞背腹面;5—种子

三、造林技术

(一)采种

华山松果实成熟时球果由绿色变为深褐色或黄褐色,前端鳞片逐渐张裂,这时就应及时采收,以免种子散落。采回的球果可摊在场院暴晒,翻动敲打,让种子脱出。脱出的种子收集后簸干净,及时水选,除去秕粒、空粒,摊晾阴干,装入麻袋,贮藏在阴凉通风的地方。

华山松 100kg 球果可出种子 7～10kg。种子千粒重 259～320g。当年种子发芽率在 90%以上,隔年种子发芽率常下降到 40%以下,三年后的种子发芽率更低。

为了能采到优良种子,要选择生长健壮、无病虫害的中龄树木作采种母树。

(二)育苗

(1)正确选圃。山地苗圃,可选在阴坡、半阴坡中下部比较平缓、土层深厚的地方;川地苗圃,应选在比较湿润但排水良好、土厚疏松的地方。不论山地或川地,均以微酸性或中性的沙壤土最好。不要选种过玉米、豆类或马铃薯的地作圃地,更不能选盐碱地。山地按等高线条带状整地做床;川地苗圃要全面细致整地,可筑宽 1m 左右的苗床,床间留排水沟。

(2)条播育苗。华山松种壳厚、硬,播前可用两开掺一凉的温水浸种,进行搅拌,再浸泡 3～5 天后条播。也可用冷水浸种。育苗时间宜在 3 月上旬至 4 月中旬进行,行距 20cm,播幅 6cm,每公顷下籽 1 500～1 800kg。2 年生苗,每公顷产 200 万～225 万株,

3年生苗,每公顷产150万株左右。3龄苗造林较好。

(三)造林

华山松可用植苗造林和直播造林。植苗造林挖坑栽植,春季较好,株行距1m×2m或1.5m×2m,每穴一株,每公顷3 330～5 000株。直播可在春、雨季进行穴播,每穴下籽5～8粒,覆土5cm,株行距1m×1.5m,每公顷6 667穴。播前用磷化锌或六六六粉拌种,播后用枝梢覆盖,以防鸟、鼠害。苗木生长稳定后要及时间苗、补缺。

四、病虫害防治

大小蠹虫为害树干和树梢,可用6%的可湿性六六六100倍水液或煤油混合液喷杀成虫;若有针叶毒蛾、松毛虫为害,可用六六六烟剂熏杀或6%的可湿性六六六200倍水液喷杀幼虫。另外,还要及时清除被害木。

第三节　华北落叶松

学名:*Larin principis－rupprechtii* Mayr

科、属名:松科(Pinaceae),落叶松属(*Larix* Mill.)

华北落叶松主要分布在山西西部的关帝山和北部的管涔山、五台山、馒头山、草垛山、恒山和霍山海拔1 600～2 700m的山地。内蒙古、陕西、甘肃、宁夏也有部分分布。

华北落叶松树干通直,材质坚实,耐温耐腐,容易加工,可用做建筑、枕木、桥梁、电杆、家具及造纸等的原料。树皮可提取单宁。树形美观,生长迅速,已成为甘肃省主要速生用材树种和绿化树种。

一、形态特征

华北落叶松为高大落叶乔木,高可达30m,胸径1m。树皮暗灰褐色,树冠圆锥形。小枝褐色或黄褐色。叶线形,长2～3cm,在长枝上螺旋状单生,在短枝上簇生。雌雄同株,球花单生于短枝顶端,球果卵圆形,长2～3.5cm,果鳞革质而薄,顶端截形。5月开花,当年10月种子成熟,种子有翅。其主要器官的形态如图8-3。

二、生物学特征

华北落叶松为强阳性树种,不耐荫,耐寒性强,喜湿怕涝。在土壤肥沃湿润、排水良好的地方生长特别旺盛,而在灌丛密生、透光不良、积水洼地或山顶梁脊生长不良。

三、造林技术

(一)采种

华北落叶松采种母树应选择40～60年生长健壮的母树。10月种子成熟,当球果呈淡黄褐色时就可以采集。采集的球果要及时晒干脱粒。种子有翅,呈黄褐色。净选种子后,装在袋里干藏。每100kg球果可出种子3～4kg,种子发芽率为60%～70%。种子千粒重4.5～6.3g。

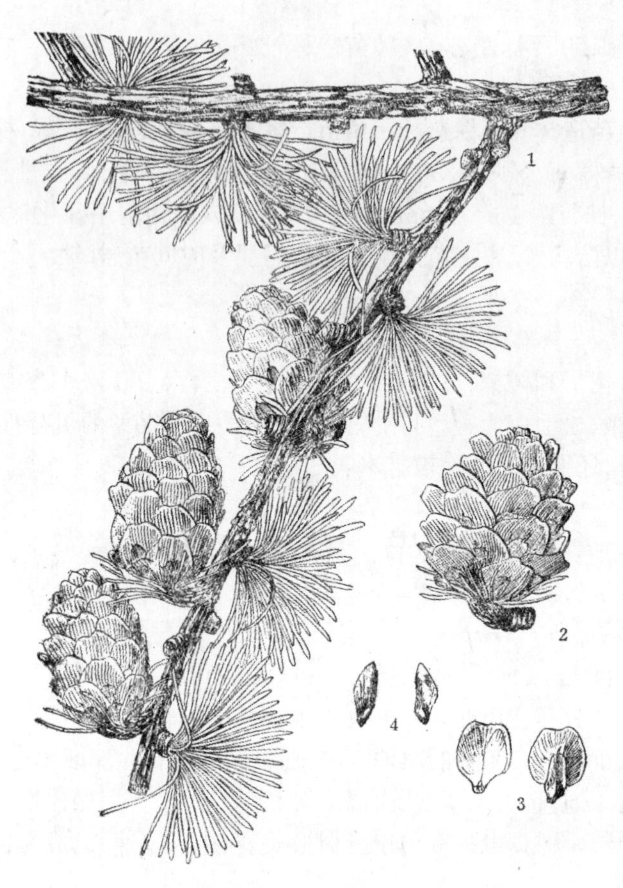

图 8-3　华北落叶松

1—球果枝；2—球果；3—种鳞背腹面；4—种子

（二）育苗

（1）整地做床。苗圃地应选在半阴坡、土壤肥沃、湿润、排水良好的黑沙壤土。要求深耕细耙，前一年伏耕、秋耕各一遍，耕深30cm，春天浅耕两遍，并每公顷施腐熟的厩肥375t，做床前再用六六六粉22.5kg、赛力散30kg或硫酸亚铁（黑矾）75kg进行土壤消毒。苗床高20cm，宽1m，留步道40cm。

（2）种子处理。播前用0.3%的硫酸铜或0.3%～0.5%的高锰酸钾溶液浸种2小时，进行种子消毒。浸后将种子涝出，再用清水浸泡2昼夜，除去空粒、杂质，用锯末或湿沙埋藏催芽10天左右，20%种子裂口时，即可播种。

（3）播种。播种期低山区4月中旬，高山区5月上旬。采用横床宽幅条播，播幅宽10cm，间距20cm。每公顷播种量75～80kg，可产苗75万～80万株。播后薄覆一层细沙土或森林黑土，以不见种子为宜，并顺床盖草，以促进苗木出土，保墒保苗，防止日灼。

（4）苗期管理。从播种到出苗，要专人看护，防止鸟鼠偷食。幼苗出土时，要及时洒水、灌水，并要遮荫。喷1%波尔多液2～3次，以预防立枯病发生。如发现立枯病，应用1%～3%的硫酸亚铁喷洒，15分钟后，再用清水冲洗苗木，以免药害。幼苗生长期间，每年松土除草不少于4～5次，保持床面疏松湿润。6月中旬，趁雨天，每公顷追施硝酸铵120～150kg。当年生幼苗越冬时应用锯末或干细土覆盖，防止冻拔，二年生的树苗可不加防寒，第三年春可出圃造林。

（三）造林

造林整地可采用穴状或水平带状整地。穴的大小为40cm×40cm×30cm。水平带宽1m，带间距1m，带内全面整地。以2年生苗植苗造林。如采用“带土坨丛起，保根系带母土”的措施，可以提高造林成活率。

四、病虫害防治

（1）早期落叶病防治。可用五氯酚钠、赛力散或硫磺杀菌烟剂，防治效果较好，但营造针阔混交林对防治早期落叶病更有作用。

（2）松梢螟防治。在成虫羽化盛期和幼虫初孵期，用25%滴滴涕乳剂200倍液，50%敌百虫乳油100倍液，或用苏云金杆菌防治幼虫，都能取得良好的效果。

第四节 樟子松

学名：*Pinus sylvestris* L. var. *mongolica litv*

科名：松科（Pinaceae）

樟子松为常绿乔木，高25～30m，胸径可达0.8～1m。树干通直，冠呈卵形或广卵形。老树皮黑褐色，鳞片状开裂，树干上部树皮呈褐黄色或淡黄色，薄片脱落。1年生枝淡黄褐色，2～3年生枝灰褐色。叶2针一束，粗硬，稍扁，微扭曲，长5～8cm，树脂管边生。6月开花，1年生小球果下垂，翌年9～10月成熟；球果长卵形，黄绿色，磷盾常肥厚隆起向后反曲，鳞脐小，疣状凸起，有短刺，易脱落。其主要器官形态如图8-4。

樟子松主要分布于大兴安岭海拔400～900m的山地，小兴安岭北坡海拔200～400的低山及内蒙古通辽红花尔基沙地。黄土高原地区近年也有栽植。

一、生物学特性

樟子松耐寒、抗旱性强，对土壤水分要求不严。根系发达，喜光，树冠稀疏，针叶稀少。适应性强，生长快，人工林一般在15年开始结果，25年结实。

二、造林技术

（一）采种

樟子松每年6月上旬开花，种子在9月中、下旬成熟，第三年4月球果开裂，种子分散。采种可在春、秋两季进行。秋季宜在9月中下旬开始至11月上、中旬结束；春季可在3月上、中旬开始到4月中、下旬止。樟子松种子球果坚硬，短期不易开裂，须进行露天日晒或在干燥室调制。

（二）育苗

（1）种子催芽处理。将种子用0.3%高锰酸钾溶液浸种几分钟，取出用清水洗净，再用30℃温水浸泡一昼夜，捞出种子稍晾干，将种子与河沙按1:2比例混拌，保持含水量为饱和含水量的60%，种、沙温度为15～20℃，每天翻动1～2次，催芽10多天，裂嘴达5%

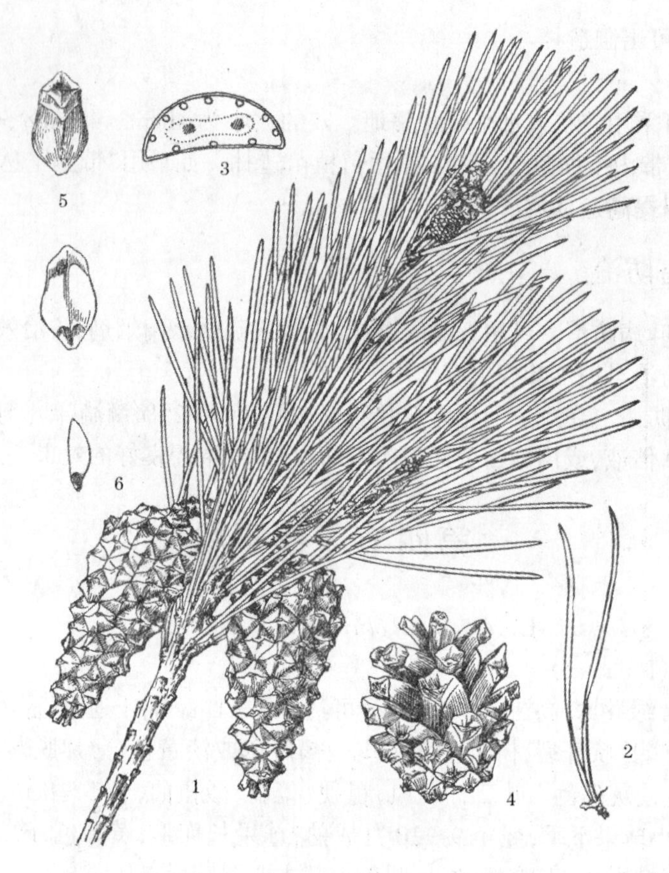

图 8-4 樟子松

1—球果枝;2—一束针叶;3—叶横剖面;4—球果;5—种鳞背腹面;6—种子

时即可播种。

(2)整地、做床、施肥。樟子松对土壤肥力要求不高,但对水热条件、通气条件要求严格。播种地要在秋季进行翻耕,同时施入基肥的40%,耙碎土块,翌春经过重复耙地后,做床时施入总基肥量的60%,床高15cm,宽100cm,长度不限,要求床平整,床内无土块。在降水量少、风大、蒸发量大的地区可用低床。

(3)播种。春季播种前要用40~60mL工业用硫酸对土壤进行消毒,一周以后播种。播种量:一级种子52.5kg/hm^2,二级种子60kg/hm^2,三级种子75kg/hm^2。覆土厚0.5~1cm,要均匀,播后灌水,经常保持土壤湿润。

(4)苗期管理。一般情况下播后15~20天苗木出齐。出苗后为防止立枯病,每周喷一次0.5%~1.0%的波尔多液,至6月下旬为止。在高生长速生期结束前,要注意灌溉,前期要掌握量少次多的原则,既供苗木所需水分,又调节床面温度,以免苗木徒长,影响越冬。黄土高原地区要设防风障。

(5)幼苗覆土越冬。为了防止土壤冻结期间苗木失水,尤其要防止春季苗木地上部分开始萌动,而土未解冻苗根不能吸水,造成生理干旱,应在秋季土壤将要结冻前,将步道土打碎,覆盖苗床,以苗稍全部埋盖为度,翌春4月上、中旬化冻即可撤除。

(6)起苗。除去苗床上的覆盖物,然后在苗床一端开出深沟,依次掘取。掘苗前如苗床过干，应事先浇水，掘后立即拣苗。拣苗时，须将土块轻轻压碎拣出苗木，如有条件时苗根可带土。在运苗过程中要防止风吹日晒。

(7)换苗床培育。樟子松苗通常在苗圃培育两年。第二年换苗床培育，新苗床密度一般为200～220株/m^2，换苗床后要精心管理，促进苗全、苗壮。

(三)造林

(1)造林地选择。在山地石砾质沙土、粗骨土、沙地、阳坡中上部及其他土层瘠薄地段上均适宜栽植樟子松。尤其在排水良好、湿润肥沃的土壤上栽植生长最好。

(2)整地。在山地及土层浅薄，容易引起土壤流失的地段，宜进行块状整地，一般规格为30cm×50cm或50cm×50cm，深20～30cm，铲去草皮，打碎土块，掘出树根等；灌丛和低密度萌蘖林地段，在整地前进行割带，一般带宽1～1.5m，带内割去树木、灌木和杂草，在带内进行带状或块状整地。平坦地，为蓄水保墒，可全面整地；风蚀沙地，随挖坑随栽，不必先整地。整地在春、夏、秋都可进行。

(3)栽植。一般采用穴植或窄缝栽植法。湿土不离坑，保墒，减少挖土和回填土工序。栽植时保护好苗木根系。

(4)造林季节。樟子松一般春季造林为好，也可进行雨季造林。

(5)造林密度。防护林一般6 660株/hm^2，用材林一般3 330～4 500株/hm^2。

(6)幼林抚育。幼林抚育期一般为3年，各年抚育次数以2、2、1为宜。

第五节　侧　柏

学名：*Platycladus orientalis*（L.）France

科、属名：柏科(Gupressaceae)，侧柏属(*Platycladus* Spach)

侧柏在全国分布和适应性很广，在黄土高原地区均有栽培，而且用于大面积水土保持造林，是干旱、半干旱地区荒山阳坡的主要造林树种。它树形美观，四季常青。变种千头柏更是庭园优美的观赏树种。侧柏木材坚韧致密，纹理均匀，具有香味，久藏不朽。种子、根、枝、叶、树皮等均供药用，是群众喜爱的庭园树种和荒山造林树种。

一、形态特征

侧柏是常绿乔木。树高可达20m，胸径可达4m。树皮薄，浅灰褐色，纵裂条片。枝条向上伸展或斜展，排成一个平面，扁平，两面同形。叶鳞形，交互对生，基部下延生长，背面有腺点。花单性，雌雄同株。球果单生于小枝顶端。球果当年成熟；近卵形，长1.5～2cm，成熟前近肉质，蓝绿色，被白粉；成熟后木质开裂，红褐色。种鳞4对，鳞背顶端下方有一向外弯曲的钩状尖头；中部的2对种鳞发育，具有1～2粒种子。种子卵圆形、近椭圆形，长6～8mm，无翅或有极窄的翅。侧柏形态如图8-5。

千头柏为丛生大灌木，无主干，枝叶密生，排列整齐、扁平的平面，叶色鲜绿，树冠卵圆形或球形。

二、生物学特征

侧柏是温带树种，能适应干冷的气候条件，可耐－35℃的低温。侧柏极喜阳光，是强

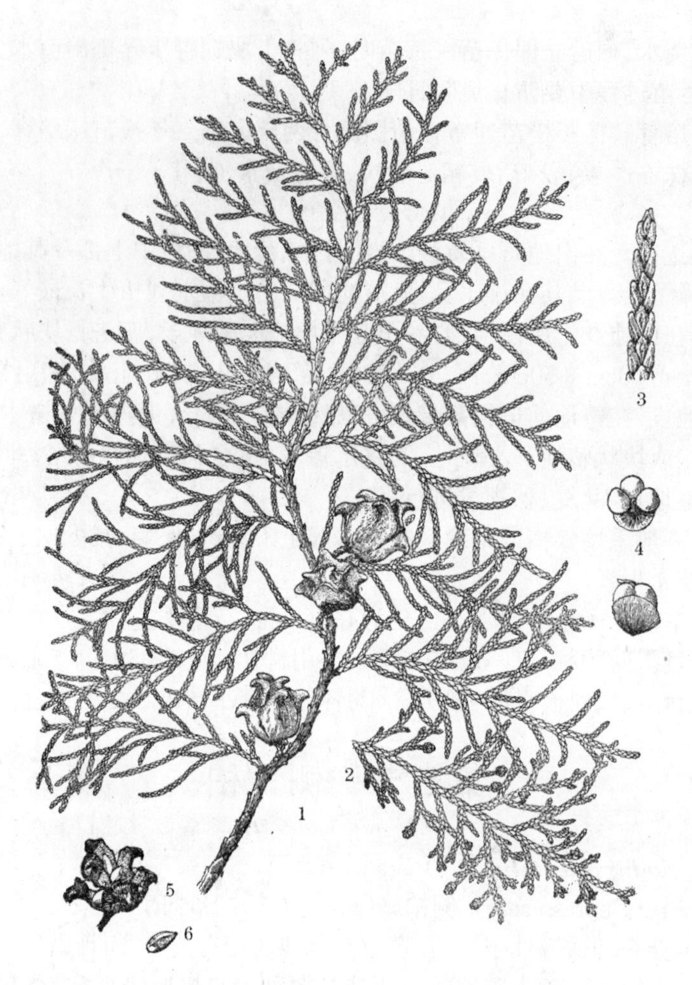

图 8-5　侧柏

1—球果枝；2—花枝；3—小枝放大示鳞片；4—雄蕊腹、背面；5—球果；6—种子

阳性树种，幼年阶段亦耐庇荫。对土壤要求不严，酸性土、中性土、钙质土上均能生长，但喜深厚、肥沃、排水性好的土壤。不耐水涝，但耐轻度盐碱和干旱瘠薄，能忍受 0.2% 的含盐量。在黄土丘陵区，当 100cm 土层含水率仅为 5% 时，仍能生长。侧柏是浅根性树种，主根不显，侧根发达，须根密集，在兰州地区，根系分布面积比树冠投影面积大 6.4 倍，表现出旱生植物的特性，是抗旱性强的乔木树种之一。侧柏萌芽能力强，耐修剪，是优良的绿篱树种。也较抗大气污染，是工业地区绿化的好树种。

三、造林技术

（一）采种

侧柏种子 9～10 月间成熟，当球果由蓝绿色转为黄褐色即可采收。球果采集后暴晒，使种鳞开裂，种子脱出，经风选或水选后干藏。100kg 球果可出种子 10kg 左右，种子千粒重 22g。种子在室温下干藏，在 2～3 年内能保持较高的发芽率。

(二)育苗

侧柏用播种育苗,圃地应选土层深厚的沙壤土或壤土。以早春播种为好。播种前要用40℃的温水浸种一昼夜,捞出后混沙催芽,待30%~40%的种子裂嘴时,即可播种。

侧柏宜条播育苗,播前要灌足底水,播幅5cm,行距25cm,也可双行条播。播后覆土2cm,并稍加镇压。每公顷播种量285kg左右。在幼苗出土前,要防止鸟、鼠为害。在苗高5cm时,进行定苗,每米播种沟留下70株左右,每公顷可产苗225万株。

如果培育大苗,要进行移植。

(三)造林

侧柏以植苗造林为主。在年降水量400mm以上的地区,宜选阳坡、半阳坡为造林地;在年降水量400mm以下、300mm以上的地区,应选阴湿的山麓和阴坡作为造林地。造林前要头年整地,蓄水保墒。春、雨、秋季节都能造林,但以雨季造林为主。半干旱地区宜用3年生左右根系发育良好、冠根比率小的带土苗,以3~5株为一丛,进行带土丛植造林,起苗时圃地干燥的要灌水。苗木要随起随栽,栽植深度要比原土印深5~10cm。

侧柏在干旱地区造林,株距宜密,行距宜大。株距以1~1.5m为宜,行距3~4m,每公顷栽1 500~3 000穴即可。如作为绿篱者,单行式株距可用40cm,双行式的行距30cm,株距40cm。

如营造混交林,应选择深根性的灌木,如红柳、柠条等。侧柏幼年生长慢,又不耐庇荫,故不宜与乔木树种混交。

四、病虫害防治

侧柏苗期病虫害较少。近年来部分地区的人工林有红蜘蛛为害,防治方法是:①早春喷洒5%蒽油乳剂,毒杀越冬卵;②红蜘蛛发生期喷洒50%1059的2 500~3 000倍液或25%乐果1 000~1 500倍液。

第六节　新疆杨

学名:*Populus bolleana* lauche

科名:杨柳科(Salicaceae)

新疆杨主要分布在我国新疆地区,以南疆地区较多。同时在陕西、甘肃、宁夏等省(区)也有大量栽植。新疆杨是速生用材树种。它适应性强,耐干旱,抗盐碱,树姿美观,并能抗叶部病害和烟尘,是农田防护林和"四旁"绿化的优良树种。

一、形态特征

新疆杨是落叶乔木,高达30m。树冠圆柱形;侧枝与主干的交角小,向上伸展,贴近树干;新枝(主干和侧枝)常呈扭曲状向上生长。树皮浅绿色,光滑,基部浅裂,老树皮灰色,树干基部常纵裂。长枝的叶掌状5~7深裂,裂缘有粗齿牙,裂片先端尖,基部截形或近心形,表面光滑,有时脉腋被绒毛,背面被白绒;短枝之叶近圆形或椭圆形,基部近截形或近心形,幼叶背面有毛,长成后近无毛。新疆杨主要器官形态如图8-6。

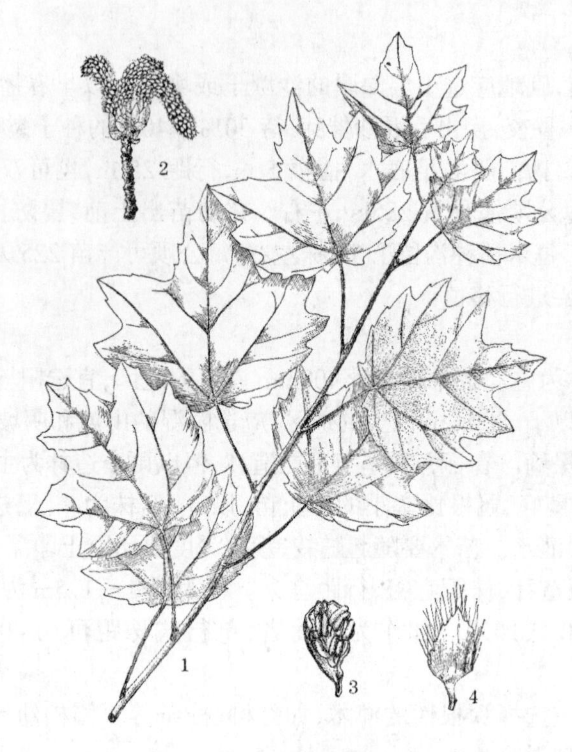

图 8-6　新疆杨

1—长枝;2—雄花枝;3、4—雄花及苞片

二、生物学特性

新疆杨耐寒、抗热和抗大气干旱能力强。它在－20℃左右的低温和40℃的高温条件下生长良好,但在高温多雨的地区则生长不良。新疆杨耐盐碱,能在含盐量0.6%以下的盐碱地上植树造林,是杨属中耐盐碱能力较强的树种之一。

新疆杨是喜光树种,不耐庇荫,在光照不足、阴雨多雾的谷地,生长不良。它根系较深,在农田周围栽植,胁地少、抗风性强,对叶部病害和烟尘也有一定的抗性,是优良的防护林树种。它耐低温,引种在甘肃中部海拔2 300m的地方生长良好,但在海拔2 900m的甘南州合作镇生长不良。它耐干旱,是杨属中较耐旱的一种,但在水分充足并管理较好的情况下,生长健壮。

三、造林技术

(一)育苗

新疆杨尚未发现雌株,没有种子,生产上主要采用插条育苗。圃地宜选择含盐量少、结构疏松、肥力较高的沙壤土为好。通气不良的黏重土壤不宜选作育苗地。种条要选择1~2年生、光滑、粗壮、无病害的平茬枝条,并取平茬条中、下部为插条。种条宜在秋季落叶后采集,采集后的种条可与湿沙层积于室外向阳处的坑内,待翌年春天剪切成长20cm的插条。剪条时上剪口应离芽0.5~1cm。剪好的插条按大小头顺序捆扎后在流水中浸泡一昼夜,然后大头朝下排放在背风向阳处,上覆湿沙,盖以塑料薄膜,进行保湿催根,

5～10天后即可扦插，扦插株行距 18cm×30cm。插后立即灌 1 次水，水要灌透、灌足，并要及时松土保墒，使苗床既保持一定的湿度也保持较高的温度，成苗前应保持土壤湿润。

（二）造林

新疆杨除造于“四旁”和农田林网营造外，成片造林以选择水分充足、土壤肥沃、含盐量不超过 0.6％的沙壤土或壤土为好。“四旁”栽植宜用 2～3 年生大苗、壮苗，成片造林宜用高度在 2m 左右的苗木。穴植造林时，穴的长、宽、深应在 40cm 以上，要求根系舒展，栽后踏实，有条件的要灌水。新疆杨树冠较小，造林密度可适当加大，以行距 2m、株距 1～1.5m 为宜，每公顷 3 330～5 000 株。作为“四旁”植树，单行栽植的可用 1m 株距；双行栽植的可用 1m×1.5m 的株行距，三角形栽植。在水分条件好的地方，新疆杨也可用插干造林。插干造林多在早春进行，采用长 1.5～3m、粗 3～8cm 的 2～4 年生去梢枝干，在流水中浸泡 3～4 天后，挖穴栽植，栽的深度应达 50～80cm。

此外，还可在胡杨上嫁接新疆杨，扩大新疆杨栽培范围。方法有套接和皮下接两种：

(1)套接。选择直径 1cm 左右的 1～2 年生胡杨萌芽条作砧木，以同样粗的新疆杨作接穗，环状断皮，扭活接套。接套上保留一个健壮饱满的芽，并将同样粗的砧木平茬剥皮后，速将扭活的接套由接穗上取下来套在砧木上，亦可先取下接套放入水中，再套在砧木上，对紧对严。此法多用于春、夏季节。

(2)皮下接。选直径 3cm 以上的胡杨萌芽条作砧木。先锯去砧木树干，后将剪好的长 10～15cm、粗 0.4～0.8cm，有 3～7 个健壮芽穗下端削成斜面，直插在砧木的皮下(形成层)，每个砧木插 2～6 个，然后绑扎，并用泥密封。此法多在春季采用。

嫁接的部位越低越好。嫁接后的新疆杨，初期生长很快。

四、病虫害防治

新疆杨病虫害较少，主要有白杨透翅蛾的幼虫为害主干。防治方法：成虫羽化前用毒泥(6％可湿性六六六 0.5kg，黄土 2.5kg)堵塞虫孔；或在清除虫道粪便后用蘸有 40％乐果乳剂 50 倍液的棉球送入虫道，再用黄泥密封洞口；或在成虫产卵前避免修枝和机械创伤，以免成虫在创伤处产卵。

第七节　毛白杨

学名：*Populus tomentosa* Garr

科、属名：杨柳科(Salicaceae)，杨属(*Populus* Linn.)白杨派(Sect. leuce Duby.)

毛白杨主要分布在山西、河南、陕西、甘肃、宁夏等省(区)。毛白杨对土壤的适应性强，并能抗烟、抗污染，病虫害少，生长较快，材质优良，树姿雄壮，是优良的农用材和“四旁”绿化树种。

一、形态特征

毛白杨是落叶乔木，高达 40m，胸径 1m 以上。树冠卵圆形。树干通直，树皮灰白色、光滑，老树基部黑灰色，纵裂。嫩枝密生有绵状毛，稍带赤色，多年生枝为灰色。冬芽肥大，有树脂。长枝的叶三角状卵形，长 7～15cm，先端渐尖，基部心脏形或截形，具不规则波状缺刻；叶背面密被灰色绒毛；老树上的叶较小，叶背无毛。葇荑花序。花期 4 月，果期 5 月。蒴果圆锥形或扁卵形。毛白杨主要器官形态如图 8-7。

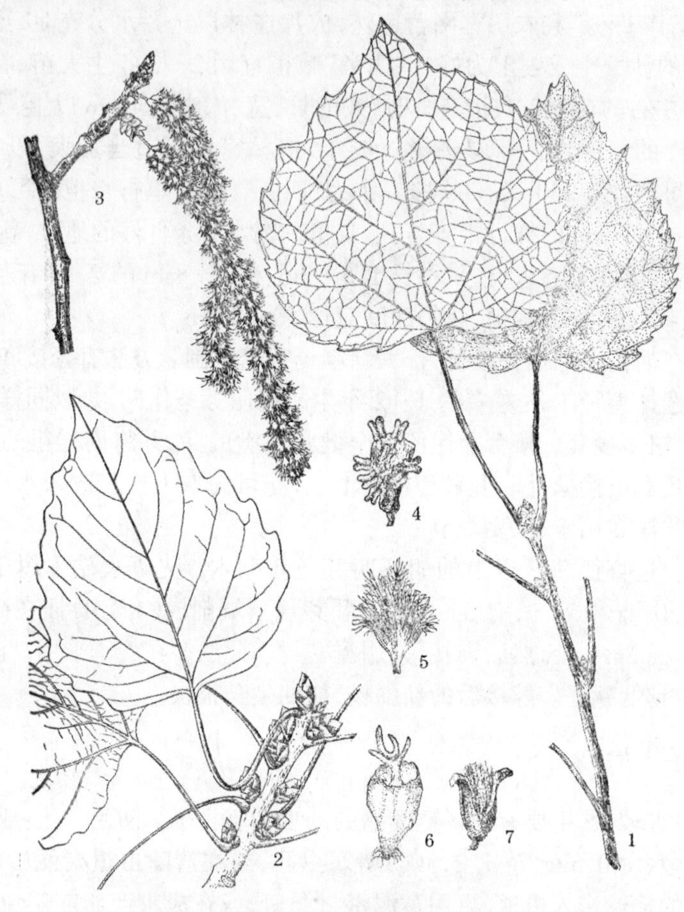

图 8-7　毛白杨

1—长枝；2—短枝；3—雄花枝；4—雄花；5、6—雌花及苞片；7—果

二、生物学特性

毛白杨极喜阳光，不耐庇荫，是强阳性树种。稍耐干旱和水湿，在年降水量 400mm 以上地区均能栽培。大树能耐涝两个月左右。毛白杨能耐轻度盐碱，在土壤 pH 值 8～8.5 时能够生长。在土层深厚、肥沃、湿润和排水良好的地方，生长很快，如兰州 17 年生的“四旁”树材积可达 $1m^3$。毛白杨属白杨派，根蘖能力强，但插条生根较为困难。

三、造林技术

(一)育苗

毛白杨雄树多于雌树，且花期不一致，难以授粉，故种子缺乏，通常用插条、埋条、留根和嫁接等无性繁殖育苗。

(1)插条育苗。毛白杨插条成活率与插穗规格、部位有关,母条要选 1～2 年生、粗 1～2cm的条子,以一年生苗干的中下部为好。将母条截成 20～25cm 长的插条,插条上端要距芽 1～1.5cm,剪成平面,下端削成斜面。剪好的插条,要进行处理。如插条需贮藏越冬的,可采用湿沙窖藏的方法,即选择地势高燥的地方,挖 70cm 深、1m 宽、1～2m 长的坑,坑底铺沙一层,然后竖放插条,用细沙填缝后灌水。插条也可平放,平放时每隔 2～3 层插条,铺一层 3～5cm 厚的沙。如随采随插的,应流水浸泡 4～5 天再扦插。插条的株行距一般为 20cm×30cm,每公顷产苗约 15 万株。

(2)嫁接育苗。常用的方法有劈接和芽接。

劈接:把 1～2 年生加杨或大官杨等苗干截成长 10～12cm、粗 1.5～2cm 的条子作为砧木,以 1 年生毛白杨苗干截成长 13～15cm、粗 0.5～0.8cm 作接穗进行劈接。接好后扎捆窖藏,春季开沟扦插。

芽接:选择 1 年生粗 1～2cm 的加杨、大官杨等苗干作砧木。选择当年生毛白杨枝条中部生长健壮、发育饱满的芽作接芽。在已木质化的苗干上,每隔 20cm 左右接一个毛白杨芽。接后绑紧,成活后及时解绑。待苗木落叶后,按接活的毛白杨芽把砧木剪成插条,插条的上切口,要高出接芽 1.5～2.0cm,以免伤口裂开,影响成活。扦插时要采用沟插,使插条上的接芽低于地面 3～5cm。当苗高 15cm 左右时,及时培土。出圃时,去掉砧木后再造林。芽接可在 7～9 月进行。

(二)造林

毛白杨要选水肥条件较好的造林地,或用于"四旁"植树,才能速生丰产。造林密度不宜太大,以每公顷 1 500～2 250 株为宜。造林前要细致整地,蓄水保墒。要穴大、苗大,即栽植穴要大,以 50cm 见方为好;苗木要大,应选用 2 年生的 1～2 级大苗。春、秋两季均可造林。毛白杨也可与沙棘、紫穗槐等灌木实行混交造林。

四、病虫害防治

毛白杨主要病虫害有锈病、黑斑病及青杨天牛等。前两种可用 0.5%～0.6%波尔多液或 0.3～0.5 波美度石灰硫磺合剂喷射,效果均好。防治青杨天牛可采用:①剪除虫瘿枝,消灭越冬幼虫;②在成虫羽化期喷洒 50%马拉松乳剂或 90%敌百虫 500 倍液。

第八节　银白杨

学名:*Populus alba* L.

科、属名:杨柳科(Salicaceae),杨属(*Populus* Linn.)白杨派(Sect. Leuce Duby.)

银白杨主要分布在河南、陕西、甘肃、青海、宁夏等省(区)。银白杨冠大根深,耐寒耐旱,生长较快,萌蘖力强,是固堤护岸、保持水土和"四旁"绿化的优良树种。木材纹理较直,结构较细,纤维较长,材质较好,可供建筑、桥梁、门窗、家具、车船等用材和造纸原料。

一、形态特征

银白杨是落叶乔木,树高可达 35m。雌株树干弯,雄株干直。树皮灰白色,基部常粗糙。树冠宽大,侧枝开展。芽及幼枝、幼叶密被白色绒毛。长枝叶呈掌状3～5浅裂;短枝叶卵圆形或椭圆形,叶缘有不规则钝齿,老叶背面及叶柄均被白绒毛,叶柄微扁,无腺体,雌雄异株。蒴果长圆锥形,2裂,基部有缩存花盘。花期3～4月,果熟期4月下旬至5月中旬。银白杨主要器官形态如图8-8。

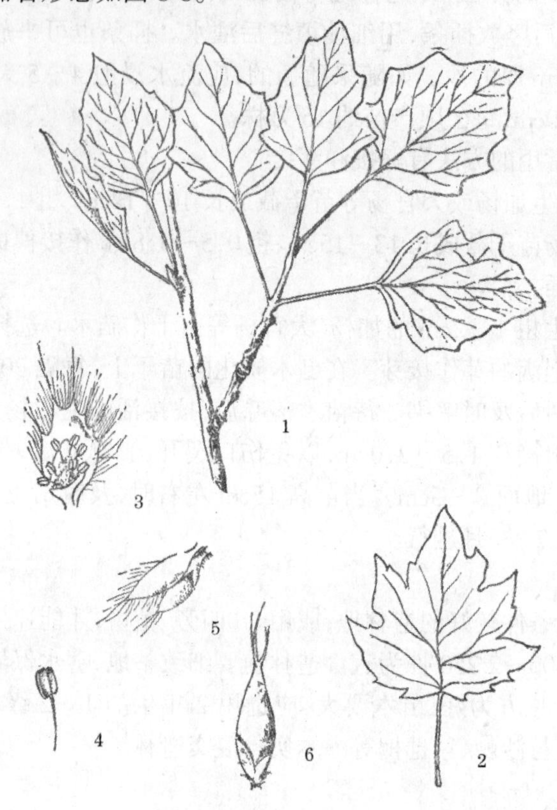

图8-8 银白杨

1—短枝;2—萌枝的叶;3—雄花及苞片;4—雄蕊;5—雌花及苞片;6—果

二、生物学特征

银白杨适应大陆性的气候条件,耐寒、耐高温和大气干旱。在新疆-40℃条件下,无冻害;在甘肃河西走廊炎热的气候条件下,生长良好。但不耐湿热和庇荫,是强阳性树种。银白杨稍耐盐碱,据研究,在0～20cm的土层内,总盐量0.4%以下时对苗木成活与生长无影响;总盐量达0.6%以上时,则苗木不能成活。适生沙壤土或常流水的沟渠两侧,不适宜黏重瘠薄土壤。

银白杨为深根性,根系发达,水平根可达20～25m,根蘖多;抗风、抗病虫害能力也较强。在土壤肥沃条件下,生长很快。

三、造林技术

(一)育苗

(1)播种育苗。银白杨种子成熟后,立即采种。种子千粒重0.54g,发芽率96%。播种育苗的技术要领与小叶杨相似。

(2)扦插育苗。选用阶段发育年幼、1～2年生、光滑、粗壮、饱满、无病虫害的枝条中下部作插穗,尤以平茬苗干为好。种条宜在秋季落叶后采集,采集的种条应与湿沙层积于室外的沟中,一层种条,一层湿沙,最后再盖沙30～40cm厚。经过湿沙贮藏越冬的种条,春季扦插后,较春采春插、秋采秋插的成活率提高2～3倍,地径粗增加20%～30%。

插穗的粗度和长度与营养物质的含量有密切的关系。一般以粗1～2cm、长20～25cm为宜。

春插前对插穗进行促进生根的处理,包括浸水催根和生长素处理等,可提高成活率。采用冷水浸泡、湿沙闷条催根方法处理的银白杨插条成活率可达80%～90%。其方法是:在早春将剪好的插穗捆好,放在冷水中浸5～10小时,使其吸足水分,再用湿沙分层覆盖,经5～10天后扦插。此外,用1/10 000～1/15 000的萘乙酸钠液浸泡插穗基部24小时,成活率也有明显的提高。

育苗地以含盐量少、通气条件较好和肥力较高的沙壤土为好。据调查,沙壤土上银白杨插穗成活率为74%～76%,而在黏重土壤上扦插成活率仅47%。

苗木要加强抚育管理。银白杨插条育苗对土壤水分条件要求较高,除插后即行灌水外,在插穗愈合生根期,应保持田间最大持水量的60%～70%;苗木速生期,气温高,应保持田间最大持水量的80%左右;苗木生长后期,土壤水分只需维持生存即可,尽量少灌水或不灌水,使苗木很好地完成越冬准备。灌水时要求清水进畦,以免泥沙沾在幼叶上。为了防止土壤板结,最好采用垄插沟灌。灌水或雨后,应松土除草,特别在插穗生长阶段,尤需做好这项工作。除整地时施入基肥外,在苗木开始加速生长时进行第一次追肥,以后视情况进行追肥,一般追肥不少于两次,并要及时进行修枝摘芽工作。

(二)造林

银白杨能耐一定程度盐碱,但造林地以土壤肥沃、湿润或无盐渍化和弱盐渍化的土壤为宜。地下水位高、盐渍化程度重或质地黏重的土壤作为造林地时,则必须进行土壤改良。大面积造林要全面整地,以行距2～4m、株距2～3m为宜。

四、病虫害防治

银白杨主要病虫害有:锈病、黑斑病、立枯病、白杨透翅蛾等,以白杨透翅蛾为害最重。其防治方法:①成虫羽化前用毒泥(6%可湿性六六六粉剂1kg,黄土5kg)堵塞虫洞,杀死成虫;②用6%六六六柴油溶液涂抹侵入不久的幼虫孔道,将其中幼虫杀死。

第九节　胡　杨

学名:*Populus euphratica* Oliver

科名:杨柳科(Salicaceae)

胡杨适应性很强,耐盐、耐涝、耐旱、耐热、耐寒、抗沙埋等均为其他杨树所不及。木材轻软,结构较细,干燥及切削加工容易,是沙区重要的用材树种,也是改造沙漠盐碱地和低洼碱地的主要造林树种。

一、形态特征

胡杨是落叶乔木，树高达 25m，胸径 60cm，树冠球形。树皮厚，灰黄色，纵裂。幼枝灰绿色；小枝细，无顶芽。冬芽无树脂，有毛，叶形多变异，幼树及长枝上的叶线状披针形，似柳叶；大树上的叶卵圆形、三角形或肾形，灰绿色或浅灰绿色，革质，长 2～5cm，宽 3～7cm，上部具数个缺刻或全缘，基部宽楔形或近截形。雌雄异株。花期 5 月，蒴果在 6～7 月成熟。胡杨主要器官形态如图 8-9。

图 8-9　胡杨

1—大树枝条；2—幼树枝条；3～5—叶的变异；6—果枝；7、8—雄蕊及苞片；9、10—雌蕊及苞片；11—蒴果

二、生物学特性

胡杨具有喜光、耐盐碱、耐旱、耐空气高温和严寒的特性。它喜光，幼苗期不耐庇荫，是强阳性树种。胡杨能耐 41.5℃ 的大气高温和 －39℃ 的严寒。它叶片厚，表面被蜡质

层,对大气干旱的适应力很强,能在蒸发量比降水量大5～460倍以上的地区生长,但不耐土壤干旱,在水分条件优越、根系能接触到地下水位的沙质土、壤土上才生长良好。胡杨是泌盐植物,在树干或大枝上能分泌盐碱(胡杨碱),耐盐碱的能力很强,在含盐量1%的盐碱土上仍能生长。胡杨根蘖力极强,在一株大树周围,逐年发出的根蘖条往往形成一片树林。

三、造林技术

(一)采种

胡杨种子成熟期不一致,大多在6～7月成熟,当果皮由绿变黄,个别蒴果微裂时即可采种。采种太迟,影响幼苗当年生长期,使越冬困难。采种要选择胡雄株授粉的壮龄母树。果穗采回后,在室内通风处摊开,等蒴果开裂吐丝时,用柳条抽打,使种子与絮毛脱离,然后收集种子过筛。胡杨种子很小,千粒重仅0.08～0.20g,发芽率85%。如需要贮藏可放在氯化钙的干燥瓶内(种子2份,氯化钙1份),封口后在冰箱或地窖中贮藏。

(二)育苗

胡杨种子发芽快,保存期短,通常两星期即失去发芽能力,故宜随采随播。胡杨幼苗耐盐碱能力弱,育苗应选盐碱轻或无盐碱的壤土或沙质壤土作圃地。播种前做成垄床或低床,要求床面平整,土粒松细,沟渠通顺,易于灌溉。播种方法分两种:

(1)垄床播种。播前1～2天,先引水于沟中,深达三分之二,以便在水线附近播种。待水下渗后,条播于垄床两侧水线以下的坡面上或水线附近宽5～10cm的地方。播后可不镇压、不覆土,但要立即小水沟灌,并控制水线到播种带下2～3cm处,播一块灌一块。

(2)低床播种。播前灌足底水,等水渗下时,立即将混有细沙的种子,横着苗床条播,条距30cm。用1份充分腐熟的马粪与2份细沙混合过筛后覆盖。覆盖厚度以微见种子即可。混细土播种的也可以不覆土。

垄床每公顷下种3kg,低床每公顷下种4.5kg。播后要在苗床周围喷撒六六六粉,防止蚂蚁搬走种子。出苗阶段要经常保持土壤湿润,每天要细流浅灌1～2次,灌水次数应随苗木的生长而减少。冬天对夏播的幼苗要进行覆盖。

胡杨侧根发达,萌蘖力强,在土壤水分充足的情况下,可采用断根的方法,促使产生根蘖苗。

胡杨育苗要严防锈病的发生。

(三)造林

胡杨造林应选水分条件好的轻盐碱土,植苗造林、挖穴栽植或开沟栽植。春、秋两季均可造林,但以春季为好。造林密度以6 000株/hm^2为宜,也可用行距8～10m、株距1m的方法栽植,利用其根蘖成林。造林后要经常浇水,以保证成活。胡杨与柽柳混交造林,可减少土壤盐碱程度和促进胡杨的生长。

四、病虫害防治

(1)锈病的防治。锈病使1～2年生苗木毁灭性地死亡。防治方法:在锈病发生期,每月用15%粉锈宁200倍液喷洒。每公顷每次用药1.85kg。

(2)叶纹斑病的防治。叶纹斑病使叶片变黑,影响苗木生长。从发病初期起,每隔10

天,用1:1:200的波尔多液或50%可湿性退菌特800～1 000倍液喷洒。连续3次,每公顷每次用药量:苗高20cm以下,用750～1 125kg药液;苗高20～60cm,用1 500～2 250kg药液;苗高1～2m,用2 250～3 000kg药液。

第十节　河北杨

学名:*Populus hopeiensis* Hu et Chow

科名:杨柳科(Salicaceae)

河北杨树形高大,树干通直,材质优良,抗病虫害,耐干旱瘠薄,是我国中部干旱地区群众喜爱的造林树种之一。

一、形态特征

河北杨是落叶乔木,树高达20m,胸径可达50cm以上。树皮绿色或黄绿色,光滑,被蜡质白粉。树冠广圆形,枝条开展。小枝灰绿色。冬芽卵形,先端尖,幼时微有毛,不被树脂。叶卵圆形或三角状圆形,长3～8cm,宽3～10cm,先端钝尖,基部圆形至近心形,叶缘具不规则缺刻或微内弯的粗锯齿;幼叶背面密被白色绒色,后渐脱落;叶面暗绿色,叶柄长2～5cm,扁平。河北杨有雌株和雄株的区别,甘肃主要是雌株,尚未发现雄株。

河北杨在甘肃有绿色和黄皮两种类,绿皮类型的枝序角小,树皮绿色,树势健壮,小枝上基本上无虫瘿,生长较快。

二、生物学特性

河北杨喜光,不耐庇荫。它侧根发达,沿地表水平方向延伸,在根系受伤或砍伐后,能自繁成片。河北杨喜湿润土壤,不耐水涝,但耐干旱、瘠薄,是杨树中最耐干旱的树种。它能在年平均降水量300mm左右的粉沙质风化壳上形成林分。河北杨亦耐低湿严寒,在海拔2 300m的地方生长良好,14年生树高12.5m,胸径20.2cm。它生长期较长,在青杨、小美杨等树叶枯黄时,河北杨极苍绿青翠。河北杨抗虫性强,很少受透翅蛾、木蠹蛾、天牛等为害,少量透翅蛾仅在土面以下根颈处为害,通常不为害树干。对土壤要求不严,在分布区内中性土、碱性土上都能生长。河北杨插条繁殖生根困难,但极易根蘖繁殖。

三、造林技术

(一)育苗

(1)串根育苗。利用河北杨根蘖繁殖的特性,在母树周围挖掘翻松土壤并损伤侧根,促进幼苗萌生,原地培育2年后,即可起苗造林。采用这种方法,在疏松农地,每平方米可育苗5～6株。

(2)插条育苗。河北杨插条育苗不易生根,据近年来各地的试验,需要把以下几关:①选择种条,及时采条。种条宜选用生长健壮、无病虫害、侧芽萌发少的一年生扦插苗的平茬条,舍弃发根率低的顶梢部分;种条宜在秋季树木落叶后采集。②做好种条处理。把采集的种条在流水中浸泡4～5天,浸溶抑制生根的物质,软化皮层,增加种条含水量,然后剪成插条,在避风向阳处挖坑沙藏越冬。③巧剪插条,分级扦插。插条一般长20cm,上剪口离芽的距离要适当,一般剪口离芽0.5~1cm。太长,则苗干与插条愈合不好,出现枯茬;太短,往往使第一个芽枯死,影响成活。种条基部、中部、上部的插条,因发根率不一样,需分级扦插,用以控制扦插密度,保证出苗量。④适时扦插,提高地温。河北杨发根需要一定的地温,在甘肃干旱地区,春季气温增温快,而地温较低。扦插过早,往往穗芽萌发而根系未生,造成插条枯死。也可在行间覆盖塑料薄膜,以提高地温。⑤科学浇水。插后应立即灌水,使土壤与插条紧密接触,水要灌透灌足,灌后要松土保墒。以后视土壤湿润情况适时灌水,但次数不宜太多,以防因灌水而降低地温。

(3)嫁接育苗。以容易繁殖生根的加杨、小美杨等作砧木,用河北杨的枝条或作接穗(接芽)进行嫁接。具体办法与毛白杨育苗相同。

河北杨育苗要选择树皮为青绿色的优良类型作为母树,不宜用黄皮类型。1年生的插条苗,平均苗高可达1.9m。

(二)造林

河北杨宜选阳坡、半阴坡及沟谷集水线等为造林地。造林要提前一年整地,以蓄水保墒。春、秋都能造林。要注意保护苗根,起苗时苗根要全,运苗时防止风吹日晒,栽植时要比原土印深10cm。初植密度以每公顷2 250株左右为宜。

在年降水量400mm以上地区,河北杨应与沙棘、柠条、紫穗槐等灌木营造混交林。它既能增加地面覆盖,改良土壤,又能在短期内为群众提供薪材,并能促进河北杨的生长。混交造林时,河北杨每公顷栽植900~1 500株;灌木每公顷3 000株(丛)左右。

四、病虫害防治

河北杨虫害少,仅有少量植株被透翅蛾在土面以下根颈处为害,可在其羽化前用毒泥(6%可湿性六六六0.5kg,黄土2.5kg)堵塞虫孔。苗期叶锈病较严重,防治方法是:在未发病前,可用1:2:200的波尔多液预防;发病后可喷射500~1 000倍退菌特液、200倍的敌锈纳液、400~500倍的65%可湿性代森锌液。

第十一节　小叶杨

学名:*Populus Simonii* Garr

科、属名:杨柳科(Salicaceae),杨属(*Populus* Linn.)青杨派(Sect. Tracmachacae spach)

小叶杨在内蒙古、河南、山西、陕西、甘肃、宁夏、青海等省(区)均有分布。适应性强,栽培历史较久。木材轻韧,结构细致,纤维品质较好,可供建筑、家具、胶合板、火柴杆、造纸等用。是保持水土、防风固沙、“四旁”绿化的主要树种之一。

一、形态特征

小叶杨为落叶乔木,高达20余米。树冠开展,通常为阔卵形。树皮灰褐色,老树皮粗糙,具沟裂。小枝光滑,红褐色,后变为黄褐色,长枝棱线明显。叶形变化大,菱状倒卵形、菱状卵圆形或菱状椭圆形,长3~12cm,宽2~8cm,上面淡绿色,下面苍白色,边缘有细钝锯齿;叶柄不扁。萌生枝上叶常为倒卵形,先端短尖。雌雄异株,果序长达15cm,蒴果小,无毛,熟后2~3瓣裂。花期3~4月,果熟期4~5月。小叶杨主要器官的形态如图8-10。

图8-10 小叶杨

1—长枝;2—短枝;3—雄花芽枝;4—雄花序;5、6—雄花及苞片;7、8—雌花及苞片;9—开裂的果实

小叶杨的变种有垂枝小叶杨、秦岭小叶杨等。

二、生物学特性

小叶杨喜光,不耐庇荫。对气候适应性较强,耐旱、耐寒,能忍受40℃的高温和-36℃的低温。在年降水量400~700mm,年平均温度10~15℃,相对湿度50%~70%的条件下,生长良好。小叶杨对土壤要求不严,沙壤土、黄土、冲积土、灰钙土上均能生长。山沟、河边、阶地、梁峁上都有分布。在长期积水的低洼地上不能生长。在干旱瘠薄、沙荒茅草地上常形成"小老树"。喜湿润、肥沃土壤及河滩地、河流冲积土等。

小叶杨根系发达,沙地上的实生幼树,主根深70cm以上,侧根水平伸展,须根密集。

三、造林技术

(一)育苗

1.播种育苗

(1)采种。小叶杨果实成熟后,易于飞失,要及时采收。以果实变黄,部分果实吐白絮时采收为好。采回的果实摊放在室内的竹箔、席子或水泥地上,厚5cm左右,每日翻动

5～6 次,2～3 天后果实全部裂嘴。用柳条抽打脱粒,细筛精选,去杂,即得纯净种子。

(2)播种时期和方法。小叶杨一般随采随播。圃地应选择富含腐植质的沙质壤土,播前要细致整地,施足底肥,做到床面平整,能灌能排。播种前先灌水,待水快渗完时,将种子播于床面,然后用过筛的“三合土”(1 份细土,1 份细沙,1 份腐熟的厩肥)覆盖,以稍见种子即可。

(3)苗木抚育管理。杨树播种后,2 天即开始出土,3～5 天幼苗大量出齐。从出土到真叶形成期要及时洒水或浇水,保持苗床湿润。苗高 5cm 左右时定苗,株距 5～10cm。苗木速生期要加强水肥管理和中耕除草。

2.插条育苗

种条应选择生长健壮、发育良好的 1～2 年生的枝条,尤以 1～2 年苗木平茬条为好。春、秋两季均可采集。扦插在春季进行,扦插前,将种条截成 20cm 左右的插穗,粗度以 0.8～2.0cm 为宜,放入清水中浸 3 天左右,以促进生根发芽。扦插株距为 20cm,行距 30cm。插后要及时灌水,插穗生根前浇水 1～2 次,以后每 10～15 天浇一次水,6～7 月间施追肥 2～3 次。

(二)造林

(1)植苗造林。通常用 1～2 年生,高度在 1.5m 以上苗木,造林要适当深栽,根系舒展,栽后踏实。干旱多风地区,造林前将苗木根放在流水中浸 5～7 天,可提高成活率。

(2)插干造林。分矮干造林和高干造林两种。矮干造林选用 1～2 年生,粗 2cm 左右,截成长 40～50cm 的穗条,插入穴中 30cm 左右;高干造林的干长 2m 左右,大头直径约 4.5cm,栽植深度 50～80cm。

造林密度以 1 650～3 300/hm^2 株为宜。

四、病虫害防治

(1)烂皮病的防治。①营造混交林;②清除病树病枝;③树干刷涂白剂;④合理整枝,并在伤口涂波尔多液或石硫合剂。

(2)黄斑星天牛的防治。①发动群众捕捉;②用 40%乐果乳剂、辛硫磷 400～800 倍液或敌敌畏乳剂 300 倍液注入虫孔,然后用黏土堵孔,以杀死幼虫;③树干涂白,以防止成虫产卵。

第十二节　箭杆杨

学名:*Populus Nigra* L.rar. therestina (Dode) Bean

科、属名:杨柳科(Salicaceae),杨属(*Populus Linn.*)黑杨派(Sect. Aigeiros Duby)

箭杆杨主要分布在陕西、山西南部、河南西部、甘肃等地。箭杆杨树干通直,树冠窄,根幅小,是农田林网和“四旁”绿化的好树种。干直且长,也是做檩、椽的好材料。

一、形态特征

箭杆杨为落叶乔木。树皮灰白色,立地条件差的树皮暗灰色,幼时较光滑,老树下端皮出现沟状裂纹。叶形一般为三角状卵圆形,长5~10cm,两面光滑,叶端尖,边缘有齿。仅见有雌株,果序长8~12cm。蒴果圆形,绿色。4月上旬开花,5月果实成熟。

二、生物学特性

箭杆杨为阳性树种,喜光,对土壤水肥条件要求较高,喜生于水分条件好的沟谷川塬和"四旁",但在常积水的地方,生长不好。稍耐盐碱,轻碱地上能正常生长,中度盐碱地生长不良。

箭杆杨侧根比主根发达,集中分布在20~70cm土层内,二、三级侧根向斜下方伸展,所以根幅小,胁地轻。但易遭风折、雪压和虫蛀。高生长7年前最快,直径生长在10~12年前最快,材积生长在8~19年之间最快。20年以后开始出现衰老现象,并易遭病虫为害。

三、造林技术

(一)育苗

箭杆杨一般用扦插育苗。春、秋两季都可,而以春季为主。春季育苗宜早,秋季要在落叶后进行。不论春季或秋季扦插要抓几个关键环节。首先,要采好种条。应采1年生扦插苗干或壮龄树上1年生健壮枝条,取其中下部,截成20cm的插条,切口要光滑,上端齐平,下端最好切剪成马耳形,然后50根插条捆为一捆备用。第二,要浸泡。插条可在清水或流水中浸泡2天,使充分吸水,以提高成活率。第三,要注意扦插技术。在预先施肥、整好的圃地上按40~50cm的行距和15~20cm的株距直插。春插应在地面露1~2个芽;秋插与地平,堆土覆盖,开春扒开。插条时随插随踏实,最后浇水。

(二)造林

植苗造林用2年生苗较好。起苗时少伤根,勿暴晒。栽植前要水泡1天或随挖随植。单行栽植,株距1.5m;双行栽植,株距1.5m,行距2~3m;成片栽植,株行距2m×2m。挖坑要大,让苗根舒展,分层填土踏实。填土要高于原土印痕4~5cm,并浇透水。

四、病虫害防治

箭杆杨的主要虫害有:黄斑星天牛、芳香木蠹蛾、十斑吉丁虫、杨天社蛾、杨白潜叶蛾等。病害主要为灰斑病、溃疡病、腐烂病等。

防治方法:①营造混交林,加强抚育管理,提高树木抗病力,预防腐烂病和溃疡病;②清除病树,烧掉病枝,减少病菌来源;③合理整枝并在伤口涂波尔多液或石硫合剂,树干涂白。④捕杀成虫和幼虫,掏砸卵粒,扫叶灭蛹;⑤黄斑星天牛、杨天社蛾、杨白潜叶蛾可喷洒6%可湿性六六六粉200倍液,或50%杀螟松1 000倍液,十斑吉丁虫喷洒50%敌敌畏乳油600~1 000倍液杀成虫,用40%乐果乳油或50%马拉硫磷乳剂20~30倍液涂沫被害处。芳香木蠹蛾用40%乐果乳油25~50倍液,或50%杀螟松乳剂40~80倍液注虫孔,杀幼虫;⑥灰斑病刚发病时喷65%代森锌500倍液,或1:1:(125~170)波尔多液,半个月一次,连喷3~4次。

第十三节　旱　柳

学名：*Salix matsudana* Koidz.

科、属名：杨柳科（Salicaceae），柳属（*Salix* L.）柳组（Sect. Salix）

旱柳在黄土高原地区分布较广，是“四旁”绿化、固堤护岸、固沙保土的优良树种。由于它适应性强、生长迅速、树形美观、用途广泛，是极受群众喜爱的速生用材和“四旁”绿化树种。其木材白色，轻软细致，加工后有光泽，宜作箱子、案板等家具。又因材质柔韧，可制切菜墩子，也可作民用建筑材料。细枝条可编筐、篮等。花淡黄色，花期早而长，为早春蜜源树种。

一、形态特征

旱柳为落叶乔木，高可达 20 多米。树冠开展呈圆形或广圆形，树皮幼时较光滑，逐渐成深灰色，随树龄增加而变粗糙出现沟裂。小枝黄绿色或黄绿带红色，柔韧。叶披针形，长 4～10cm，有细锯齿，下面有白粉，叶柄长 2～4mm。雌雄异株，花期 3 月下旬或 4 月初，4 月底至 5 月初果实成熟。旱柳主要器官的形态如图 8-11。

图 8-11　旱柳

1—叶枝；2—雄花枝；3—雄花；4—雌花枝；5—雌花

二、生物学特征

旱柳为阳性树种，喜光，庇荫下生长不好。耐寒性比较强，在 －39℃ 的情况下不受冻害。在湿润温暖气候条件下生长迅速，也能在比较干燥、寒冷的气候条件下正常生长。喜水湿，不怕泡、淹，也耐大气干旱和一定时期的土壤干旱。对土壤要求不严，较耐盐碱，能在含盐量 0.3% 以下的轻盐碱地上生长，但在疏松的沙质壤土上生长最好；河滩砂砾土中也能正常发育生长。萌芽力强，壮成树截干后可萌发上百根新条。根系发达，侧根、须根密集如网，抗风，不怕沙埋。

旱柳有青皮柳、麻皮柳之分。青皮柳生长较快。

三、造林技术

（一）采种

种子成熟期要留心观察，蒴果由绿变黄绿色，柳絮即将散飞之前，在预先选好的健壮母树上采摘果穗。果穗采集后，摊放在通风的室内，不能太厚，以防发热霉坏。并经常翻搅,待蒴果开裂吐絮时,用柳条等抽打脱粒,去杂、过筛,可得净种。10kg 果穗能出种子 0.5kg 左右,千粒重 0.167g。

(二)育苗

以扦插苗为主,育苗方法和箭杆杨、北京杨等杨树相似。

旱柳也可用播种育苗,因为旱柳种子小,易丧失发芽能力,应随采随播。圃地要深翻、施肥、耙耱、消毒,地面湿润、疏松,土要细绵。播前做床,床宽 1.5～2m。开沟条播或撒播,播种时将种子混加细土或绵沙,每公顷用种 3.75kg 左右,在无风的早晚或阴天播种。播后覆细沙,以微见种子为度,然后盖一层干草。从种子发芽到幼苗出现 5～6 片真叶期间,育床要保持湿润,随着出苗逐渐揭去盖草,拔除杂草。幼苗一对真叶时应间苗,苗高 7～8cm时定苗,每平方米留 50 株左右,每公顷 45 万株。次春移植,再长一年后出圃造林。

(三)造林

旱柳可用植苗或插干造林,春、秋两季均可。造林地最好选沟谷河滩和"四旁",不要选重碱地和红黏土地。可挖坑穴植。植苗方法与杨树等相同。为提高成活率,可先浸苗根后再栽植。

插干造林应用极为普遍,可用高、低两种插干,一般多用高干。从壮龄大树上砍取长 2m 左右,小头直径 3～5cm 的枝干作"栽子"。栽植前把大头在流水中浸泡几天,可泡到皮孔上出现白色或黄色根尖突起时取出造林。坑深 60～70cm,边填边踏,捣砸结实,不要伤皮,务使干条固定。栽植后的 1～2 年内要注意适当浇水和抚育管护,促使新梢生长和扎根,并注意抹去中下部的萌条,保留上部萌条。

成行栽植 3～4m 一株;成片栽植,株行距 3m×3m 或 4m×4m,总之,应根据立地条件而定,不宜过密。柳下可混植沙棘。

四、病虫害防治

(1)主要病害防治。柳锈病危害小树苗,用敌锈钠 200 倍液每 10 天喷治一次。

(2)主要虫害防治。柳毒蛾、柳天蛾等专吃叶子,可用 80%可湿性敌百虫 1 000～1 500倍液喷杀。木蠹蛾为害树干,可用红胶泥混 6%可湿性六六六粉涂干或涂白;在出虫期可在树干喷 40%乐果乳剂或杀虫脒 1 000 倍液灭杀。

第十四节　垂　柳

学名:*Salix babylonica* L.

科名:杨柳科(Salicaceae)

垂柳树姿优美,极耐水湿,是优良的城市绿化、庭荫树种,也是很好的护渠、护堤树种。其小枝纤细柔软,是编织的好材料。木材红褐色,纹理直,柔软,可供家具、箱板、笼圈等用。枝和须根能祛风除湿,治筋骨痛及牙龈肿痛。叶、花、果能治恶疮等症。

一、形态特征

垂柳为落叶乔木,高可达 20m,无顶芽。小枝细长下垂,褐色、淡褐色或淡黄褐色。叶互生，披针形或线状披针形，长 8～16cm，宽 1～2.5cm，先端渐长尖，基部楔形，边缘有细锯齿；花枝之叶近全缘，背面淡灰绿色。垂柳有雌株和雄株的区别。花单性，无花被，葇荑花序生于叶腋；雄花序直立，长 2～4cm，雌花序长 1～2cm。4 月开花，5 月果熟。垂柳主要器官形态如图 8-12。

图 8-12　垂柳

1—叶枝；2—雄花枝；3—雄花；4—雌花枝；5—雌花；6—果枝；7—果

二、生物学特性

垂柳为阳性树种，喜光，不耐庇荫。耐水湿和轻度盐碱，在河湖水旁、池塘边沿和轻度盐渍化土壤上生长良好。耐寒，对大气干旱也有一定适应性。对土壤要求不严，酸性土、中性土、钙质土上均可生长，但喜湿润石灰性土壤。

垂柳根系发达，侧根、须根网络交织，可护岸固堤。生长迅速，15 年生可高 13m，胸径 24cm。

三、造林技术

(一)采种

蒴果由绿变黄，尖端微裂吐絮时即可采种。过迟果实开裂，2～3 天内种子即飞散。

采集的果实于通风的室内摊开，一昼夜后蒴果大量开裂，用柳条抽打或用手揉搓，使种子脱落。100kg 蒴果可出种子约 6kg。种子千粒重 0.4g，发芽率 70%～80%。

(二)育苗

垂柳可用扦插育苗或播种育苗。

(1)扦插育苗。早春萌芽前采 2～3 年生枝作种条，剪成长 20cm 的插穗。整地做床后，以行距 30cm、株距 20cm 扦插。垂柳插穗柔软，需先开孔然后放入插穗。注意不要倒插。插后立即灌水，并保持苗床湿润。

培育大苗需进行移植。培养胸径为 3cm 左右的大苗时，株行距以 80cm×100cm 为宜。

(2)播种育苗：垂柳种子细小，极易变干丧失发芽力，应随采随播。圃地应选排水良好而有灌溉条件的沙壤土。播前细致整地，做高床，条播。条幅宽 5cm，行距 20cm，用细沙抖种播下。每公顷用种量约 3.75kg。播后用细土覆盖，以微见种子为度，适当镇压。通常播后第二天即可发芽，两天后出齐。幼苗纤细，5～7 天内应经常喷水保持床面湿润。播后 2～3 周内要适当遮荫。幼苗形成 2 片真叶时结合除草间苗，苗高 5～6cm 时定苗，每米播种行留苗 20 株。

(三)造林

垂柳喜湿，应选河漫滩地、渠道两侧，涝池周围，水库水线附近作造林地。可用插杆造林和植苗造林。

(1)插杆造林。采取粗 2～3cm、长 1.5m 以上的枝条作插杆，插入深度 50cm 左右。注意不要倒插，以免影响成活。

(2)植苗造林。造林前挖树穴，大小依苗木规格而定。大苗造林树穴不宜小于 1m×1m，深 80cm 左右。春秋均可栽植，但以春季栽植为多。

四、病虫害防治

垂柳多为单株散生，也有用做庭园树或行道树，病虫害较少。常见的有柳毒蛾，可用黑光灯诱杀成虫，或用 90%敌百虫 1 500 倍液喷杀 5～6 龄幼虫，50%二溴磷乳剂或 50%杀螟松乳剂 800～1 000 倍液喷杀 3～4 龄幼虫。

第十五节　泡　桐

学名：*Paulawnia tomentosa*

科、属名：玄参科(Scrophulariaceae)，泡桐属(*Paulawnia* Sieb.et Zuce)

泡桐广泛分布于黄土高原各地。它生长快，成材早，繁殖容易。木材纹理通直，材质轻软，不翘不裂，防潮耐腐，耐火性强，声学性能优异，是群众喜爱的速生丰产林树种。它花大叶茂，夏日浓荫如盖，也是优良的行道树和庭荫树。

一、形态特性

泡桐是落叶乔木，高达 27m，胸径达 2m。小枝粗壮，假二叉分枝。单叶对生，叶大，长卵形或卵形，全缘，先端尖，基部心形，上面绿色，有光泽，背面有星状毛。春天先开花，后放叶,花两性,圆锥花序顶生。蒴果卵形或椭圆形,长 5cm 左右,果皮木质较厚,成熟时灰褐色,内有多数种子。种子扁平,两侧具有条纹的透明薄翅。泡桐主要器官形态如图 8-13。

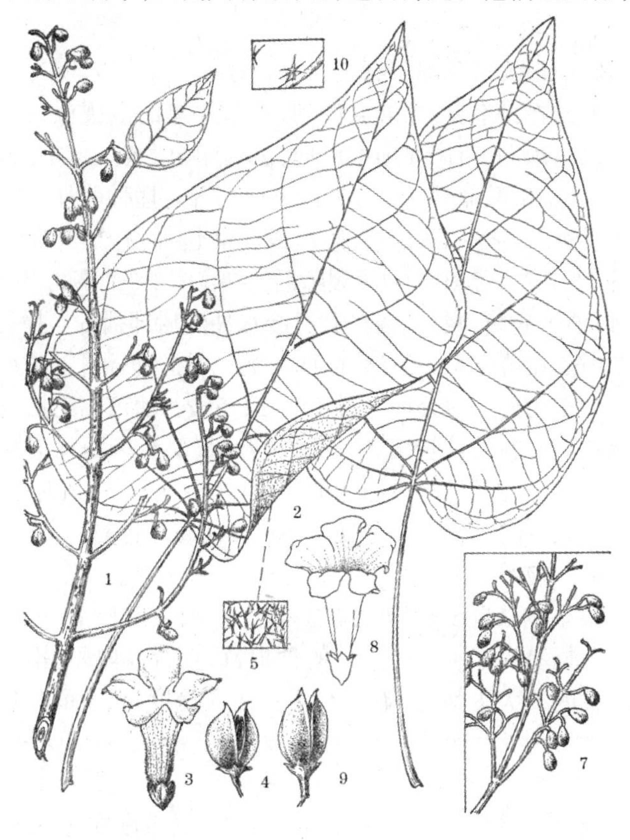

图 8-13　泡桐(1~5 为毛泡桐,6~9 为兰考泡桐,10 为光泡桐)

1、7—花序;2、6—叶;3、8—花;4、9—果;5、10—叶下面部分放大

二、生物学特性

泡桐是生长迅速、成材早、寿命短的强阳性树种。它最喜光,不耐庇荫。对气候的适应范围大,能耐 −20℃ 的低温,在年降水量 500mm 的地方即能成林。泡桐怕水淹,林地积水就会造成树体死亡或严重根腐。泡桐对土壤的质地、地下水位、土壤厚度等有较严格的要求,它适于沙壤至重壤中生长,要求土壤通气良好,总孔隙度大于 10%,同时要求土壤排水良好,地下水不能高于 1m。泡桐对肥力的要求不高,并稍耐盐碱,在酸性土、中性土、碱性土上都能生长。泡桐是暖温带树种,生长季节要求有较高的气温。

泡桐为侧根发达的深根性树种,80%以上的吸收根分布在 40cm 以下的土层内,这一特性有利于实行农桐间作。

三、造林技术

(一)采种

泡桐蒴果 9~10 月成熟,当蒴果呈黄褐色时即可采集。采集的蒴果晾 5~7 天后,果皮开裂,种子脱出,除去杂质,把种子晾干后装入袋内,置于通风干燥处。泡桐种子很小,每个蒴果内一般有种子 300～1 000 粒,种子千粒重只有 0.3g。

(二)育苗

泡桐可播种育苗、插根育苗和埋条育苗。

(1)播种育苗。要选择排水良好、灌溉便利、土层深厚的沙壤土、壤土作育苗地,切忌黏土。泡桐种子小,幼苗嫩弱,苗床要细致整地,做到床面平整、土壤细碎、上虚下实、能排能灌。结合整地每公顷施硫酸亚铁 75kg,进行土壤消毒。播种前种子要用 40℃的温水浸种 5～10 分钟,再在冷水中浸种 1～2 天,然后放在蒲包等物内,进行恒温(30～40℃)催芽,每天用温水冲洗 1～2 次,待 40%种子裂嘴后,再用 0.2%的赛力散加 0.2%的五氯硝基苯浸种 40 分钟,以消灭病菌,减少炭疽病,经冷水冲洗后即播种。播种可采用浇水条播或落水穴播,行距 70cm,在苗床水分下渗,床面成泥糊时立即播种。播后用腐熟马粪与细土拌和覆盖,到微见种子为好。每公顷下种 15～22.5kg。幼苗出土后,要小水勤灌,保持床面湿润,切忌大水漫灌。在幼苗长出 3～5 对真叶时,要在床面均匀覆细土 2～3 次,并停止浇水,促进根系生长。在做好病虫防治的同时,要分期间苗、适时定苗,第一次间苗在幼苗 3～5 对真叶时进行;第二次间苗在苗高 10～15cm 时进行;定苗在苗高 30cm 时进行,定苗株行距以 50cm×70cm 为宜。

(2)插根育苗。根条应采自没有丛枝病的母株上,根条以长 15～20cm、粗 1～3cm 为宜。种根含水量高,冬插易受冻害。晚秋采的种根,可在背风向阳、排水良好的地方窖藏或坑藏。春季扦插,插时要大头朝上,不能倒插。插入深度与地面平齐,上端再覆土 4～5cm,成小丘状,待种根发芽后,及时除去小丘。以株距 80cm、行距 100cm 为宜。每公顷可产苗 12 000 株。

(3)埋条育苗。母条应采自 1 年生苗木的中下部,以粗度在 1.5cm 以上的实生苗干为好,将苗干截成 40～60cm 长、并带有三对芽的母条。截口一定要距芽 2～3cm,不能太长。秋天截好的条子,选向阳背风、排水良好的地方挖坑贮藏,直立排放。春天开沟埋条,母条大头的方向要一致,每公顷埋条 18 000 根左右,[illegible]苗木生根后以利刀断条,每公顷可产苗 12 000 株左右。

此外,尚可留根育苗。即利用泡桐苗出圃后遗留[illegible]施肥、灌水、定苗及移苗补缺等工作培育苗木。

(三)造林

泡桐造林,一定要选择土层深厚、土质疏松、不受[illegible]的地方。植苗造林,春、秋两季均可栽植,但以春栽为好。[illegible]m,深 40cm。栽植时要比原土印深栽 10～15cm。造林密度不要大,每公顷不宜超过 900 株。农桐间作的每公顷不宜超过 90 株。也可截干造林,截口应用泥土和塑料薄膜封口,在萌蘖条长到 30～40cm 时定芽,抹去多余的芽。

四、病虫害防治

泡桐病害较多,主要是苗木炭疽病和树干丛枝病。丛枝病应从预防着手,选无病母树的根为插条。炭疽病除播种时土壤用硫酸亚铁消毒外,出苗后每隔 10 天用等量式 200 倍的波尔多液防治。

第十六节　白　榆

学名：*Ulmus pumila* L.

科名：榆科(Ulmaceae)

白榆生长快、材质好、适应性强、容易繁殖，分布广，用途广，很受群众喜爱。其木材坚实耐用，可制作家具、农具、车辆。嫩榆钱(果实)可食用，种子可榨油，出油率为 13%～15%，油可以食用，也可以作为工业用油。榆叶是好饲料，榆树皮可搓制绳索及造纸。

一、形态特征

白榆为落叶乔木，高可达 20m 左右。树皮幼时色灰而比较光滑，老时粗糙有纵向沟裂。叶交错互生，椭圆状披针形，长 2.5～5cm，叶端尖，边缘有锯齿，叶面光滑。出叶前开花，多数成簇状聚伞花序，花两性。翅果近圆形或倒卵状圆形，直径 1～2cm，4～5 月成熟，成熟时橘黄白色。白榆主要器官的形态如图 8-14。

二、生物学特性

白榆为阳性树种，喜光。抗旱性能强，耐干旱瘠薄，在年降水量不足 200mm、空气相对湿度 50%以下的荒漠地区，散生木仍能正常生长。但不耐水湿，在土壤湿润、肥沃的条件下生长快，能显示出榆树的速生性能。耐寒性能强，能忍受 -40℃ 的低温，也可在酸碱度(pH 值)为 9 的轻盐碱地上生长。其根系发达粗壮，主根深，根幅很大，抗风保土力强。白榆萌芽力强，耐修剪，适作绿篱。白榆寿命长，对大气污染有较强抗性，也适于工业区绿化。

三、造林技术

(一)采种

选无病虫害的健壮树木作采种母树。及时扫积自然落下的种子，或在无风天打敲扫集，拾掇干净，轻搓去翅，阴干后装筐(袋)备用。白榆种子容易失去发芽力，宜随采随播。种子千粒重 7.7g，发芽率为 70%。

(二)育苗

播种育苗比较容易。最好选比较疏松肥沃的沙壤土或壤土地作为苗圃。每公顷施基肥 30～38t，细致翻整，同时撒 15～22.5kg/hm^2 敌百虫粉剂杀地下害虫。圃地先做成条床或大畦，然后条播或撒播。播种前种子可加以处理，方法有二：一是用冷水泡一天，捞出后掺一半沙堆积，保持湿润，翻动，等种子露白时播种；二是拌混一半湿沙，翻动并保湿，露白时播种。也可直接播种。条播时开 2～3cm 深的沟，均匀撒种，耙平覆土 1cm 左右。撒播时均匀撒籽，然后用齿耙耙平，以不见种子为好。为保持湿润，出苗快而全，可用草帘覆盖。一周左右苗可出齐，然后揭去覆盖物。每公顷播种量 30～45kg。苗高 5cm 左右间苗，并及时除草、灌水。10cm 高时定苗，每公顷留苗 30 万～45 万株。注意松土除草和施

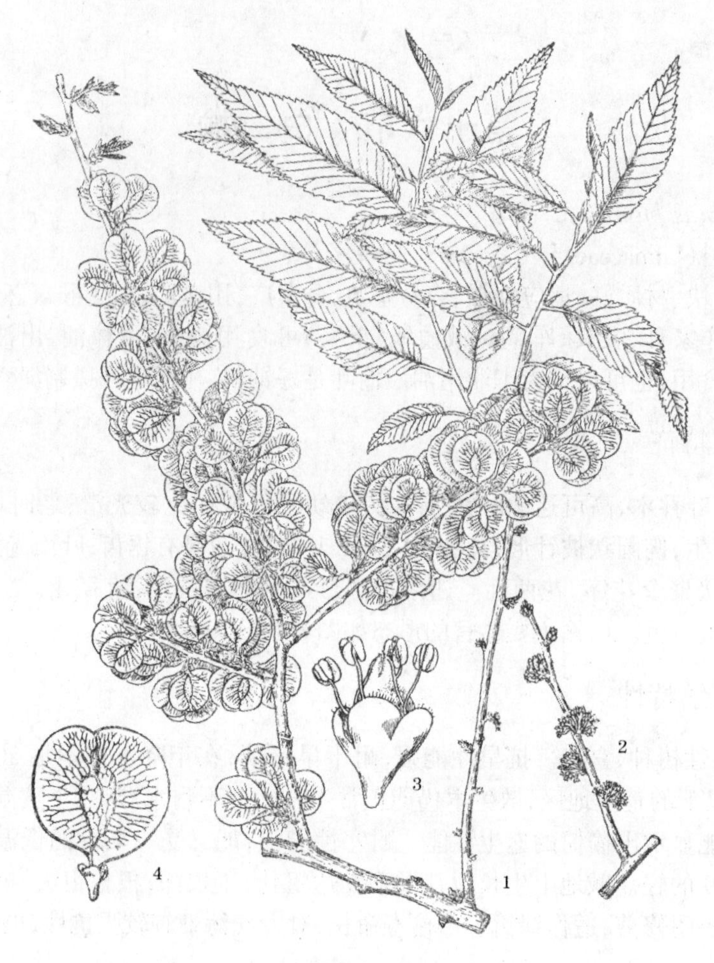

图 8-14　白榆

1—果枝;2—花枝;3—花;4—果

追肥灌水,但水不能太勤,以利"蹲苗"长根,适应造林地的条件。当年或第二年出圃造林。

(三)造林

白榆以植苗造林为主,春季、雨季、秋季均可进行。在半干旱地区,年降水量为400mm左右的阳坡、半阴坡"反坡梯田"上造林,白榆生长不如侧柏,多呈灌木状,仅在农田边缘或集水线上可以长成大树。

植苗造林时,"四旁"可用3年生大苗,荒山造林用1~2年生苗。挖60cm×60cm的大坑,剪去苗木过长的主根,精心栽植。栽前泡一下根或醮泥浆,可提高成活率。栽后浇水、培土。如在比较干旱的荒山上造林,可从根茎10cm处截干后栽植,壅土堆埋干桩,早春扒开。造林密度视目的而定,绿篱要密,0.4m×0.5m;成片林1.5m×2m或2m×2m;单行栽植3m一株。

四、病虫害防治

白榆病虫害较多,与杨、柳等树种的病虫害类似。主要害虫有榆绿天蛾、榆卷叶蛾、榆瘿蚜等;主要病害有褐斑病、黑斑病等。

榆绿天蛾在5月下旬和7～8月幼虫出现期，用80%可湿性敌百虫粉剂1 000～1 500倍液喷杀，也可用每毫升含孢子0.3亿～0.5亿青虫菌液喷雾。榆瘿蚜在秋末冬初涂白或涂黄泥浆封闭越冬卵；4月前后，干母（由越冬卵孵化出来的无翅胎生雌虫）孵化期喷乐果等触杀。榆卷叶蛾在幼虫期，喷洒90%敌百虫1 000倍液或80%敌敌畏乳剂1 500倍液毒杀。

第十七节　沙　枣

学名：*Elaeagnus angustifolia* L.

科名：胡颓子科（Elaeagnaceae）

沙枣（桂香柳、香柳、金铃花）抗风吹、耐盐碱。材质坚韧，果实可食。繁殖容易，枝叶繁茂，花香扑鼻。主要分布在甘肃河西走廊，是优良的防风固沙树种和"四旁"绿化树种。

一、形态特征

沙枣是落叶乔木，高可达15m，胸径可达1m。树干弯曲，分枝多，枝叶稠密。幼枝银白色，常具枝刺；小枝、花萼、花柄、果实、叶背及叶柄均被银白色盾状鳞；2年生枝红褐色。单叶互生，椭圆状披针形，长4～8cm，宽1～3cm，基部楔形，全缘。花两性，具短花梗，1～3朵生于小枝下部的叶腋，黄色，芳香味强；5月开花，10月果熟。核果，果实形状、颜色、大小、品味因品种而异；果肉白色粉质，可食。沙枣主要器官形态如图8-15。

二、生物学特性

沙枣喜干燥温和的大陆性气候和排水良好的湿润沙壤土。在空气湿度较大、降水量较多的地方，只开花不结果，甚至不开花。它根系发达，主根深入地下，但在土壤地下水位较高或盐碱化程度较重的地方，常呈浅根性；根系具固氮根瘤菌，能改良土壤。沙枣耐盐碱，能在全盐量为1.5%的硫酸盐盐土上或全盐量为0.6%的氯化物盐土上生长。幼年生长快，侧枝萌发力强，枝叶稠密，抗风沙作用大，枝干沙埋后能萌发不定根，抗沙埋和固沙作用好。沙枣极耐大气干旱，但生长期需要地下水补给，因此不适应半荒漠地区的荒山条件。

三、造林技术

（一）采种

沙枣果实于10月中下旬成熟。果实成熟后并不立即脱落，可用手摘或以竿击落，布幕收集。采种要选择生长健壮、无病虫害、树干较通直、果实品质好的母树。果实采回后及时摊晒，防止发霉，干后用石碾碾压，脱除果面。100kg果实约可出种子50kg、沙枣面50kg。种子在干燥通风处贮藏，堆层厚度不宜超过1m。新鲜饱满的种子发芽率多在90%以上。贮存良好的种子，千粒重为250～380g。

（二）育苗

（1）播种育苗。播种育苗多在春季。春季育苗的要在头年冬天12月进行种子处理。

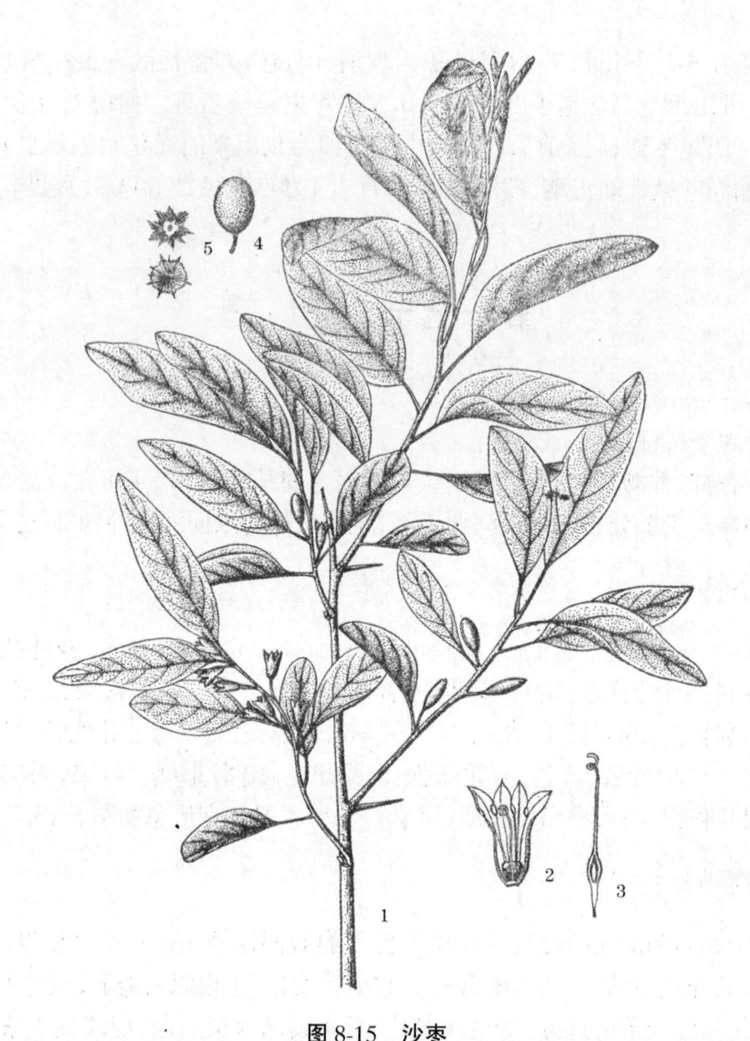

图 8-15　沙枣

1—花枝;2—花的纵剖面;3—雌蕊纵剖面;4—果;5—盾状鳞

方法是把种子淘洗干净,掺等量细沙混和均匀,放入事先挖好的种子处理坑(深 80cm,宽 100cm,长随种子多少而定)内,或按 40～60cm 厚堆放地面,周围用沙壅埋成埂,灌足水(种子上面积水 10～20cm),待水渗下或结冰后,覆沙 20cm 越冬。未经冬藏的种子,播前可用 50～60℃温水浸泡 2～3 天,捞出后与马粪混合放在向阳处保湿催芽,待 30%～40% 种子裂嘴后即可播种。

沙枣育苗可用大田式条播,行距 25cm,播种深度 3～5cm,每米长播种沟播种 100 粒左右,每公顷下种 300kg 左右,播后覆土,6 月上旬间苗,苗距 7cm,每公顷留苗 45 万～60 万株。当年生苗高 50～60cm,可出圃造林。

(2)扦插育苗。沙枣扦插育苗能保持母株的优良品质。插条剪取、扦插方法、时间等都与杨树扦插相同。

(三)造林

沙枣可用植苗或插干造林。

(1)插干造林。在土壤湿润、水分条件好的地方,可用插干造林。选择 2cm 粗、1.5m

长的枝条，剪去侧枝后作为插穗，直接插于整好地的造林地上，扦插深度一般应达40cm。以春季扦插为好。插后要保持土壤湿润。

(2)植苗造林。植苗造林可在春、秋两季进行，春季为“清明”至“谷雨”，秋季为“霜降”至“立冬”，但以春季造林为好。在地下水位不超过2～3m的沙荒滩地或丘间低地上造林，不灌水也能成活、生长。若地下水位过深时，需有灌溉条件方可造林。土壤黏重的，要在头年耕翻整地，来年造林；沙壤土、壤质沙土地、厚覆沙地以及地表盐结皮较厚的盐渍土，都可边挖穴边栽植，不必事先整地。每公顷栽植3 000株左右。

四、病虫害防治

沙枣主要害虫有沙枣木虱、沙枣尺蠖及沙枣介壳虫。前两种虫可用6%可湿性六六六200倍液、50%可湿性滴滴涕200～400倍液等喷杀若虫及幼虫。沙枣介壳虫可用50%马拉松乳剂、25%来胺硫磷乳剂1 000倍液喷杀若虫。

第十八节　刺　槐

学名：*Robinia pseudoacacia* L.

科、属名：蝶形花科(Rapilionaceae)，刺槐属(*Robinia* Linn.)

刺槐主要分布在北纬23°～46°、东经124°～86°的广大区域内，黄土高原地区都有大面积栽培。刺槐是水土保持先锋树种，生长迅速，木材坚韧，纹理细致，有弹性，耐水湿，抗腐朽。刺槐适应性强，有一定的抗旱、抗烟耐盐能力。根系发达，萌蘖性强，具根瘤，能改良土壤，枝条易燃、火力旺。叶子可作饲料或沤制绿肥。刺槐是水土保持林、薪炭林、用材林和“四旁”绿化的优良树种。

一、形态特征

刺槐是落叶乔木，株高可达25m，胸径可达1m。树皮深纵裂至浅裂，灰褐色至黑褐色。小枝无毛，有托叶刺。芽生在叶柄下，裸芽。奇数羽状复叶，互生；小叶对生或近对生，7～19枚，窄椭圆形或卵形，长1.5～4.5cm，先端钝圆，微有凹缺，有小尖头。花两性，总状花序，有香气，着生于新梢的中、下部叶腋，4～5月开花。荚果扁平，8～9月成熟，棕褐色，带状短圆形，长4～10cm，宽1～1.5cm，沿腹缝线有窄翅，内含种子6～10枚。种子黑色或暗棕色，肾形。荚果成熟后长期挂在枝梢，经冬不落，但易遭虫蛀。刺槐主要器官的形态如图8-16。

二、生物学特性

刺槐是喜光树种，不耐庇荫，在苗木阶段也喜光照，是强阳性树种。它耐干旱瘠薄，在年降水量450mm的通渭等地的瘠薄荒山上能形成林分。刺槐对土壤要求不严，中性土、酸性土和含盐量0.3%以下的盐碱土上都能生长。刺槐不太抗寒，在甘肃定西等地海拔1 900m以上荒山造林时，地上部分年年冻死，来春重新萌发新枝。刺槐不耐水湿，怕涝，易遭风害。水分过多或地下水位过高时，常发生烂根病和紫纹羽病，以致整株死亡。在风

图 8-16　刺槐

1—花枝;2—果枝;3—托叶刺;4—雄蕊和雌蕊;

5—旗瓣;6—翼瓣;7—龙骨瓣

口造林,生长不良。刺槐的萌芽力和根蘖性很强,砍伐后可萌蘖更新;侧根分布广而浅,呈网络状分布,具有强大的保土力;主根不明显,属浅根性树种。

三、造林技术

(一)采种

刺槐 8~9 月荚果成熟,荚果颜色由绿色变成棕褐色,果荚变硬,呈干枯状,即是成熟标志。荚果成熟后要及时采种,否则种子易遭虫蛀,影响品质。采集的荚果,摊开暴晒,碾压脱粒,风选去杂后,取得纯净种子。每 100kg 荚果能出种子 15kg 左右。种子干藏,发芽力可保持 2~3 年。种子千粒重约 19g,发芽率为 70%~80%。

(二)育苗

刺槐育苗宜选择疏松的沙壤土。重盐碱土、黏重土或地下水位大于 1m 的土地以及前茬为蔬菜地的均不宜选作圃地育苗。刺槐也不宜连作育苗。刺槐种皮厚而坚硬、透水性差、硬粒多,播种前要进行种子处理。可用热水浸种、分级催芽、分批播种的方法。先用开水烫种 5 分钟,再用温水浸种一昼夜,捞出后装入蒲包等容器内,每天用湿水淋洗一次,待30%～40%种子裂嘴后，过筛一次，已经膨胀的种子即可播种；未膨胀的硬粒种子筛出后重复催芽。刺槐播前要细致整地，每公顷施6%六六六15kg，以防治地下害虫。播种以条播为好，播幅5cm，行距25cm，每米播种沟播种100粒左右，覆土厚1cm，每公顷下种75kg左右。幼苗出土后要及时间苗，每米播种沟留苗10～20株。每公顷留苗45万株左右。

刺槐还可用插根和插条育苗。

(三)造林

刺槐造林要选择适宜的造林地。在年平均降水量450mm、海拔1 900m以下的地方，可作为河漫滩地、沟谷及山麓坡地的造林树种。含盐量在0.3%以上的盐碱地，地下水位高于0.5m的低洼积水地，干瘠黏重的土地都不宜作为刺槐造林地。造林前要细致整地，精细栽植，栽植深度比原土印深5cm为宜，不宜过深。秋季栽植时可截干造林，截干高度不宜超过根颈3cm，截干高了，萌条太多，影响生长。每公顷栽植4 500株左右为宜。

刺槐宜与沙棘、紫穗槐等实行乔灌混交，与杨树混交能促进杨树生长，混交方式以带状为好。

(四)抚育管理

刺槐造林后要合理修枝间伐。幼林阶段要抹芽修枝，以培养干形优良的用材。用截干造林的要及时定干。在幼林郁闭后要适时间伐，伐去被挤、被压、生长衰弱、有病虫害的小径木或干形不良的大树，保留生长旺盛、树干通直、圆满的林木，使林分有较大的生长量和高的木材质量。刺槐作为薪炭林时，宜等带皆伐，伐一带，保留一带，既培育中小径材，又解决薪炭材。

四、病虫害防治

刺槐病虫害有刺槐种子小蜂、刺槐蚜、黑斑病、褐斑病、白粉病等，但不严重，可采用混交造林、平茬更新等以营林措施为主的综合防治方法解决。

第十九节　槐树(中国槐、家槐、白槐)

学名：*Sophora japonica* L.

科名：蝶形花科(Papilionaceae)

槐树冠大荫浓、寿命长、栽培容易、用途广泛，木材坚韧，富有弹性，可作建筑、车辆、农具等用材。树皮、枝叶、花、种子均可入药。其树姿优美，冠大荫浓，为重要庭园绿化树种及优良行道树。

一、形态特征

槐树为落叶乔木，高可达20m以上。1年生枝皮绿色或黄绿色。叶互生，为奇数羽状复叶，叶轴有毛，基部膨大，小叶7～17枚，卵状椭圆形，全缘，长3～7cm，宽1.5～3cm，先端渐尖。表面深绿色，平滑，背面青白色，有细白毛。花黄白色，圆锥花序，顶生。荚果肉质，串珠状，内含种子1～6个，肾形。槐树主要器官的形态如图8-17。

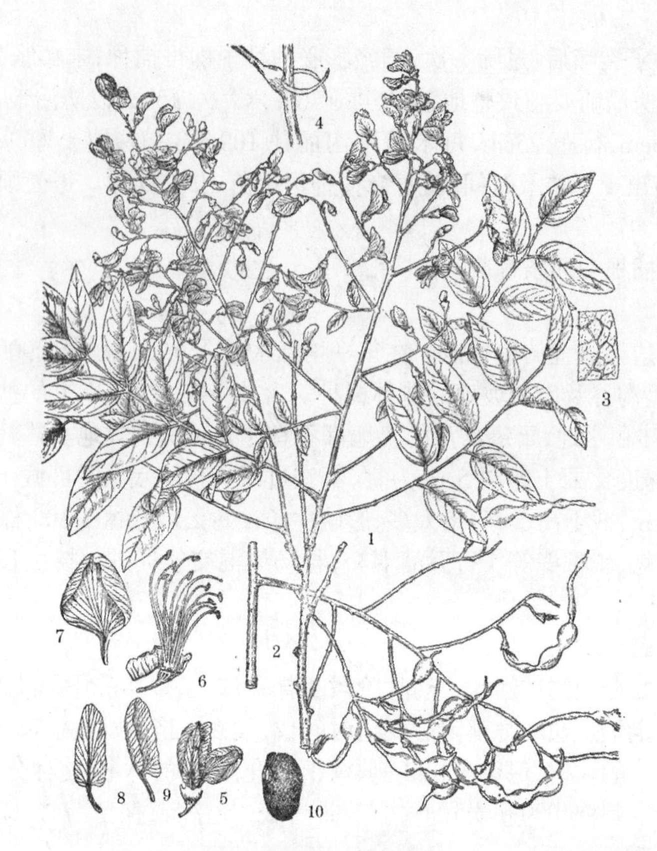

图 8-17 槐树

1—花枝;2—果枝;3—叶下面放大;4—托叶;5—花;
6—雄蕊和雌蕊;7—旗瓣;8—翼瓣;9—龙骨瓣;10—种子

变种龙爪槐小枝长而下垂,树冠伞状,常于庭园中栽培观赏。

二、生物学特性

槐树喜光,稍耐荫,较抗寒、耐旱。在深厚、湿润、肥沃的沙质壤土上生长良好,在微酸性、石灰性土壤及轻盐碱土上也能生长。但在过于干旱、瘠薄的地方以及低洼积水的地方生长不良。槐树为深根性,萌芽力强,寿命长。

槐树抗大气污染能力较强,尤其适应城市环境。

三、栽培技术

(一)采种

槐树 7~8 月开花,10~11 月果熟。种子成熟后采集,可带荚晾干贮藏,也可用水浸泡除去外皮,将净种晾干贮藏。种子千粒重约 120g,每公斤约 16 800 粒。

(二)育苗

槐树用播种育苗。春播前需作催芽处理,可将种子用温水浸泡 2~3 天,吸水膨胀后播种;也可将种子放入 80℃热水中,搅拌冷却后浸泡 4~6 小时,捞出掺 2 倍湿沙置室内催芽,中间翻倒 1~2 次,待种子裂嘴后播种。

圃地深翻25～30cm,每公顷施腐熟有机肥45 000kg,施6%六六六粉3kg,以防地下害虫。地整平后做床,开沟条播,行距25cm,覆土3cm。每公顷用种量225kg。15～20天幼苗陆续出土。

槐树1年生苗因枝条顶端芽密节间短,大多干形弯曲,枝条紊乱。欲培养良好树形,需采取养根、养干措施。当年幼苗不必修剪,保留枝叶,培养强壮根系。次春对留床苗截干或将移植的2年生苗截干,株行距40cm×60cm,注意水肥管理,促进生长,继续培养根系。待地径达2cm左右时,可于次春再次从离地面2～3cm处截干,萌条长高20cm以上时,选一直立向上壮条作主干,其余均剪除之,加强水肥,使其在当年生长量达2m以上,并且干形端直。但入秋则应控制水肥,以利木质化,使苗木安全越冬。经继续培养可得合格大苗。

龙爪槐须嫁接繁殖。先培养主干在2m以上的槐树大苗,4月下旬至5月上中旬剪取龙爪槐1年生枝作接穗,用方块芽接法取其上休眠芽接于槐树1～2年生新枝上。也可在7月上中旬用当年生枝的芽进行芽接。

(三)栽植

早春发芽前挖大穴栽植,株行距小苗用2m×2m,长大后隔行移出。大苗株行距需要4m×5m,重剪枝梢,以保证成活。

四、病虫害防治

槐树害虫有瘤坚大球蚧和皱大球蚧等。防治方法:6月前用90%氟乙酰胺1 500倍液,50%杀螟松500倍液防治初孵若虫;7月份以90%氟乙酰胺1 000倍液,50%杀螟松350倍液防治一、二龄若虫。如发现槐尺蠖,可用6%可湿性六六六粉150～200倍液喷杀幼虫。

第二十节　臭　椿

学名:*Ailanthus altissma*(Mill.) Swingle

科、属名:苦木科(Sinarubaceae),臭椿属(*Ailanthus* Desf.)

臭椿主要分布在内蒙古、甘肃、陕西等省(区)。它适应性强,繁殖容易,病虫害少,木材用途广,是干旱地区和城市工矿区重要的造林绿化树种。

一、形态特征

臭椿是落叶乔木,高达30m,胸径可达1m以上。树皮淡灰色至黑灰色,平滑或有浅裂纹。小枝粗壮,新枝有细毛,密生。奇数羽状复叶,互生,长可达90cm;小叶有柄,通常13～25枚,卵状披针形,先端渐长尖,背面具白粉,基部一边楔形一边圆形,中、上部全缘,基部有粗锯齿,锯齿先端有带臭的腺体。花单性,雌雄异株或同株;圆锥花序,顶生。果实有纺锤形薄翅,9～10月成熟,褐黄色,经冬不落。臭椿主要器官形态如图8-18。

二、生物学特性

臭椿幼年生长较快,1年生苗高可达1.5m左右,5年即可成材利用。最喜光照,是强

图 8-18　臭椿

1—果枝　2—雄花　3—两性花

阳性树种,不耐庇荫,成林性差,因此很少见到天然臭椿纯林。主根明显,侧根发达,根蘖性较强。很耐干旱瘠薄,但不耐水渍,当土壤水分不足时,能以落叶相适应,遇雨又能长出新叶。在年平均降水量 400mm 的条件下即能生长。对烟尘和二氧化硫抗性较强。能耐一定低温,但在海拔 1 800m 以上和严冬温度过低以及风口等地带常有冻死、枯梢现象。对土壤要求不严,微酸性、中性和石灰性土壤上都能生长,在瘠薄山地或沙滩亦能生长。能耐中度盐碱,在土壤含盐率达 0.6%时仍能够成活、生长。

三、造林技术

(一)采种

选择生长健壮的母树,9～10 月翅果成熟时连小枝一起剪下,翻晒干燥后贮存,种子发芽率 70%左右。种子千粒重 28～32g。

(二)育苗

种子去翅后用 40℃温水浸泡一昼夜,捞出后在温暖向阳处覆草帘催芽,待 30%的种子裂嘴时即可播种于平床或大田育苗。春播不宜过早,要使幼苗避开晚霜,播前要精细整地,灌足底水。条播,行距 40cm,播幅 5cm,覆土 1.5cm。每公顷定苗 1.2 万～1.5 万株。1～2 年出圃。播种苗主根发达,侧根细弱,应在苗高 20cm 时进行截根,截根深 20cm 左右，促进侧根发展。

（三）造林

臭椿以植苗造林为主，也可直播造林。

（1）植苗造林。干旱地区造林，要前年整地，蓄水保墒，次年造林。臭椿春、秋两季均可造林，关键是掌握"适时"和"深栽"两个环节。春季带干造林不宜太早，群众的经验是"椿栽葛荚，椒栽芽"，即椿苗上部芽膨大呈球状时，栽植成活率最高。苗要深栽，一般要比原土印深 10～15cm。

在干旱多风地区，宜用春季截干造林，要栽早栽深，在土壤解冻时即宜造林，栽植时要深埋、踩实、少露头，埋土超过根颈 15cm，上端与土面平齐。

臭椿喜光，幼年生长快，造林密度不宜过大，以每公顷 3 000 株为宜。如作为行道树，宜用基径 5cm 以上的大苗，株距 4～5m。

（2）直播造林。直播造林宜选阴坡和半阴坡，地势平缓、避风的地方，春季、雨季、秋季都可播种。播前要整地，穴状播种，每穴下种 20 粒左右，覆土 1.5cm。每公顷播 4 500 穴，需种 2.5～3.0kg。

四、病虫害防治

臭椿抗病性强，病害少。虫害主要有以下两种。

（1）臭椿皮蛾。可用 90％敌百虫 1 000 倍液或 80％敌敌畏乳剂 1 500 倍液喷杀；也可用人工捕杀虫茧和灯光诱杀成虫。

（2）斑衣蜡蝉。可用 90％敌百虫 1 000 倍液或乐果 2 000 倍液喷杀；也可在冬季用钢丝刷刷除树干上的卵块。

第二十一节　杜　仲

学名：*Eucommia ulmoides* Oliv

科名：杜仲科（Eucommiaceae）

杜仲是我国特产的重要经济树种。杜仲皮供药用，为强壮剂，用于治疗高血压，疗效持久，且无副作用。树皮、果皮、叶片含有杜仲胶，是极为重要的工业原料。杜仲木材纹理细致，不易翘裂。树形美观，可作行道树。

一、形态特征

杜仲是落叶乔木，高达 15m，胸径可达 1m。树皮、果实、叶片均有丝状胶质。小枝髓心片状分隔。单叶互生，椭圆状卵形，长 7～14cm，先端渐尖，基部宽楔形或近圆形，边缘有细锯齿。花单性，有雌株和雄株的区别。坚果具翅，扁平而薄，通常有种子 1 粒。杜仲主要器官的形态如图 8-19。

二、生物学特性

杜仲喜阳光，是强阳性树种，幼年不耐庇荫。对气候的适应性较广，能耐大气干燥和

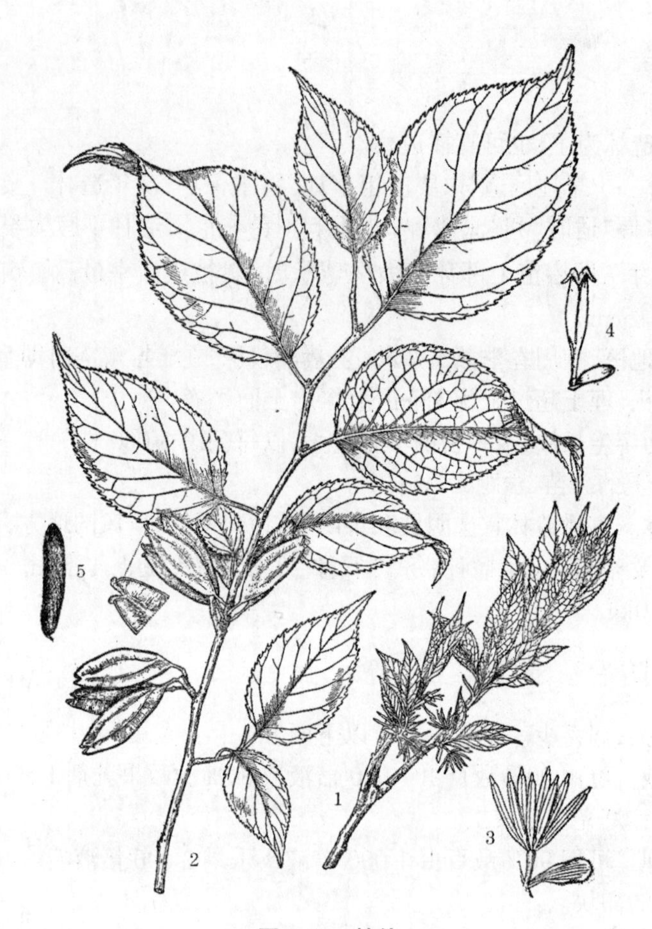

图 8-19　杜仲

1—花枝;2—果枝;3—雄花;4—雌花;5—种子

－20℃的低温,但喜温和湿润。杜仲根系发达,有垂直主根和庞大的侧根及吸收根。萌芽力很强,砍伐后能萌蘖更新。杜仲能适应多种土壤条件,在中性土、酸性土、微碱性土以及钙质土上都能生长,但喜深厚、疏松、肥沃、湿润、排水良好的土壤。

三、造林技术

(一)采种

杜仲翅果10月成熟,米黄色至淡栗褐色。果实成熟后不立即脱落,可于无风晴天用竹竿轻敲树枝使之脱落,用布幕承接。采集的种子在清除夹杂物后置通风处晾干,切忌烈日暴晒或用火炕焙干。种子可干藏。种子千粒重约80g。发芽率65%～85%。

(二)育苗

杜仲用播种育苗。苗圃应选土壤疏松、肥沃、湿润、排水良好的地方,圃地不宜连作。以早春土壤解冻时播种为好。种子在播种前用湿沙贮藏或40～50℃温水浸种2～3天,待种子膨大时播于圃地。条播、播幅7～10cm,行距25cm,每米播种沟下种60粒,每公顷播种约105kg,覆土厚1～1.5cm,播后要覆草,保持土壤湿润。幼苗喜湿润,忌旱怕涝,抗旱力弱,既要及时灌溉,又要注意排水。当苗木长到10cm以上进行定苗,每米播种沟留苗 25 株。

(三)造林

杜仲应选择缓坡、山麓、避风、阳光充足、土层深厚、疏松肥沃、排水良好的地方造林。植苗造林,春、秋两季均可栽植,在寒冷地区以春季造林为好。造林时要整好地,用穴植造林,穴大 60cm×60cm,深 35~40cm。栽植时比原土印深栽 3~5cm,切忌过深,要求细土壅根,苗正踩紧,上覆松土一层,起苗和栽植时防止创伤苗根和根颈。造林密度不宜太大,每公顷栽 45 000 株左右。

杜仲是经济树种,造林后要精细抚育,加强管理。幼林时要及时松土、除草。有条件的可实行间作,作物以豆类为宜,不宜用高秆和藤蔓作物。10 年后即可剥皮利用。

四、病虫害防治

杜仲抗性强,病虫害少。幼苗期有金龟子等为害,每公顷可用 22.5kg 可湿性六六六粉毒杀。

第二十二节　文冠果

学名:*Xanthoceras Sorbifolia* Bunge.

科、属名:无患子科(Sapindaceae),高冠果属(*Xanthoceras* Bunge)

文冠果主要分布在内蒙古、甘肃、陕西等省(区)。它结果早,收益期长,适应性广,是很有发展前途的木本油料和水土保持树种,亦是良好的观赏树种。文冠果种子含油率 30.8%,种仁含油率 53%~60%,油质好,可供食用,还可制皂、高级滑润油、油漆、增塑剂。木材坚硬致密,纹理美观,抗腐性强,可做农具、家具。花是很好的蜜源。

一、形态特征

文冠果为落叶灌木或小乔木,高可达 8m,天然分布多呈丛生状。树皮灰褐色,扭曲状纵裂。小枝呈绿色或紫红色。叶互生,小叶 9~19 枚,窄椭圆状披针形,边缘有尖锯齿。顶生总状花序,花白色。蒴果,果皮木质,直径 4~6cm,沿胞背三瓣开裂有厚壁分三室,共有种子 5~7 粒。种子近球形,黑褐色,直径 1cm。花期 4 月下旬到 5 月下旬。文冠果主要器官的形态如图 8-20。

二、生物学特性

文冠果为强阳性树种,不耐庇荫,多散生于沟边崖畔。抗寒性强,可耐 -33.9℃ 的绝对低温。耐干旱瘠薄,在年降水量 150mm 的地方也有散生树木;在 400mm 以上地区可作为造林树种。对土壤的适应性大,中性、微酸性或微碱性土壤上均能生长,但以湿润肥沃、通气良好的微碱性土壤上生长最好。它不耐水湿,低湿地不能生长。文冠果是深根性树种,根系发达,但一遇损伤,愈合较差,极易造成烂根。它萌蘖力很强,经多次砍伐仍能萌蘖更新。文冠果结实早,产量高,寿命长,栽植后 3~5 年开始结果,7~8 年产量迅速增长,30~40 年进入盛果期,结果年龄可延续到 200 年。

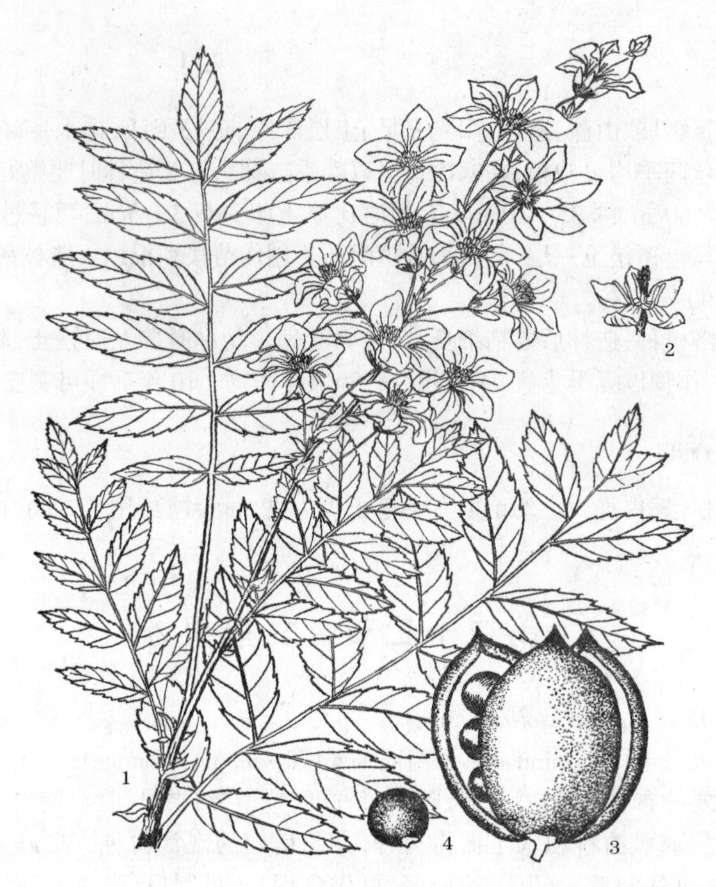

图 8-20　文冠果

1—花枝；2—花；3—果；4—种子

三、造林技术

（一）采种

应从树势健壮、连年丰产的母树上采集充分成熟、种仁饱满的种子。采种季节一般是在 8 月上中旬，当果皮由绿褐色变为黄褐色、由光滑变为粗糙，种子由红褐色变为黑褐色，全株约有 1/3 以上的果实果皮开裂时即可进行采种。采种时要避免损伤花芽及枝条，影响来年结果。采下的果实，要放在阴凉通风处，除掉果皮，晾干种子，然后装入容器，在贮藏中要严防潮湿。种子千粒重 600～1 250g。

（二）育苗

(1)播种育苗。苗圃地应选择地势平坦、光照充足、土层深厚、土质肥沃、排灌方便的沙壤土和壤土。秋季深翻 25～30cm，翌春浅翻一遍，每公顷施入基肥 37～45t，结合春耕翻入土内。播种前要进行种子处理，其方法是：先把种子沙藏 40～50 天，过筛后将种沙分离，用 50～60℃热水浸种两昼夜，捞出后堆放地面，上覆湿草帘或湿麻袋，每天用温水浇洒翻动两次。室温保持 20℃，待 20％左右的种子裂嘴时即可播种。一般在 4 月上、中旬播种，每公顷需种子 225～300kg。播种前 5～7 天，灌足底水，等地面土壤松散时顺畦开沟，沟距 20cm，深 3～4cm。点播，间隔 15～20cm，种脐要平放，覆土厚度 2～3cm。幼苗出土后，要防止鸟兽为害。灌水量要掌握好，防止土壤湿度过大，造成根颈腐烂。6～7月加强管理，可促进较早封顶的苗木形成二次生长。全年一般要进行中耕除草3～4次。

(2)插根育苗。挖健壮母树的根系，截成长15cm、粗3cm以上的根桩，按粗细分级。春插，大头向上，埋入土中，顶端低于地表2～3cm，插后及时灌水。萌芽后，选留一个健壮芽。

(3)根蘖育苗。春、秋两季，距树1m处开环形沟，切断根系，促进分蘖。1年生根蘖苗春季即可上山造林。

(三)造林

文冠果应选择土层深厚、坡度不大、背风向阳的沙壤土造林，也可以在梯田和条田的地埂上栽植。造林地要进行细致整地，5°～10°以内的平缓山坡秋季全面翻耕；10°以上的坡地要加设水土保持措施，以块状整地为主，规格为80cm×(35～40)cm；亦可采用反坡梯田与等高壕整地。常用的造林方法有以下两种：

(1)植苗造林。开春土壤化冻30cm以上即可动手造林，做到"顶浆"造林。定植穴深、宽各40cm，穴内施底肥或铲入草皮土、腐殖质土。文冠果根系脆嫩，伤口愈合能力较差，起苗时要注意保护。栽植时根系要舒展，埋土不要过深，填土要踩实。有条件时栽植后立即灌水，待水渗下后覆一层干土。油料林株行距以2m×3m～2m×4m为宜，每公顷植苗1 250～1 660株；水土保持林株行距以1m×1.5m为宜，每公顷植苗5 000～7 000株。

(2)直播造林。4月下旬开始直播，每穴施有机肥7.5kg与穴土拌匀，每穴播种子3粒，覆土2～3cm，播后踩实。每公顷播种量20～25kg。

四、病虫害防治

(1)黄化病。文冠果黄化病是由线虫寄生根部引起的，应加强苗期管理，及时进行中耕松土；铲除病株；实行换茬轮作；林地实行翻耕晾土，以减轻病害的发生。

(2)煤污病。早春喷射50%乐果乳油2 000倍液毒杀越冬木虱，以后每隔7天喷射一次，连续喷射三次就可控制木虱的发生。

(3)黑绒金龟子。可用50%敌敌畏乳剂800～1 000倍液喷杀成虫。

第二十三节　梭　梭

学名：*Haloxylon ammodendron* (Mey.) Bunge

科、属名：藜科(Chenopodiaceae)，梭梭树属(*Haloxylon* Bunge)

梭梭主要分布在甘肃、青海、内蒙古和宁夏等省(区)。它适应性强，抗旱、抗热、抗寒、耐盐，生长迅速，枝条稠密，根系发达，是防风固沙、改造沙区气候和干旱荒漠地区固沙造林的优良树种。它材质坚硬、脆而易折、火力强，是沙区广大农、牧民喜爱的薪炭材，枝叶又是骆驼等牲畜喜食的饲料。

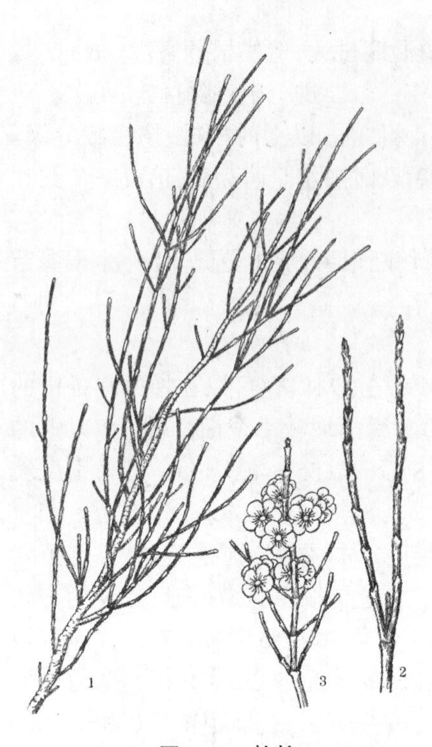

图 8-21　梭梭

1—叶枝;2—叶枝(放大);3—果枝

一、形态特征

梭梭是落叶大灌木或小乔木,高达 7m。树皮灰白色,干形弯曲。枝对生,有关节,小枝纤细、绿色、直伸,节间长约 1cm。鳞叶三角状,内面有毛,对生。花小,单生叶腋,呈穗状花序状,有花盘。胞果扁球形,顶部凹陷、暗黄褐色。宿存花被瓣具圆形膜质翅。种子黑褐色。梭梭主要器官的形态如图 8-21。

二、生物学特性

梭梭喜光性很强,不耐庇荫,是强阳性的沙生植物。它抗旱能力极强,能耐年降水量仅有几十毫米而蒸发量高达 3 000mm 的大气干旱。梭梭抗寒力强,在 -40℃ 的低温下不受冻害。它耐盐碱,抗盐性很强,茎枝内盐分含量高达 15%。梭梭根系发达,主根很长,往往能够深达 3～5m 而扎入地下水层;其侧根的根幅可达 6m 以上,能充分吸收土壤上层的水分。

三、造林技术

(一)采种

梭梭种子于 10～11 月成熟,成熟时果实由绿色变成淡黄色或褐黑色。种子要及时收集,否则易被大风吹失。采种可用摇动树枝或棒击树枝的办法,使种子脱落到布幕上。种子采集后要及时摊开晾干,经风选和筛选,除去果翅、枯枝和沙石的种子,宜用袋装干藏。贮藏一年的种子,发芽率由 90%以上下降到 40%～50%;二年之后,几乎完全丧失发芽能力;带有果翅的种子,贮藏 7 个月以后完全丧失发芽力。梭梭种子小,千粒重为 3.4g。

(二)育苗

梭梭育苗宜选择含盐量在 1%以下、地下水位在 1～3m 的沙土或沙壤土。不宜在土质黏重或盐渍化过重及排水不良的低洼地上育苗。播种前应灌足底水,浅翻细耙,力求床面平坦、土块细碎。春、秋两季均可播种,春播宜早不宜晚,在土壤解冻后即可播种。播前对种子用 0.1%～0.3%高锰酸钾或硫酸铜水溶液浸种 20～30 分钟,以预防根腐病和白粉病。浸种后的种子捞出晾干后拌沙播种。开沟条播,行距 25cm,覆土 1cm,播后引小水缓灌,保持苗床湿润,切忌大水漫灌。每公顷下种 30kg 左右,每公顷产苗 45 万～52.5 万株。一般 1 年生苗即出圃。

(三)造林

梭梭以植苗造林为主。造林地宜选择在湖盆沙地、丘间低地、固定沙丘及一般沙荒地上。在流动沙丘上造林一定要设置沙障,一般应栽植在迎风坡的中下部沙障网格内。沙丘上常用穴植造林，穴的深度可根据苗根长短而定，但要比苗根深10～15cm。栽植时应将苗木扶正，埋上湿沙多半穴后，再将苗木提至合适深度，使比原土印深栽5～8cm，踏实后浇水，待水下渗后再覆沙保墒。也可用缝植法造林，即先铲去表层干沙，然后用锹开缝，深20cm，将苗木插入缝内，再轻提至合适深度，浇水后踏实，再覆沙保墒。

四、病虫害防治

(1)梭梭白粉病。通常在7～8月危害嫩枝。防治方法：发病期用0.3～0.4波美度石硫合剂，每隔10天喷撒一次，连续三四次。

(2)梭梭根腐病。多发生在苗期，造成根部腐烂，苗木死亡。防治方法：及时拔去死苗，用1%～3%硫酸亚铁液沿根浇灌，也可用50%可湿性退菌特粉剂800倍液喷杀。

第二十四节　花　棒

学名：*Hedysarum scoparium* Fisch. Et Mey

科名：蝶形花科(Papilionaceae)

花棒也叫细枝岩黄蓍、牛尾梢、桦秧、花柴、花帽。花棒是西北沙荒地区天然生长的沙生灌木。它是荒漠、半荒漠及干旱草原地带固沙造林优良树种。花棒枝干含有油脂，干湿均能燃烧；1～2年生枝条，可编制房笆盖房；粗枝干能作农具柄或椽子；嫩枝和叶子可作饲料和绿肥。果实含粗蛋白24.44%、粗脂肪20.3%，可供食用和油用。花是很好的蜜源。

一、形态特征

花棒为落叶大灌木，高可达5m，丛幅4～5m。嫩枝绿色，后渐变灰黄色；老枝紫红色，皮纵裂，呈条片状剥落。奇数羽状复叶，小叶3～5枚，长1～4cm、宽0.3～0.7cm，窄矩圆形，全缘、先端尖。茎枝上部的小花多退化，只有绿色叶轴。总状花序，腋生，具有花梗，蝶形花的翼瓣退化成鳞片状，旗瓣紫色。荚果串珠状，灰白色，密被绒毛，具2～3个荚节，成熟后从节间断裂掉落，每小荚长0.6～0.7cm，径0.4～0.5cm，卵圆形，内含种子1粒，淡黄色。花棒主要器官的形态如图8-22。

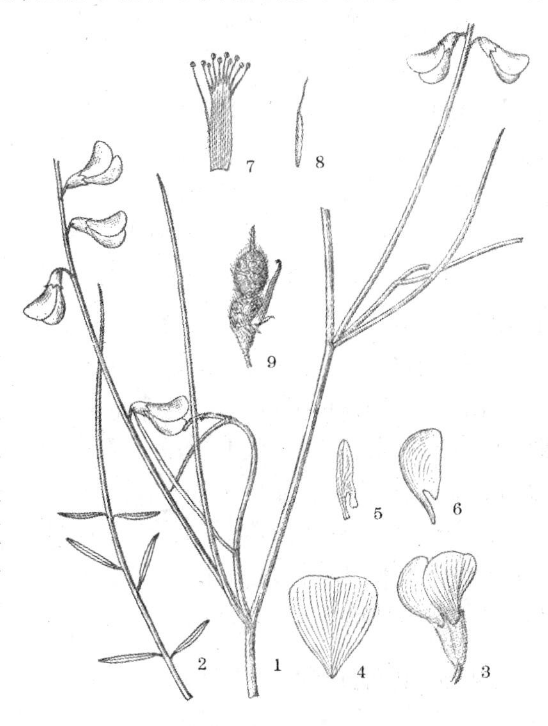

图8-22　花棒

1—花枝；2—叶；3—花；4、5、6—三种花瓣；7—雄蕊；8—雌蕊；9—果

二、生物学特性

花棒为阳性树种，主侧根都很发达，

5~6年生的植株，根幅达10m左右，常有几层根系网。耐沙埋，沙埋深达枝高一半时，生长仍正常。耐干旱，抗热性强，能忍受40~50℃高温，在夏季沙面温度达70℃以上时仍能正常生长。

花棒春季展叶晚，花7月中下旬开放。果实10月下旬成熟，果实很轻，脱壳后随风滚动，沙埋后水分条件适宜就迅速发芽。根部垂直生长快，子叶不出土，幼芽具有锥状的顶端，沙埋不超过20cm，幼苗尚能出土。幼苗根系有根瘤，随着根系生长而增多，因而在瘠薄土地上，只要水分适宜，也能旺盛生长。

三、造林技术

(一)采种

花棒种子10月下旬成熟。当荚果由绿色转变为灰色时就应及时采收。要选择5年生以上壮龄母树采种。采集的果实要及时摊晒，等干裂后用木棍捶打，去掉枝叶、杂质，就得到纯净种子。种子晒干后，放在干燥通风的地方贮藏。花棒种子极耐贮藏。含水率为7.5%，发芽率为94%的种子，保存5年后发芽率还可达80%以上。种子千粒重为25~40g。

(二)育苗

苗圃以沙质、轻壤质的土地为好。地下水位高或排水不良的圃地，易发生根腐病。圃地要在秋末深翻整地，施入基肥，灌足底水，于早春土壤解冻时抢墒播种。

播种前5~10天，把种子用温水浸泡2~3天后，混合湿沙堆放催芽，注意检查，适当加水，保持湿润，有少量种子开始裂口露白尖时，即可播种。也可用40~50℃温水浸种2~3天，捞出即播。但不如前者好。每公顷播种量90~120kg。条播行距25cm，深3~4cm，覆土后轻镇压使种子接上底墒。为防止鼠害，可用磷化锌拌种，或温水浸种后再置20%氟乙酰胺药液中浸种4小时，捞出播种，有一定效果。

苗期的抚育工作大致同一般树种。但幼苗阶段，土壤不太干旱时，不宜多浇水，浇水过量，常出现死苗，花棒当年生苗高可达80~100cm。一般高40cm以上、地径0.4cm以上就可出圃造林。

(三)造林

花棒主要用植苗造林。春植成活率一般在80%~90%之间，秋后造林则成活率较低。栽时挖穴要适当加大、加深，防止窝根，在水分条件不好时，需适当浇水。株行距一般为2m×2m，在沙地上固沙造林，株距1m，行距3m。

在墒情好、降雨多的地区可雨季播种造林。土壤水分条件好的地段，也可在早春直播造林。在丘间低地或滩地可用行状穴播。每穴种子20~30粒，穴距1m×2m或2m×2m，每公顷播种量0.75~1.5kg。

四、病虫害防治

(1)白粉病。用0.3波美度石硫合剂每隔半个月喷洒一次，或在刚发现时即用波尔多液喷洒，防止蔓延。

(2)蚜虫。用40%乐果乳剂2 000~3 000倍液喷洒，或80%敌敌畏乳剂3 000倍液防治。

(3)跳鼠。①毒饵诱杀,用100份饲料炒熟后加3～10份炼熟的植物油和4～5份磷化锌,拌匀即成毒饵;②人工捕杀,用鼠夹、鼠笼等消灭鼠害。

第二十五节　柽　柳

学名:*Tamarix chinensis* Lour.

科、属名:柽柳科(Tamariceae),柽柳属(*Tamarix* L)

柽柳是中国特有树种,分布于黄土高原地区2 000m以下的平地、沙地和黄土丘陵。柽柳多生长在湿润盐碱地和河滩冲积地,是盐碱地和荒山阳坡造林的优良树种。

柽柳的萌条坚韧而有弹性,可编制筐、篮等农具。枝条燃烧火力强,是营造薪炭林的树种。树皮含鞣质5%,可提制烤胶。幼嫩枝叶为中药材,能利尿、解毒、解热,是治疗牛斑麻疹的良药。

一、形态特征

柽柳是落叶小乔木或灌木,高达7m,胸径可达30cm。树皮红褐色;树冠近圆形。小枝细弱常下垂。叶鳞片状,长1～3mm,先端渐尖。总状花序集生为顶生圆锥状复花序,苞片线状凿形,基部膨大较花梗长;萼片5,花瓣紫红色,花盘10裂,雄蕊5,柱头3,棍棒状。夏秋开花。

另有华北柽柳,小枝有浅条沟,总状花序侧生于2年生枝上,花盘5裂,春季开花,其他形态和性状均与柽柳相似,栽培方法及用途亦同。柽柳主要器官的形态如图8-23所示。

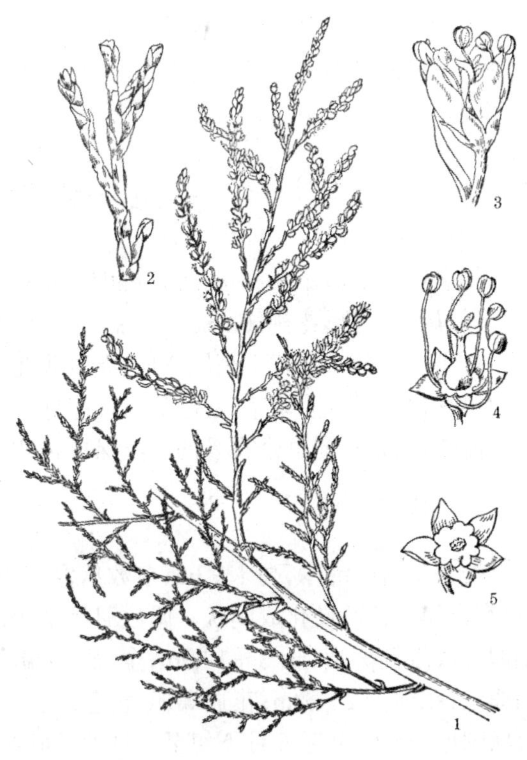

图8-23　柽柳

1—花枝;2—小枝放大;3—花;4—雄蕊和雌蕊;5—花盘和花萼

二、生物学特性

柽柳喜光,不耐庇荫,是强阳性树种。它适应性广,对大气干旱及高温、低温均有一定的适应能力;对土壤要求不严,既能耐旱,又耐盐碱。插穗在含盐量0.5%的盐碱地上能正常出苗,带根的苗木则能在含盐量0.8%的盐碱地上成活生长,大树能在含盐量1%的重盐碱地上生长。叶能分泌盐碱,有降低土壤含盐量的效能。柽柳生长较快,寿命较长。深根性,根系发达。萌蘖性强,耐沙割与沙埋。

三、造林技术

(一)育苗

柽柳可用播种育苗和插条育苗。

(1)播种育苗。柽柳果实成熟后开裂,种子易飞散,需及时采收。一般采用落水播种;也可利用洪水漫地,撒种育苗。播后3~5天就能长出小苗,当年高10~15cm,翌年秋末达1m以上,即可出圃造林。

(2)插条育苗。选择生长健壮、粗1~1.5cm的1年生萌条或苗干作种条,剪成20cm长的插穗。用直插法秋插或春插,以秋插成活率较高。秋插后应在插条上端封土成堆,来春扒开。春插时,插穗在地面露出3~5cm,以免表土含盐量多,侵蚀幼芽,影响成活。也可用丛插,即每穴插2~3根插穗,有利于提高成活率及促进苗期生长。插后要加强抚育管理。1年生苗高可达1.5m左右,即可出圃造林。

(二)造林

荒山造林先要进行反坡梯田或鱼鳞坑整地。冬初或早春造林,可用扦插或植苗造林方法。扦插造林技术与扦插育苗技术相同,但插穗长度以30~40cm为宜。植苗造林成活率高。一般用1m×1.5m的穴距,每穴2~3株。

第二十六节　柠　条

学名:*Caragana microphylla*(Pall.)Lam.

科、属名:蝶形花科(Fabaceae),锦鸡儿属(*Caragana* Fabr)

柠条主要分布在黄土高原各地,尤以陕北、晋西比较集中。它适应性强,耐干旱瘠薄,繁殖容易,根系发达,萌蘖性强,保土性能好。嫩枝绿叶可作饲料;枝条坚实,发火力旺,湿材也能燃烧,是深受群众喜爱的水土保持林和薪炭林树种。

一、形态特征

柠条是落叶灌木,高1~3m,多数丛生。幼枝具棱,灰白色,后变绿色,木质化后灰黄色,有光泽。托叶硬化成刺状。偶数羽状复叶,互生;叶柄有灰白色柔毛;小叶5~10对,倒卵形或近椭圆形,长3~10mm,全缘,尖端具刺,幼时两面均有绢毛。花单生,稀2~3朵簇生;花梗长2~3cm;花冠蝶形,黄色。荚果扁,条形,长4~5cm,有急尖头。种子小,肾状圆形。5月开花,6月下旬至7月种子成熟。柠条主要器官的形态如图8-24。

二、生物学特性

柠条喜光、耐寒、耐高温。在上方庇荫下生长不良,甚至不能结实,是强阳性树种。冬天能耐-32℃的低温,夏季地表温度达55℃时也不会日灼。在兰州七八月雨季播种的柠条幼苗能安全越冬,但幼苗出土时易遭日灼。柠条极耐干旱,能在年降水量350mm左右的干旱荒山上形成茂密的灌木丛,但在年降水量250mm左右的荒山上,不能形成林分,只能稀疏生长。柠条耐瘠薄,对土壤要求不严,不论是在水土冲刷严重的石质山地、黄土丘

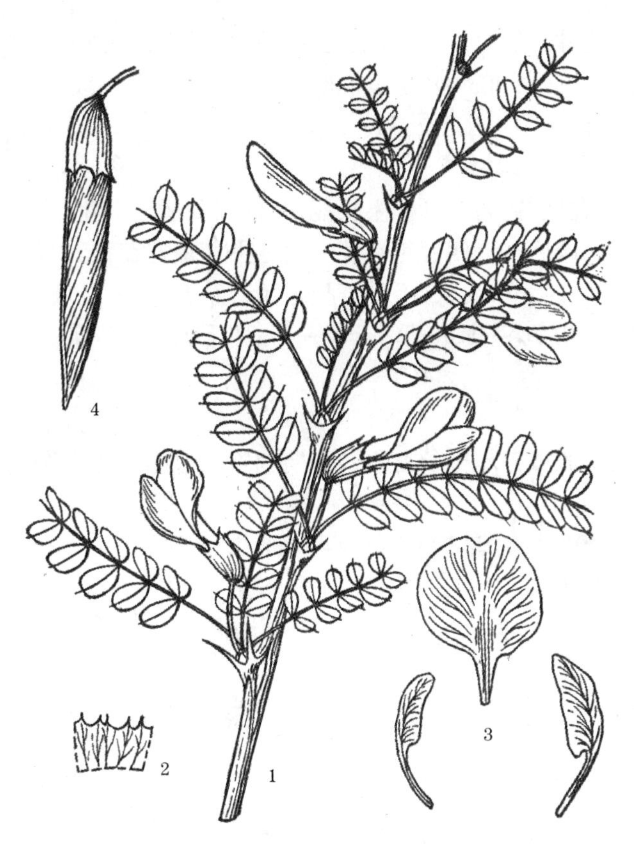

图 8-24　柠条

1—花枝;2—花萼展开;3—三种花瓣;4—荚果

陵,还是风蚀强烈的沙地、荒漠地带,都能生长繁殖。柠条是深根树种,侧根发达,在兰州,2年生主根长达80cm,是苗高17cm的4.7倍;侧根根幅28cm,是冠幅4.2cm的6.6倍,成年树主根垂直下伸,伸入土层5m以上。它萌芽力很强,平茬后可从伐根上萌发出大量枝条。柠条幼年生长缓慢,第三年后生长显著增快,平茬后生长更为茂盛。

三、造林技术

(一)采种

柠条种子6月下旬起成熟,成熟时荚果由暗红色转为黄褐色。荚果成熟后很快开裂,一定要随熟随采,成熟一批采集一批。采回的荚果经暴晒后脱粒,除去荚壳和夹杂物,即得纯净种子。种子千粒重36g,发芽率90%。存放3年的种子发芽率约30%。

(二)造林

柠条一般采用直播造林。春季、雨季、秋季均可直播,但最好是用当年采集的种子雨季直播。播种前种子一般不处理,为了促其迅速发芽,减少鼠害,播前可用60℃温水浸种一昼夜,捞出后用10%的磷化锌拌种。播种宜在有雨和土壤湿润时为好,黏性土宜在雨后播种,以免土壤板结妨碍幼苗出土,沙壤土在雨前、雨后均可。播种方法有穴播、条播、套二犁沟播等,其中以穴播方法最为普遍。播种一定要掌握深度,太深了,苗木不能出土;

太浅了，表土干燥影响种子发芽，一般覆土厚度以不超过3cm为宜，穴播的每穴下种20～25粒，每公顷用种约7.5kg。在年降水量400mm以上的平缓山坡，柠条可与河北杨等实行乔灌混交。

(三)平茬

为了促进根系的发展，提高分蘖和生长能力，柠条要适时平茬。第一次平茬一般在播种后第三年秋天进行，以后每隔四五年平茬一次。平茬最好在秋天落叶后进行，以免影响生长和损伤根系。平茬时茬口要低，不要劈裂根系。结合平茬，要进行一次深翻松土。水土流失严重地区，应带状平茬，即平茬一行留一行，留下的一行到第二年再平茬。

四、病虫害防治

柠条病害少，主要的虫害是柠条豆象，它蛀食种子，使种子丧失发芽力。防治方法如下：

(1)开花时喷洒50%百治屠1 000倍液毒杀成虫，5月下旬喷洒80%磷铵1 000倍液或50%杀螟松500倍液，毒杀幼虫，并兼治种子小蜂、荚螟等害虫。

(2)播种前用60～70℃水泡种5分钟，可杀死幼虫。

第二十七节　狼牙刺

学名：*Sophora davidii* (Franch.)Pavilini

科名：蝶形花科[Fabaceae(Papilionaceae)]

狼牙刺适应性强，耐干旱瘠薄，有根瘤菌，能改良土壤，保持水土。枝干可当烧柴，叶可作饲料，根可消炎止疼治牙痛，是黄土高原地区荒山造林的先锋树种之一。

一、形态特征

狼牙刺为落叶灌木，高2m左右。常丛生，冠幅2～3m。小枝绿色，生有短柔毛，枝顶端一般常有针状刺。叶交错互生，奇数羽状复叶，小叶13～19枚，长1～1.5cm，椭圆形至长椭圆形，叶背有绢状短柔毛。托叶常呈针刺状。总状花序，花蓝堇色至白色。荚果，串珠状，长5～8cm，尖顶有长嘴，内含种子1～5粒，长圆形。

二、生物学特性

狼牙刺为强阳性树种，很喜光。主根很深，根系发达，极耐干旱和瘠薄，适应性强。在大旱的情况下，能自落一部分叶子，以减少水分蒸腾，维持生命。在干旱阳坡上造林生长正常，也能正常开花结果；萌发力强。因此，狼牙刺是干旱地区造林的优良灌木树种之一。

三、造林技术

(一)采种

狼牙刺种子从9月份开始陆续成熟，荚果成熟后不开裂，宿存枝梢，种子不易感染虫害，故采种期较长。采回的荚果摊在场院暴晒脱粒，经风选后即得净种，装袋贮存。种子千粒重约 25g。

(二)育苗

在秋季或春季播种育苗。选肥沃疏松的土壤作苗圃，细致整地，施基肥，每公顷撒 6%可湿性六六六粉 15～22.5kg，以防蛴螬等地下害虫，做平床。秋季育苗可随采随播，开沟条播，行距 25～30cm，覆土 2～3cm，每公顷下种 75kg 左右。春播种子要进行处理，播前用 70℃以上烫水浸种催芽，种子硬粒可用开水浸种，边倒水边搅拌，冷却后换水浸种 2～4 天，待种子膨胀后便可播种。出苗后 2 片真叶时可间苗、定苗。2 年后出圃。

(三)造林

用直播造林或植苗造林，一般多为直播造林。根据造林地的地形条件，采用反坡梯田、鱼鳞坑等整地方式整地，然后造林。

植苗用 2 年生苗木，距根际 10cm 处截干，挖 40cm 深的坑穴栽植，株行距 1.5m×1.5m 或 1m×2m，每公顷 4 000～5 000 株。春秋两季均可造林，秋植较好。

直播造林最好在雨季，此时水热条件较好，可在雨前或雨后抢墒播种。播前用开水浸种，搅拌浸泡，处理种子。挖穴簇播，穴距 1.5m，每穴下种 20 粒左右，覆土 3cm。每公顷用种量约 3.75kg。春季多干旱，容易“烧籽”，直播效果不佳。

造林后两三年内要加强松土除草和管护工作，促进幼苗正常发育生长。5 年后平茬取柴，3～5 年一次。

第二十八节　紫穗槐

学名：*Amorpha fruticosa* Linn.

科、属名：蝶形花科(Fabaceae)，紫穗槐属(*Amorpha* Linn.)

紫穗槐主要分布在黄土高原东南部海拔 1 500m 以下的平地、沙地和黄土丘陵低山。它生长快、繁殖力强，适应性广，耐盐碱、耐水湿、耐干旱、耐瘠薄。根系发达，根蘖性强，并且有根瘤菌，能改良土壤。枝条细长柔韧，通直无节，粗细均匀，可供编织。种子可榨油，枝叶含丰富的氮、磷、钾成分，是优良的绿肥，同时含有大量蛋白质，作为饲料比苜蓿的营养价值还高。所以，紫穗槐是优良的肥料、饲料、燃料及固沙保土的灌木树种。

一、形态特性

紫穗槐是落叶丛生灌木，高达 4m。枝条直伸，幼枝密被毛；芽常两个叠生。奇数羽状复叶，小叶对生或近对生，全缘，11～25 枚，窄椭圆形或椭圆形，长 1.3～4.1cm，先端钝圆或微有凹缺，具小尖头，基部宽楔形或近圆形，具透明油腺点；幼叶密被毛，老叶毛稀疏；有小托叶。总状花序顶生，直立，荚果小，微弯曲；密被隆起油腺点，果荚不开裂，内含种子 1 粒。5～6 月开花，9～10 月果熟。紫穗槐主要器官的形态如图 8-25。

二、生物不特性

紫穗槐适应性很强。它喜光，又耐一定的庇荫，在郁闭度 0.85 的白皮松林或郁闭度 0.7 的毛白杨林下仍能生长。它既耐干旱，也耐水湿，在 500mm 年降水量的地方生长良好,而林地流水浸泡一个月也影响不大。对土壤要求不严,以沙壤土上生长较好,但也耐盐碱,在土壤含盐量0.3%~0.5%的条件下,也能生长。紫穗槐生长快,萌芽力强,枝叶茂密,侧根发达,耐沙压,在沙压后能产生不定根。对烟尘和污染也有一定的抗性。

图 8-25 紫穗槐

1—花枝;2—花;3—雌蕊;4—果序;5—荚果;6—种子

三、造林技术

(一)采种

紫穗槐 9~10 月间荚果成熟,成熟荚果在短期内不会脱落。采收的荚果要摊开晒干,去除杂质,带种荚装袋贮藏。种子纯度 96%,千粒重为10.5g。

(二)育苗

紫穗槐主要采用春季播种育苗。幼苗耐旱及抗涝能力较弱,圃地应选排水良好的沙壤土,出苗初期遇旱,要适当浇水。在播种前要进行种子处理,处理的方法有两种:一是碾压后冷水浸种,即把干燥带荚的种子摊在石碾上边碾边搅,以破碎果荚,然后用冷水浸泡 2~3 天;二是温水浸种催芽,用 60~70℃温水浸泡带荚种子一昼夜,捞出后装入蒲包等容器内催芽,每天洒温水一两次,待种子膨大、大部分种皮开裂时即可播种。秋季育苗的种子可不处理。

紫穗槐育苗可用大田式条播。春播的要在头年秋末灌足底水,春初土壤解冻时即播。条播播幅 5cm,行距 25cm,播种沟深 4cm,覆土 1.5~2cm,每公顷下种 50~60kg。出苗后要及时间苗,每隔 5~7cm 留一株,每公顷留苗 22.5 万~30 万株。

(三)造林

紫穗槐主要用植苗和直播造林。

(1)植苗造林。春、秋两季均可栽植,栽植前要深翻整地,植苗不宜过深,以比原土印深 5cm 为宜,栽后要踏实。也可用截干造林,将苗干从根颈以上 5~10cm 处截断。栽时使埋土与截干平齐。每公顷栽植 6 000 株左右。

(2)直播造林。干旱地区宜在雨季进行,雨水多或墒情好的地区以春播为好。播前进行种子处理。穴播,每穴播 20 粒,每公顷挖 6 000 穴,用种 1.3~1.5kg。

在年降水量 500mm 以上的地区,紫穗槐应与油松或河北杨、刺槐等进行混交造林。

(四)平茬

紫穗槐要及时平茬,植苗造林的宜在第二年秋天落叶后平茬,直播造林的 3 年后平茬。以后每隔三四年平茬一次。从第二次平茬起,每次平茬后要松土、培墩。

四、病虫害防治

紫穗槐病虫害少,苗木有时受四纹金龟子和大灰象甲为害,可用 90%敌百虫或 50%马拉松乳剂 500 倍液毒杀。

第二十九节　沙　棘

学名:*Hippophae rhamnoides* L.

科名:胡颓子科(Elaeagnaceae)

沙棘在黄土高原地区分布较广,是主要的水土保持先锋树种之一。它适应性强,繁殖容易,生长很快,材质坚硬,发火力强,嫩枝和叶可作饲料,是群众喜爱的优良薪炭林树种和水土保持林树种。

一、形态特征

沙棘是落叶灌木,也能长成胸径 25cm、高达 7m 以上的小乔木。枝上具灰褐色分枝枝刺。树皮黑棕色,单叶互生,全缘,叶线形或线状披针形,长 2～6cm,先端钝基部窄楔形,叶背面被银白色盾状鳞斑。有雌株和雄株的区分,花是单性花,短总状花序生于叶腋。秋天浆果成熟,黄色,每个浆果内有一粒卵形的种子。种子黑褐色,有光泽,种皮坚硬。沙棘主要器官的形态如图 8-26。

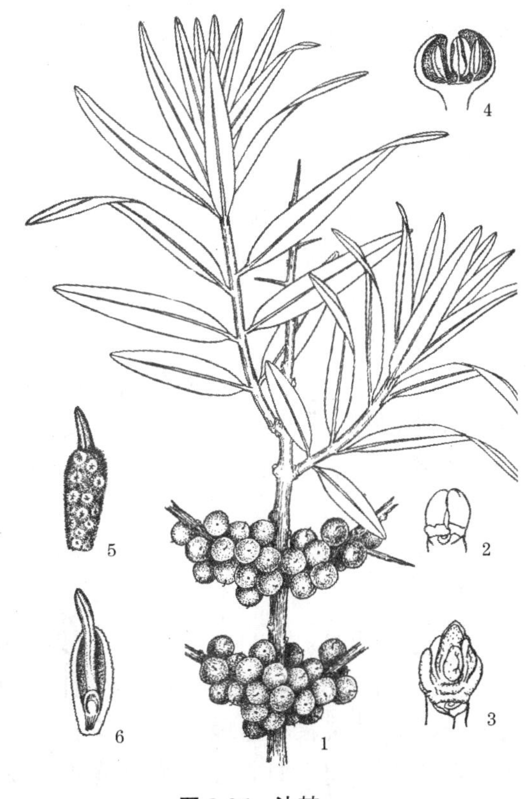

图 8-26　沙棘

1—果枝;2—冬芽;3—花芽;4—雄花纵剖面;5、6—雌花及其纵剖面

二、生物学特性

沙棘喜阳光,但也耐庇荫,在中部干旱地区,于郁闭度 0.6 以下的油松、杨树等乔木林下能正常生长。根系的可塑性很大,在石砾、河滩地上侧根发达,主根浅,呈浅根性;在黄土丘陵上垂直根深达 5m 以上。根株萌生能力很强,又易于根蘖。根上有根瘤菌,能固氮肥田、改良土壤、促进生长。造林后第三年株高可达 1.5～2m,第五年即能郁闭成林砍伐利用,每公顷可产柴 15 000kg 以上。

沙棘对土壤要求不严,既耐水湿,也耐盐碱,又耐干旱瘠薄。对降水量有一定的要求,在年降水量为 400mm 以上的地区,不论阴坡、阳坡都能正常生长;在年降水量 400mm 以下的地区,在阳坡生长不好,分蘖能力大大下降,植株矮小、稀疏,不能成林。

三、造林技术

(一)采种

沙棘4～5年开始结果,9～10月果实黄色时成熟,果实成熟后不易脱落,采种期较长。群众用剪取果枝的办法采种,把剪下的果枝敲打或滚子碾压,将取得的果实放在清水中浸泡一天一夜,揉去果皮和果肉,再用清水淘洗一遍,除去杂质,晾干贮藏,不要暴晒,暴晒后的种子发芽率明显下降。

100kg浆果一般能出种子7～10kg。一个劳动工日一般能采净种子1～1.5kg。种子千粒重9～10g,种子发芽率在90%以上。

(二)育苗

通常用播种育苗。酸刺种子小,皮厚而硬,并有油脂状棕色胶膜妨碍吸水。因此,育苗前一定要进行催芽处理,处理的办法是:用40～60℃温水浸泡1～2天后,再与沙子混合,待30%～40%的种子裂嘴时即可播种。苗床要选择沙壤土,切忌选黏重土壤。春播宜早,在土壤解冻后即可下种。播前要精细整地,灌足底水。条播为好,行距25cm。种子覆土不宜过深,以2cm左右为宜。每公顷下种37.5～52.5kg。幼苗长出真叶后要进行一次间苗,间去并生的幼苗。在第一次间苗后15～20天,进行第二次间苗,5～6cm留一株,使每米播种沟有苗15～20株。

沙棘也可用插条育苗。采2～3年生、粗度为0.5～1cm、长20cm的插条,在流水中浸泡4～5天后扦插育苗。其方法同杨树插条育苗。

(三)造林

植苗造林为主,土壤湿润的地方可用直播或扦插造林。

(1)植苗造林。在中部干旱地区,要头年整地,蓄水保墒,次年造林。造林时间以早春或晚秋为好。苗木以1～2年生的苗圃苗和高度在1m以内的根蘖苗为好,苗木太大不易成活。要适当深栽,一般要比原土印深5cm左右。也可截干栽植。造林密度不宜太大,栽植3 000～4 500株/hm^2即可。如与油松、河北杨等混交,乔木树种每公顷栽1 500株左右。

(2)直播造林。在土壤湿润、海拔较高、降水量较多的地方,可在春季或雨季直播造林。直播造林前宜深翻整地,播后要耙耱。撒播下种22.5kg/hm^2左右,穴播7.5kg/hm^2左右,种子要事先浸种处理。

(3)扦插造林。扦插造林宜在春季或秋季进行。用枝条扦插的,技条长度以30～40cm为宜。扦插前插条要放在流水中浸泡4～5天,插时应外露2～3cm,插后踏实。用根条扦插,粗度要在1cm以上,长度以20cm左右为宜,根条扦插应大头朝上,根端埋入土下2～3cm。扦插造林前,都要深翻整地,蓄水保墒。

(四)平茬

沙棘要及时平茬利用,否则就会枯梢衰老。在造林5～6年后即可平茬,以后每隔5年一次。平茬应在落叶后进行,生长期不宜平茬,否则会造成根桩枯死。平茬宜用镢头连根桩一起挖除,以利复壮和根蘖。

四、病虫害防治

沙棘抗性强，林地内虽有介壳虫等为害，但不严重，可采用混交造林或平茬更新等营林措施解决。

第三十节　杞　柳

学名：*Salix purpurea* L.

科名：杨柳科(Salicaceae)

杞柳生长快，繁殖力强，适应性广。枝条细长柔韧，通直无节，粗细均匀，是编织的上等原料。杞柳根系发达，固土性能好，是巩固堤岸、保持水土、防风固沙的良好树种，也是栽培历史悠久的经济树种。

一、形态特征

杞柳是丛生落叶灌木，高达3～4m。枝条细长柔韧，小枝黄绿色或带紫色，无毛。叶对生或近对生，线形或倒披针形，长3～13cm，先端渐尖，叶缘具细锯齿，基部全缘，背面微有白粉，幼叶微被毛，老叶无毛。雌雄异株。杞柳主要器官的形态如图8-27。

图8-27　杞柳

1—叶枝；2—雄花枝；3—雄花；4—雌花枝；5—雌花；6—果

二、生物学特性

杞柳喜光，是阳性树种。它不耐庇荫，在华家岭林带内，当杨树郁闭度为0.5左右杞柳生长衰弱，趋于死亡。它耐水湿，在沟谷、低湿地及涝池边生长迅速。耐干旱，在年降水量400mm的甘肃榆中县北山，杞柳作为荒山造林树种生长较沙棘茂密。杞柳对土壤的适应性较广，中性土、钙质土和轻盐碱土上都能生长。

三、造林技术

杞柳多用枝条扦插造林。在秋季落叶后，随割条随扦插。种条应选2年生、无病虫害、粗为1cm左右的健壮枝条，截成30～40cm长的插穗，剪口要光滑，不要劈裂。

荒山沟谷造林时，要选择冰草少的地方营造。这是因为在冰草茂密的地方，遇干旱季节杞柳会大量枯死。

成片造林时要细致整地，株行距以1m×2m为宜，每穴扦插2～3个穗条。在梯田地埂造林宜扦插在地埂的活土层上，株距以50cm为宜。插条要梢部朝上，露出2～3cm，扦插后踏紧土壤。

杞柳栽植后一般让它连续生长3年,以培养根茬,健全根系。第三年秋季落叶后进行平茬,用快镰刀将杞柳枝干擦地皮削去,平茬时不要削裂根茬。

第三十一节　枸　杞

学名:*Lycium barbarum* L.

科名:茄科(Solanaceae)

枸杞在黄土高原干旱、半干旱地区广为分布,以宁夏分布最为广泛。枸杞为重要经济树种,根、茎、叶、花、果均可入药。尤其是枸杞果实具有滋肝补肾、生精益气、治虚安神,祛风明目的作用、也是很好的滋补强壮剂。

一、形态特征

枸杞是落叶蔓生灌木,高2m以上,成丛生长,枝弯曲下垂或拱形匍匐,具针状枝刺,小枝有棱。叶互生或簇生,薄纸质,卵形、长圆形至卵状披针形,长1.5～6cm。花单生。花萼绿色,花冠紫色;雄蕊5枚,伸出。浆果椭圆形至卵形,深红、橘红或黄色。种子多枚,棕色,扁肾形。

枸杞栽培品种多,品种间的形态特征略有差异。宁夏枸杞的果枝形态如图8-28。

图8-28　宁夏枸杞果枝

二、生物学特性

枸杞适应性很强,阳性树种,稍耐庇荫,但在荫处结实不良。根蘖性、萌芽性均强。枸杞极耐干旱,但忌长期渍水。极耐盐碱。喜排水良好的石灰质沙壤土,为钙质土指示植物。枸杞抗病虫害能力较弱。

三、栽培技术

(一)采种

采收成熟浆果揉烂后经多次淘洗得纯净种子,晒干,保存备用。也可半干果浸泡变软揉烂后淘洗而得。每公斤干果可得种子0.2kg。种子小,千粒重1g。

(二)育苗

枸杞可用播种育苗。春播,也可夏播。每公顷播种3.75kg左右。圃地要施足基肥。播前种子可用湿沙混合,置菜窖或温室中,待种子膨胀,约1/3种尖露白时即可播种。条播,开沟深2～3cm,行距40cm,播后覆细土,轻轻踏实,然后耙平。干旱多风、灌水少的地区也可用深开沟、浅覆土的方法,并在沟内薄铺稻草,以利保墒。播后 10~15 天幼苗出土,应及时灌水。苗高 25cm 左右定苗,株距 15cm,每公顷留 15 万~18 万株。注意修剪过密枝条或基部萌生枝,促进主干生长。8 月逐渐停止浇水,促进木质化。苗高 70cm 时应剪顶,促进加粗生长。

枸杞用 1~2 年生健壮枝条,剪成 20cm 长插穗,用浓度为 15~18mg/kg 的 A-萘乙酸浸泡 24 小时后扦插成活率很高。枸杞地里有较多萌蘖苗,注意选留培养,然后移出栽植,这也是常用的方法。

(三)栽培管理

枸杞园土地要平整,做到有灌有排,施足基肥(每公顷施腐熟有机肥 9 000 kg 左右),株行距 2m×3m。栽植时植穴内还可施入油渣、过磷酸钙等作基肥。

枸杞枝条稠密,需逐年整形修剪,培养树体稳固、通风透风、结果面积大、便于管理的树形。较好的树形有“三层楼”、“自然半圆形”。“三层楼”整形步骤为:①定植后于 60cm 处剪顶定干;②在剪口下 20cm 范围内选留 6~7 个分布均匀的侧枝作第一层树冠的主枝;③栽后第二年选主干上部直立的徒长枝于离地面 1.2m 处剪顶,以后在上面选留第二层树冠的主枝;④第二年在培养一、二层树冠的同时,从第二层树冠中心选直立徒长枝于离地面 1.6~1.7m 处剪顶,在上面留 4~5 根侧枝作第三层树冠的主枝。“自然半圆形”为:定干后即从剪口下选留 3~5 个分布均匀的健壮侧枝作主枝,顺这些主枝逐年向上培养树冠,株高控制在 1.8m 左右,枝干从属分明,上小下大呈半圆形。

成年树均应在春、夏、秋三季进行修剪。春剪于枸杞萌芽至新枝生长初期进行,主要剪去越冬干死的枝条,补充秋剪之不足。夏季 5~7 月修剪主要是除去徒长枝,少量徒长枝可选留用做枝条更新。秋季修剪于果后进行,是对树冠进行全面清理:去主干基萌蘖,剪去顶部直立徒长枝,去树冠内膛老弱枝、横生枝、针刺枝、短截拖地枝梢等。

枸杞盛果期需充足水肥,一般每摘果一次浇水一次,每年冬灌前施足基肥,生长季施用尿素 2~3 次,每次每株施 0.1~0.15kg。

枸杞园需于春天解冻后和秋天采果后进行翻晒。

枸杞边开花边结果,采收期较长。果实由青绿转为红色即应连果柄采收。注意不要在露水大时或中午烈日下采收。果实少时可置通风处晾干;果实多时则摊放果栈上,厚 2~3cm,晒干。初期不要暴晒,果实未干时不要翻动。果实干燥后除去果柄,分级包装。

四、病虫害防治

枸杞虫害较多,需及时防治。危害较大的有枸杞蚜虫、枸杞木虱、枸杞瘿螨和枸杞实蝇。前两种可用 40%乐果乳油或 80%敌敌畏乳油 1 000~1 500 倍液喷杀;防治枸杞瘿螨,除可用前法外,还可用 25%杀虫醚乳剂 500 倍液喷杀;防治枸杞实蝇(果蛆)可结合治蚜虫喷 80%敌敌畏乳油 1 500 倍液。

第三十二节 玫 瑰

学名:*Rosa rugosa* Thunb

别名:徘徊花、刺玫花、刺玫菊

科、属名:蔷薇科,蔷薇属

玫瑰原产于我国及日本,世界各地均有栽培。玫瑰花不仅是重要的香料原料,还是熏茶、酿酒以及各种甜食品的配香原料。玫瑰花蕾及根可入药,果实富含维生素C,是重要的蜜源植物和观赏植物。

一、形态特征

玫瑰为落叶直立丛生灌木,高达2m。茎枝灰褐色,密生绒毛与倒刺。羽状复叶,小叶5~9枚,椭圆形至椭圆状倒卵形,长2~5cm,缘有锯齿,质厚;表面亮绿色,多皱,无毛,背面有柔毛及刺毛;托叶大部附着于叶柄上。花单生或数朵聚生,紫色,芳香,直径6~8cm。果扁球形,砖红色,萼片宿存。

玫瑰有许多品种,常见的栽培品种为重瓣紫玫瑰。

甘肃苦水玫瑰为玫瑰杂交种,分蘖性差,枝条细弱,具白粉,嫩枝灰绿色,遍布白绒毛及稀疏的细弯刺,2年生枝红褐色,刺稀疏而木质化。复叶有7~11枚小叶,托叶缘具腺齿;叶柄有刺和腺。花重瓣,紫红色,直径4~5cm,有芳香;花柄及花托上有白绒毛,尖端有红色疣腺;自花不结实。是扁球形,橘红色,萼片宿存。苦水玫瑰丰产,全枝叶腋芽次年均盛开花枝,每个花枝有花3~5朵;花香味纯正,为有发展前途的新杂交种。

二、生物学特性

玫瑰生长健壮,适应性强,为阳性树种,日照充足则花色浓,香味亦浓,生长季节日照小于8小时即徒长而不开花。对空气湿度要求不甚严格,但气温低、温度大时易发生锈病及白粉病。玫瑰能在微酸性至微碱性土壤上生长,但以肥沃、排水良好、中性或微酸性的壤土上生长开花最好。玫瑰耐寒,无雪覆盖的地区可耐-25~-30℃的低温,但不耐早春的旱风。玫瑰为浅根性,不耐积水,遇涝则下部叶黄、脱落以至全株死亡。地下有横走茎,能生萌蘖。

三、栽培技术

(一)育苗

玫瑰扦插不易成活,重瓣种不易结实,多利用萌蘖条繁殖,也可用分株,埋条,压条法繁殖。苦水玫瑰分蘖性差,多用压条繁殖。

(二)栽培管理

玫瑰作为大面积经济栽培时应注意选择园地,降水量不足时要有灌溉条件,花期有干热风的地方应设置防护林带。一般用2年生根蘖苗栽植,株行距0.5m×1.5m或0.3m×2.0m,13 500~16 500株(丛)/hm^2,株距小、行距宽,便于各种管理作业。定植前要施足基肥。

玫瑰花期为5月上旬至6月下旬,6月中旬为高峰期。此时若降雨不足则应加以灌溉,并应保证树体获得充足养分才能获得高产。进入盛花期后,每年应结合培土、浇水等作业在开花前追施一些有机肥料及氮、磷等速效无机肥料。

玫瑰经济寿命一般为20年。栽后2～3年始花,5～10年为盛花期,10年后母树生长逐年衰退,需注意更新复壮。这时可在开花前剪去过密的无花老枝,适当选留健壮的萌蘖条,使株丛圆满,通风透光。株丛大部分枝条老化时,也可平茬更新。作业通道上的萌蘖应随时注意清除,以免妨碍采花作业。

玫瑰花以开到七八成时香精油含量最高,一般多在清晨采摘。大面积栽培时应注意预测产花高峰期,以便及时组织采收加工。采后需长途外运加工时应立即装坛,5～10cm一层,喷洒白酒(每100kg花需白酒3～5kg),装满后密封。就近加工的应摊放通风阴凉处,厚15～20cm,随即提炼香精油或糖渍制膏。

四、病虫害防治

当气温高于36℃或有干热风时,玫瑰易受日灼,无灌溉条件时日灼更为严重,可使花瓣焦枯,花蕾枯萎,叶、嫩枝焦干,应加强管理,及时灌水;建园时应注意营造防风林。

玫瑰发芽早,易受天鹅绒金龟子等食叶害虫为害,成虫出现时可用50%敌敌畏乳剂800～1 000倍液喷杀,也可喷0.5%六六六粉剂。近年发现有玫瑰茎蜂为害,应随时剪除带虫枝条烧毁,保护天敌寄生蜂,注意苗木检疫,防止蔓延。

第三十三节　苹果树

学名:*Malus Pumila* Mill

科名:蔷薇科,苹果属

生产上苹果苗木主要通过嫁接技术来获得。嫁接技术就是将优良品种株上的枝或芽(接穗)接到另一植株的枝、干或根(砧木)上,接口经愈合而成为一新的植株。通过嫁接而成的植株称为嫁接苗木。苹果嫁接苗木按砧木的不同可分为实生砧苗、矮化自根砧苗及矮化中间砧苗三类苗木。

实生砧苗就是以种子实生苗作为砧木嫁接的苗木,这类苗木根系发达,适应性强,地上枝干部分长势旺,多为乔化苗,我国几十年前发展的大多数果园(如金帅和国光等果园)应用的苗木即为乔化实生砧苗,果园则为乔化果园。

矮化自根砧苗就是将矮化植株通过扦插、压条繁殖的自根苗作为砧木嫁接的苗木,这类苗木长成的树体矮小、早果,但扦插压条法砧木繁殖速度慢,根系不发达,适应性差,对土壤及栽培条件要求高。

矮化中间砧苗就是以实生苗作基砧,基砧上嫁接矮化树种作中间矮化砧,在中间矮化砧上再嫁接上苹果优良品种的接穗而育成的苗木,这类苗木根系适应性强,枝干矮化,繁殖速度快且早实丰产,是近几年果树生产中比较看好的苗木。

一、实生砧苹果苗的育苗技术

(一)实生砧苹果苗的繁殖方法

这类苹果苗木就是将砧木种子大田播种得到实生苗,然后将优良品种苹果接穗嫁接到实生苗上,从而实现实生砧苹果苗的繁殖。

我国苹果属植物极为丰富,在长期的果树生产和科研中,各地果农及果树科研工作者对苹果砧木的选择利用积累了宝贵经验。应用比较广泛的苹果实生砧木有:海棠果、山定子、西府海棠及湖北海棠等。

(1)山定子。极抗寒,能抗-50℃的低温,根系发达,耐瘠薄,适于弱酸性(pH 值 6.5)土壤,在 pH 值高于 7.8 以上的盐碱地中易缺铁产生黄叶病。嫁接亲和力强,适于我国的吉林、辽宁、黑龙江、内蒙古、新疆、北京、天津、河北、山东、山西、甘肃、陕西及四川等地选用。

(2)海棠果,又名楸子。根系发达,适应于各类土壤,抗旱,抗涝,耐盐碱,较抗寒,较抗棉蚜及根头癌肿病。莱芜茶果、烟台沙果、崂山柰子、河北冷海棠及河南柰子均为海棠果。烟台沙果、莱芜茶果及崂山柰子都具有矮化作用,崂山柰子宜作中间砧。海棠果适于我国的黑龙江、吉林、内蒙古、新疆、山东、河北、河南、山西、陕西、甘肃、青海及四川等地选用。

(3)湖北海棠。根浅,须根不发达,不抗旱,抗涝,较抗根腐病及白绢病,高抗白粉病,抗蚜虫。山东的平邑甜茶及泰山海棠属于湖北海棠,其中平邑甜菘极抗涝耐盐,实生苗粗壮,嫁接成活率高。湖北海棠适于我国的山东、安徽、河南、陕西、四川、云南、浙江、湖北及湖南等地选用。

(4)西府海棠。河北的八棱海棠及山东的莱芜难咽都属于西府海棠。八棱海棠较为抗寒、抗旱、耐涝、耐盐碱,高抗白粉病。生长势强。莱芜难咽耐盐,嫁接后结果早,具有矮化作用。西府海棠适于我国的内蒙古、河北、天津、山东、江苏、安徽、河南、陕西、宁夏、青海及山西等地选用。

(二)实生砧苹果苗的育苗方法

实生砧苹果苗的育苗方法主要包括采种、层积、嫁接、剪砧、出圃等环节。

1.种子的采集及层积

所要采种的母本树须纯正、健壮、无病虫,不采小果、畸形果及病虫果,适时采收。山定子及海棠果一般须到 9~10 月才能采收。把果实堆积,促使果肉软化,其间经常翻动,以防温度过高,软化后揉碎洗净,取出种子晾干,置通风干燥处保存。若购买种子,种子要饱满、富光泽、胚及子叶乳白色,具弹性,最好以染色法鉴别一下砧木种子的生活力。

种子经低温层积后熟后才可萌发。通常在 2 月底或 1 月上旬开始层积,山定子可在 2 月上旬开始层积,到层积结束时正与播种期相近。层积地点应在背阴、干燥及不易积水处。具体做法是:挖一条深 30cm、宽 25cm 的沟,沟的长度视播种而定,将种子与净湿沙按 1∶5~1∶10 的比例混合,湿度以手握成团但不出水为宜,在沟底先铺 6~7cm 厚的洁净湿沙,放入混好的种子,到稍低于地面为止,顶上稍加镇压,再盖 6~7cm 厚的湿沙,最上面盖 15cm 厚的细土,喷以少量水,使之冻结。层积期间严禁雨雪渗入。春季土温回升时,定期检查,注意调温保湿。种量少时,可以木桶、瓦盆层积。常见苹果砧木种子层积日数及播种量见表8-1。

表8-1　苹果砧木种子层积日数(0～7℃)及播种量

种类	层积日数	播种量(kg/hm²)	种类	层积日数	播种量(kg/hm²)
山定子	30～50	7～11	八棱海棠	60～80	15～22
平邑甜茶	30～50	7～11	沙果	60～80	15～22
海棠果	40～50	15～22	莱芜难咽	40～60	11～15

2.催芽播种

华北及西北地区在3月中旬到4月上旬即可播种。播种量因砧木种类及种子发芽率而异,常用播种量见表8-1。播前可在25℃保温的条件下做发芽试验,依种子发芽率确定播种量。把层积后的种子在20～30℃的温度下保湿催芽,当有1/3的种子露白时即可播种。大田多用苗畦条播,畦宽1m、长10m,每畦4行,行距20～30cm,每行开挖深2～5cm的条沟并浇水,待水渗下后撒种、覆土,其上再撒一层细沙。山定子与平邑甜茶播种深度一般为1cm,海棠果及八棱海棠深度一般则为1.5～2.5cm。将拌有辛硫磷等农药的豆饼渣或麦麸撒入畦内,以防兽、虫害。畦面覆盖地膜或山草可确保出苗率。

大田也可芽苗移栽。在背风向阳处做阳畦,先在田间铺7～10cm厚的湿锯末(或湿细沙),以手填实后,将层积种子密撒于锯末上,撒播量一般莱芜难咽130g/m²,八棱海棠200g/m²,山定子70g/m²,上面覆盖1～1.5cm厚的锯末或细砂,喷适量的水,并覆盖地膜或扣小拱棚,出苗率达90%以上,每平方米可出1万株幼苗,比露地播种可提前20天出苗,子叶期移栽。该法可控制主根生长,增加侧根数量,省工省地,便于集中管理。

播种后的主要管理步骤:首先,待种子出苗后,把地膜撕开小洞,让苗长出膜外,待3～5片真叶时去膜,盖山草的,待苗出来20%左右时及时去除山草;其次,间苗定苗,为确保苗全苗旺,待苗长至3～4片真叶时间苗一次,再行定苗,定苗株距约为15cm;再次,移苗补苗,移苗前2～3天要浇水,在阴天或傍晚移栽,缺苗处应予补栽,要带土移栽,以确保移栽苗成活。对于阳畦芽苗,在芽苗出现两片子叶时,起出芽苗,以水冲去锯末,放于盛水的盆内,苗畦浇水并渗水后,以木棍插洞,把芽苗根部放于洞中,再用木棍把洞眼封严,随即喷水。最后是摘心去分枝,芽接前10～15天将苗子嫩尖摘掉,若基部有副梢应及时抹去,这样可极大地提高当年嫁接率。

3.接穗的采集

应从纯正、优质、高产稳产的成果结果树上采集接穗,选冠外围芽饱满的当年生枝,或是经高矮选优、以苗繁穗法得到的优质枝芽。对短枝型品种,应选短枝变异稳定的植株作采穗枝,剪取节间长度在2cm内外围枝,尽量避免剪取由副芽或不定芽萌生的枝条。采下的接穗,随即在叶柄长1cm处剪掉叶片,以防水分蒸发。一时用不完的接穗,可在阴凉处挖一倾斜沟,铺以湿沙,把接穗直立放于沟底的湿沙上,下端以湿沙埋好,顶部遮阴并经常洒水。由外地采集接穗时,应分别不同品种每50～100根扎为一捆,以湿麻袋包装运回,途中要经常喷水。对枝接的接穗,可以冬剪时剪取,然后贮存于地窖或低湿处,以湿沙培埋,待次年春天进行枝接。

4.嫁接

生产上有多种嫁接方法,常用的有芽接、枝接及切接等。

夏秋季节砧木韧皮部易削离时,生产上多应用芽接法嫁接。方法是在穗条上选取饱满芽,于芽上约0.5cm处以嫁接刀横切一刀,深达木质部,再在芽下约1.4cm处向上斜切一刀,直至与芽上面的切口相遇,将盾形芽片取下,抽取芽片时,当心不要扭掉芽片内的“护芽肉”,速将芽片含在口中,保持湿润。然后对砧木在离地面5cm光滑处横切一口,以刀尖在切口中央向下切一竖口,将芽片轻轻插入,插至芽片上切口与“T”形上切口嵌合为止,使砧木与芽片密切接合,再以1cm宽的塑料条由下而上地将切口和芽眼捆扎,只露出接穗芽片的叶柄即可。

目前,人们经实践已对上述芽接法有了改进。即在砧木上切一“T”形接口;接穗芽片削取步骤与普通芽接法大致相同,芽片长也是2cm左右,但芽眼处于芽片下部1/3处;将芽片插入砧木“T”形口内,以拇指向下推芽片,要一次到位,并不过分强调二者的横切口全对齐,然后用1cm宽的塑料条将芽的上半部连同砧木横切口一起包扎,绕两圈绑紧即可,接片成活后不需要解开塑料条,剪砧时一并剪去。改良芽接法具有程序简单、嫁接快(速度能提高23%)及节省材料(可省塑料条用量41.6%)的特点,成活率与普通芽接法基本一致。

带木质芽接法(芽片贴接法)。春夏秋季,无论芽片是否易离片,都可以此法嫁接。步骤是在削切接苗时,使盾形芽片内面带一层薄木质,砧木切成与芽片相同的伤面,其余步骤同“T”形芽接法。

切接法及劈接法是枝接方法中常用的两种方法。对一二年生的较细砧木,可用切接法,步骤是将砧木距地面3~5cm处剪去,以嫁接刀由剪口面把木质部向下纵切,切口长2.5~3cm;之后剪取一段带有两个节间的接穗,在与其顶芽同一面的下端削一长3cm的长削面,在长削面的对侧削一长0.8cm的短削面,随即插入砧木切口中,使长削面形成层与砧木形成层的两面或一面密接,以塑料条把嫁接口及接穗伤面包紧,50天后解除塑料条。劈接法的步骤基本上与切接法相同,砧木较粗时易采用,而切接法的砧木仅是一两年生的枝条。

嫁接后的管理步骤:首先是在次年春季树液开始流动时(约3~4月份)于接芽上0.5cm处把砧木剪去,剪口要光滑,砧木不能裂口;其次是要除砧木萌芽。砧木剪后常由接芽下萌芽,为保证接穗芽的正常萌发生长,应及时除去砧木的萌芽。

现将两年出圃实生砧苹果苗的育苗程序简要归纳如图8-29。

(三)实生砧苹果苗育苗的管理要点

实生砧苹果苗育苗的管理要注意下述几个方面:

(1)选好苗圃。育苗地点应平坦、肥沃,具有水浇条件,育苗圃2~3年内不应重茬,这是防止立枯病的重要措施之一。

(2)整地施基肥。秋季翻土深度以25~30cm为宜,过浅不利于根系伸展,过深分布的根系深,起苗时易伤根。春天每公顷地应施60t左右的腐熟厩肥,同时混入150kg尿素及225kg过磷酸钙,撒施地表,再深翻20cm,整平做畦。

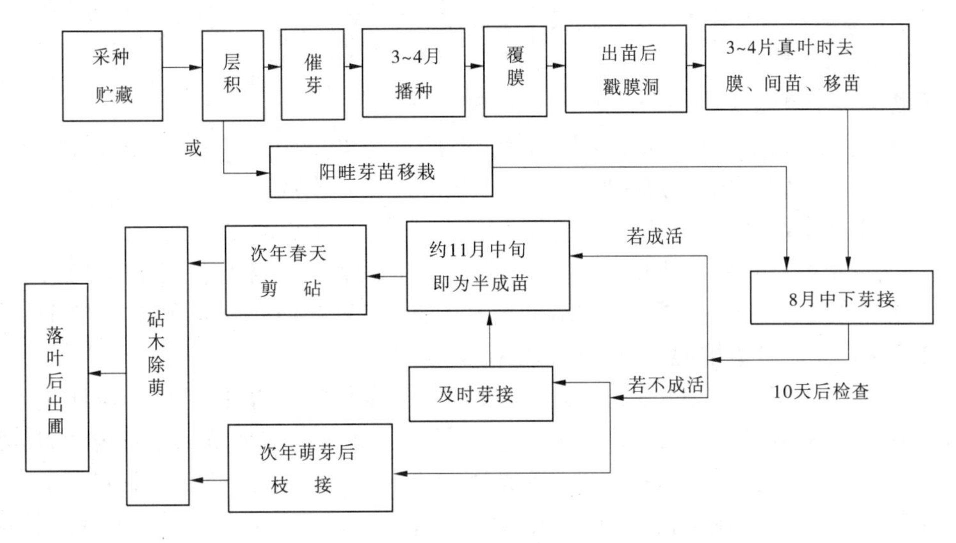

图 8-29　两年出圃实生砧苹果苗的育苗程序

(3)防治病虫害。整好畦床后,将拌有 0.6kg40%地亚农乳油或 0.5kg50%辛硫磷乳油的 50kg 细沙撒于畦面,耙于地表下,可防蛄蝼、金针虫、地老虎及蛴螬等害虫。最后再用 400 倍的代森铵溶液进行畦面喷洒消毒,或在条播划沟后浇以 300～400 倍黑矾(硫酸亚铁)或 600～800 倍多菌灵溶液,以防实生苗出苗后的立枯病。实生苗或嫁接苗出现其他病虫害也应及时防治。

(4)熟练嫁接。无论何种嫁接法,切削砧木或接穗时要平而快,接后绑紧,使砧穗至少有一面形成层密接,同时要保持较多的水分。

(5)地上管理及肥水管理。在实生苗出土前不得大水漫灌,而应喷水保持湿度。实生苗旺盛生长期应追肥 2～3 次,每次每公顷追施氮肥 120～180kg、钾肥 75kg。实生苗后期应适当控制浇水。实生苗整个生长期应加强叶面喷肥,以喷施果树专用的光合微肥效果较好,促进苗木粗壮。在芽接前 10～15 天对实生苗应进行摘心,随时去掉副梢,提高当前嫁接成活率。秋季接穗嫁接成活后应喷施 0.3‰光合微肥或磷酸二氢钾一次。春季剪砧到穗芽萌发前后应追施氮肥两次,随后喷施光合微肥数次。从播种到嫁接苗出圃要注意防旱排涝,松土除草。

(6)每公顷育苗数不应超过 1.2 万～1.5 万株,过多则容易致使育出的苗木细弱。

二、矮化自根砧苗及矮化中间砧苗的培育技术

(一)矮化砧木的繁殖方法

我国广泛应用的矮化砧主要是英国的 M 系、MM 系及山东的崂山柰子。M_4、M_7 及 M_{106} 为半矮化砧木,越冬性强,而 M_{26}、M_9 为矮化砧木,越冬性差。M_9 及崂山柰子因生根差,只宜作中间砧,M_4、M_7、M_{26} 及 MM_{106} 则既可作中间砧、又可作自根砧。无冻害的湿润区及冷凉半湿润区(渤海湾、黄河故道、秦岭北麓、鄂西北及黄土高原的中南部等区)可以上述 6 种砧木作矮化砧,而冷凉半干旱区和干寒区(石家庄以北、北京、辽西、熊岳以北、内蒙古及陇西等区)则只宜以 M_4、M_7 及 MM_{106} 作矮化砧。

可以通过压条法、扦插法及高接换头法实现矮化砧的繁殖。

1. 压条法

压条法有垂直压条法、水平压条法及寄根压条法等。

(1)垂直压条法。以行距 2m 开沟作垄,沟深、宽为 30～40cm,垄高 30cm,沟底施足基肥。春天化冻后,将矮化砧母株按行距 30～50cm 定植在沟底。萌芽时母株留 6cm 左右短截,待基部萌蘖高达 20cm 左右时,进行第一次培土,培土前灌水一次,于行间撒施有机肥和磷肥,培土时将新梢基部叶去掉,并疏除过密的细弱萌蘖,培土高 10cm,宽 25cm。一个月后进行第二次培土,连同第一次培土高度共 30cm,宽 40cm ,此时原先的垄背变为垄沟。其间要保持母株周围湿度,约 20 天发根。

(2)水平压条法。以株距 30～50cm、行距 1.5m 定植矮化母株,植株与沟底呈 45°角倾斜栽植,定植当年可将母株水平压条,压条时先剪去顶梢生长不充实的部分,沿压条方向划一深 5～10cm 的沟,将枝条以铁丝和线绳水平固定在沟内,上覆 3～4cm 厚的土。待抽出的新梢长到 15～20cm 时进行第一次培土,培土高 10cm,宽 20cm,一个月后新梢高 25～30cm 时进行第二培土,此时培土高约 20cm,宽约 30cm。枝条基部未压入土内的芽应及时除去。

(3)寄根压条法。将矮化砧枝条或芽嫁接在一般实生砧(过渡砧)上,萌发成枝后培土生根即可。由于实生砧的根系强,繁殖系数可提高 0.6～6 倍。但要注意过渡砧易生根蘖,应及时拔除(见图 8-30)。

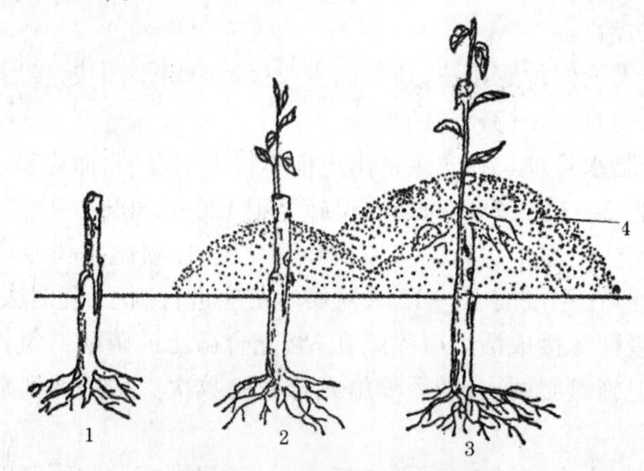

图 8-30　寄根压条法示意图

1—实生砧嫁接矮化砧;2—发出新稍后培土;3—第一年秋生长状态;4—覆谷壳、锯末及土。

2. 扦插法

扦插法可分为根插法及硬枝插法。

(1)根插法。以苗木出圃留下的粗度在 0.3～1.5cm 的根段或残根,剪成长为 10cm 的根段,上口要平剪,下口斜剪,春天按行插入施肥浇水的土壤内。

(2)硬枝插法。以浓度为 1 500mg/kg 的吲哚丁酸(IBA)溶液浸枝 10 秒钟,可促进 MM_{106}很好地生根,生根率可达 90%。

3. 高接换头法

建立矮化砧母本园是加速矮化砧繁殖的有效途径。选健壮无病的 4～10 年生果树,在主侧枝上多头高接，春季枝接为主，结合夏秋芽接。对嫁接矮化砧后的母本苹果树要加强肥水管理及病虫害防治，及时抹去接口附近的母树萌芽。对嫁接成活的矮化砧枝条，冬季适当重剪，促使来年枝条壮旺。嫁接的母树要在两年内全部改装为矮化砧，以防采穗与母树枝条混杂。

（二）矮化自根砧苹果苗的育苗方法及管理要点

（1）嫁接。将压条或扦插繁殖的矮化砧 8 月左右时在近培土处芽接苹果品种接穗。

（2）分株。对压条法繁殖的矮化自根砧，于秋落叶后或次年春化冻后分株起苗，应由外向里、由下到上扒开土堆。水平压条的，将基部生根的苗木由母枝上分段剪下分株，将靠近母株基部的 2～4 根枝条保留，以备下年水平压条；垂直压条的，在分株的同时，选留靠近母株的 1～2 个枝平茬，茬桩保留 5～7cm，留作下年垂直压条用。

（3）假植育苗。将分株的半成品苗，按 40cm×25cm 的株行距栽植在苗畦内。

（4）剪砧。春天约在 4 月份时剪砧，接穗萌芽抽条，秋天即可培养出健壮的矮化自根砧苹果苗。

矮化自根砧苹果苗与实生砧苹果苗相比，具有矮化早果的优点，但其根系则不够发达。根据矮化自根砧苹果苗这一特点，在管理上除熟练嫁接并防病虫害外，应突出土壤、肥料及水分的管理。

一是选择优质地块作矮化砧繁殖和假植育苗圃。繁殖圃及育苗圃应为平坦、肥沃，具有防旱排涝条件的沙壤土。

二是加强矮化圃及育苗圃土地的整理。栽植前每公顷土地宜施足 75t 优质腐熟土杂肥，同时混入 180kg 尿素及 300kg 过磷酸钙，翻土 25cm 左右。对矮化砧母本圃开沟栽植；对假植圃做畦栽植，栽植后及时灌足水。

三是加强肥水管理。压条后的两次培土，都应拌有足量的优质腐熟土杂肥。培土后应及时灌水；压条繁殖矮化砧苗及嫁接苗每月应喷施一次果树专用的光合微肥，直到秋季落叶，促进苗木粗壮。天旱时及时浇水，地涝时及时排水。

（三）矮化中间砧苹果苗的育苗方法及管理要点

矮化中间砧苹果苗的常规培育程序需要三年的时间。首先按实生砧苹果苗的培育程序培育出产生苗，其余的步骤如图 8-31。

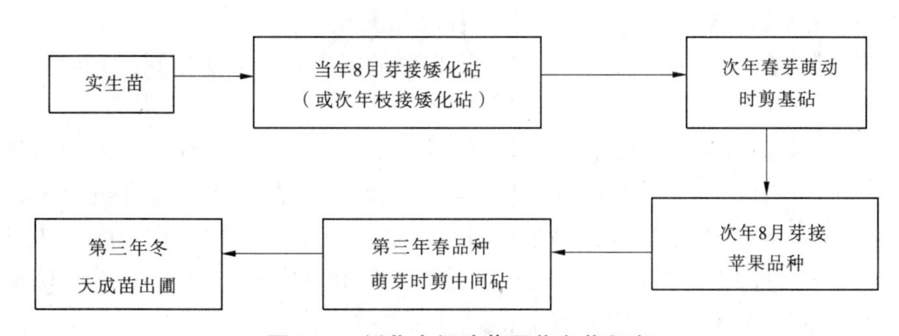

图 8-31　矮化中间砧苹果苗育苗程序

为了加速矮化中间砧苹果苗的培育，可采用下面三种方法将育苗期限缩短为两年。

（1）品种夏季芽接法。其程序如图 8-32。

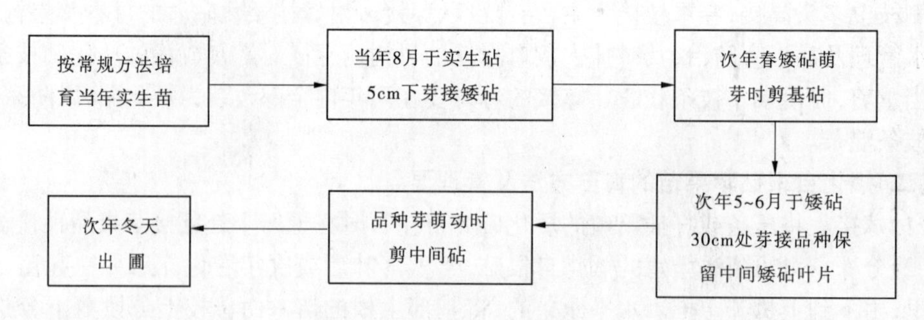

图 8-32 苹果夏季芽接程序

(2)分段嫁接法。秋季在短砧枝条上,每 25cm 左右接一个品种芽,次年春分段剪截,每段顶部带有一成活的品种芽,再枝接在苗圃实生砧上。带品种短砧接穗应封蜡或套袋包扎,以提高嫁接成活率。

(3)砧木夏季芽接法。其程序如图 8-33。

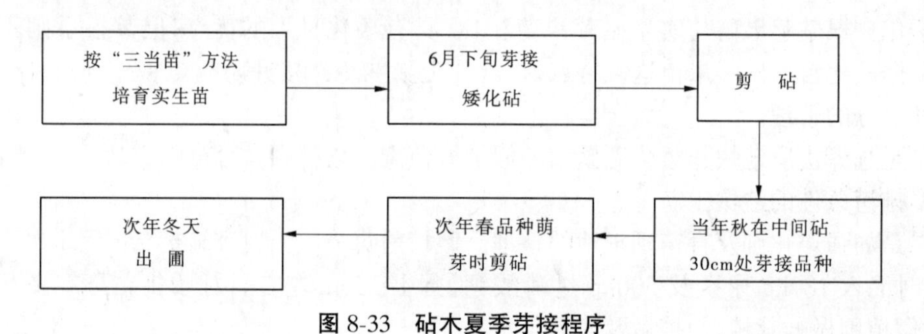

图 8-33 砧木夏季芽接程序

矮化中间砧苹果苗培育的管理要点与实生苹果苗培育的管理要点基本相同。

三、"三当苗"的育苗技术

"三当苗"又称速生苗、当年实生砧苹果苗,即当年播种、当年嫁接、当年出圃的速生实生砧苹果苗。"三当苗"培育速度快,但质量较差,若培育过程中加强管理,特别是 8 月下旬后连续喷施果树专用光合微肥或磷酸二氢钾,是充实枝芽,促进细根生长,提高"三当苗"质量的一项关键措施。"三当苗"培育的程序如图 8-34。

"三当苗"培育的管理要点基本上与 2 年出圃的实生砧苹果苗相同,但要注意如下几个方面:

(1)对于实生苗,4 月下旬始,每半月追尿素一次,每次每公顷 45~75kg,共 3 次,干旱时浇水;苗高 15~20cm 时喷 50mg/kg 赤霉素一次及 0.2%果树专用光合微肥 3 次。

(2)对于嫁接苗,7 月中旬开始每半月追一次尿素,每次每公顷 90~105kg,共 3 次,并结合浇水;接芽长约 12cm 时喷 50mg/kg 赤霉素一次;8 月中下旬始每 10 天喷 0.3%磷酸二氢钾一次,共 3~4 次,并适当控水。

(3)整个生长期注意松土除草,防止病虫害。

(4)实生砧种子应选用适应性强、速生的类型,如八棱海棠及淄博海棠,实生苗易较早达到嫁接粗度,其嫁接苗既高又粗,而山定子则较差。

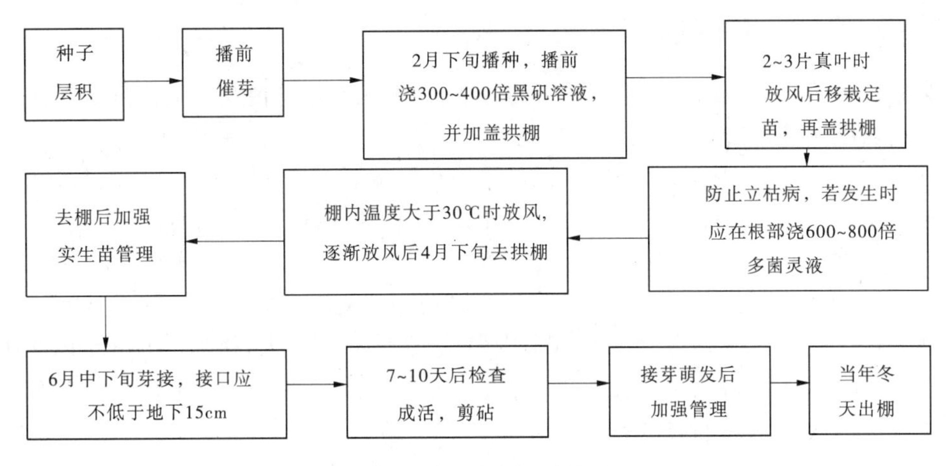

图 8-34 “三当苗”育苗程序

第三十四节　梨　树

学名(洋梨):*Pyrus Communis* L.

科、属名:蔷薇科,梨属

一、繁殖方法

梨苗繁殖方法就是无性嫁接繁殖。梨树的砧木很多,一般都是利用当地野生或半栽培种。北方各省,如河北、山东、河南、山西、陕西及安徽、江苏北部,多用杜梨作砧木,少量用褐梨、豆梨。辽宁、内蒙古及河北北部多用秋子梨作砧木。甘肃多用木梨作砧木。湖北、湖南、江西、安微南部、浙江、福建则多用豆梨作砧木。云南、四川一带则多用川梨作砧木。

(1)杜梨。杜梨为华北及中原地区梨的良好砧木。利用杜梨嫁接的梨树,生长健壮,结果早、丰产、寿命长。根系入土深,须根多,根系庞大,对土壤适应性好,抗寒、耐旱、耐涝、耐碱。杜梨无论与中国梨还是西洋梨嫁接,亲和力都强,嫁接后结果也较早。实生苗当年夏季即可芽接。

(2)秋子梨。适于作寒冷地区梨的砧木,秋子梨嫁接的梨树,树体高大,寿命长,丰产,对于腐病抗性好,适于嫁接各种东方梨品种。与西洋梨的亲和力弱,且以秋子梨作砧木的西洋梨品种,果实易感染铁头病。

(3)豆梨。适于暖湿气候,适应黏重酸性土壤。抗旱、耐涝、高抗干腐病。与砂梨及西洋梨品种亲和力强,易于成活,成苗后苗木旺。嫁接洋梨可避免铁头病,为长江流域的良好砧木。但抗寒、盐碱力及耐瘠薄能力略差。

(4)褐梨。褐梨为华北地区常用的梨砧木。嫁接后树势较旺,产量高,但结果较晚。

(5)木梨。木梨主要在甘肃、宁夏及青海等地作梨砧木。对干腐病的抗性较差。

(6)川梨。川梨在云南呈贡和丽江一带作为梨树的砧木,嫁接树生长健壮,结果良好。

二、育苗方法及相应的管理要点

梨树的育苗一般采用苗圃嫁接繁殖的方法，也有用坐地育苗及根蘖育苗的方法。

（一）苗圃嫁接育苗

该育苗法的环节包括采种、种子层积、播种及嫁接等。其程序及管理要点与苹果实生砧嫁接苗基本一致，但各环节梨实生嫁接苗的培育有其自身的一些特点。

（1）种子层积。于1～2月份按种沙1∶5比例混匀，盆底放2cm净湿沙，后将混匀种沙装入瓦盆，上再盖5cm湿沙；存阴凉处层积60天；"惊蛰"前将层积的种子取出，稍晾一下，筛除沙子，把种子晾干，装入袋中或盆内贮放；在播种前5天，将晾干的种子以45℃温水浸种24小时，捞出盛放于泥瓦盆里，上盖一湿布，进行催芽，每天清水冲洗一次，3～4天种子发芽可达70%左右，此时即可播种。

（2）播种。大粒型杜梨条播用量22.5～30kg/hm²，小粒型杜梨条播用量15～22.5kg/hm²。方法是在整好的土地上开一条深、宽各1.5cm的沟，稍镇压，把种子均匀撒于沟中，上覆盖一层湿沙，以填平播沟为限度。随后再用湿土封起6cm左右高的垄，种子扎根后把垄耙平，2～3天即可出全苗。

（3）嫁接。在砧苗主干嫁接部位粗达0.5cm时，以"T"形芽接法嫁接，用塑料条绑扎，接口距地面15cm，接口以下保留5个以上分枝。

（4）剪砧。嫁接后8～10天松绑并剪砧。

（5）扶苗。苗高25～30cm时，在接芽的对立面立一支棍，用塑料条"8"字环形将苗绑于棍上扶直，苗高75cm时，分3次剪除下部分枝，每次1/3，原则是先强后弱，先上后下，停止生长前剪第三次。

梨苗圃嫁接苗的管理要点，除包括实生砧苹果的管理要点外，在管理上还应注意如下3个方面：

一是砧苗断根。梨树的实生苗，特别是杜梨的实生苗，主根发达，侧根少而弱，移栽后成活慢，缓苗期长。黄河故道群众在二片真叶时，切断主根先端再行移植，可使实生苗在扎根期生长出较好侧根，而不影响当年嫁接。或于8～9月份芽接成活后断根，侧根分生较多，断根深度以15～20cm之间为宜。断根后需及时追肥浇水，以利新根生长。

二是砧苗摘心。梨的芽和叶枕都大，芽接时要求砧木较粗，一般要在0.6cm以上。因此在苗高33cm左右时，留大叶片7～8片，进行摘心，使其增粗。以50mg/kg赤霉素喷洒处理，也可显著增加砧苗的粗度。

三是圃内整形。梨的芽接苗或切接苗在第一年往往生长很旺。梨的顶端优势极强，按一般副梢整形的方法，在整形带以上10cm摘心时，在顶端仅抽出1～2个副梢，不能达到整形的目的，在圃内当苗高距整形带尚有10cm时进行摘心，可抽出4～5个良好的副梢。据试验，鸭梨及雪梨苗高达80～90cm后，于6～8月份这段时间内摘心越早副梢抽出得越多，生长量也越大，方法是在木质化部位摘心后剪除两片叶片，有利于促发副梢。因此在圃内整形时，应加强梨嫁接苗的前期土肥水管理，使其尽早达到摘心高度。

（二）坐地育苗法

坐地育苗就是利用梨树的根蘖繁殖梨苗的一种方法。将梨树的根蘖挖取后，按一定的株行距定植于园内,2～3年后用做砧木就地嫁接,就地成苗,不再移植。此育苗方法简单,嫁接后易成活。这对北方干旱寒冷地区具有重要实践意义。因为砧木强健,能抗旱、抗寒,先植砧木经2～3年后生长已很旺盛,地下根系也很发达,此时嫁接成活率高,冬季不易遭受冻害。我国梨区现有的100多年的老梨树,大都是利用根蘖繁殖而成的。

(三)根蘖育苗法

梨树极易萌生根蘖,常用来培育为砧木用苗。为取得较好较多的根蘖苗,可在树冠边缘投影处开沟断根,然后填土平沟,使之萌发根蘖。以后加强肥水管理,就地嫁接,能得到比播种育苗法质量高的苗木。为了保护母树,一年不能取苗过多。切根部位需变换方位进行。

第三十五节　杏　树

学名:*Prunus armenica* L.

科名:蔷薇科

一、繁殖方法

在我国对仁杏、干用杏多采用实生繁殖法,这是因为:不经移栽,具有强大的垂直根系,抗逆性强,树势强壮,结果寿命长;在水土条件差的荒山坡地,实生繁殖法比栽植育成苗节约劳力和提高成活率;可选育出一批性状优良的实生单株,丰富现有的品种资源。但对食用杏来说,实生繁殖法不能保证其品种的优良特性。

对品种优良的食用杏,其苗木繁育须嫁接育苗。

在许多杏产区一般用普通杏作为杏的砧木,它具有适应性强、种仁饱满、发芽率高的优点。在华北、西北北部及东北地区,一般采用西伯利亚杏和东北杏的实生苗作砧木,因其最抗旱。山东则多用山杏作砧木。也有用桃、李及樱桃作砧木的,但为数不多。

二、育苗方法及相应的管理要点

(一)实生育苗法

按播种时期可分为春播育苗、夏播育苗及秋播育苗。

1.秋播育苗

在土壤冻结前进行,种子不经处理,直接播种田间,播后覆土深约10cm,踏实。或在能灌溉的平地上建立苗床,开沟点播,播深5～7cm,然后覆土灌水。次春出苗率可达90%以上,管理好时,苗木生长很快。

2.春播育苗

从完熟的果实中采种,取出杏核后洗净晾干,直至核仁完全分离,手摇动时有响声,即可入袋干藏。春播所需种子必须经沙层积,层积方法可参考实生砧苹果嫁接苗的种子处理方法,沙藏温度为0～5℃,沙藏时间80～100天。

对于冬前来不及层积处理的种子,可经下述处理后春播:把杏种子放入盛有冷水的大铁桶内,用木棍不断地搅动,把浮在水面上不饱满的霉烂种子全部捞出弃掉,把余下的好种子捞到已备好的另一只大铁桶中,然后立即倒入由2份开水1份凉水混成的温水,用木棍不断搅动，至水不烫手为止。浸泡24小时后，把原来浸泡的水倒掉，换入清水，再充分搅动，继续浸泡24小时。然后将种子捞出，用细碎潮湿的牛粪5份、种子2份混拌，拌好后放在背风向阳处堆积，并在堆上覆盖草帘，草帘上要随时喷水，以保持牛粪的湿度。种子混入牛粪的湿度，以手握成团而不出水、用手触动散开为宜。堆积的种子每隔7天检查一次，以便调节上下层种子的温度。堆内温度不宜过高，以免降低种子的生命力。湿度不够应及时喷水。经过浸泡和堆积，种子即可用于田间播种，出苗率可达90%以上。在常规管理条件下，苗木生长健壮。

3. 夏播育苗

为缩短杏树育苗的周期和育苗年限，可利用当年的新鲜杏核，砸去外壳，保留种皮或削去胚尖部分的种皮或剥去全部种皮，播种于露地或30℃恒温箱内，上盖细沙，于6月中旬至7月上旬播种。这样用当年新鲜杏种子育出的实生苗，当年苗高可达50cm，茎粗0.42cm。剥去胚尖部分种皮或剥去全部种皮，出苗快而齐，出苗率为30%～100%，而用陈种露地播种的出苗率仅为24%。

4. 杏实生育苗的管理要点

(1)查补缺苗。种子萌发后，田间有较多的缺苗时，可在四片真叶前移栽补苗。

(2)中耕除草。出苗后中耕一次，使土壤保墒升温，有利小苗生长，并可除去杂草。

(3)浇水追肥。春天风大干燥，幼苗长至10～15cm时，可浇水一次。至6月中旬，每公顷追施尿素300kg。追肥结合浇水，浇水后配合划锄松土。

(4)防治病虫。幼苗出土后，要防治早春的食芽害虫，如金龟子、地甲虫类，后期苗木及时防治刺蛾、毛虫、蚜虫及卷叶蛾等。

(二)嫁接育苗

1. 砧苗的培育

用做砧木的种子可在春、夏、秋三季播种，砧木种子的处理方法及砧苗的培育方法同杏实生苗的繁殖方法。

2. 嫁接方法

可在春季劈接或夏秋季进行芽接。劈接的时期以花芽萌动到初花期为宜，其他程序同一般的劈接法。

(1)芽接。采用带木质芽接法不但成活率高，而且适接期长，从5月上中旬到8月上旬都可嫁接，特别是7月上旬嫁接效果较好。取芽时微带木质部，即芽片中部厚度要薄，过厚时成活率显著下降。接后以塑料条绑缚。其他做法同一般芽接法。

(2)根皮接。首先选择砧木，早春嫁接前，将根颈以下根全部刨出，坑要大，不要伤根皮，然后选无伤、无病虫及根皮光滑平整的1～2个粗大根段作砧木，锯去根颈以上的主干；其次选择接穗，在丰产优质母树上选一年生粗细适中、芽饱满及无病虫的枝条作接穗条；再次是嫁接，在砧木光滑无须根面用竹扦紧贴木部插入根皮层内开一个接口，然后在接穗下端削一长2cm左右斜面，削面对侧轻削一刀，把削面对侧的表皮以手指揭去，使之露出绿色皮层，把这一削好的接穗插入砧木接口内，使接穗削面和砧木木质部全部密接；最后以潮湿土将接穗细心埋没，并超过顶部4～6cm，呈馒头形，砧穗间一般不需绑缚，培土要细心，以防动摇接穗。接后要加强管理，5月中旬检查一次，接穗露出土时要及时培土，抽出新梢后要防病虫，雨后修树盘，加强肥水管理以利幼树生长。根皮接的优点在于：嫁接时间比地上枝接提前15～20天；接口在地下，水分充足，抗旱抗风，不必设支柱，愈合快，成活率高；不用绑扎，便于操作；很少萌发枝条，减去除萌步骤；养分集中，生长旺盛，3～5年即结果。

3.快速培育杏树嫁接苗的管理要点

(1)整地播种。育苗地要选有水源及肥沃的土壤，酸碱度以7为宜。圃地提前浇水，施足底肥，每公顷施优质圈肥75t左右，碳酸氢铵750kg，复合肥300kg。精耕细耙，整平做畦。3月中旬取出层积杏核，放于室内或温室催芽。催芽有两种方法，第一种是高温浸种加沙培：3月上旬将杏核用75～85℃温水浸泡5分钟后自然降温，2天换水一次，连续浸泡10～12天，然后湿沙培入瓦盆或背风向阳池内，覆以塑料薄膜，3月下旬开始破壳露芽，7～10天破壳80%时即可播种；第二种方法是破壳取仁浸种：选用厚木板作垫，用木锤轻轻将种壳敲开取出种仁，但不要伤了种皮，3月中旬用45℃温水浸种24小时，捞出后放入新瓦盆或罐内，每天用清水冲洗一次，温度保持在18℃以上，7～8天后有80%可发芽时即可播种。为了嫁接等管理方便，播种时采用宽窄行播种法，宽行行距60cm，窄行行距33cm，开沟顺行点播，株距15cm，覆细土3cm，后覆地膜，待苗子搭满垄后，去掉地膜。

(2)砧苗管理。播种7～8天后即有幼苗出土，苗出土及时将地膜划破，使幼苗出膜，以免高温烧苗或压弯幼苗，然后用湿土将地膜破口处压住，以免进风影响膜的保温保湿作用。当幼苗10cm高时，用0.2%～0.3%的果树专用光合微肥进行叶面喷肥一次，或喷0.3%的尿素与磷酸二氢钾混合液一次；苗长到20cm高时，每公顷施尿素150kg，随即浇水；苗长到40cm高时，每公顷施碳酸氢铵300kg，随后浇水1～2次。砧苗长到50cm高时摘心，促进砧苗加粗生长。嫁接前7～8天浇水一次，以提高嫁接成活率。

(3)适时嫁接。6月下旬砧苗高60～70cm，基径粗1cm时即可嫁接。嫁接方法以带木质芽接于砧苗30cm高位处较好，嫁接部位高，砧木保留叶片较多，接芽愈合快、萌发快、成活率高。试验表明，此法比"T"形芽接萌发率及成活率分别提高20%和24%；比基部带木质芽接提早2天萌发，成活率高7%，苗平均高26cm。

(4)加强嫁接后的管理。高位带木质芽接后，要及时将砧木接芽以上的2～3片叶剪去，并去除侧芽，接芽以下的二次枝要全部去除，保留苗干上的叶片，接芽萌发后，再将接芽1cm以上的砧木去掉，注意不要伤及接芽，剪口要光滑，呈马蹄形，以利愈合。剪砧后要注意除砧萌，5～7天应除砧萌一次，共除3～4次。接芽长到20cm时每公顷施碳酸氢铵375kg或尿素225kg，随即浇水；每15～20天喷施光合微肥一次，9月中旬后要控肥水，促使苗木及早封顶，以防贪青徒长，不利越冬。苗期要注意蚜虫，发生时可喷2 000倍氧化乐果或1 000倍的50%敌敌畏药液进行防治。

第三十六节　李　树

学名：*Prunus salicina* L.

科名：蔷薇科

李树可用分根、实生及嫁接等方法实现苗木繁殖。但在生产上普遍应用的则是嫁接繁殖育苗,如芽接或枝接。

一、选用砧木

李树的砧木有杏、山桃、桃、李、梅及毛樱桃等。

李的砧木,南方习惯于用桃和梅。桃砧的李嫁接苗生长迅速、结果早、丰产,适于沙质土壤上栽培,缺点是寿命短,对低洼黏重的土壤适应性差,根头癌肿病及白纹羽病较重;梅砧的李嫁接苗生长缓慢,结果较迟,但树龄较长。

北方多用桃、山桃或李本砧,山桃较桃的耐寒力强是山桃砧的优点,缺点与桃相同。用李作本砧时,嫁接苗木对低洼黏重的土壤适应性强,根头癌肿病较轻,但抗旱力较弱。

东北中部常用杏或李本砧作李嫁接苗的砧木,用杏作为李的砧本,亲和力良好,抗寒力强,生长、结果好,而且可避免根蘖的萌发,但杏砧与李的某些品种嫁接亲和力差,不如李本砧。李本砧的优点是嫁接亲和力强,嫁接成活率高,但本砧的缺点是易生根蘖,不便于管理,且抗寒、耐旱力差。

以毛樱桃作李的砧木,与以山杏及毛桃作李的砧木比较,毛樱桃砧的李嫁接苗木树体矮化,产量较高,可提早二三年结果,且接口愈合良好,矮化效果为 9.13%～33.3%,树冠减少 33.3%。产量增加 16.5%。

以榆叶梅作李的砧木,也可使李树矮化,嫁接成活率较高,抗寒,耐盐碱,早果,萌发早。

二、嫁接育苗方法

嫁接育苗包括种子的层积、播种、嫁接及剪砧除萌等环节。

(一)种子的层积

以桃、杏、李作砧木的种子层积处理,可参考桃、杏实生育苗种的处理方法。东北以李作砧木进行苗木繁育时,常遇到的问题是出苗率低或出苗不一致,可在 9 月份取完熟果实采种后,立即用草炭贮藏,并置于温室中进行高温处理,白天温度保持在 18～20℃,夜间 12～13℃,40 天后移于低温 1～3℃的窖中,至翌年 4 月中旬,当种子有 70%左右裂口时进行播种,出苗率达 79%,幼苗生长良好。对层积的种子在播种前 2～3 天放于温室或室内进行催芽,将发芽的种子拣出播种。

(二)播种

播种时,人工在地膜上扎孔。要求株距 3～5cm,孔深 2～4cm,孔径 5cm,行为宽窄行,窄行距 30cm,宽行距 60～70cm。播种是将发芽的种子播在孔内,一穴一粒或两粒。在种子上盖 2cm 厚的细湿土,将穴口封严。为保证播种质量及出苗整齐,种子不发芽不播种。播种以 3 月中下旬到 4 月上旬为宜。播种后若天气晴朗,4～5 天就有苗子顶出地膜,7～10 天苗子就可出齐。每天检查出苗情况,及时解除苗子顶土,防止苗子弯曲在地膜内,或被烫伤。

(三)嫁接

可在春季进行劈接,或于夏季进行芽接。嫁接接穗的枝或接芽要饱满充实,芽接部位应在离地面 5～8cm 处,有利于芽接的芽早期萌发。具体嫁接方法可参阅“嫁接育苗”部分。

（四）剪砧及除萌

夏剪砧一定要在离接芽 3～5cm 处进行，砧木接芽以上留几片叶，待接芽萌发后再在接芽以上 1cm 处二次剪砧。剪砧后应随时抹除砧木上的萌芽，以保留接芽正常萌发生长。

三、快速培育嫁接苗的管理要点

（一）培肥苗圃，早春覆膜

苗圃应选择在地势平坦处，肥沃、疏松。冬前要深翻，灌水。3 月中下旬整地，每公顷苗圃基施 75～90t 优质腐熟有机肥，内拌 2 250kg 过磷酸钙及适量的草木灰。施肥深翻后，随即把整好成畦的苗圃南北向铺以地膜，并铺平铺严，以利苗圃地温及早升高。

（二）加强砧木苗的管理

砧木幼苗前期管理极为重要，促进砧木幼苗前期壮旺，除早春覆盖地膜外，还要及时进行根外追肥，可每隔 15～20 天喷施 0.2% 的果树专用光合微肥 2～3 次，或喷 0.3% 的尿素磷酸二氢钾（1∶1）2～3 次。6 月上中旬当苗高 20cm 时即可全部摘心，促进砧苗分根和加粗生长，及早达到夏季芽接所必需的砧木粗度。

（三）适时嫁接

嫁接时期以 6 月为宜。嫁接前 7～10 天，选生长旺盛的外围枝摘心，以促进接穗提早成熟，芽接时尽量选用饱满成熟的接芽。

（四）嫁接苗的管理

嫁接苗剪砧后，及时追施尿素一次，每公顷 300kg，随后每 15～20 天喷施 0.3% 果树专用光合微肥一次，共 2～3 次，并适时浇水，及时除去砧萌，约 9 月中上旬嫁接苗可长到 70～100cm，此时全部摘心，并停止浇水，以促进苗木加粗生长，促使苗木充实饱满。即可培育成优良的苗木。

只要做到上述几个管理要点，在当年便能快速培育出优良的李嫁接苗木，出苗即可定植。

第三十七节　核桃树

学名：*Juglans regia* L.

科名：胡桃科

核桃，木本油料经济树种，在黄土高原广为分布。其主要器官的形态如图 8-35。

一、繁殖方法

核桃苗木的生产，以前我国除云南一些地区外，一般都沿用实生繁殖的方法，而实生繁殖得到的苗木多变异，性状不一，结果晚，产量低，品质差，严重影响了核桃的商品性。近几年对核桃苗木的生产提出了更高的要求，注意选育核桃良种，并通过嫁接繁殖方法推广核桃良种，极大地提高了核桃的商品性。目前核桃苗木的主要繁育方法是嫁接繁殖，逐步代替了过去的种子实生繁殖方法。我国少数地区仍沿用实生繁殖方法来繁育核桃苗木。

图 8-35 核桃

1—果枝;2—雄花枝;3—雌花;4—果核纵剖面;5—果核横剖面

目前我国核桃嫁接繁殖苗木常用的砧木有下述几类:

(1)共砧。即用普通核桃的实生苗作砧木,一般是用夹核桃(厚皮核桃)或绵夹核桃等品种。资源丰富,亲和力高,适应性较强。

(2)核桃楸。抗寒、抗旱,生长旺,适应性强,适应于华北及西北各地。嫁接部位有"小脚"现象,若嫁接部位低则不明显。

(3)新疆核桃。野生于新疆巩留及伊宁地区,适应当地的土壤气候条件。

(4)铁核桃。云南及贵州省用做砧木,适应当地的气候条件,生长快,耐瘠薄。

(5)枫杨。山东叫"平柳",南京叫"水槐树"。落叶乔木,我国南北各省都生长有枫杨。多生长于溪旁或河边低湿的地方,也能在干旱地方生长。根性发达,生长快,树龄长,但嫁接成活率较低。

二、育苗技术及相应的管理要点

(一)种子实生苗木的育苗技术

核桃实生苗木的育苗技术包括采种、种子贮藏、播种及苗期管理等几个环节。

1. 采种

为了直接培育核桃实生苗木,并进行定植建园时,应由良种基地或优良品种(或类型)母株提供种子来源,采种母株应具备下列条件:产量高而稳定,每平方米树冠投影平均产核桃仁 0.2kg 以上,小年产量不低于大年产量的 60%;坚果优良,外形端正,缝线较平,表面较光滑,壳厚小于 1.5mm,出仁率大于 45%,仁色浅黄;分枝能力较强,成枝数不低于 2~3 个,抗病、耐旱和耐瘠薄能力较强。作为嫁接砧木用的种子则可要求不严,一般当年产新鲜商品核桃均可。播种用的核桃种子必须充分成熟,以保证发芽力和种苗健壮。为此,应在青皮(总苞)开裂,坚果自行脱落时最佳,故可在全树果实有 30%~50%青皮开裂时一次采收。

2. 种子的贮藏及处理

核桃种子无后熟期,但也必须给予一定温度和湿度条件才能打破休眠而发芽。所以,除有些地区核桃采收后,立即进行秋播外,多数地区仍提倡经过贮藏后,于春季进行播种育苗。贮藏中应注意保持低温(5℃左右)、低湿(空气相对湿度 50%~60%)和适当通气,以利于种子维持正常生理活动,贮藏的时间较长。核桃种子贮藏方法分为湿沙贮藏(沙藏层积处理)和干藏两种办法。

(1)湿沙贮藏。应选排水良好、背风向阳、无鼠害的地方,挖掘贮藏坑,一般坑深为0.7～1m,宽度1.0～1.5m,长度依种子量而定。北方冻土层较深,贮藏坑也应适当深些;南方较温暖,可稍浅。贮藏前,种子应进行水选(或盐水选择),将漂浮于水上、种仁不饱满的种子捞出不作种用,将浸泡2～3天的水下种子取出,进行沙藏。首先应在坑底铺一层湿沙(手握成团不滴水为度),厚约10cm,其上放一层核桃,然后以湿沙填满空隙,厚度约10cm,依此分层放种铺沙,直至坑口20cm处,再用湿沙覆盖,与坑口取平,上面用土培成屋脊形,同时于贮藏坑四周开出排水沟,以免积水浸入贮藏坑内而造成种子霉烂。为使贮藏坑内空气流通,应于坑的中间竖一草把,直达坑内底层。坑上覆土厚度可依当地气温高低而定。早春应注意检查坑内种子状况,勿使霉烂。

(2)干藏。贮藏前将脱青皮的核桃坚果放在干燥通风处阴干,晾至横隔一折即断,种子与种仁不易分离,种仁内外颜色一致时便可收藏。但应避免日光暴晒,降低发芽力。将干燥的坚果装入袋中,堆放于通风、阴凉、干燥、光线不能直射的房间内。贮藏期间应经常检查,避免鼠害、霉烂和发热等现象发生。

(3)种子处理。秋播种子不需任何处理。春季播种干种子时,应于播种前进行浸种处理,以利提早发芽和增加出苗率。现将各地常用的几种处理方法介绍于下。

冷水浸种:用冷水浸泡7～10天,每天换一次,或将盛有核桃种子的麻袋放在流水中,使其吸水膨胀裂口,即可播种。

冷浸日晒:将冷水浸泡过的种子置于日光下暴晒,待大部分种子裂口,即可播种。

温水浸种:将种子放入80℃温水的缸中,随即用木棍搅拌,使其自然降至常温后,浸泡8～10天,每天换水,种子膨胀裂口后,捞出播种。

石灰水浸种:山西汾阳县南偏城经验是:把50kg核桃倒入1.5kg石灰和10kg水的溶液中,用石头压住核桃,再加冷水,不换水浸泡7～8天,然后捞出暴晒几小时,种子裂口即可播种。

开水烫种:将种子放入缸内,然后倒入种子量的1.5～2.0倍的沸水,随即搅拌2～3分钟,捞出播种。也可搅拌到不烫手时,再加冷水浸泡数小时,捞出播种。开水烫种多用于时间紧迫,不得已而采取的措施。此法适用于中厚壳的种子,薄壳和露仁核桃不能采用此法。

3. 播种

播种期分秋播和春播两种。秋播在核桃采取后到土壤结冻前进行。播前无需进行种子处理,手续简便,且春季出苗早而整齐。但在冬季过分寒冷、干旱和有鸟兽为害的地区不宜采用。春播一般是在土壤解冻以后进行,以2月为宜,气温回升较慢的地区,3～4月间播种也可以。由于核桃出苗需时较长,解冻后应尽量早播。一般在表土层(10cm深)温度达10℃以上时即可。播种过迟的,不仅影响全苗,对于苗木长势也有一定影响。北方寒冷地区以春播为宜,南方比较温暖,春秋播均可。核桃种子较大,播种时宜用点播。1m宽的苗床,每床播3行,行距30～40cm,株距10～15cm,播后覆土5～10cm(土壤较黏或多雨地区可浅播)。播种时种子的放置方式要十分注意,以核桃种子的缝合线与地面垂直,种尖向一侧为最好,其他方式因幼根或幼茎的弯曲,往往出苗较为迟缓。有灌溉条件的，可在开沟后先灌水，待水渗下后再播种、覆土。没有灌溉条件的地方，可以采用抗旱保墒的播种方法，即将种子深播在20～30cm的湿土层中，出苗前将上部干土去掉，种子上保留10cm左右覆土层，以利幼苗出土。播种量按照畦宽1m，每畦3行，10cm播一粒计算，大粒种子（60粒/kg）每公顷需4 500kg，中小粒种子（100粒/kg）每公顷需2 700kg；每隔15cm播一粒时，大粒种子每公顷需3 000kg，中小粒种子每公顷需1 800kg。播前准备种子时，其总量要根据播种方法、株行距、种子的大小和质量具体计算，一般每公顷的播种量为1 800～2 250kg。

4. 实生苗木培育的管理要点

要培育出健壮的实生苗木，需做好下面几项工作。

(1)苗圃播种前要深翻施肥。苗圃地应在前一年秋冬深翻，最好深翻两次，深度30cm左右。深翻的目的在于熟化表土，积蓄雨雪，消灭部分害虫，提高保墒能力。播前应施入足够的有机肥，每公顷施入15～40t厩肥即可。

(2)查苗补种。大量出苗后应及时检查，发现缺苗严重时，要随时补种。所用种子最好经过浸种催芽。

(3)防止日灼。幼苗出土后，如遇有高温、暴晒，其微茎先端往往容易焦枯，俗称“烧芽”。为了防止灼伤幼苗，首先要注意播前的整地质量，其次，播后圃面覆草，通过调节地温，减缓蒸发，也能增强苗势。

(4)中耕除草。杂草与苗木争夺水分、肥料，有的还是病虫的媒介。及时中耕可以疏松表土，减少蒸发，防止地表板结。苗木生长期中，一般应进行2～3次中耕除草，使苗圃保持表土疏松，地无杂草。

(5)施肥灌水。核桃主根发达，苗期无需灌溉，尤其是幼苗出土前不宜灌水，以免造成地面板结。苗出齐后，为了加速生长，应尽早追施速效氮肥（尿素）120kg/hm^2（在迅速生长的7月以前可追施一次），在加速生长的后期(7～8月)，可加施一次速效磷、钾肥（如草木灰、过磷酸钙等），也可用根外追肥的办法喷施磷肥（浓度为0.5%～2%），以促使苗木老化，提高越冬能力。在雨水过多的地区，要注意排水防涝，以免因水分过多而引起徒长或烂根死苗。

(6)防治病虫。苗期病虫害的发生，往往影响苗木的质量，应及时消灭病虫害。

(7)越冬防寒。多数地区无需防寒，如冬季经常出现－20℃以下的低温时，则需做好保护工作。一般将苗木就地弯倒，然后用土埋好即可。也有先平茬后埋土的，苗干剪低以后，便于埋土，其效果仍与前者相同。在北方寒冷地区，为了有利于苗木越冬，往往在冻结前将苗木全部掘出假植，次年春季解冻后再栽。苗木经过移植，切断了主根，有利于侧根和须根的生长，这种苗在栽后缓苗较快，成活率高。挖掘苗木时，不论是机械掘苗，还是人工挖掘，均需注意保护根系。主根长度不应小于15～20cm，侧根要求完整。若主根过短，侧根损伤过多，则移栽不易成活。

(二)嫁接苗木的育苗技术

培育嫁接苗木包括砧苗培育、采集接穗及嫁接等环节。

1. 砧木苗的培育

培养砧木苗可根据生产需要，采用直播和苗床育苗两种方式。直播培育砧木苗可将砧木种子直接播种在建园地段，待砧木干粗达 1.5cm 左右时，进行嫁接。此法省去移植工序，但用种量多，不便管理。苗床育苗方法同实生苗的培育，待达嫁接粗度时，在圃内嫁接，成活后移植于建园地段，适于大量育苗，便于管理，成苗率高。

2．采集接穗

(1)枝接接穗的采集。枝接接穗最好于芽萌动前采集，随采随用。如需从外地采集，接穗可于上年秋季修剪时或芽萌动前 20 天，从良种树或采穗圃内剪取生长健壮、发育充实的中长发育枝，也可用中长结果枝。接穗质量是关系到嫁接成活率的重要因素，尤其是接穗粗度(接穗粗度以 1.4～1.9cm 为宜)、髓心大小和保鲜(水分)状况，采集的接穗，剪成三个芽一段，然后在 95～100℃石蜡熔液中速蘸，对保持接穗内部水分有很好效果，可大大提高嫁接成活率。蜡封好的接穗 50 支一捆，标注品种(或优株)名称，放在 10℃以下的地窖中贮藏备用。如从外地采集接穗，应特别注意保持接穗内部水分。运到之后，亦应进行封蜡备用。一个发育枝(一年生枝)上的不同枝段，因其发育程度有所差异，对嫁接成活有明显影响。发育枝中部及基部具有较高的嫁接成活率，可达 97%～100%，梢部则较低。

(2)芽接接穗的采集。芽接接穗可在嫁接前 10～15 天采取，要注意选好优良单株，并自当年生的健壮发育枝上或长果枝上剪取，接穗采下后要立即剪去复叶，保留 1～2cm 叶柄，以减少水分蒸发。如果嫁接数量不大，也可随接随采，如需贮藏，应放通风冷凉的地方，将接穗插于湿沙中，随时喷水，以防干缩。需要从远地采集接穗时，用湿润的苔藓或木屑包装，外面用蒲包或麻片封好后才能起运。

3．嫁接

核桃的嫁接时期因气候不同而有差异，各地应根据本地区核桃的物候特点选择适宜的嫁接时期。一般砧木进入旺盛生长期后，伤流较少，形成层活跃，生理活动旺盛，因而有利于伤口愈合。根据这个特点，枝接多在萌芽展叶期，芽接多在新梢加粗生长盛期进行。如云南、四川等地，枝接在 2 月份，芽接在 3 月份。黄河流域一带，枝接应在 3 月下旬到 4 月中、下旬，芽接应在 6 月至 8 月中下旬，如果利用一年生枝上的隐芽，也可以在春季进行芽接，随采随芽接。

核桃育苗可以枝接也可以芽接。枝接分别为劈接、腹接及插皮舌接等方法；芽接法可分为方块芽接、“T”形芽接及舌状芽接等方法。

(1)劈接。适于年龄较大、苗木较粗的砧木。如为大树高接，应按从属关系和适宜的树体结构，确定高接部位和接头，接穗削法和要求与苗木劈接法相同(最好接穗蜡封)，然后用塑料薄膜绑缚严密。苗木嫁接成活率可达 88.24%，当年苗木高度可达 70～110cm。

(2)插皮舌接。在苗木树流流动期到新梢生长始期，伤流量少，皮层易于削离时进行。为了避免伤流影响，应注意接前不要灌水和接前 4～5 天预先锯断砧木，起到放水作用。嫁接时可将砧木再锯去一薄干层，然后将砧木外表面削去，呈长舌形，露出形成层。接穗预先封蜡，保留三芽，削成长 5～6cm 舌形削面，并用于捏离舌状部分的皮层及木质部之间，捏开的外皮层敷于砧木外削舌状面上，最后用塑料薄膜仔细绑缚，保证接口湿度，以利愈合。幼树和大树高接时，应于高接前六七天将接头锯好，预先放水，同时于树干基部距地面 30cm 处，螺旋式锯 3～4 个锯口，深入木质部 1cm 左右，以利下部放水。锯头应距基部 20～30cm，并按接穗削面长短，轻轻削去老皮，露出形成层，削面应稍大于接穗。接穗应选粗度 1.5～2.0cm、髓心小、芽体饱满、蜡封完好的接穗，保留 2 芽，于接穗下部削成长马耳形削面，长度 5～6cm，将削面前端皮层捏开，把接穗的木质部插入砧木的木质部和韧皮部之间，接穗的皮部贴于砧木的外侧削面上，接穗插到微微露白时为止，然后用塑料薄膜绑严。第一接头插入接穗数量，可根据接头粗度和接穗数量而定，一般砧木直径达 3～4cm 时，可插两条接穗；砧木直径 5cm 以上，可插 2～3 条。

接后 20～25 天，接穗即可陆续发芽，待新枝长到 30～40cm 时，应注意引缚，防止风折，同时除去枝干的蘖枝，6～7 月间，当接口愈合组织生长良好后，将绑缚物除掉，以免阻碍接穗加粗生长。

(3)腹接。接穗可用 1 年生或 2 年生枝条，选择标准同前。于接穗一面削成长约 5cm 的马耳形大斜面，再于其对侧削 1～2cm 小斜面(不超过髓心)待用。选用粗度不小于 2～3cm 的砧木，距地面 20～30cm 处，与砧木呈 20°～30°角，向下斜切 5～6cm 的切口(不超过髓心)，轻扳切口以上的砧木，切口张开，轻轻插入接穗，使砧木与接穗大小两面相应对好形成层。放手夹紧，用塑料条绑严绑紧，然后于砧木切口以上 5cm 处剪断砧木，成活率可达 85%以上。

(4)"T"形芽接。接芽要选取充实的饱满芽，芽片隆起过大的，不宜采用，以免妨碍愈合。

(5)方块芽接。此法各地应用较多，成活率较高。要求砧木为 1～2 年生，方形割口与方形芽大小相同，将芽片镶嵌在砧木切口中，使芽片与砧木切口密切结合，用塑料薄膜绑缚严紧即可。要求芽片长度不小于 4cm，宽度为 2～3cm，芽内维管束(护芽肉)保持完好，芽片四周切口整齐，芽子充实饱满。

(6)舌状芽接。嫁接时，先用刀在砧木一侧削下长 4～5cm 的舌状切口，深达木质部，再将削起的树皮上半部切去，保留下半部，作为夹合芽片之用。在接穗上按同样长度，削取一舌状芽片，可稍带木质部，但不宜太厚。芽片削好后，迅速插入砧木裂口的树皮下，使两者的形成层对准，然后绑紧，并用接蜡涂封。

生产实践证明，对于核桃芽接育苗，用接穗枝条中部的枝芽接在砧木的当年生枝上，嫁接成活率最高。核桃嫁接成活率不高的原因是枝芽含有单宁物质，嫁接时能沉淀切面蛋白质，同时遇到氧化能氧化为不溶性的褐色"隔离层"，阻碍砧穗间的愈合。因此，嫁接时应迅速，以减少切面与空气接触的时间，有利于提高嫁接成活率，同时选择养分多的粗壮砧木及接穗，增强砧穗切面的抗氧化性，也是提高嫁接成活率的关键因素。

4. 嫁接育苗的管理要点

培育出健壮的实生砧木苗，是核桃实生苗培育的管理要点。

(1)除砧萌。接后 20 天左右，从砧上不定芽发生的萌枝，要及时除掉，否则会影响接芽萌发和生长。

(2)绑枝防风。接芽萌发后生长迅速，枝幼嫩复叶多，易遭风害。因此，当接芽新梢生长达 20cm 时，就需在接芽旁绑一木棍，以引缚嫩枝。

(3)防除虫害。在新梢生长期常遭食叶害虫为害，要及时检查，注意防除。

第三十八节　柿　树

学名：*Diospyros Kaki* L.

科、属名：柿树科，柿属

柿树的生长形态如图 8-36 所示。

一、繁殖方法

优良柿栽培品种多单性结实，往往没有种子，因此大多数的柿不能实生繁殖，即使有些品种能产生种子，实生繁殖的柿苗木变异大，难以保持该品种的优良特性。所以柿最常用的苗木繁殖方法是嫁接繁殖。嫁接繁殖所培育出的苗木能保持柿优良品种的特性，产量高，提早结果，适宜的砧木还可增强嫁接苗木对环境的适应性及抗逆性。

图 8-36　柿树

1—花枝；2—果实

柿嫁接苗木常用的砧木有君迁子、实生柿、油柿及浙江柿等。

(1)君迁子。我国北方、西南及华中地区很多，果小，种多，丰产，采种容易，抗寒性好，每公斤鲜果约有种子 1 200 粒，播种后发芽率高，生长快，管理得当，一年内便可达到嫁接粗度，我国长江以北及西南各省(区)多用君迁子作砧木。君迁子不耐湿热，不宜在高温多雨的南方作砧木。

(2)实生柿。长江流域及其以南地区，可用果小、品质差及种多的品种或近于野生的柿子作砧木。种子发芽率较君迁子低，生长缓慢，主根发达，侧根少，根系较深，耐湿耐旱，适应我国高温多湿的南方作砧木。

(3)油柿。在江苏及浙江的部分地区作砧木，根多而浅，对柿树具有矮化作用，能提早结果，但寿命短。

此外，还有野柿、老鸦柿及浙江柿等可用做砧木，分布不广，应用也较少。

二、嫁接育苗技术及相应的管理要点

柿嫁接育苗技术包括砧木苗培育、接穗采集及嫁接等环节。

(一)砧木苗的培育

粗壮的优质砧木苗，根系强大，供应养分及水分的能力强，嫁接成活率高，嫁接苗生长旺，故应做好砧木苗培育这一环节。

砧木苗的培育要经过采种、播种及苗期管理等程序。

(1)种子采集及处理。采集充分成熟的君迁子(或小柿),堆积使之软化,搓去果肉,用水洗净后便可播种。或把种子阴干,以湿沙层积,应注意沙内不可含水过多,以防种子霉烂;也可把阴干的种子放于通风干燥处干藏,到播种前用30℃温水浸泡1～2天,使种子充分吸胀,在向阳温暖处进行短期消藏催芽,待部分种子露白破壳便可播种。

(2)播种。可秋播或春播,秋播可在南方采用;北方干旱出苗率低,很少用秋播,春播效果较好。圃地冬前深翻30～45cm,每公顷施土杂肥22～38t,来年做畦。北方干旱多采用低畦或平畦,南方多雨宜采用高畦,畦宽1m,畦长5～10m。播前每畦4行开沟,灌水,待水渗下后播种,播后盖土3cm,上盖塑料薄膜,可保持湿度,提高地温,使种苗提前出土。每公顷播种量150～225kg。

(3)苗期的管理要点。第一,苗子出齐并长出2～3片真叶时,应结合中耕除草进行间苗,间去过弱及过密的苗子,留下壮苗,使苗子的株距为10～15cm;第二,间苗后3～4周追肥一次,每公顷施腐熟人粪尿7.5～15t,或追施尿素120～225kg,注意施肥后灌足水,同时苗期可以0.3%尿素及磷酸二氢钾(1∶1)混合液喷施叶面,或以0.3%果树专用光合微肥喷施叶面,促使幼苗生长健壮;第三,苗高30～40cm时摘心,促使苗木加粗生长;第四,苗木嫩梢幼叶常被柿鹰夜蛾、刺蛾及金龟子危害,可用2 000倍敌敌畏或其他农药喷杀。这样,秋季大多数苗木径粗达1cm以上,即可嫁接。

(二)接穗的采集

枝接用的接穗,在落叶后至萌芽前都可采取。选择品种优良、生长健壮充实的发育枝或结果母枝作接穗,采回后在冷凉不积水处,以潮湿的河沙埋住,贮存备用。如远运,可把接穗捆成小束,两头稍填充新鲜湿锯末,或苔藓等保湿材料,外用塑料膜包裹,可防止接穗在运途中干燥失水,在春季气温高时,锯末等不要过湿,以免霉烂。接穗要新鲜,枝条已干燥失水、木质变黑的枝条不能再作接穗。

芽接用的接穗,春夏嫁接所用的,应取生长粗壮,一年生枝条中下部未萌发的饱满芽作接芽,应随采随接,不可久存,必要时可将接穗插在水中,仅能存放一天;夏秋嫁接所用的接穗,可采取当年枝条的腋芽作接芽,接芽要充实饱满,颜色由绿变褐,剥下的芽片不宜隆起,这时所采接穗存放也不能超过一天。试验证明,超过5天的接穗,芽接后全部不能成活。

(三)嫁接

柿树体内含单宁类物质很多,易使切面的蛋白质氧化后在接面形成黑色的隔离层,阻碍树液畅通,影响嫁接成活,较其他果树嫁接更要适时嫁接及熟练嫁接,减少切面与空气的接触的时间。并注意选择健壮的砧木和接穗,以保证嫁接后二者的旺盛生机和呼吸作用,还原氧化蛋白沉淀物,加速砧穗间的愈合。枝接时,最好用石蜡封被剪的接穗,即将枝条剪为带1～2个饱满芽,长10～15cm的接穗,把接穗顶端朝下,向95～100℃加热熔化石蜡中速蘸,蘸蜡高度超过基部一节;也可不蘸石蜡,但接穗嫁接后须用湿土培2～3cm厚,确保接穗在愈合前不干燥失水。嫁接后用薄膜塑料条绑紧封严接口。无论枝接或芽接,削面一定要平滑,芽下稍带木质部以保护芽眼。

1. 嫁接时间

枝接应在砧木树液流动,芽已萌发,而接穗处于初萌状态时进行。切忌砧木尚未萌动，而接穗已发芽的情况下嫁接，为防止接穗早萌，应在休眠最深时采集接穗，于冷凉沙藏或存于冰箱内，待砧木萌发后再接。据试验，对一年生君迁子砧木，于嫁接前2天将砧木嫁接部位以上5～10cm处剪掉“放水”，减少嫁接后伤流，嫁接时再剪去这段砧木，劈接或插皮接，嫁接成活率增加6%～12%，总嫁接成活率可达90%以上。我国南北气候差异大，枝接时间也不一致，云南、广东及福建在1月中旬至2月中旬即可嫁接，广西、湖南以2月中旬至3月中旬为宜，河南、山东、山西、陕西应在3月上旬至4月上旬嫁接，而辽宁大连须到4月中旬才能嫁接。

芽接适宜的时间是砧穗都离皮，接芽充实的情况下嫁接。

2. *嫁接方式*

枝接方式有劈接、切接、插皮接及腹接等，芽接的方式有方块芽接、“T”形芽接、“工”形芽接及单小芽腹接等。

(1)劈接。春季树液流动时，进行嫁接，成活率较高。嫁接前5天于砧木嫁接部位以上5～10cm处剪掉“放水”，减少嫁接后伤流，嫁接时再剪去这段砧木，然后在离地5cm左右光滑挺直处剪砧，以刀从砧截面中间纵劈3cm深，在接穗基部相对两侧各削一刀成楔形，随即插入砧木的劈缝内，接穗和砧木一侧的形成层对齐，用塑料条绑紧封严接口，外套一个塑料袋，蜡封接穗则不需套袋，然后以湿土将接穗周围培起，顶上厚2～3cm。

(2)切接。与劈接法基本相同，只是削接穗时，基部一面削为长2～3cm的斜面，相对一面削为45°角的小斜面；另外，砧木纵劈时不在截面中间而在砧木横截面的1/3处。该法适宜砧木较粗时采用。

(3)插皮法，又叫皮下接。一般在砧木径达2cm以上时采用，宜在离皮时进行。在砧木皮部光滑处锯断或剪断，在一侧纵割皮部2cm长，深达木质部，接穗基部削为马耳形，削面长3cm，速将接穗缓缓插入，然后绑紧接口，培土或套袋同劈接法。接前5天砧木要“放水”。

(4)腹接。嫁接前5天砧木应同劈接法一样“放水”。嫁接时砧木距地面5～10cm处选光滑挺直的一面，以刀向下按约和砧干成30°角的方向斜切，切缝的下端不要超过砧木的髓部。接穗削为一面大一面小的楔形，把接穗从剪口缝插入，使砧穗二者形成层对齐，用塑料条绑紧封严，在接口上1cm处剪砧。套袋或培土程序同劈接法。

(5)方块芽接，又叫板状芽接或热粘皮。一年可分三次进行：第一次在4月下旬左右，利用一年生枝基部未萌发的隐芽作接芽；第二、三次分别在6月中旬左右及8月份，这两次均利用当年枝条的芽作接芽。嫁接前选树冠外围健壮枝条的饱满芽作接芽，接芽削为长宽各1.2cm左右的芽片，然后在距地面5～10cm处选光滑平直的一面，在上、下及一侧各切一刀，其大小与芽片相等。从切过的一侧把贴片削开，立即取下芽片贴于砧木上，再把砧皮靠芽片的一边撕下，使残留的砧皮微压芽片，用塑料条绑紧。第一、二次嫁接的，成活后应削去砧梢；第三次嫁接的则到次春发芽后剪砧，以抑制接芽当年萌发，若当年剪砧，生长量小，枝条不充实，易冻害而死。

(6)“工”形芽接。与方块芽接法基本相同。不同的只是在砧木的光滑处纵切一刀，长2cm，在该切口上下平行地各切一刀，长各为1.5cm，这样切出一个“工”形缝。同样，再从接穗上切取同样大小的芽片贴上，用塑料带绑紧。夏秋嫁接的须次春剪砧。

(7)"T"形芽接。参考前面有关内容。

(8)单小芽腹接。柿树芽接的障碍之一就是当年新梢上的饱满芽不易与砧木贴平,往往隆起,影响成活。单小芽腹接法就可解决这一矛盾。方法是:8~9月份选取当年的接穗,削成带木质部的梭形芽片,放入水中,以防干燥。在砧木上也纵削一梭形口,大小与芽片相同,切去上部翘起部分,取削好的芽片嵌于砧木内,并使一侧形成层对齐,用塑料条连接芽一起绑严。次春剪砧,将塑料条稍松,露出接芽,以利萌发。

3. 嫁接苗的管理要点

(1)及时解除绑缚物。嫁接成活后,芽接所用绑缚应及时解除;枝接成活萌芽后应及时扒开培土,去掉塑料套袋,并去掉绑缚塑料条,以利苗木加粗生长。

(2)设立支柱。柿苗萌发长大后,枝粗叶大,若遇大风易在接口处折断,应及时设支柱,并将柿苗束于柱上。

(3)除砧萌。在整个生长季节中,应随时除掉砧木萌发的萌芽,并及时中耕除草。

(4)加强嫁接苗的肥水管理,并注意防治害虫。方法参考柿砧木苗的管理要点。

第三十九节　枣　树

学名:*Zizyphus jujube Mill*

科、属名:鼠李科,枣属

枣树耐干旱,耐瘠薄,结果早,为木本粮食经济树种,其生长形态如图8-37所示。

一、繁殖方法

枣树苗木的繁育方法很多,主要有分株法、嫁接法、扦插法及组织培养法等。分株法在生产上普遍应用,方法简便,繁殖容易,但分株因母株根系量的制约,育苗数量受限,不适于大量育苗,同时母株品系繁杂不利于良种的精选和纯化;嫁接法能保持母株的优良性状,生长快,结果早,抗逆性强,扩大枣树的栽培范围,同时可快速繁育大量良种苗木,有利于良种的快速推广,嫁接法是发展枣树应大力提倡的育苗方法;扦插法分枝插和根插两种方法,在生产应用中,扦插法的局限性较大,根插成苗率较高,但取根比较困难,枝插难于生根;组织培育法,须具备一定的设备和技术,但因组培育苗法具有极高繁殖速度和繁殖系数,具有较大的发展前景。

以嫁接育苗法培育枣树苗常用的砧木有本砧(栽培枣)及酸枣,长江以南安徽及江苏等地可以铜钱树作砧木。

(1)本砧。供砧木用的栽培枣苗多用实生繁殖,多由生长健壮、适应性强及种仁率高的栽培枣树上采果。据报道,河南鸡心枣仁含仁率高达90%,种仁饱满,出苗好,生长快,根系发达,可作砧木。也可利用栽培枣的根蘖苗作砧木。

(2)酸枣。酸枣分布广,适应性强,资源极为丰富,在我国南北均可作为枣的砧木应用。嫁接成活率高,结果早,较丰产,树龄较长,砧木苗根系发达,定植后缓苗期短,可大量繁殖苗木。

(3)铜钱树。在江苏、安徽、湖北、云南、四川及广西等地都有野生铜钱树,适应性强,

图 8-37 枣树

1—花枝;2—果枝;3—具刺之枝;4—花;5—果;6—果核

生长快,根系发达,嫁接成活率较高,但在北方地上部易冻死,抗寒性差,不宜在北方作枣嫁接苗的砧木应用。春播前搓去果翅,然后在 50～60℃ 温水中浸 4 小时,捞出淋干拌土即可播种。幼苗喜光,出土后须疏苗,最后株行距以 20cm×50cm 为宜,若加强肥水管理,生长健旺,翌春即可嫁接。

二、育苗技术及相应的管理要点

(一)分株育苗

枣树分株育苗是利用枣根易形成不定芽而长成新植株的特性,通过断根培育根蘖苗的方法。宜选性状优良的母株上的根蘖苗育苗,以保持品种的优良特性。

分株育苗主要有四种方式:开沟育苗、归圃育苗、全园育苗及根蘖扦插育苗。

(1)开沟育苗。这种方式适用于根系分布较深、萌蘖苗少的品种。方法是于春季枣树发芽前,在距主干 4m 左右的树冠外围,挖宽 30～40cm、深 40～50cm 的环形沟,或在行间挖条形沟,切断所有直径 2cm 以下的小根,并用快刀或利锹削平切断的伤口。然后铺垫松散的湿土盖没所有的断根。5 月份,剪口及其附近萌生根蘖,相继出土,苗高 20～30cm 时,每丛留 1～2 株健壮苗,其余苗由基部疏除,同时于沟内按每株母株施用有机肥 50～100kg,可促苗生长并营养母树,并在沟内填土一次,适时浇水,保持沟内土壤湿润。翌秋苗高 1m 并带有自生根,即可带一段母根移植。

(2)全圃育苗。主要适用于根系浅、易生根蘖的品种。方法是在冬季土壤封冻前或春季解冻后，在枣树行间全面浅刨或犁耕土壤，深15～20cm，近主干处宜浅，离主干远处稍深，以损伤或切断位于表层土中的细根，使伤口处或断根处形成不定芽，萌生根蘖苗，翌年形成较多自主根，翌秋或第三年春即可出圃。出圃时要断留20cm左右的母根。自生根较发达的苗子可直接定植，自生根少而弱者可就地集中再培育，提高苗木质量和栽植成活率。

(3)归圃育苗。将枣树周围散生的或浅刨园发生的根蘖苗集中，分级栽到施足基肥的苗圃中，株行距20cm×50cm，平植或略深，高不足30cm者留10cm平茬，起垄封严。栽后浇透水，适期追肥浇水，冬前灌冻水。一般当年生长20～40cm，次年大多数达1m以上，即可出圃。为便于耕作，枣粮间作地还可在夏季和秋播前归圃。夏季归圃，起苗需带一段母根，剪除叶片，随起苗随栽随浇水。

(4)根蘖扦插育苗。初春刨去大枣树根蘖周围的土壤，露出枣树主根，把根蘖苗从根上掰下，若主根较细，可连主根一起剪下。剪去地上部分，丛生的分为单株，按大小分级插入苗床，上覆塑料薄膜。保持床温15～30℃，相对湿度80%左右，注意及时浇水。新芽3cm时，早晚揭膜炼苗，苗高6cm时去膜。苗壮后于阴雨天移到阳光、水及肥充足的地中，加强管理，去除多余萌蘖，当年即可长到1m多高。这样得到的苗木根系发达，幼苗生长快且粗壮笔直，次春即可栽植，成活率高，耐旱、结果早。

(二)嫁接育苗

1．砧木种子的采集及处理

(1)采种。选含仁率高、种仁饱满的品种或类型，在果实充分成熟后采收，加水浸泡数天，搓洗漂除皮肉和浮核，收集种核晾干。枣品加工残留的种核只要具有生命力也可采用。

(2)种子的处理。因枣及酸枣核壳坚硬，春播种核必须进行层积处理，秋播则不需层积。层积前把种核用清水浸2～3天后捞出淋干；选背阴、排水良好处挖坑，深40～50cm，长宽依层积的种量而定。坑底铺6～10cm洁净的湿沙，然后分层铺放种核和湿沙，每层2～4cm，也可把种核与湿沙按1∶4～1∶5的重量比混合放置，距地面10～15cm时，喷淋清水，使种核间隙填满湿沙。坑口以木板或草席封盖并培压细土，使坑内温度保持在3～10℃。南方高温多湿，多采用地上层积，即选择背阴高燥处，铺约10cm厚的湿沙，然后分层铺放种核和湿沙，总厚度45～60cm，顶用湿沙或细土封严并覆盖草帘，四周挖放水沟，堆顶插秫秸把和竹筒。翌春3～4月，种核逐渐开裂露出白色胚根，即可播种。

未层积的种核春播时，宜进行快速催芽或破壳处理。快速催芽的方法是，于枣树萌芽前选背风向阳处，挖深15～20cm的浅坑，长宽依种核多少而定，把种核先用沸水浸烫并在冷水中浸2～3天，捞出种核并与2～4倍的湿沙混匀后放入坑内，上覆地膜并经常喷水，保持沙面湿润，25天左右大部种核开裂发芽，即可播种。种核破壳有手工和机械两种方法，手工破壳(包括碾压破壳)用工多，适于少量育苗；机械破壳的好仁率可达90%。经破壳处理的种仁出苗率高且整齐，出苗也早，生长快，有条件的地方可以破壳处理代替层积处理。

2. 播种及砧苗培育

枣及酸枣种核在常温下贮存1～2年，大部分即丧失生命力，播种时应选用新鲜种核，子叶暗且深黄色时播种。北方春播宜在土壤解冻后，南方则宜于2月至3月下旬进行；秋播北方宜在土壤封冻前进行，南方土壤不封冻区宜在11～12月份进行；破壳种仁宜春播。播种圃应为土层30cm以上的中壤或沙壤土，排水良好，避免前茬作物为棉花、蔬菜和果林。南方采用高畦，北方采用平畦或低畦。采用双行密播，双行间距60～70cm，行内间距30cm，株距15cm左右，每2～3粒播于一处，覆土1.5～2cm。20～30天便陆续出苗，苗高3～5cm时间苗和定苗，若加强管理，当年秋天即可芽接。

近年来培育枣砧苗使用营养钵育苗技术。带钵移栽不伤根，不缓苗，节水。具体方法是以塑料薄膜烫成15～30cm长、8～10cm宽的小段，内装肥沃的壤土和营养土，土距袋口1.5cm为宜，营养钵四周及底部留有渗水孔，浇透底水，保持钵内土壤湿润。出苗后及早间苗，结合浇水追施尿素1～2次，促苗生长。雨季来临前，移植枣园，随栽随捅破营养钵底部。修好树盘，以利存土和蓄水。一般当年株高达30～50cm，次年达100～150cm。以阳畦塑料棚内营养钵育苗，可一年育苗多次，出苗率高，繁殖系数大。

三、接穗的采集及贮存

接穗应选用适应当地条件的优良品种树上的健壮枝芽，严禁带有检疫性病虫的枝芽。嫩梢接和芽接所需接穗应随采随接。劈接及皮下接接穗可结合冬春修剪采集，每50～100条捆为一束，系上标签，埋于地窖或择阴凉处埋入洁净的湿沙中。接穗远运时，宜用塑料袋或木箱包装，并填入湿锯末保墒。长时间存放的接穗，髓部发青或淡绿色枝条生命力强，髓变白黄的枝条则生命力不强，不宜用来嫁接。

接穗蘸蜡可提高嫁接成活率，多在嫁接前进行。方法是：石蜡加热溶化并保持温度95～100℃，把剪成适当长的接穗顶端朝下速蘸，蘸蜡高度要超过基部一节。若没有石蜡，可用液态接蜡代替，其制法是用1份猪油溶化后加8份松香，升温至沸腾并开始冒烟时缓慢加入3份酒精及0.5份松节油，不断搅拌，至再沸时即成，稍冷后，装入瓶内加盖备用。酒精及松节油易燃，加入时切勿碰到火种。

四、嫁接

劈接、皮下接、芽接及嫩梢接是枣嫁接育苗的常用技术。

（一）劈接

劈接是较常用的嫁接法，嫁接时间早，苗生长快，未成活者可培养砧木萌条当年再行芽接。劈接适期为树液开始流动到萌芽前后，砧木径粗应达1.5cm以上。接穗采用健壮的1～2年生枣头一次枝或3～4年生二次枝。嫁接时，清除砧木附近杂草和萌蘖，选近地面光滑处截断砧木，削平截面，从截面中间向下劈一裂口，深4～5cm。大砧木可纵横劈两刀，插入4个接穗。接穗带1～2个主芽或结果母枝，上截口距主芽或结果母枝1cm，下端削成两面等长的楔形，削面长3～4cm，要求平直光滑，枝皮不翘起，接穗削好后立即插入砧木接口，使二者形成层对齐。及时用塑料条自上而下缠严接口和接穗基部，细心培以细土，厚度以超过接穗2～3cm为宜。蘸蜡接穗可不培土。萌芽前后嫁接，经20～30天接穗即萌芽，接活后要经常去除砧蘖。

(二)皮下接

皮下接又叫插皮接或袋接。嫁接适期长，成活率高，生长较快，但接口不如劈接牢固。皮下接以萌芽前后和枣头旺盛生长期后(华北在5月下旬至7月中旬)为宜。对接穗的要求及嫁接前砧木的处理同上述劈接。嫁接时，在砧木的迎风面，自截面向下将皮层纵切一道接口，长约2cm，深达木质部。接穗带1～2个饱满主芽，上部平截，下端一侧削为3～5cm长的马耳形削面，另一侧则削为0.5cm长的短斜面。把接穗长削面向里慢慢插及砧木切开的皮层内，削面稍露出接口，用塑料条绑严接口和接穗基部。顶端蘸蜡的接穗则不需培土或用塑料薄膜袋罩严接穗，而对没蘸蜡的接穗则需用湿土培埋，或用塑料薄膜袋罩严扎紧，以防接穗抽干。萌芽前后嫁接接穗经20～30天即萌芽，注意及时破膜通风放芽，待枝芽钻出包膜20天后，即可解除包膜和塑料条，解绑后及时剪除砧木上的萌蘖条。

(三)嫩枝接

嫩枝接是利用尚未木质化的发育枝作接穗的嫁接方法。嫁接时期宜在5月底至7月初，当年抽出的发育枝尚未木质化时期。砧木生长要健壮，嫁接部枝径在1cm以上。接穗为当年粗壮的未木质化发育枝。剪下的接穗剪除全部叶片，基部浸入水中，防止失水抽干。嫁接时，选取迎风光滑的砧木枝面，切"T"形接口，横口长1cm，纵口长2cm，深达木质部，接穗以快刀先在主芽以上0.3cm处剪去上部，再从剪口以下1.5cm左右处，顺芽侧方向，自下而上斜削一刀，削下一带有嫩芽的单斜面枝块，枝块上端厚3～4mm。拨开砧木"T"形接口，插入枝块，使枝块横切口与砧木横切口密接。然后用塑料薄膜带紧缚接口，只将芽体露于外部。最后在接口上15～20cm处剪留砧桩，接口约15天接芽萌发。接芽梢长至15cm时，将其引缚于砧桩，以防风折，同时解除绑缚物。次春芽萌前剪除砧桩，并及时除去砧木萌条。

(四)芽接

芽接在生长季节进行，操作简便，成活率高。芽接法较多，成活率最高的是方块芽接和带木质部"T"形芽接。"T"形带木质部芽接法与嫩枝接基本相同，只是接穗为取自去年生或当年已木质化的枣头一次枝上的主芽，先在主芽上0.5cm处横切一刀，再从芽下1.5cm处向上斜切，取下一个上平下尖并带有木质部的长盾形芽片，插入砧木"T"形接口即可。

方块芽接的程序为去年生枣头基部着生枣吊枝段上切取长宽各1.0～1.5cm芽片，然后从砧木平整处切除相应大小的砧皮，将芽片迅速贴入砧木去皮部位，要求至少上缘及一侧密接。绑紧接口，仅露主芽。接口以上留20cm左右的砧桩。约半月接芽萌发，及时解除绑缚。接芽长至15cm时引缚砧上。

五、嫁接枣苗的管理要点

(一)加强肥水管理

砧木种苗在播种前，播种圃内应施足基肥，每公顷施优质腐熟有机肥7 500kg，尿素150kg，撒施后耕翻20～25cm。实生苗长至20cm后至嫁接苗出圃前每月喷施一次0.3%的光合微肥或0.3%的尿素、磷酸二氢钾(1:1)混合液。实生苗刚出土时极怕旱，要注意适时浇水。

(二)加强病虫害防治

实生幼苗抗性差，极易受立枯病及蛴螬、金针虫、蝼蛄等害虫为害。实生苗播种前，把40%地亚农乳油7.5～10.5kg，或50%辛硫磷乳油7.5kg，拌细土750kg均匀撒于1hm^{2}畦面，可防止地下害虫为害；用400倍代森铵溶液进行畦面喷洒消毒，可防止幼苗立枯病的发生。

(三)扦插法育苗

枣树扦插分枝插和根插育苗，枝插又可分为硬枝扦插和绿枝扦插。扦插法在生产中不常用。

(1)硬枝扦插育苗。硬枝扦插在一般条件下很难生根成活，条件适宜时生根率可达40%以上。方法是萌芽前采集健壮的枣头一次枝，取其中下部剪成15～30cm，具3～4节的插穗，上端距顶节1cm平剪，下端在基节以下2～3cm处斜剪。剪好的插穗先在洁净的湿沙中埋放30～40天，扦插前用100～200mg/kg的IBA或NAA浸泡24小时左右。插床以壤土高垄床为好。采用开沟埋植的方法将插穗斜放插床内，地面以上留一芽。每平方米床面插30株左右，插后浇透水。在温室或大棚内扦插时，自动弥雾或人工喷水保持空气和床面较高的湿度；露地扦插时，铺地膜提高床温和保墒。

(2)绿枝扦插育苗。其生根成活与品种、激素浓度及扦插时间有关。以当年生新梢作插穗，长15～20cm，保留中上部叶片，壶瓶枣以浓度5 000mg/kgIBA液浸5～10秒后，扦插于遮光80%并人工弥雾的大棚内，室温20～30℃，相对温度90%以上，一个月后，生根率可达80%～90%，平均每枝生根5～10条。在同样的条件下，圆枣最大生根率为20%。酸枣以100～500mg/kgIBA浸5～10秒，生根率可达55%。

(3)根插育苗。根插容易成活，方法是结合平整田地、起土、刨树等收集径粗0.5cm以上残根，剪为15～20cm长的根段，略带须根，剪平上端，下端斜剪。按粗度捆束，50～100条为一捆，埋入洁净湿沙中备用。枣树萌芽前后，开沟倾斜埋植，株行距为(15～20)cm×50cm，插穗上端与地面平齐，培土后灌水，及时松土保墒，萌芽出土后，选留一健壮新梢，其余全部去除。根插成活率可达95%以上，翌年即可出圃。

(四)组织培养育苗

组织培养育苗是把茎段或茎尖放于含有营养物质及调节物质的基质内，使之分化为小苗的育苗方法。可大大提高繁殖系数，便于工厂化育苗，用茎尖培养时还可获得无毒苗木。具体程序是生长季采集枣根蘖苗新梢，消毒灭菌后截为1cm长的单芽茎段，接种于改良MS培养基上，经15～25天即可产生米粒状白色愈伤组织，继而生根，生根率可达40%。在含IAA0.5mg/kg+NAA0.2mg/kg和IAA0.2mg/kg+NAA0.5mg/kg的培养基中试管苗生长速度较快。试管苗长到5cm以上时，剪为1cm长的单芽茎段继代培养，经10～15天又可产生愈伤组织并生根，同时叶腋内侧芽萌动，茎叶开始生长，60天后可发叶11～15片。离体培养1cm的茎段，长为试管苗后可剪8段，按一年6次继代算，每年可繁殖32 768株。试管苗生根后，经过开口锻炼数天，便可移植苗床，苗床应经常喷雾，保持湿度，便可移栽成活。

第四十节　山楂树

学名:*Hawthorn fruit* L.

科、属名:蔷薇科,山楂属

一、繁殖方法

目前在山楂苗木生产中,应用最多、效果最好的繁殖方法是嫁接繁殖。分布于全国各地的山楂属植物一般均可作山楂砧木,全国各地的山楂砧木具有一定的区域性。

(1)适用于辽宁、吉林地区应用的砧木有毛山楂、辽宁山楂及光叶山楂。

毛山楂:主产于东北三省,生长于杂木林中或林边、河岸沟旁及田边,多处于野生状态,适应寒冷气候。

辽宁山楂:主产于辽宁、吉林、内蒙古及新疆等地,生长于河沟边、山坡或杂林中。

光叶山楂: 主产于黑龙江及内蒙古,生长于河岸、林间草地或沙石坡上。

(2)适合于京津及河北北部地区的山楂砧木有橘红山楂、辽宁山楂及甘肃山楂。

橘红山楂:主产于山西、甘肃及河北地区的山坡杂木林中。

甘肃山楂:广泛分布于甘肃、山西、陕西、贵州及四川等我国西部及西北部,生长于山坡阴处及水沟边。

(3)适合于太行山区的山楂砧木有野山楂、湖北山楂及华中山楂。

野山楂:主产于河南、湖北、湖南、江西、安徽、江苏、浙江、广西、广东、福建、云南及贵州等地,生长于山谷多石湿地及山坡灌木丛中。

湖北山楂:主产于湖北、河南、江西、浙江、四川及山西等地,生长于灌木丛中。

华中山楂:主产于湖北、河南、陕西、甘肃、浙江、云南及四川等地,多生长于山坡阴处密林中。

近几年发现山西东南部的非山楂属植物水子及毛叶水子也可做山楂砧木。

二、育苗技术及管理要点

山楂嫁接育苗技术主要包括砧木苗培育和嫁接两个环节。

(一)砧木苗的培育

砧木苗培育有根蘖苗归圃、根插、枝插及播种等方法,其中播种育苗是培育砧木苗的最主要方法。

1. 根蘖苗归圃培育砧苗

山楂为浅根系树种,水平根分布均为树冠大小的2～3倍,极易形成根蘖苗。为充分利用野生资源,就地取材繁殖苗木,可将山楂大树下的根蘖苗或野生小山楂苗幼苗集中起来,移栽到苗圃中来,在人工管理下培育成苗,这就是通常所说的归圃育苗法。

(1)诱发根蘖苗。山楂树根部比较容易产生不定芽,自然状态下近地表的根系常萌发出根蘖苗。目前,河北、河南、山东等省的多数地区是用这种自然萌生的根蘖苗归圃培育。但这种自然萌生的根蘖苗多不健壮,不整齐,根系不发达。为促使发生较多的健壮而整齐的根蘖苗，一般于春季发芽前在山楂树冠垂直投影的外沿挖沟（宽 30～40cm，深 40～60cm），切断一些粗度在 2cm 以下的根，然后再填入湿土，或适当加入少量有机肥料并灌水，使根系的伤口愈合而产生较好的根蘖苗。有些土质疏松的地区，在大树的垂直投影范围内，春季进行翻刨，并施入一些有机肥料，再浇透水，也可促生大量根蘖苗。在吉林、辽宁等野生资源比较丰富的地区，则直接从山林中选取优良的根蘖苗。

(2)根蘖归圃。归圃的时间，山东、河南等省一般分为两个时期：一是春季发芽前，二是秋末冬初。归圃根蘖苗木不宜过大，以直径 0.3～0.5cm，苗高不超过 20～30cm，并带有较多的须根的苗为好。归圃时应将苗按大小分级，分别移植到苗圃里。圃地应事先进行较细致的整地、深翻，施有机肥料。根蘖苗移植到苗圃，按株距 12～15cm，行距 50～60cm 开沟，将处理好的根蘖苗移入沟内。沟深 15～20cm，以保持苗的原有生长深度为宜。栽苗后即灌水，水渗完后覆土。移植后均用湿土封成小垄，使苗上部保持似露非露的状态，次年春季发芽时及时将虚土扒除，用这种方法每公顷可栽苗 12 万株左右。

(3)根蘖苗归圃管理要点。秋栽的根蘖苗，翌年春季先浇一次水，7 天后就可以进行嫁接。春栽的根蘖苗，可在距地面 5cm 处平茬，萌发后选留一个壮条，夏秋季嫁接。无论是秋栽春接还是春栽平茬，都要及时抹芽，以减少消耗，促进苗木生长。根蘖苗根系不发达，生长较弱，必须加强田间管理。苗木发芽以后应做好中耕除草、松土保墒工作。5～6 月份天气干旱，应满足苗木对水分的需求。6～7 月份结合浇水进行开沟施肥，每公顷可追施尿素 150kg，砧木苗长到 30cm 时进行摘心，以便提早嫁接。

2. 根插培育砧木苗

利用山楂根系有易发不定芽而长成萌蘖的特点，取山楂根段埋入畦内培育成苗，称为“埋根育苗”。为了获得大量根段，可刨取山楂树外围较细的根，也可结合归圃育苗在刨苗时将挖出的根系剪成根段。

(1)根段的采集。砧木苗移栽时，结合修根，剪取砧木苗根部的三分之一。成苗出圃定植时，也结合修根采得根段，以及起挖苗木出圃时遗留在土壤中的根，或深翻扩穴的断根。试验证明，成活率与插根粗度和年龄有很大关系，直径在 0.3～1.5cm 的一年生根成活率最高。

(2)插根时间与方法。插根的时间在秋季和春季均可。株行距可采用宽窄行，宽行 36cm，窄行 18cm，株距 10cm。把选好的根段倾斜埋在地表以下，埋后踩实并浇足水。

(3)插后管理。插根成活后，常发出数个萌芽，可选留一个位置适宜、生长良好的新梢，其余剪除。根苗长到 30cm 时，可摘心以促加粗生长。5 月下旬至 6 月上旬可结合浇水进行追肥，6 月下旬至 7 月上旬进行第二次追肥。为防治白粉病，可喷 0.1～0.3 度的石硫合剂，8 月中下旬可以嫁接，第二年春剪砧，秋季即得成苗。

3. 枝插培育砧苗

具体方法是在秋后至上冻前，剪取野生山楂树或未嫁接过的实生山楂树外围发育健壮的营养枝，或健壮的山楂根蘖苗上端，粗度 0.4～1.2cm，长度 15～20cm，直插或斜插在育苗畦内，行株距 30cm×6cm，覆土厚度为插条长度的三分之二，然后踩实、灌水，隔 2～3 天再灌水一次，水渗后培土，将扦插条全部盖上，土壤上冻前再盖一层土，厚 20～25cm。次年解冻后将此层土消除，灌一次透水，萌芽后选留一个壮枝，其余全部去掉。此后注意及时灌水、松土及除草，待苗高30cm以上时，每公顷施化肥150kg，为防治病虫害要喷药2～3次。当年8月即可嫁接，次年成苗。

此外也可在温室沙床中扦插1～2年生山楂实生树。方法是5月中旬至6月中旬将取下的枝条基部用10～25mg/kg萘乙酸或吲哚丁酸液浸蘸几秒钟，取出晾几分钟后插在苗床，30～45天后即能生根。苗床温度应保持在18～25℃，相对湿度保持80%～90%，当年即可生根8～20条，次年春移植到室外；成活后进行嫁接。

4. 播种培育砧苗

播种培育砧苗包括采种、种子处理、播种及苗期管理等环节。

1)采种

10月份从生长健壮的野生山楂树上采集成熟的果实。先压碎果肉(不能伤着种子)堆积在阴凉处，厚约50cm，每天翻动一次，大部分果肉腐烂后，搓取种子，用清水冲洗，去掉果肉及杂质，晒干。堆积放烂的果实，也可以不用水清洗，而是将其摊开晾晒。晒干后再次压碎果肉，用簸箕和筛子去杂取种。山楂果实压碎后也可以不用堆积腐烂法，直接放在缸内浸泡。待果肉变软后漂洗、去杂、取种、晾晒。

2)种子的处理

山楂种壳硬而厚，种壳极难开裂，严重阻碍种子的萌发。按常规育苗及快速育苗要求的不同，种子的处理也分为常规沙藏法(两冬一夏沙藏法)及快速处理沙藏法。种子的快速处理沙藏法又分为暴晒水烫沙藏法、提早采取沙藏法、恒温处理沙藏法及盐酸处理沙藏法等。

(1)常规沙藏法。该法需要两冬一夏的长时间沙藏层积处理。选择背阴不积水的地方，挖深40～50cm、宽30cm左右的沟，长度视种子多少而定，将沟底踏平铺干净沙10cm厚。淘洗干净的种子以1份种子与3～5份河沙混合，含水量以手握成团不滴水、松开沙团不散为宜。将混合好的种子和沙放入沟内，不可放得太满，以距地表10cm左右为宜，上盖湿沙与地面平再覆土高于地面。如果种子较多，沟长超过1m以上，中间则应插入用高粱秆或玉米秆做成的草把，以便通气。种子在沟内埋藏直到第二年5、6月份，将沟土覆土除去，进行第一次检查，如发现水分少时，可适当加水，如湿度过大，应扒开让其适当散发水分，严防种子干枯和霉烂，检查结束后，仍按原样埋藏。8月份多数地区降雨较多，应进行第二次检查，防止因水分过多而霉烂。到秋末冬初或第三年春季将种子筛出即可播种。黏质土壤可以把种子和混合的湿沙一起播下。此种方法虽时间较长，但比较稳妥可靠，生产上仍普遍应用。

(2)暴晒水烫沙藏法。经生产实践证明，对所采山楂种子进行太阳暴晒、热水浸烫及沙藏综合处理，可达到提早一年得到砧苗的目的。下述对种子处理的几种方法在生产上是可行的。

第一，秋季在果实大部分着色的时候，将果实采下放在石碾上碾成糊状，然后将糊状物放入缸内，加水揉搓淘洗，得到干净的种子。将干净的种子摊于石板、铁皮或水泥地面上暴晒3～4小时(可在中午11～15时期间，气温在30℃以上)，然后浸入冷水中过夜。次日再暴晒、浸水，如此反复处理10天左右，直到有50%～70%种子的种壳裂开为止。在暴晒过程中，要做到壳干仁不干，这是成功与否的关键。将处理后的种子如同“常规法”

沙藏层积。若种子量较少则可用花盆、木箱等容器层积，次年 3 月初进行检查，待有 20% 的种子萌发即可播种。

第二，将种子用冷水浸泡 7 天，放在两开一凉的温水中，不断搅拌，水温降到 20℃ 时停止搅拌，浸泡一昼夜，也可以先用两开一凉的温水浸种，再浸泡 3～5 天，然后捞出种子，放在阳光下暴晒，晚上再放入水中浸泡，白天再晒。这样反复五六次，部分种壳开裂后即可进行沙藏，第二年春天种子露白时播种。

第三，采集的果实，先沤烂果实，而后淘洗种子，趁湿将种子用两开一凉的热水浸种，水温降到 20℃ 以下时浸泡一昼夜，然后沙藏。翌年春季播种前 20 天，将混有湿沙的种子堆放在温暖的地方，保温保湿催芽。每天翻动一次，种壳裂开后即可播种。

第四，1～2 月份，用 45～50℃ 的水浸泡 2～3 天，每天换水两次，捞出晾晒，但种仁不能晒干；晒后再用冷水浸泡，如此反复 10 次左右，使种子全部开裂，处理后的种子沙藏。

(3)提早采种沙藏法。山楂坐果后，在幼果硬核时期即核层轮廓明显，厚壁组织逐渐形成，基本形成种壳，但并未完全木质化时(约 8、9 月份，果皮阳面发红，其他仍为绿色)，将果实采收下来用清水浸泡 7～10 天，脱去果肉，立即进行层积沙藏处理，于次年春季播种。用此法每 100kg 果实可获得种子 15kg 左右，出苗率较高。

(4)恒温处理沙藏法。在 10 月份将当年采下的种子按 1∶3 比例与湿沙混合在一起，放在 32～35℃ 恒温箱内，处理 30～35 天后进行层积沙藏处理，时间 90～120 天左右即可。在恒温处理时，需经常检查种子，及时补充水分，保持种子温度。

(5)盐酸处理沙藏法。将种子浸湿，但种子上不要有水，再把种子放在缸(盆)中，把 37% 的工业酸液倒入缸中立即搅拌均匀，2 小时后检查种子是否处理好，方法是用剪子剪种子，易剪断的即为适度，不易剪断的需继续处理 10～20 分钟。处理好的种子需用清水反复冲洗，再用清水浸泡 2～5 天，直至种子不带黑色为好。处理的时间是在秋季天气转冷前，处理后即进行沙藏处理，翌年春天即可播种。

3)播种

播种圃地应选择背风向阳、土质疏松、灌水方便的地块。沙藏的种子春秋两季都能播种，秋播宜在 11 月份土壤结冻前进行；春播一般在 3～4 月土壤解冻以后开始。播种圃地每公顷施基肥 75～150t，深翻 20～30cm，整地做畦，畦宽 1～1.2m，长 10m，南北走向。播种前灌足底水，畦面搂平耙细，开沟播种，沟深 3～4cm，行距 30～40cm，每畦 3～4 行。也可以按 50cm 和 30cm 的宽窄行播种，每公顷播种用量大粒籽 375～525kg，小粒籽 225～300kg。此外，也可采用垄播法，大垄 50～60cm ，小垄 30～40cm。山楂育苗一般采用条播法，在种子不足的情况下也可以点播。将沙藏好的种子(可以连同湿沙)均匀地播于沟底，用潮湿的细土盖平。秋播时，可以培起 10cm 高的土垄，类似梨树封土埝播种法，以利保墒。春播可在畦面上覆盖湿沙(厚 1cm)或地膜，以利出苗。

4)播种砧苗的管理要点

第一，播种后，秋播培土垄的，要在第二年春季种子发芽时扒开，春播覆盖地膜的，出苗后要及时撕膜或撤膜，以防幼苗卷曲、干枯。幼苗长出 2～4 片真叶时，进行间苗、定苗和补苗，株距在 10cm 左右为宜。间定苗结合中耕除草，补苗则应结合浇水，使土壤沉实与根系密接，以利生长，当苗长出 12～14 片叶时摘心。

第二,加强肥水等的管理。幼苗刚出土,可以用喷壶早晚浇水,以促使小苗根系垂直伸展,切勿大水漫灌,以免土壤板结。5月下旬至6月上旬苗木进入第一次生长高峰,可追施化肥(尿素75～150kg/hm^2 或碳酸氢铵150～180kg/hm^2)。6月下旬至7月上旬是幼苗生长的第二次高峰,追施尿素150～225kg/hm^2,每次追肥应注意化肥不要接触幼苗的枝叶。追肥后应结合灌水,当幼苗高度达到12～14片叶时即可摘心,以利加粗生长。

(二)嫁接

山楂春、夏、秋三季都能嫁接。7月中旬至8月下旬为芽接的最适时期。此时接芽充实饱满,成活好,工效高,接后当年不易萌发,管理方便。没有接活的、漏接的和其他原因当年未能芽接的,可以在第二年春季嫁接。

生产上山楂一般多采用芽接、枝接和根接法。

1.芽接

多采用"丁"字形芽接法。如果砧木或接穗不离皮,可以带木质部芽接。

2.枝接

春季解冻后,砧木开始活动,接穗仍处于休眠状态,是枝接的最好季节。山楂枝接可采用切接、腹接、劈接、皮下接和搭接等方法。

3.根接

山楂根接与枝接方法相同,只是用根段作砧木。可将秋季深翻刨出的直径基0.5cm以上的断根,剪接成10cm长的根段,在室内嫁接,然后分层用沙埋藏,第二年春季将接好的根段栽植到圃内,培育成苗。

4.嫁接苗的管理要点

(1)解除绑缚物。芽接15天后检查成活情况,未接活的要及时补接,可在第二年春季发芽前解除绑缚物。枝接一般在新梢长20～30cm时,解除绑缚物为宜。

(2)剪砧。春夏嫁接并剪砧的,当年接芽萌发;秋季芽接一般当年不萌发,在翌年春季发芽前剪砧。剪口在接芽上0.5cm处,截面要平滑,以利伤口愈合。

(3)抹芽。剪砧后由于营养集中,砧木上的芽子大量萌发,与接芽争夺营养。为使接芽萌发出健壮新梢,必须及时抹芽,做到随萌发随抹除。

(4)土壤管理。嫁接苗越冬前要浇一次封冻水,寒冷地区要做好培土防寒工作。第二年春季发芽前浇一次萌动水。5～6月份天气干旱,需水量较大。7～8月份如果雨水不足,可再浇2～3次。结合浇水,分别在春季和夏季进行追肥。每次每公顷施尿素150～225kg或碳酸氢铵300～375kg;叶面喷肥,可用300倍的尿素或磷酸二氢钾,此外在浇水和下雨后应及时中耕除草。

(5)病虫害防治。山楂苗期易发生白粉病。其症状是开始幼叶产生黄色或粉红色病斑,以后叶片两边均生白粉,叶片窄长卷缩,严重时扭曲纵卷。发现病叶可喷30%多菌灵悬浮剂800倍液,或50%可湿性托布津800～1 000倍液,或95%乙磷铝可湿性粉800倍或0.1～0.3度的石硫合剂。

山楂苗容易遭受金龟子为害,早晚要注意捕捉或喷布25%的可湿性西维因400倍液,或50%1605乳剂1 000倍液。

山楂红蜘蛛是山楂的主要害虫之一,最初使叶片失绿,严重时枯黄落叶,可喷20%三氧杀螨醇乳剂 1 000～1 500 倍液或 40％水胺硫磷 4 000 倍液。

(三)嫁接苗出圃及其假植

在苗圃中嫁接的山楂苗,经过一个生长季的管理,即可挖苗出圃。苗木的出圃,是山楂育苗的最后一环。为了使苗木定植后生长良好,必须做好苗木的出圃工作。

(1)挖苗。根据各地栽植的时期不同,可在秋季和春季挖苗。所育苗木就地或就近栽植,可随栽随起。如果外运可根据用苗地区的情况和运输距离远近,决定起苗时间。

起苗前应做好必要的准备工作,对苗木品种核对准确。查清出圃苗木的数量、苗木的临时贮藏场所和包装材料、运输工具及劳力组织等。

起苗时应注意保持根系,避免损伤过重。如土壤干旱,为少伤根,应先灌水,隔一两天后再挖苗。挖苗时至少保存有几个 20cm 长的侧根。苗木起出后,对茎干上的残弱枝、劈裂、受伤的根系,应进行轻度修剪,挑出漏接和未活的砧木苗,随起苗随分级。

(2)假植。如苗木不能及时栽植或外运时,应选择背阴避风、排水良好、地势平坦的地方,挖沟假植起来,一般沟深、宽各 60cm,长度根据苗木多少而定。将苗木做好品种标记,排紧斜放沟内,再填入湿沙或湿润土壤,如贮存时间长,应灌透水,在封冻前再覆土 30cm 厚。

第四十一节　葡萄树

学名:*Vitis vinifera* L.

科、属名:葡萄科,葡萄属

近年来,葡萄生产发展较快,苗木需要量相应增加,培育良种壮苗是葡萄生产的首要措施。

一、葡萄的繁殖方法

葡萄的繁殖方法有无性繁殖与有性繁殖两种。有性繁殖是利用种子直接培育苗木,这种方法主要应用在葡萄的杂交育种上,在葡萄栽培生产上主要用无性繁殖法培育苗木,常用的方法有以下三种。

(1)扦插繁殖。利用带有 1～3 个芽眼的葡萄枝条,插入土中,生根后形成新的植株,这是葡萄苗木培育的主要方法。

(2)压条繁殖。将不脱离母株的枝蔓压入土中,发芽发根后,剪离母株而形成新苗木。对少数扦插不易生根的品种可应用此法。

(3)嫁接繁殖。利用一年生成熟的枝蔓或半木质化的新梢作接穗,嫁接到一年生或多年生的砧木上,形成嫁接苗。此法多用来培育抗寒苗木、老园更新品种或加速某一稀有品种繁殖。

二、葡萄的育苗方法及相应的管理要点

(一)扦插育苗

在生产上有多种扦插育苗的方法,依扦插季节分为春季扦插及雨季扦插,春季扦插又

细分为催根育苗、地膜育苗及营养育苗等具体方法。

1. 春插所需插条的采集及冬藏

结合冬剪从生长健壮的植株上剪取直径大于 0.5cm 的粗壮一年生枝条作插条，枝条应充实，芽眼饱满，无病虫，节间长短均匀，并且具有该品种的特征。剪去插条上的卷须和残留的穗梗，按 6～8 节或 3～5 节整理成捆，每 50～100 根为一捆，标明品种、采集时间和地点。为防失水影响成活，采集的插条宜及时入沟贮藏。入沟前以 5% 的硫酸亚铁或 5° 石硫合剂浸泡数秒钟。贮藏沟应选在地势高燥，排水良好，地下水位低及背阴的地方。沟深 1m，宽 1～1.5m，沟长依插条多少而定。挖好沟后，在沟底铺一层 10cm 厚的湿河沙，将插条一捆捆地按顺序横卧于沙上，捆间以细沙隔离，放完一层插条，铺一层 10cm 厚的湿沙，同时将插条的缝隙充分填实，防止冻干。一般放 2～3 层即可。另一冬藏方式是把插条倾斜放入沟内，插条间同样以湿沙填实。最后在插条上覆土 20～30cm，沟顶呈垄状以防寒冻。冬藏期间应经常检查，使沟内温度保持在 1℃左右，不可高于 5℃或低于 -1～-2℃；沟内湿度，以手握沙成团、松手团散为度。当沟温近 7～8℃时，插穗发热，应及时倒沟，减膜覆土；过于干燥时，可喷入适量的水。

2. 催根育苗

扦插法育苗，葡萄枝条往往先发芽后发根，这段时间稍干旱失水新芽就枯萎而死，为提高苗木成活率，生产上常采取温床催根或倒插催根两种措施。

(1)温床催根。首先要将插条处理，步骤是取出冬藏插条，平剪去已变黑的旧剪口部分，使上端剪口离芽眼 1cm，下端剪口在节位或偏下，剪条长 20～25cm，然后竖于 10cm 深的清水中约 24 小时，使之吸足水分后即可上温床，或将插条基部浸入 3～4cm 深的萘乙酸(浓度 70mg/kg)溶液中浸泡 10 小时，注意不要浸及上部芽眼，捞出即可上温床；其次把插条放于温床并加强管理，在温床底铺 5～10cm 厚的湿沙，在温度较高的烧火处及烟道附近铺沙可再厚一些，再在温床一端堆 20cm 厚的湿沙，将插条芽眼向上靠排于该端的湿沙上，各插条间隔 4cm 左右，使下端平齐，排完一行后，埋上 3～4cm 厚湿沙，再排第二行、第三行……，当排到 50cm 左右时，将斜站插条用手连沙一起扶直，并用湿沙埋至五分之四处，使顶芽露出，再继续排，温床排满后即可加温，开始 4～5 天温床就掌握在 20℃左右，以后保持在 25～30℃，并经常洒水，保持沙的湿润，定植前一天左右停火，使苗木适应大田温度。“谷雨”以后，地温达 12～13℃时，即可定植田间。插条上床时间可在 2 月下旬至 3 月上旬，经 2 个月温床生长，苗木根系即木质或半木质化，每株有 5～10 条根，根长 10～20cm，长者可达 30～40cm，苗高 15～20cm，高者可达 30cm。6m×2m 的温床可育苗 1 万株。

(2)倒插催根。首先要处理插条，处理方法同温床催根法；其次要设计苗床，选背风向阳处，挖深 40cm、宽 140cm 的苗床，床的长度以枝条多少而定；再次上床，在 3～4 月份，于床底铺 7cm 厚细沙，把 50 条一捆的插条倒立于苗床，保证上部平整。排好插条后以细沙把空间填满，每平方米泼水 30kg，再覆盖 3～4cm 细沙，上面撒上一层草木灰或马粪，作为吸热材料，在苗床上插 2～3 支温度计以观察温度，最后在床上横放几根木棒，盖一层塑料薄膜，四周以草泥封好。为保温应在日出后揭开草帘，日落后及时盖上草帘，温度应保持在 25～30℃。每 10～15 天检查一二次床内湿度，湿度以手握成团为准，若干应洒以与床相似温度的水，但也不要过湿，否则易烂条，检查范围为从表面到10cm深的土层；最后离床，经25天左右插条即可生出愈伤组织或小细根，这时即应移入大田或移到温床中继续催根培育大苗。若长期留于床内，生根过长，易折断，影响成活，并且芽眼萌发不利栽培。

3.地膜育苗

把插条直接在露地扦插，扦插前先施足基肥，深翻耙平畦面，浇透水，然后做成80cm宽的高畦，铺上地膜，两侧用土压实，按株距10～15cm，行距30～40cm，打眼扦插，顶芽应露出地膜，为防杂草，覆膜前应喷一次除草剂。

4.雨季扦插育苗

高温多雨季节，葡萄蔓条外易生根，此时扦插育苗省力，并且成活率高。方法是：在葡萄架上剪取已木质化的春蔓为插条，长25～30cm，留2～3个芽眼。上部留一个叶片，其余叶片全部去掉。剪平插条上端，下端由节处附近剪为斜茬，然后将插条斜插入土中，并踏实。地表露出一个叶片即可。株距为7～8cm，插好后浇足水，并在上面遮荫，保持土壤湿润。插条15天左右即可生根，并萌发新芽，成活后撤掉遮荫物。

5.营养袋育苗

利用营养袋育苗是应用较普遍、效果较好的一种方法。幼苗根系发达，栽时不伤根、不缓苗，成活率可达95%以上，育苗集中方便，能较快地得到经济效益。方法是：按沙、土、肥2:1:1的比例配好营养土，土为有机质多且熟化的表土；肥为腐熟的牛、羊、驴、马粪；沙为粗细均一、透气性好的河沙。幼苗期定植的营养袋为长度15～20cm、宽度10～15cm的塑料袋。在袋底先装少量营养土，放入剪好的插条，再继续放土至满，在袋底挖一个孔洞，用于排水，最后把袋放在已备好的阳畦上或向阳背风的院落里，浇水至透。营养袋上面覆盖一塑料薄膜，夜间加盖草帘，苗床白天温度应在20～35℃之间，气温过高可揭膜降温，夜间温度应在15℃以上；注意土壤不要过湿或过干，否则影响枝条的生根、发芽和生长，扦插后，浇水次数应随气温变化而增减，土壤蒸发量小，每2～3天喷一次水；土壤蒸发量大，每1～2天喷1～2次水。幼苗生长过程中要及时除草。叶黄时，应及时叶面喷肥，喷1～3次果树专用光合微肥或0.2%～0.3%的尿素磷酸二氢钾混合液。苗高15～20cm时及时移植定苗。

6.扦插育苗的管理要点

第一，要适时追肥和灌水，葡萄扦插时应一次浇足水，以后根据墒情适时浇水，注意松土以利升高地温，促使生根，幼苗长到30cm时，结合浇水进行第一次追肥，一般每公顷追225～300kg尿素或500～600kg碳铵，生长后期喷布果树专用光合微肥或0.2%的磷酸二氢钾，促进枝蔓成熟；第二，要适时摘心并处理副梢，幼苗长到40～50cm时摘心，发出的副梢留一个叶片摘心，顶端副梢留2～3个叶片反复扪心，以利枝蔓加粗生长；第三，要防病虫害，在葡萄上发病较重的是霜霉病，主要危害嫩梢及叶片，在多雨水的6～7月份发病较重，应在发病前的6月初喷240倍石灰半量式波尔多液，每10～15天一次，要喷及叶背面，病重时可喷500倍乙磷铝或700倍甲霜灵，能有效防治霜霉病。

(二)压条育苗

在强壮的植株上，选生长好、长度在1m以上并具有4～6个副梢的当年生枝条，于副梢基部半木质化时即可压条。通常挖一深、宽各20cm的沟，沟底施入混有肥料的营养土，将新梢埋于土中，副梢直立生长，第一次埋土10cm左右，以后分2～3次覆土，埋好后略高于地面，秋落叶时，即可挖出剪断，每一副梢即成一株。此法每一当年生枝可繁殖4～6株，多达10株。

葡萄压条育苗的管理要点有三：第一，要及时浇水，当天压的苗当天要浇水一次，以后5天一次，连浇三次，随后10天一次，连浇三次，此后视墒情15～20天一次，直到"寒露"；第二，在压条前，要在压条沟内施足混有氮磷钾化肥的土杂肥或圈肥；第三，要注意防治病虫害。

(三)嫁接方法

(1)硬枝嫁接。在早春葡萄伤流前进行，选择经过冬藏、芽眼饱满的一年生葡萄枝蔓作为接穗。先将砧木在离地面3～5cm处剪断，采用劈接法进行嫁接。粗的砧木可嫁接两个接穗。接穗留一个饱满芽，下部削成楔形，削面要平。砧木从中线劈口插入接穗，使两者的形成层对齐，接后用塑料薄膜条绑严，然后用湿润的细土覆盖2～3cm。

(2)绿枝嫁接。一般在6月上中旬葡萄新梢半木质化时嫁接。选用与砧木粗度大体相等的绿枝作接穗，提前2～3天摘心。嫁接时剪留1～2节作为接穗，在芽眼下部的节间处削成楔形，砧木苗用半木质化的绿枝，在高10cm处剪断，在砧木中间劈口，将接穗插入，使两者的形成层对齐，以塑料条膜绑严。接后及时去掉砧木上的萌蘖及接穗上的副梢，以促进嫁接苗的生长。

第四十二节　花椒树

学名：*Zanthoxylum bungeanum* L.

科、属名：芸香科，花椒属

花椒(秦椒、风椒)属芸香科。甘肃的甘南、武都、天水、平凉、庆阳、定西、临夏等地都有栽培，以武都、天水两地为多。它果实含有芳香油，是重要的食品调味原料。种子可榨油，处理后可食用，或供工业用。木材坚韧，能作手杖、伞柄等。它结果早，收益大，栽培管理简便，适应性强，根系发达，既是保持水土树种，又是重要的香料、油料树种。

一、形态特征

花椒是落叶灌木或小乔木，高3～7m，小枝有宽扁而锐尖的皮刺。果、枝、叶、树干均有香味。树皮黑棕色。奇数羽状复叶，互生，复叶叶轴有窄翅；小叶对生，5～9枚，卵状长椭圆形，基部近圆形，边缘有细锯齿。圆锥花序，顶生。蓇葖果，圆球形，熟时红色至紫红色。种子圆形或半圆形，黑色有光泽。栽培品种多，不同品种的果实特征略有差别。花椒生长形态如图8-38所示。

二、生物学特性

花椒喜温、喜光，但也耐庇荫和寒冷。在年平均湿度11℃以上地区，生长较好；在光照充足的阳坡，结果繁茂。在甘肃迭部阿夏乡日照很短的峡谷山坡上，仍能生长，但结实较少；在榆中县韦营乡(绝对低温要比榆中县－27.2℃还低)，大树仍能安全越冬。它较耐干旱，在年降水量 500mm 的地方生长良好，400mm 的地方也能生长和结实。花椒怕涝、忌风，短期积水就会死亡，山顶、风口处极易受冻害枯梢。对土壤适应性强，中性土、酸性土上生长良好，钙质土上生长更好。它喜欢深厚、肥沃、湿润的沙质壤土，在沙土或黏重土上生长不良。花椒生长快，结果早，栽后 4～5 年大量结果。花椒具有较强的萌芽力，能耐强度修剪。

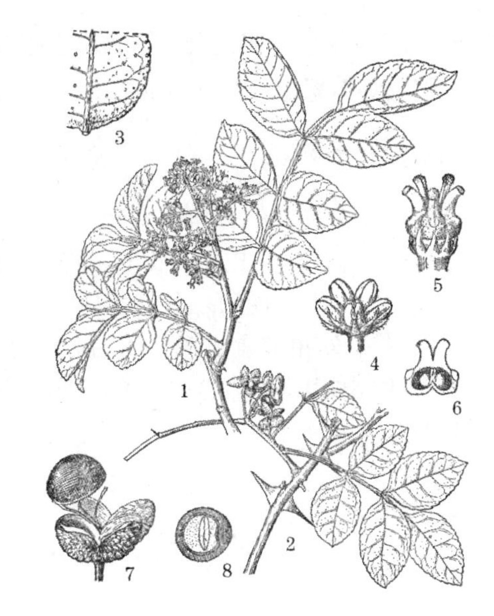

图 8-38　花椒

1—雌花枝；2—果枝；3—小叶下面；4—雄花；5—雌蕊；6—雌蕊纵剖面；7—果及种子；8—种子横剖面

三、造林技术

(一)采种

花椒种子成熟期因品种而异，除大红袍在 7 月份成熟外，其他品种多在 8～9 月份成熟。成熟时果实外皮呈紫红色，内种皮变为蓝黑色时即可采收。采收后放在通风干燥的室内阴干。当果皮裂口，种子从果皮中脱出后，除去杂质，便得净种。种子切忌暴晒，以免丧失发芽力。阴干的种子可放在罐中，加盖后，在阴凉室内贮藏。种子千粒重约 18g，每公斤种子 56 000 粒左右。

(二)育苗

花椒播种育苗，春、秋两季都可进行，以秋季土壤封冻前播种为好。苗圃地宜选土层深厚、肥沃、排水良好的沙壤土或壤土。播前要深翻整地，施入基肥，整平做床。开沟条播，行距 20cm，覆土 1cm，并覆草保持苗木湿润，出苗后揭去覆草。每公顷播种量 110kg 左右。

花椒种壳坚硬，油质多，不透水，秋天播种的要进行脱脂处理，即把种子放于碱水中浸泡(10kg 种子用碱面 0.3kg)2 天，搓洗种皮油脂，捞出即播。春天播种的要催芽，催芽的方法有两种：

(1)开水烫种。将 1kg 种子倒入 2kg 沸水中，搅拌 2～3 分钟，以后每日温水浸泡，待少数种皮裂嘴后，捞出放在温暖处，盖以湿布，1～2 天后大部种子裂嘴，即可播种。

(2)沙藏催芽。将种子与 3 倍的湿沙混合后，选排水良好的温暖地方，挖 1m 宽、40～50cm 深的浅窖，将种子放入窖内，堆成 10～15cm 厚，再覆土 10～15cm，浇水渗透，上盖湿土，春天播种。

(三)造林

花椒造林应选背风向阳的阳坡、半阳坡的山麓地带，选土壤疏松、排水良好的沙质壤土最好。在风口、地势低洼易涝处和黏重土壤上不宜栽植。造林前要细致整地。秋、春两季均可造林。秋季如用截干造林应培土防冻，来春化冻后再扒去培土。春栽宜在早春进行，群众有“椿栽菁葵，椒栽芽”的经验，因此花椒造林应在芽萌动前进行。造林株行距以 1.5m×2m 为宜，每公顷 3 330 株。也可与核桃等混交造林，做到长短结合，乔灌结合。

花椒根系浅,杂草与花椒争水、争肥现象相当严重,群众的经验是“花椒不锄草,当年就枯老”,因此造林后要及时松土锄草。

四、病虫害防治

花椒病害少,虫害主要有:

(1)花椒天牛。幼虫为害枝干。防治方法是:捕捉成虫;幼虫期喷“1605”2 000 倍液,或用可湿性六六六毒泥(1kg 六六六粉加 5kg 泥土)堵虫孔,或以铁丝钩杀幼虫。

(2)凤蝶。幼虫取食嫩叶。防治方法是:幼虫期用敌百虫或 50% 马拉松乳剂 1 000 倍液喷杀,或用 6% 可湿性六六六 200～300 倍液喷杀。

参 考 文 献

[1] 中国树木志编委会.中国主要树种造林技术(上、下册).北京:农业出版社,1976
[2] 刘德先等.果树林木育苗大全.北京:中国农业出版社,1993
[3] 孙时轩等.林木育苗技术.北京:金盾出版社,2004
[4] 南京林产工业学院《主要树木种苗图谱》编写小组.主要树木种苗图谱.北京:农业出版社,1976
[5] 赵忠.现代林业育苗技术.陕西杨凌:西北农林科技大学出版社,2003
[6] 甘肃省林业厅.甘肃主要适生树种栽培技术.兰州:甘肃人民出版社,1984
[7] 西北农业大学干旱半干旱研究中心.旱地育苗造林技术.北京:农业出版社,1988
[8] 孙时轩.造林学(第2版).北京:中国林业出版社,1990
[9] 任宪威.树木学(北方本).北京:中国林业出版社,1995
[10] 张康健,张亮成.经济林栽培学(北方本).北京:中国林业出版社,1997
[11] 高光亮等.中小型苗圃林果苗木繁育实用技术手册.北京:中国林业出版社,1997
[12] 王礼先.水土保持学.北京:中国林业出版社,1995
[13] 施振周,刘祖祺.园林花木栽培新技术.北京:中国农业出版社,1998
[14] 沈熙环.林木育种学.北京:中国林业出版社,1988
[15] 胡芳名,龙光生.经济林育种学.北京:中国林业出版社,1993
[16] 林业部三北防护林建设局,林业部西北林业调查规划院.中国三北草木繁殖与利用.北京:中国林业出版社,1998
[17] 国家林业局科学技术司.黄河上中游干旱半干旱地区造林技术.北京:中国林业出版社,2000
[18] 黄河水利委员会西峰水土保持科学试验站.黄土高原水土流失及其综合治理研究.郑州:黄河水利出版社,2005
[19] 孙时选.林木种苗手册.北京:中国林业出版社,1985
[20] 赵金荣,孙立达,朱金兆.黄土高原水土保持灌木.北京:中国林业出版社,1994
[21] 国家林业局.退耕还林技术模式.北京:中国林业出版社,2001
[22] 农业部农药鉴定所.新编农药手册.北京:农业出版社,1989
[23] 孙可群,张应麟,龙雅宜,等.花卉及观赏树木栽培手册.北京:中国林业出版社,1983
[24] 水利电力部农村水利水土保持司.水土保持技术规范.北京:水利电力出版社,1988
[25] 农村实用技术丛书编委会.经济林与用材林.西安:西安出版社,2000
[26] 汪习军.黄河水土保持生态工程建设管理.郑州:黄河水利出版社,2002
[27] 赵怀谦,赵宏儒,杨志华.园林植物病虫害防治手册.北京:农业出版社,1994
[28] 黄河水利委员会黄河上中游管理局.黄土高原水土保持实践与研究.郑州:黄河水利出版社,1995